◎高等学校理工科化学化工类规

# 无机与分析化学
## 学习指导
（第三版）

主编 ◎ 戎红仁 柳娜

大连理工大学出版社
Dalian University of Technology Press

### 图书在版编目(CIP)数据

无机与分析化学学习指导 / 戎红仁，柳娜主编. --3 版. -- 大连：大连理工大学出版社，2022.12(2023.10 重印)
高等学校理工科化学化工类规划教材辅导用书
ISBN 978-7-5685-4004-9

Ⅰ.①无… Ⅱ.①戎… ②柳… Ⅲ.①无机化学－高等学校－教学参考资料②分析化学－高等学校－教学参考资料 Ⅳ.①O6

中国版本图书馆 CIP 数据核字(2022)第 233946 号

大连理工大学出版社出版
地址：大连市软件园路 80 号　邮政编码：116023
发行：0411-84708842　邮购：0411-84708943　传真：0411-84701466
E-mail：dutp@dutp.cn　URL：https://www.dutp.cn
大连图腾彩色印刷有限公司印刷　　大连理工大学出版社发行

幅面尺寸：140mm×203mm　　印张：10　　字数：325 千字
2011 年 9 月第 1 版　　　　　　　　　2022 年 12 月第 3 版
2023 年 10 月第 2 次印刷

责任编辑：于建辉　王晓历　　　　　责任校对：常　皓
封面设计：奇景创意

ISBN 978-7-5685-4004-9　　　　　　　　　　定　价：28.80 元

本书如有印装质量问题，请与我社发行部联系更换。

# 第三版修订说明

本教材是为了满足使用《无机与分析化学》(第三版,大连理工大学出版社,2020)教师和学生的要求,在《无机与分析化学学习指导》(第二版,大连理工大学出版社,2019)的基础上修订而成的。

本次修订遵循的主要原则如下:

(1)保持2019年版《无机与分析化学学习指导》(第二版)的体系和主线,与《无机与分析化学》(第三版)配套。

(2)对2019年版《无机与分析化学学习指导》(第二版)的错漏之处进行了修改和完善。

本次修订工作由戎红仁主持,无机与分析化学教研室老师提出了许多宝贵的建议和修改意见,全书由戎红仁、柳娜统稿并最后定稿。

限于编者的学识水平,书中错误之处在所难免,欢迎读者批评指正。

编　者

2022年12月于常州

# 第二版修订说明

《无机与分析化学学习指导》自 2011 年出版以来,受到了使用院校师生的好评和欢迎,达到了使学生有效掌握课程的主要内容、自检学习效果、提高解题能力的目的。本教材是为了满足使用《无机与分析化学》(第二版,大连理工大学出版社,2013)教师和学生的要求,在《无机与分析化学学习指导》的基础上修订而成的。

本次修订遵循的主要原则如下:

(1)保持 2011 年版《无机与分析化学学习指导》的体系和主线,在此基础上进行适当的调整和充实。

(2)对 2011 年版《无机与分析化学学习指导》的错漏之处进行了修改和完善,对一些章节的同步练习进行补充。

(3)"习题选解"部分选用的习题与《无机与分析化学》(第二版)中的习题对应,计算时所用的相关常数以教材附录中提供的数据为准。

本次修订工作由戎红仁主持,无机与分析化学教研室老师提出了许多宝贵的建议和修改意见,全书由戎红仁、朱建飞统稿并最后定稿。

限于编者的学识水平,书中错误之处在所难免,欢迎读者批评指正。

编　者

2019 年 3 月于常州

# 前 言

"无机与分析化学"是化学化工类专业的一门专业基础课程。编写本教材的目的之一就是指导学生的学习方法,提高学生的学习能力,帮助学生尽快完成从中学生到大学生的角色转换。目的之二则由本课程的任务决定,帮助学生从总体上了解并掌握"无机与分析化学"的知识结构体系。工科院校人才培养的总目标是培养全面发展的高素质工程应用型人才,本课程的内容是培养目标的知识结构体系的重要组成部分。

参加本教材编写的有朱建飞(第1、11章)、赖梨芳(第2、5章)、佟慧娟(第3、4章)、戎红仁(第6章)、陈若愚(第7、8章)、刘琦(第9章)、王国平(第10、12章),全书由朱建飞统稿并最后定稿。

限于编者的学识水平,书中错误之处在所难免,欢迎读者批评指正。

编 者
2011年3月于常州

# 目 录

第1章 绪 论 / 1
第2章 化学平衡的基本概念 / 5
    教学基本要求 / 5     重点内容概要 / 5
    例题解析 / 7     习题选解 / 10
    同步练习 / 13     同步练习参考答案 / 15
第3章 定量分析概论 / 17
    教学基本要求 / 17     重点内容概要 / 17
    例题解析 / 23     习题选解 / 27
    同步练习 / 34     同步练习参考答案 / 40
第4章 酸碱平衡和酸碱滴定法 / 44
    教学基本要求 / 44     重点内容概要 / 44
    例题解析 / 56     习题选解 / 60
    同步练习 / 79     同步练习参考答案 / 82
第5章 沉淀平衡和沉淀滴定法 / 85
    教学基本要求 / 85     重点内容概要 / 85
    例题解析 / 87     习题选解 / 91
    同步练习 / 102     同步练习参考答案 / 104
第6章 氧化还原平衡与氧化还原滴定 / 107
    教学基本要求 / 107     重点内容概要 / 108
    例题解析 / 119     习题选解 / 126
    同步练习 / 144     同步练习参考答案 / 154
第7章 原子结构 / 161
    教学基本要求 / 161     重点内容概要 / 161
    例题解析 / 164     习题选解 / 168
    同步练习 / 175     同步练习参考答案 / 178
第8章 化学键和分子结构 / 179
    教学基本要求 / 179     重点内容概要 / 179

例题解析/ 184

同步练习/ 195

## 第9章 配位平衡与配位滴定法 / 201

教学基本要求/ 201

例题解析/ 206

同步练习/ 238

## 第10章 s区元素 / 249

教学基本要求/ 249

例题解析/ 251

同步练习/ 258

## 第11章 p区元素 / 261

教学基本要求/ 261

例题解析/ 272

同步练习/ 279

## 第12章 过渡元素 / 286

教学基本要求/ 286

例题解析/ 292

同步练习/ 306

习题选解/ 187

同步练习参考答案/ 198

重点内容概要/ 201

习题选解/ 221

同步练习参考答案/ 245

重点内容概要/ 249

习题选解/ 253

同步练习参考答案/ 260

重点内容概要/ 261

习题选解/ 273

同步练习参考答案/ 283

重点内容概要/ 286

习题选解/ 298

同步练习参考答案/ 310

# 第1章 绪 论

基础化学课程是化学化工专业及其与化学化工有关的各专业如化学工程与工艺、应用化学、生物工程、制药工程、高分子材料与工程、材料科学与工程、材料化学等的必修课程。传统意义上的基础化学课程指的是无机化学、分析化学、有机化学和物理化学这四门基础化学。无机与分析化学是无机化学和分析化学中的化学分析部分合并而成的一门新课程。之所以要合并,是因为进入21世纪后,教学改革对基础化学教学的最直接的影响就是教学学时数不断减少,使教学内容与教学学时之间的矛盾十分突出。要化解这一矛盾,显然不能简单删减教学内容,因为无机化学和分析化学这两门课程经历数百年的发展,具备了完整的知识结构体系和严密的教学逻辑,教学内容的简单删减,会破坏课程的系统性和教学的逻辑性,也会破坏知识结构的完整性。化解这一矛盾的有效方法是对教学内容进行重新整合。考虑到在无机化学和分析化学这两门课程中,无机化学的四大平衡——酸碱平衡、配位平衡、氧化还原平衡和沉淀平衡正是化学分析的酸碱滴定、配位滴定、氧化还原滴定、沉淀滴定和重量分析的理论基础。因此,将无机化学和分析化学中的化学分析部分合并,不会破坏课程的系统性和教学的逻辑性,而且可以避免教学内容的重复,压缩了学时。

作为高等学校化学化工等专业的第一门基础化学课,无机与分析化学是培养化学化工和材料等专业工程技术人才整体知识结构的重要组成部分,也是培养学生严格、认真和实事求是的科学态度;精密、细致的科学实验技能;观察、分析和判断问题的能力的一个必不可少的环节。

**1. 无机与分析化学的知识结构体系**

无机与分析化学的知识结构体系可以用两条主线和一些必备的基本概念概括。

第一条主线是与化学平衡有关的基础知识,主要内容是用化学平衡的基本概念讨论不同类型的化学反应,得到无机化学的四大平衡:酸碱平衡、沉淀溶解平衡、氧化还原平衡和配位平衡。然后讨论无机化学的四大平衡在分析化学中的应用,这就是以四大平衡为基础的滴定分析法:酸碱滴定法、沉淀溶解滴定法、氧化还原滴定法和配位滴定法。

第二条主线是以物质结构初步知识和元素周期系为基础,讨论元素和化合物的结构与性质的关系、性质与用途的联系。主要内容有原子结构、化学键和分子结构、晶体结构、元素和化合物。

两条主线在内容上并不是完全独立的,它们之间有一定程度的相互渗透,如讨论酸碱理论、氧化还原的基本概念、配位化合物的基本知识等内容是在物质结构知识的基础上进行的,而讨论化合物的性质、制备往往离不开化学平衡的基础知识。

一些必备的基本概念指的是无机化学和分析化学中的最基本的常识和概念,它们中的许多已经在中学化学中有所涉及。无机化学的基本概念主要有酸碱理论、溶液的pH、溶解度、氧化和还原、元素周期律、离子键和共价键等;分析化学的基本概念主要有定量分析的一般程序、分析结果的表示方法、定量分析的误差、有效数字及其运算规则、可疑数据的取舍、分析结果的计算及其评价、标准溶液及其配制方法、酸碱指示剂的作用原理及选择、金属指示剂的作用原理及选择、氧化还原滴定的指示剂等。

**2. 学习无机与分析化学的方法**

学习无机与分析化学的方法与学习其他课程方法是完全相同的,因此,学习的四个环节"预习—听课—复习—作业"缺一不可。这四个环节的每一个都有具体的目标:

预习是为了了解内容和发现问题,通过浏览可以大致了解内容,但预习的主要目的是发现问题。通过自学,学生一般能理解甚至掌握课本中的大部分内容,只有很少一部分内容不易理解,这就是教学中的难点问题。预习就是要找出这些问题,以待在后面的环节中解决。

听课的目的一是要检验自认为理解或掌握的内容与教师的讲解是否一致,二是要通过认真听取教师对教学难点的讲解,以解决自己在预习时发现的难以理解的问题。

复习是学习过程中最重要的环节,目的是消化学习内容,使之真正成为自己的知识。在这个过程中,不但要熟读课本,而且要阅读各种课外资料。

作业是对内容掌握程度的自我检测过程,通过作业,可以对学习情况有一个清楚的了解,而要做到这一点,就必须独立完成作业。

对内容的掌握,并不在于是否会解某些具体的题目,题目的类型可以千变万化,同一问题可以用不同的方法提出,关键在于找出主要矛盾,学会举一反三,就能解出各种类型的题目。例如下面几个题目,无论是形式上还是内容上的差别都很大:

(1) 某温度时,反应 $H_2(g) + Br_2(g) \rightleftharpoons 2HBr(g)$ 的标准平衡常数 $K^\ominus = 4 \times 10^{-2}$,则反应 $HBr(g) \rightleftharpoons \frac{1}{2}H_2(g) + \frac{1}{2}Br_2(g)$ 的标准平衡常数 $K^\ominus$ 等于( )。

A. $\dfrac{1}{4 \times 10^{-2}}$   B. $\dfrac{1}{\sqrt{4 \times 10^{-2}}}$   C. $4 \times 10^{-2}$   D. $\sqrt{4 \times 10^{-2}}$

(2) 试说明共轭酸碱对的 $K_a^\ominus$ 与 $K_b^\ominus$ 之间的关系。

(3) 若已知 $K_{sp, Mg(OH)_2}^\ominus$ 和 $K_{b, NH_3}^\ominus$,试计算 $Mg(OH)_2 + 2NH_4^+ \rightleftharpoons Mg^{2+} + 2NH_3 \cdot H_2O$ 的平衡常数。

(4) 若 250 mL 水中最多能溶解 $4.13 \times 10^{-5}$ mol $Mg(OH)_2$,那么 1.0 L 0.050 mol·L$^{-1}$ 的 $(NH_4)_2SO_4$ 或 $NH_4Cl$ 能否完全溶解 0.020 mol $Mg(OH)_2$?(已知: $K_{b, NH_3}^\ominus = 1.8 \times 10^{-5}$)

(5) 要使 0.1 mol AgCl 完全溶解在 1.0 L 氨水中。问 $NH_3$ 溶液的初始浓度至少需要多大? 若是 0.1 mol AgI 呢? ($K_f^\ominus[Ag(NH_3)_2]^+ = 1.1 \times 10^7$; $K_{sp, AgCl}^\ominus = 1.8 \times 10^{-10}$; $K_{sp, AgI}^\ominus = 8.51 \times 10^{-17}$)

(6) 已知: $K_f^\ominus[Ag(NH_3)_2]^+ = 1.7 \times 10^7$, $K_{b, NH_3}^\ominus = 1.8 \times 10^{-5}$,将 0.2 mol·L$^{-1}$ 的 $[Ag(NH_3)_2]^+$ 溶液与 0.6 mol·L$^{-1}$ 的 $HNO_3$ 溶液等体积混合,计算 $[Ag(NH_3)_2]^+$ 的浓度。

这些题目的主要矛盾是反应的平衡常数,而这里计算平衡常数的关键是多重平衡规则,有了平衡常数,就可以按题目的要求做出解答。

无机与分析化学的学习方法可以用图 1-1 总结。

学习是一个终身任务,大学四年一晃即过。只有学会了学习方法,才能终身受益。常说学海无涯苦作舟,但是只要有正确的学习方法,就能从内容中找出美感,享受快乐的学习生活。

```
    教材      图书馆    作业、思考
      │         │         │
   记录、笔记   资料     讨论心得
      └─────────┼─────────┘
                │
             基础知识
                │
             系列问题
                │
              结论
```

图 1-1

# 第 2 章 化学平衡的基本概念

● 教学基本要求 ●

1. 掌握化学平衡的有关概念,会判断化学平衡移动的方向。
2. 掌握标准平衡常数的表达方法。
3. 掌握多重平衡规则,会用多重平衡规则计算化学反应的标准平衡常数。

● 重点内容概要 ●

**1. 化学平衡**

在一定温度下,在密闭容器中,当可逆反应的 $v_\text{正} = v_\text{逆}$ 时,体系所处的状态称为化学平衡态,简称化学平衡。

**2. 标准平衡常数**

对于一般的化学反应,在一定的温度下:

$$a\text{A}(g) + b\text{B}(aq) + c\text{C}(s) \Longleftrightarrow x\text{X}(g) + y\text{Y}(aq) + z\text{Z}(l)$$

反应标准平衡常数的通式可写成:

$$K^{\ominus} = \frac{[p_\text{X}/p^{\ominus}]^x [c_\text{Y}/c^{\ominus}]^y}{[p_\text{A}/p^{\ominus}]^a [c_\text{B}/c^{\ominus}]^b}$$

在应用标准平衡常数的过程中,应注意以下几点:

(1) 因为压力和浓度除以各自的标准态,所以 $K^{\ominus}$ 的量纲是 1。

(2) 标准平衡常数 $K^{\ominus}$ 的数值不随浓度(或分压)的变化而变化,它仅是温度的函数。

(3) 标准平衡常数表达式中各物质的浓度(或分压)都指的是平衡状态时的浓度(或分压)。

(4) 在标准平衡常数表达式中,通常将生成物的浓度(或分压)写在分式的上面,反应物的浓度(或分压)写在分式的下面,式中每种物质的浓度(或分压)的方次数就是化学方程式中该物质的计量系数。

(5) 若同一反应的化学方程式写法不同,则标准平衡常数将不同。

(6) 对于有固体或纯液体参加的可逆反应,则把它们的浓度(或分压)当作常数1,在标准平衡常数表达式中不表示。

**3. 多重平衡规则**

几个反应相加(或相减)得到另一个反应时,则所得反应的标准平衡常数等于几个反应的标准平衡常数的乘积(或商)。例如:

反应(3) = 反应(1) + 反应(2)

$$K_3^{\ominus} = K_1^{\ominus} \times K_2^{\ominus}$$

反应(4) = 2×反应(1) + 3×反应(2) − 2×反应(3)

$$K_4^{\ominus} = (K_1^{\ominus})^2 \times (K_2^{\ominus})^3 / (K_3^{\ominus})^2$$

**4. 标准平衡常数的应用**

(1) 判断化学反应的程度

一般而言,$K^{\ominus}$ 越大,反应进行得越完全,$K^{\ominus}$ 越小,反应进行得越不完全,当 $10^{-3} < K^{\ominus} < 10^3$ 时,反应物只是部分地转化为生成物。

(2) 预测化学反应的方向

利用反应商 $Q$ 和标准平衡常数 $K^{\ominus}$ 的相对大小可以预测在任意状态下反应将要进行的方向。这个规则称为反应商判据:

$Q < K^{\ominus}$　　反应正向进行

$Q = K^{\ominus}$　　系统处于平衡状态

$Q > K^{\ominus}$　　反应逆向进行

化学平衡的过程就是反应商 $Q$ 逐渐向标准平衡常数 $K^{\ominus}$ 趋近,最终相等的过程。

(3)利用标准平衡常数计算化学平衡的组成

对可逆反应,反应不可能进行到底,也就是说,当反应达到平衡时,总会有部分的反应物没有转化成为产物。我们定义转化率来表示反应在理论上进行的完全程度,转化率用 $\alpha$ 来表示:

$$\alpha = \frac{\text{某反应物已转化的量}}{\text{反应开始时该反应物的总量}} \times 100\%$$

**5. 化学平衡的移动**

在一定条件下,化学反应可以达到平衡状态。当条件改变时,原来的平衡状态被破坏,反应向某一方向进行,直到重新达到平衡状态。这种因外界条件改变使化学反应从一种平衡状态向另一种平衡状态改变的过程叫作化学平衡的移动。

影响化学平衡的因素有浓度、压力、温度和催化剂等。

● 例题解析 ●

【例 1】 $N_2O_4(g)$ 的分解反应为 $N_2O_4(g) \rightleftharpoons 2NO_2(g)$。在 25 ℃时,$K^{\ominus}=0.116$,试求此温度下,当体系的平衡总压为 200 kPa 时,$N_2O_4(g)$ 的平衡转化率。

**解** 因为反应的标准平衡常数只是温度的函数,与反应开始时物质的量无关,所以,可设开始时 $N_2O_4$ 的物质的量为 1 mol,平衡转化率为 $\alpha$。

$$N_2O_4(g) \rightleftharpoons 2NO_2(g)$$

起始时物质的量/mol     1          0

变化的物质的量/mol     $-\alpha$       $2\alpha$

平衡时物质的量/mol     $1-\alpha$     $2\alpha$

平衡时总物质的量/mol    $n_{总}=1-\alpha+2\alpha=1+\alpha$

平衡时各气体的分压为

$$p(N_2O_4) = p_{总} \times \frac{1-\alpha}{1+\alpha}, \quad p(NO_2) = p_{总} \times \frac{2\alpha}{1+\alpha}$$

$$K^{\ominus} = \frac{[p(NO_2)/p^{\ominus}]^2}{p(N_2O_4)/p^{\ominus}} = 0.116 = \frac{[2\alpha/(1+\alpha)]^2}{(1-\alpha)/(1+\alpha)} \times \frac{p_{总}}{p^{\ominus}}$$

$$\alpha = 12\%$$

即在 25 ℃ 时，200 kPa 下 $N_2O_4(g)$ 的平衡转化率为 12%。

【例 2】 将 1.500 mol NO、1.000 mol $Cl_2$ 和 2.500 mol NOCl 在容积为 15.0 L 的容器中混合。在 503 K，反应 $2NO(g) + Cl_2(g) \rightleftharpoons 2NOCl(g)$ 达到平衡时测得有 3.060 mol NOCl 存在。计算平衡时 NO 的物质的量和该反应的标准平衡常数。

**解法 1** 以物质的量的变化为基础进行计算。平衡时 NOCl 的物质的量增加了 $(3.060 - 2.500)$ mol $= 0.560$ mol，由反应方程式中各物质的计量数可以确定平衡组成：

$$2NO(g) + Cl_2(g) \rightleftharpoons 2NOCl(g)$$

| | | | |
|---|---|---|---|
| 起始时/mol | 1.500 | 1.000 | 2.500 |
| 变化量/mol | $-0.560$ | $-\frac{1}{2} \times 0.560$ | 0.560 |
| 平衡时/mol | 0.940 | 0.720 | 3.060 |

$$p(NO) = \frac{n(NO)RT}{V} = \frac{0.940 \text{ mol} \times 8.314 \text{ J} \cdot \text{mol}^{-1} \cdot \text{K}^{-1} \times 503 \text{ K}}{15.0 \text{ L}}$$

$$= 262 \text{ kPa}$$

$$p(Cl_2) = \frac{n(Cl_2)p(NO)}{n(NO)} = \frac{0.720 \text{ mol} \times 262 \text{ kPa}}{0.940 \text{ mol}} = 201 \text{ kPa}$$

$$p(NOCl) = \frac{n(NOCl)p(NO)}{n(NO)} = \frac{3.060 \text{ mol} \times 262 \text{ kPa}}{0.940 \text{ mol}} = 853 \text{ kPa}$$

$$K^{\ominus} = \frac{[p(NOCl)/p^{\ominus}]^2}{[p(NO)/p^{\ominus}]^2 [p(Cl_2)/p^{\ominus}]} = \frac{(853/100)^2}{(262/100)^2 (201/100)} = 5.27$$

**解法 2** 该反应为定温定容下的气相反应，各组分气体的分压与其物质的量成正比，分压的变化量与各相应物质计量数成正比，因此，可以比较简便

地计算各物质的平衡分压。反应开始时各物质的分压为

$$p(\mathrm{NO}) = \frac{n(\mathrm{NO})RT}{V}$$

$$= \frac{1.500 \text{ mol} \times 8.314 \text{ J} \cdot \text{mol}^{-1} \cdot \text{K}^{-1} \times 503 \text{ K}}{15.0 \text{ L}} = 418 \text{ kPa}$$

$$p(\mathrm{Cl}_2) = \frac{n(\mathrm{Cl}_2)RT}{V}$$

$$= \frac{1.000 \text{ mol} \times 8.314 \text{ J} \cdot \text{mol}^{-1} \cdot \text{K}^{-1} \times 503 \text{ K}}{15.0 \text{ L}} = 279 \text{ kPa}$$

$$p(\mathrm{NOCl}) = \frac{n(\mathrm{NOCl})RT}{V}$$

$$= \frac{2.500 \text{ mol} \times 8.314 \text{ J} \cdot \text{mol}^{-1} \cdot \text{K}^{-1} \times 503 \text{ K}}{15.0 \text{ L}} = 697 \text{ kPa}$$

平衡时：

$$p(\mathrm{NOCl}) = \frac{n(\mathrm{NOCl})RT}{V}$$

$$= \frac{3.060 \text{ mol} \times 8.314 \text{ J} \cdot \text{mol}^{-1} \cdot \text{K}^{-1} \times 503 \text{ K}}{15.0 \text{ L}}$$

$$= 853 \text{ kPa}$$

则平衡时 NOCl 的分压增加了 $(853-697)\text{ kPa} = 156 \text{ kPa}$。

|  | 2NO(g) | + Cl$_2$(g) | $\rightleftharpoons$ 2NOCl(g) |
|---|---|---|---|
| 起始时/kPa | 418 | 279 | 697 |
| 变化量/kPa | $-156$ | $-\frac{1}{2} \times 156$ | 156 |
| 平衡时/kPa | 262 | 201 | 853 |

$$n(\mathrm{NO}) = \frac{p(\mathrm{NO})V}{RT}$$

$$= \frac{262 \text{ kPa} \times 15.0 \text{ L}}{8.314 \text{ J} \cdot \text{mol}^{-1} \cdot \text{K}^{-1} \times 503 \text{ K}}$$

$$= 0.94 \text{ mol}$$

$$K^{\ominus} = \frac{[p(\mathrm{NOCl})/p^{\ominus}]^2}{[p(\mathrm{NO})/p^{\ominus}]^2[p(\mathrm{Cl}_2)/p^{\ominus}]}$$

$$= \frac{(853/100)^2}{(262/100)^2(201/100)}$$
$$= 5.27$$

● 习题选解 ●

**2-1** 写出下列各反应的标准平衡常数表达式

(1) $HAc(aq) + H_2O(l) \rightleftharpoons Ac^-(aq) + H_3O^+(aq)$

答 $K^{\ominus} = \dfrac{[H_3O^+][Ac^-]}{[HAc]}$

(2) $H_3PO_4(aq) \rightleftharpoons H_2PO_4^-(aq) + H^+(aq)$

答 $K^{\ominus} = \dfrac{[H^+][H_2PO_4^-]}{[H_3PO_4]}$

(3) $Ca_3(PO_4)_2(s) \rightleftharpoons 3Ca^{2+}(aq) + 2PO_4^{3-}(aq)$

答 $K^{\ominus} = [Ca^{2+}]^3[PO_4^{3-}]^2$

(4) $2Fe^{3+}(aq) + 2I^-(aq) \rightleftharpoons 2Fe^{2+}(aq) + I_2(s)$

答 $K^{\ominus} = \dfrac{[Fe^{2+}]^2}{[Fe^{3+}]^2[I^-]^2}$

(5) $Cr_2O_7^{2-}(aq) + H_2O(l) \rightleftharpoons 2CrO_4^{2-}(aq) + 2H^+(aq)$

答 $K^{\ominus} = \dfrac{[H^+]^2[CrO_4^{2-}]^2}{[Cr_2O_7^{2-}]}$

(6) $Cu^{2+}(aq) + 4NH_3(aq) \rightleftharpoons [Cu(NH_3)_4]^{2+}(aq)$

答 $K^{\ominus} = \dfrac{[Cu(NH_3)_4^{2+}]}{[Cu^{2+}][NH_3]^4}$

**2-2** 醋酸铵在水中存在着如下平衡：

$NH_3(aq) + H_2O(l) \rightleftharpoons NH_4^+(aq) + OH^-(aq)$      $K_1^{\ominus}$

$HAc(aq) + H_2O(l) \rightleftharpoons Ac^-(aq) + H_3O^+(aq)$      $K_2^{\ominus}$

$NH_4^+(aq) + Ac^-(aq) \rightleftharpoons HAc(aq) + NH_3(aq)$      $K_3^{\ominus}$

$2H_2O(l) \rightleftharpoons H_3O^+(aq) + OH^-(aq)$      $K_4^{\ominus}$

以上四个反应标准平衡常数之间的关系是(B)。

A. $K_3^{\ominus} = K_1^{\ominus} K_2^{\ominus} K_4^{\ominus}$      B. $K_4^{\ominus} = K_1^{\ominus} K_2^{\ominus} K_3^{\ominus}$

C. $K_3^{\ominus} K_2^{\ominus} = K_1^{\ominus} K_4^{\ominus}$      D. $K_3^{\ominus} K_4^{\ominus} = K_1^{\ominus} K_2^{\ominus}$

**2-3** 已知在 823 K 和标准态时,
(1) $CoO(s) + H_2(g) \rightleftharpoons Co(s) + H_2O(g)$   $K_1^{\ominus} = 67.0$
(2) $CoO(s) + CO(g) \rightleftharpoons Co(s) + CO_2(g)$   $K_2^{\ominus} = 490$
计算在该条件下,反应(3) $CO_2(g) + H_2(g) \rightleftharpoons CO(g) + H_2O(g)$ 的 $K_3^{\ominus}$。

**解** 因为 反应(3)=反应(1)-反应(2)

所以 $$K_3^{\ominus} = \frac{K_1^{\ominus}}{K_2^{\ominus}} = 0.137$$

**2-4** 温度为 25℃时反应
$HCN(aq) \rightleftharpoons H^+(aq) + CN^-(aq)$   $K_1^{\ominus} = 6.2 \times 10^{-10}$
$NH_3(aq) + H_2O(l) \rightleftharpoons NH_4^+(aq) + OH^-(aq)$   $K_2^{\ominus} = 1.8 \times 10^{-5}$
$H_2O(l) \rightleftharpoons H^+(aq) + OH^-(aq)$   $K_3^{\ominus} = 1.0 \times 10^{-14}$
则反应 $NH_3(aq) + HCN(aq) \rightleftharpoons NH_4^+(aq) + CN^-(aq)$ 的 $K^{\ominus}$ 为多少?

**解** 因为 反应(4)=反应(1)+反应(2)-反应(3)

所以 $$K_4^{\ominus} = \frac{K_1^{\ominus} \times K_2^{\ominus}}{K_3^{\ominus}} = 1.1$$

**2-5** 已知反应
(1) $FeS(s) \rightleftharpoons Fe^{2+}(aq) + S^{2-}(aq)$   $K_1^{\ominus} = 6.3 \times 10^{-18}$
(2) $HgS(s) \rightleftharpoons Hg^{2+}(aq) + S^{2-}(aq)$   $K_2^{\ominus} = 1.6 \times 10^{-52}$
计算用 FeS 处理含 $Hg^{2+}$ 废水反应的标准平衡常数 $K_3^{\ominus}$,反应方程式如下:
$$FeS(s) + Hg^{2+}(aq) \rightleftharpoons HgS(s) + Fe^{2+}(aq)$$
根据计算结果简单说明用 FeS 处理含 $Hg^{2+}$ 废水的可行性。

**解** 反应(3)=反应(1)-反应(2)
$$FeS(s) + Hg^{2+}(aq) \rightleftharpoons HgS(s) + Fe^{2+}(aq)$$

所以 $$K_3^{\ominus} = \frac{K_1^{\ominus}}{K_2^{\ominus}} = \frac{6.3 \times 10^{-18}}{1.6 \times 10^{-52}} = 3.9 \times 10^{34}$$

从计算结果可以看出反应转化的程度非常高,可以用 FeS 处理含 $Hg^{2+}$ 废水。

**2-6** 反应 $Fe^{3+}(aq) + I^-(aq) \rightleftharpoons Fe^{3+}(aq) + \frac{1}{2}I_2(s)$ 的标准平衡常数

$K^{\ominus} = 1.0 \times 10^4$,当各物质都处于标准态时,反应向哪个方向进行?

**解** 由题设可知:$Q=1$,因为 $Q < K^{\ominus}$,所以反应正向进行。

**2-7** 已知反应 $Zn(s) + Fe^{2+}(aq) \rightleftharpoons Fe(s) + Zn^{2+}(s)$ 在 25℃ 时的标准平衡常数 $K^{\ominus} = 4.4 \times 10^{10}$。若将过量极细的锌粉加入 $Fe^{2+}$ 溶液中,求平衡时 $Fe^{2+}(aq)$ 浓度对 $Zn^{2+}(aq)$ 浓度的比值,根据计算结果简单说明其意义。

**解**
$$K^{\ominus} = \frac{[Zn^{2+}]}{[Fe^{2+}]} = 4.4 \times 10^{10}$$

$$\frac{[Fe^{2+}]}{[Zn^{2+}]} = 2.3 \times 10^{-11}$$

从计算结果来看反应进行得相当完全。

**2-8** 反应 $Sn(s) + Pb^{2+}(aq) \rightleftharpoons Pb(s) + Sn^{2+}(aq)$ 的标准平衡常数 $K^{\ominus} = 2.41$。当 $c(Pb^{2+}) = 1.0 \text{ mol} \cdot L^{-1}$,$c(Sn^{2+}) = 0.10 \text{ mol} \cdot L^{-1}$ 时,

(1)反应向哪个方向进行?

(2)平衡时,溶液中各离子的浓度为多少?

(3)$Pb^{2+}$ 的转化率为多少?

**解** (1) $Q = \dfrac{c(Sn^{2+})}{c(Pb^{2+})} = \dfrac{0.1}{1} = 0.1 < K^{\ominus} = 2.41$,所以反应正向进行。

(2) 设参与反应的 $Pb^{2+}$ 浓度为 $x \text{ mol} \cdot L^{-1}$,则

$$Sn(s) + Pb^{2+}(aq) \rightleftharpoons Pb(s) + Sn^{2+}(aq)$$

起始浓度      1.0        0.1

变化浓度      $-x$        $x$

平衡浓度      $1.0-x$      $0.1+x$

$$K^{\ominus} = \frac{[Sn^{2+}]}{[Pb^{2+}]} = \frac{0.10+x}{1.0-x} = 2.41$$

$$x = 0.68 \text{ mol} \cdot L^{-1}$$

所以平衡时,溶液中各离子的浓度为

$$[Pb^{2+}] = 0.32 \text{ mol} \cdot L^{-1}, [Sn^{2+}] = 0.78 \text{ mol} \cdot L^{-1}$$

(3) $\alpha = \dfrac{x}{1.0} \times 100\% = 68\%$

**2-9** 已知反应:

(1) $AgCl(s) \rightleftharpoons Ag^+(aq) + Cl^-(aq)$      $K_1^{\ominus} = 1.8 \times 10^{-10}$

(2) $AgBr(s) \rightleftharpoons Ag^+(aq) + Br^-(aq)$    $K_2^\ominus = 4.1 \times 10^{-13}$

采用加入 KBr 溶液的方法,将 AgCl 沉淀转化为 AgBr 沉淀,反应方程式如下:

$$AgCl(s) + Br^-(aq) \rightleftharpoons AgBr(s) + Cl^-(aq)$$

试求(1)该反应的标准平衡常数。

(2)$Br^-$ 浓度是 $Cl^-$ 浓度的多少倍,才可将 AgCl 沉淀转化为 AgBr 沉淀?

**解** (1)
$$K^\ominus = \frac{K_1^\ominus}{K_2^\ominus} = \frac{1.8 \times 10^{-10}}{4.1 \times 10^{-13}} = 4.4 \times 10^2$$

(2)
$$K^\ominus = \frac{[Cl^-]}{[Br^-]} = 4.4 \times 10^2$$

$$[Br^-] = \frac{[Cl^-]}{K^\ominus} = \frac{1}{4.4 \times 10^2}[Cl^-]$$

$$[Br^-] = 2.3 \times 10^{-3}[Cl^-]$$

故必须保持$[Br^-] > 2.3 \times 10^{-3}[Cl^-]$,即 $Br^-$ 的浓度大于 $Cl^-$ 的浓度 $2.3 \times 10^{-3}$ 倍,才可将 AgCl 沉淀转化为 AgBr 沉淀。

● 同步练习 ●

一、选择题

**1.** 化学反应达到平衡的标志是(    )。

A. 各反应物和生成物的浓度等于常数

B. 各反应物和生成物的浓度相等

C. 各物质浓度不再随时间而改变

D. 正逆反应的速率常数相等

**2.** 当温度一定时,$A(g) \rightleftharpoons B(g) + C(g)$ 的标准平衡常数为 $K_1^\ominus$;而反应 $B(g) + C(g) \rightleftharpoons A(g)$ 的标准平衡常数为 $K_2^\ominus$,下列关系正确的是(    )。

A. $K_1^\ominus K_2^\ominus = 1$     B. $K_1^\ominus + K_2^\ominus = 1$

C. $K_1^\ominus = K_2^\ominus$     D. $2K_1^\ominus / K_2^\ominus = 1$

**3.** $N_2$ 和 $H_2$ 混合气体,若 $N_2$ 和 $H_2$ 质量相等,则 $p(N_2) : p(H_2)$ 是(    )。

A. 14/1    B. 1/14    C. 1/15    D. 15/1

**4.** 某温度下,反应 $H_2(g) + Br_2(g) \rightleftharpoons 2HBr(g)$ 的标准平衡常数 $K^\ominus = 4 \times 10^{-2}$,则反应 $HBr(g) \rightleftharpoons \frac{1}{2}H_2(g) + \frac{1}{2}Br_2(g)$ 的标准平衡常数 $K^\ominus$ 等于( )。

A. $\frac{1}{4 \times 10^{-2}}$    B. $\frac{1}{\sqrt{4 \times 10^{-2}}}$    C. $4 \times 10^{-2}$    D. $\sqrt{4 \times 10^{-2}}$

**5.** 某温度下,密闭容器中 A、B、C 三种气体建立了化学平衡,其标准平衡常数是 $K^\ominus$,若相同温度下将体积缩小到原来的 $\frac{2}{3}$,新平衡的标准平衡常数是( )。

A. $\frac{1}{3}K^\ominus$    B. $\frac{2}{3}K^\ominus$    C. $K^\ominus$    D. 无法估计

**6.** 已知:$K^\ominus(HCN) = 6.2 \times 10^{-10}$,$K^\ominus(NH_3 \cdot H_2O) = 1.8 \times 10^{-5}$。则反应 $NH_3 + HCN \rightleftharpoons NH_4^+ + CN^-$ 的标准平衡常数等于( )。

A. 0.90    B. 1.1    C. $9.0 \times 10^{-5}$    D. $9.0 \times 10^{-19}$

## 二、判断题

**1.** 某一给定反应达到平衡后,若平衡温度条件不变,分离除去某生成物,待达到新的平衡后,则各反应物和生成物的分压或浓度分别保持原有定值。 ( )

**2.** 任何可逆反应在一定温度下,不论参加反应的物质浓度如何不同,反应达到平衡时,各物质的平衡浓度相同。 ( )

**3.** 平衡常数和转化率都能表示反应进行的程度,但平衡常数与浓度无关,而转化率与浓度有关。 ( )

**4.** 浓度、压力的改变使化学平衡发生移动的原因是改变了反应商 $Q$ 值,温度的改变使化学平衡发生移动的原因是引起 $K^\ominus$ 值发生了变化。 ( )

**5.** 某一反应平衡后,加入一些产物,在相同温度下再次达到平衡,则两次测得的平衡常数相同。 ( )

## 三、计算题

**1.** 已知反应 $CO(g) + H_2O(g) \rightleftharpoons CO_2(g) + H_2(g)$,在 1 123 K 时,$K^\ominus = 1.0$,现将 2.0 mol CO 和 3.0 mol $H_2O$ 混合,并在该温度下达到平衡,

试计算 CO 的转化率。

**2.** 将 1.0 mol $H_2$ 和 1.0 mol $I_2$ 放入 10 L 的容器中。使其在 793 K 达到平衡。经分析,平衡体系中 HI 为 0.12 mol,求反应 $H_2(g)+I_2(g) \rightleftharpoons 2HI(g)$ 的标准平衡常数。

● 同步练习参考答案 ●

一、选择题

**1.** C　**2.** A　**3.** B　**4.** B　**5.** C　**6.** B

二、判断题

**1.** ×　**2.** ×　**3.** √　**4.** √　**5.** √

三、计算题

**1. 解**　设平衡时有 $x$ mol $H_2$,则

$$CO(g)+H_2O(g) \rightleftharpoons CO_2(g)+H_2(g)$$

起始时/mol　　2.0　　　3.0　　　　0　　　0
平衡时/mol　　2.0−$x$　3.0−$x$　　$x$　　$x$
平衡时总物质的量/mol　$n_{总}=x+x+2.0-x+3.0-x=5.0$ mol
平衡时各气体的分压为

$$p(CO_2)=p(H_2)=\frac{x}{5.0}p_{总},\quad p(CO)=\frac{2.0-x}{5.0}p_{总},\quad p(H_2O)=\frac{3.0-x}{5.0}p_{总}$$

$$K^{\ominus}=\frac{[p(CO_2)/p^{\ominus}][p(H_2)/p^{\ominus}]}{[p(CO)/p^{\ominus}][p(H_2O)/p^{\ominus}]}=1.0$$

$$=\frac{x^2}{(2.0-x)(3.0-x)}$$

$$x=1.2$$

CO 的转化率 $=\frac{1.2 \text{ mol}}{2.0 \text{ mol}} \times 100\% = 60\%$

**2. 解**　从反应式可知,每生成 2 mol HI 要消耗 1 mol $H_2$ 和 1 mol $I_2$,根据这个关系,可求出平衡时各物质的物质的量。

　　　　　　　　　$H_2(g)$　+　$I_2(g)$　$\rightleftharpoons$　$2HI(g)$
开始时/mol　　　　1.0　　　　1.0　　　　　　0
平衡时/mol　　　　0.94　　　0.94　　　　　0.12

平衡时总物质的量/mol  $n_总 = 0.12 + 0.94 + 0.94 = 2.0$ mol

平衡时各气体的分压为

$$p(\text{HI}) = \frac{0.12}{2.0} p_总, \quad p(\text{I}_2) = \frac{0.94}{2.0} p_总, \quad p(\text{H}_2) = \frac{0.94}{2.0} p_总$$

$$K^\ominus = \frac{[p(\text{HI})/p^\ominus]^2}{[p(\text{H}_2)/p^\ominus][p(\text{I}_2)/p^\ominus]} = \frac{(0.12)^2}{(0.94)^2} = 0.016$$

# 第3章 定量分析概论

● **教学基本要求** ●

1. 了解分析方法的基本分类,定量分析的基本过程。
2. 掌握误差与偏差的表示方法,系统误差与偶然误差的特点,误差减免与判别的方法;精密度与准确度的定义、作用与两者之间的关系。
3. 掌握有效数字的概念、运算规则及数字修约规则。
4. 了解有限量数据的处理及评价方法。
5. 掌握滴定反应条件,基准物质的条件,标准溶液的配制、标定及浓度的表示方法,滴定分析的基本计算方法。

● **重点内容概要** ●

## 一、分析化学概述

**1. 分析化学的定义**

分析化学是确定化学物质的组成、含量以及表征物质的化学结构的学科。分析化学主要由定性分析和定量分析两部分组成。定性分析的任务是鉴定物质的化学组成;定量分析的任务是测定物质各组分的含量。

**2. 分析方法的分类**

分析方法根据分析任务可分为定性分析、定量分析和结构分析;根据分析对象可分为无机分析和有机分析;根据分析的方法分为化学分析和仪器分析;根据试样的用量及操作规模分为常量分析、半微量分析、微量分析和超微量分析;根据分析工作的性质分为例行分析和仲裁分析。

**3. 定量分析的一般过程**

取样 ——→ 试样的预处理 ——→ 测定 ——→ 分析结果的计算和结果评价。

**4. 分析结果的表示方法**

(1)固体试样:固体试样中待测组分的含量通常以质量分数 $w_B$ 表示。即

$$w_B = \frac{m_B}{m_S} \quad (m_B, m_S \text{ 的单位应一致})$$

待测物质 B 的质量以 $m_B$ 表示,试样的质量以 $m_S$ 表示。

(2)液体试样:液体试样中待测组分的含量通常以物质的量浓度 $c_B$ 表示。即

$$c_B = \frac{n_B}{V}$$

$n_B$ 表示待测组分的物质的量,$V$ 为溶液的体积,$c_B$ 的常用单位为 $mol \cdot dm^{-3}$ 或 $mol \cdot L^{-1}$。

## 二、定量分析中的误差

**1. 误差的分类**

(1)系统误差

系统误差是由某些固定原因所造成的。

系统误差的特点:

系统误差对分析结果的影响比较固定,具有重复性和单向性,其大小、正负在理论上是可以测定的,所以又称为可测误差。

系统误差产生的原因:

方法不完善,仪器不准确,试剂不纯,操作不严格等。

系统误差的减免方法:

采取改进方法,校准仪器,提纯试剂等措施。

(2)偶然误差

偶然误差是由一些随机的偶然原因造成的,因此又称为随机误差。

偶然误差的特点:

偶然误差具有不确定性和不可避免性,即时大时小,时正时负,而且不能通过校正来消除或降低。但多次测定可发现偶然误差的分布符合正态分布规律:

①绝对值相等的正误差和负误差出现的概率相同,因而大量等精度测量

中各个误差的代数和有趋于零的趋势；

②绝对值小的误差出现的概率大，绝对值大的误差出现的概率小，绝对值很大的误差出现的概率非常小。

偶然误差产生的原因：

主要是由偶然的、难以预料和控制的因素造成的。如，测量时环境的温度、湿度和气压的微小波动；仪器性能的微小变化；分析人员对各份试样处理的微小差别等。

偶然误差减免方法：

增加测定次数($n \leqslant 20$)。

(3) 过失误差

过失误差是指工作中的差错，是由于工作中的粗枝大叶、不按操作规程办事等原因造成的。例如，读错刻度、记录和计算错误及加错试剂等。在分析工作中，当出现很大误差时，应分析其原因，如确是过失所引起，则在计算平均值时舍去。要特别指出的是，一般情况下，数据的取舍应当由数理统计的结果来决定。

**2. 误差与准确度**

测定结果($x$)与真实值($\mu$)之间的差值称为误差($E$)。

实验结果的准确度是指测定值 $x$ 与真实值 $\mu$ 之间的接近程度。因此，误差越小，表示测定结果与真实值越接近，准确度越高；反之，误差越大，准确度越低。当测定结果大于真实值时，误差为正值，表示测定结果偏高；反之，误差为负值，表示测定结果偏低。

误差可用绝对误差 $E_a$ 和相对误差 $E_r$ 表示。

绝对误差表示测定值与真实值之差。即 $E_a = x - \mu$。

相对误差表示误差在真实值中所占的百分率。即

$$E_r = \frac{x-\mu}{\mu} \times 100\%$$

**3. 偏差与精密度**

偏差是指个别测定结果与几次测定结果的平均值之差。

精密度是指在确定条件下，对某一试样进行多次平行测定，所得结果相互接近的程度。

显然，偏差越大，测定结果的精密度越低；偏差越小，测定结果的精密度

越高。一组测量数据中的偏差,必然有正有负,还有一些偏差可能为零。如果将各单次测量值的偏差相加其代数和为零。

偏差同样也可用绝对偏差和相对偏差来表示。

绝对偏差是一组平行测定值中,单次测定值与算术平均值之差。

算术平均值 $\bar{x} = \dfrac{x_1 + x_2 + x_3 + \cdots + x_n}{n} = \dfrac{1}{n}\sum\limits_{i=1}^{n} x_i$

(1) 单次测定偏差(绝对偏差):

$$d_1 = x_1 - \bar{x}$$
$$d_2 = x_2 - \bar{x}$$
$$\vdots$$
$$d_n = x_n - \bar{x}$$

$$\sum_{i=1}^{n} d_i = 0$$

(2) 相对偏差:指偏差在算术平均值中所占的百分率。即

$$d_r = \dfrac{d_i}{\bar{x}} \times 100\%$$

(3) 平均偏差:各单次测量值的绝对偏差的绝对值的算术平均值称为平均偏差,用 $\bar{d}$ 表示。

$$\bar{d} = \dfrac{|d_1| + |d_2| + \cdots + |d_n|}{n} = \dfrac{1}{n}\sum_{i=1}^{n} |d_i| = \dfrac{1}{n}\sum_{i=1}^{n} |x_i - \bar{x}|$$

(4) 相对平均偏差:平均偏差在测量值的平均值中所占的百分率称为相对平均偏差,用 $\bar{d}_r$ 表示。

$$\bar{d}_r = \dfrac{\bar{d}}{\bar{x}} \times 100\%$$

(5) 标准偏差:在无系统误差的前提下,当测定次数趋于无穷大时,总体的平均值 $\mu$ 可视为真实值,因此单次测量值的偏差可视为误差,即 $E_a = x_i - \mu$。总体标准偏差 $\sigma$ 可表示为

$$\sigma = \sqrt{\dfrac{\sum\limits_{i=1}^{n}(x_i - \mu)^2}{n}}$$

在一般实验中,只作有限次测定,相对应的标准偏差称为样本标准偏差,用 $S$ 表示。

$$S = \sqrt{\frac{\sum_{i=1}^{n}(x_i - \bar{x})^2}{n-1}}$$

（6）相对标准偏差（变异系数）：标准偏差在平均值中所占的百分率称为相对标准偏差，用 $S_r$ 或 $CV$ 表示。

$$S_r = CV = \frac{S}{\bar{x}} \times 100\%$$

用平均偏差表示精密度比较简单，但由于在一系列的测定结果中，小偏差占多数，大偏差占少数。如果按总的测定次数求算术平均偏差，所得的结果会偏小，大的偏差得不到应有的反映。而标准偏差是表示偏差的最好方法，其数学严格性高，可靠性大，能显示出较大的偏差。

## 三、有效数字及其运算规则

**1. 有效数字**

分析工作中实际能测量到的数字叫有效数字。通常包括全部准确数字和一位不确定的可疑数字，它不仅表示数值的大小，也反映测量数据的精确程度。测量值的有效数字位数与测量方法及所用仪器的准确度有关。

在定量分析计算中，一般首位数字为8或9时，可按多一位处理；常数、系数等自然数的有效数字位数可以认为没有限制；对数的有效数字的位数由小数部分（尾数）数字的位数决定。

**2. 有效数字的修约**

目前一般采用"四舍六入五成双"规则。

**3. 有效数字的运算规则**

（1）加减法：几个数据相加或相减，有效数字位数的保留应以小数点后位数最少（绝对误差最大）的数字为准。

（2）乘除法：在乘除法的运算中，有效数字的位数应以几个数中有效数字位数最少（相对误差最大）的数字为准。

## 四、可疑数据的取舍

在一组平行测定数据中，往往会出现偏差比较大的数据，这一数据称为可疑数据或离群数据。

**1. $Q$ 检验法**

当测定次数 $n = 3 \sim 10$ 时,根据所要求的置信度,按照下列步骤检验可疑数据是否可以舍去。

(1) 将各数据按递增的顺序排列:$x_1, x_2, \cdots, x_n$;

(2) 求出最大与最小数据之差:$x_n - x_1$;

(3) 求出可疑数据与其相邻数据之间的差:$x_n - x_{n-1}$ 或 $x_2 - x_1$;

(4) 求出 $Q = \dfrac{x_n - x_{n-1}}{x_n - x_1}$ 或 $\dfrac{x_2 - x_1}{x_n - x_1}$;

(5) 根据测定次数 $n$ 和要求的置信度(如 90%)查教材表 3-2 得 $Q_{0.90}$ 值;

(6) 将 $Q$ 与 $Q_{0.90}$ 值相比较,若 $Q > Q_{0.90}$,则弃去可疑值,否则应予保留。

如果测定次数比较少,如 $n = 3$,而且 $Q$ 值与查表所得的 $Q$ 值相近,这时为了慎重起见,最好是再多测定几次,然后确定可疑数据的取舍。

**2. $4\bar{d}$ 法**

用 $4\bar{d}$ 法判断可疑数据的取舍时,首先求出除可疑数据以外的其余数据的平均值 $\bar{x}$ 和平均偏差 $\bar{d}$。然后将可疑数据与平均值进行比较,如绝对差值大于 $4\bar{d}$,则将可疑值舍去,否则应保留。

这样处理问题存在较大的误差,但是这种方法比较简单、不必查表,至今仍为人们所采用。当 $4\bar{d}$ 法与其他检验法矛盾时,应以其他方法为准。

### 五、滴定分析概述

**1. 滴定分析法分类**

滴定分析法根据化学反应的类型不同,可分为酸碱滴定法、配位滴定法、氧化还原滴定法和沉淀滴定法。

**2. 滴定分析法对化学反应的要求**

化学反应很多,但是适用于滴定分析的化学反应应具备下列条件:

(1) 反应必须定量地完成。即反应按一定的反应计量方程式进行,无副反应,而且反应完全程度在 99.9% 以上;

(2) 反应速率要快。对于反应速率慢的反应,有时可通过加热或加入催化剂来加速反应的进行;

(3) 能用简单、可靠的方法确定滴定终点。

**3. 滴定方式**

通常情况下,滴定方式包括:直接滴定法、返滴定法、置换滴定法和间接滴定法。

**4. 标准溶液和基准物质**

在滴定定量分析中,把一种已知准确浓度的试剂溶液称为标准溶液。能用于直接配制或标定标准溶液的物质称为基准物质。基准物质应符合下列要求:

(1) 试剂组成与化学式完全相符,若含结晶水,如:$Na_2B_4O_7 \cdot 10H_2O$ 等,其结晶水的含量均应符合化学式;

(2) 试剂的纯度足够高(质量分数在 99.9% 以上);

(3) 性质稳定,不易与空气中的 $O_2$ 和 $CO_2$ 反应,亦不吸收空气中的水分;

(4) 试剂最好有较大的摩尔质量,以减小称量时的相对误差。

标准溶液的配制有直接法和间接法两种。

**5. 标准溶液浓度的表示方法**

(1) 物质的量浓度(简称浓度):

指单位体积所含溶质的物质的量($n$)。B 物质的浓度为

$$c_B = \frac{n_B}{V} \quad (mol \cdot L^{-1})$$

(2) 滴定度

指每毫升滴定剂标准溶液相当于被测物质的质量(g 或 mg),用 $T$(待测物/滴定剂)表示,单位为 $g \cdot mL^{-1}$。

**6. 滴定分析结果的计算**

(1) 按化学计量关系计算;

(2) 按等物质的量的关系计算。

● 例题解析 ●

【例 1】 下列情况会引起什么误差,如果是系统误差,如何消除?

(1) 称量试样时吸收了水分;

(2)试样中含有微量的被测组分;
(3)重量法测 $SiO_2$ 时,试样中硅酸的沉淀不完全;
(4)称量开始时天平零点未调;
(5)读取滴定管读数时,最后一位估计不准;
(6)用 NaOH 滴定 HAc,选酚酞为指示剂确定终点颜色时稍有出入;
(7)配制标准溶液溶解基准物质时溶液溅失;
(8)以失去部分结晶水的硼砂为基准物质,标定盐酸溶液的浓度;
(9)天平砝码被腐蚀;
(10)高锰酸钾法测定钙,过滤时沉淀穿滤。

**解题思路** 对误差的分类及产生的原因应熟悉,并了解其特点。偶然误差可正可负、不可测、不能避免、总体服从正态分布;系统误差具有单向性、重复性和可测性。

**解** (1)试样吸收水分会产生系统正误差,属于系统误差。通常情况下应干燥后称量。

(2)试样中含有微量的被测组分,试剂用量将会增加,产生系统正误差。可通过空白试验或对试剂进行提纯来加以校正。

(3)由方法误差而引起的系统负误差,需要对方法加以改进。

(4)称量开始时天平零点未调,产生系统误差。分析天平应实验前、后加以校正,保证称量的准确性。

(5)读取滴定管读数时,最后一位估计不准产生偶然误差。因滴定管读数的最后一位是估读的。

(6)因为每个人的眼睛对颜色的敏感程度不同,所以观察终点颜色时会稍有出入,属于可正可负的偶然误差。

(7)是由于工作粗心大意产生的过失误差,应当严格避免。

(8)在一定的条件下,硼砂的用量将会减小,产生系统负误差。应该用物质组成与化学式完全相符的硼砂,并保存在 60% 的恒湿器中。

(9)天平砝码被腐蚀会产生系统误差。应更换相同规格的完好砝码或加以校正。

(10)高锰酸钾法测定钙,过滤时沉淀穿滤,是由于违反操作规程造成的过失误差,应当避免。

**【例2】** 确定下面数值的有效数字的位数。

(1)25.30%　(2)pH=11.20　(3)π=3.141　(4)1 000　(5)0.020 30

**解题思路**　根据有效数字位数确定规则来解。

**解**　(1)四位有效数字。

(2)两位有效数字,其有效数字的位数只决定于小数部分。

(3)有效数字的位数不能确定,一般认为有无限位。

(4)有效数字的位数较含糊,一般看成四位。

(5)四位有效数字。数字前面的0不是有效数字,数字后面的0是有效数字。

【例3】　下列算式的结果应以几位有效数字报出？

$$\frac{1.50\times(115-1.240)}{6.438\,5}$$

**解题思路**　这是有效数字加减乘除混合运算的问题。根据有效数字的运算规则,进行加减运算时,应以各数中小数点后位数最少的数据为准;乘除运算时,应以参加运算的各数据中有效数字位数最少的数据为准。上式加减运算应以115为准,乘除运算应以1.50或115为准。所以本题应以三位有效数字报出。

**解**　$$\frac{1.50\times(115-1.240)}{6.438\,5}=26.5$$

【例4】　计算$0.020\,00\,\text{mol}\cdot\text{L}^{-1}$ KMnO$_4$标准溶液对Fe和Fe$_2$O$_3$的滴定度。

**解题思路**　为了测定试样中的铁含量,首先用酸将试样溶解,并用预还原剂将Fe$^{3+}$还原为Fe$^{2+}$,然后用KMnO$_4$标准溶液滴定。所以,要正确地写出滴定反应方程式并配平,然后根据该反应方程式找出两种物质之间物质的量的关系,最后根据滴定度的定义进行计算。

**解**　化学反应方程式

$$\text{Fe}+2\text{H}^+\longrightarrow\text{Fe}^{2+}+\text{H}_2\uparrow$$

$$\text{Fe}_2\text{O}_3+6\text{H}^+\longrightarrow 2\text{Fe}^{3+}+3\text{H}_2\text{O}$$

$$2\text{Fe}^{3+}\longrightarrow 3\text{Fe}^{2+}$$

$$\text{MnO}_4^-+5\text{Fe}^{2+}+8\text{H}^+\longrightarrow\text{Mn}^{2+}+5\text{Fe}^{3+}+4\text{H}_2\text{O}$$

因此　$n(\text{Fe})=5n(\text{KMnO}_4)$,　$n(\text{Fe}_2\text{O}_3)=\dfrac{5}{2}n(\text{KMnO}_4)$

$T(\text{Fe}/\text{KMnO}_4) = 5 \times 0.02000 \times 55.85 \times 10^{-3} = 0.005585 \text{ g} \cdot \text{mL}^{-1}$

$T(\text{Fe}_2\text{O}_3/\text{KMnO}_4) = \dfrac{5}{2} \times 0.02000 \times 159.7 \times 10^{-3} = 0.007985 \text{ g} \cdot \text{mL}^{-1}$

**【例5】** 在硫酸介质中,基准物质 $\text{Na}_2\text{C}_2\text{O}_4$ 201.0 mg,用 $\text{KMnO}_4$ 溶液滴定至终点,消耗其体积 30.00 mL,计算 $\text{KMnO}_4$ 标准溶液的浓度($\text{mol} \cdot \text{L}^{-1}$)。

**解题思路** 首先正确地写出滴定反应方程式并配平,然后根据该反应方程式找出被测物质与滴定剂或基准物质之间物质的量的关系,最后进行计算。

**解法1** 按化学计量关系计算

$$2\text{MnO}_4^- + 5\text{C}_2\text{O}_4^{2-} + 16\text{H}^+ \longrightarrow 2\text{Mn}^{2+} + 10\text{CO}_2 \uparrow + 8\text{H}_2\text{O}$$

$$\dfrac{n(\text{KMnO}_4)}{n(\text{Na}_2\text{C}_2\text{O}_4)} = \dfrac{2}{5}$$

已知　　　　$M(\text{Na}_2\text{C}_2\text{O}_4) = 134.0 \text{ g} \cdot \text{mol}^{-1}$

$$c(\text{KMnO}_4) \cdot V(\text{KMnO}_4) = \dfrac{2m(\text{Na}_2\text{C}_2\text{O}_4)}{5M(\text{Na}_2\text{C}_2\text{O}_4)}$$

$$c(\text{KMnO}_4) = \dfrac{2m(\text{Na}_2\text{C}_2\text{O}_4)}{5M(\text{Na}_2\text{C}_2\text{O}_4) \cdot V(\text{KMnO}_4)} = \dfrac{2 \times 201.0 \times 10^{-3}}{5 \times 134.0 \times 30.00 \times 10^{-3}}$$

$$= 0.02000 \text{ mol} \cdot \text{L}^{-1}$$

**解法2** 按等物质的量关系计算

选择 $\dfrac{1}{5}\text{KMnO}_4$、$\dfrac{1}{2}\text{Na}_2\text{C}_2\text{O}_4$ 作为基本单元,在化学计量点时：

$$n\left(\dfrac{1}{5}\text{KMnO}_4\right) = n\left(\dfrac{1}{2}\text{Na}_2\text{C}_2\text{O}_4\right)$$

$$c\left(\dfrac{1}{5}\text{KMnO}_4\right) \cdot V(\text{KMnO}_4) = \dfrac{m(\text{Na}_2\text{C}_2\text{O}_4)}{M\left(\dfrac{1}{2}\text{Na}_2\text{C}_2\text{O}_4\right)}$$

$$c\left(\dfrac{1}{5}\text{KMnO}_4\right) = \dfrac{m(\text{Na}_2\text{C}_2\text{O}_4)}{M\left(\dfrac{1}{2}\text{Na}_2\text{C}_2\text{O}_4\right) \cdot V(\text{KMnO}_4)} = \dfrac{201.0 \times 10^{-3}}{67.00 \times 30.00 \times 10^{-3}}$$

$$= 0.1000 \text{ mol} \cdot \text{L}^{-1}$$

$$c(\text{KMnO}_4) = \dfrac{0.1000}{5} = 0.02000 \text{ mol} \cdot \text{L}^{-1}$$

与解法1的计算结果一致。

● **习题选解** ●

**3-1** 有一铜矿试样,经两次测定,得知铜含量为 24.87% 和 24.93%,而铜的实际含量为 25.05%。求分析结果的绝对误差和相对误差。

**解** 分析结果的平均值为

$$\bar{x} = \frac{24.87\% + 24.93\%}{2} = 24.90\%$$

平均值的绝对误差为

$$E_a = \bar{x} - \mu = 24.90\% - 25.05\% = -0.0015$$

相对误差为

$$E_r = \frac{\bar{x} - \mu}{\mu} \times 100\% = \frac{E_a}{\mu} \times 100\% = \frac{-0.0015}{25.05\%} \times 100\% = -0.60\%$$

**3-2** 测定某样品的含氮量,六次平行测定的结果分别为 20.48%,20.55%,20.58%,20.60%,20.53%,20.50%。

(1) 计算这组数据的算术平均值、平均偏差、标准偏差和变异系数;

(2) 若此样品是标准样品,含氮量为 20.45%,计算以上结果的绝对误差和相对误差。

**解** (1) 这组数据的算术平均值为

$$\bar{x} = \frac{20.48\% + 20.55\% + 20.58\% + 20.60\% + 20.53\% + 20.50\%}{6}$$
$$= 20.54\%$$

平均偏差为

$$\bar{d} = \frac{1}{n}\sum_{i=1}^{n}|x_i - \bar{x}|$$

$$= \frac{(|20.48 - 20.54| + |20.55 - 20.54| + |20.58 - 20.54| + |20.60 - 20.54| + |20.53 - 20.54| + |20.50 - 20.54|)\%}{6}$$

$$= 0.04\%$$

标准偏差为

$$S = \sqrt{\frac{\sum_{i=1}^{n}(x_i - \overline{x})^2}{n-1}} = 0.05\%$$

变异系数为

$$S_r = \frac{S}{\overline{x}} \times 100\% = \frac{0.05\%}{20.54\%} \times 100\% = 0.2\%$$

(2) 当 $\mu = 20.45\%$ 时,平均值的绝对误差为

$$E_a = \overline{x} - \mu = 20.54\% - 20.45\% = 0.000\ 9$$

相对误差为

$$E_r = \frac{\overline{x} - \mu}{\mu} \times 100\% = \frac{E_a}{\mu} \times 100\% = \frac{0.000\ 9}{20.45\%} \times 100\% = 0.44\%$$

**3-3** 已知分析天平能准确至 $\pm 0.1$ mg,滴定管能读准至 $\pm 0.01$ mL,若要求分析结果达到 $0.1\%$ 的准确度,问至少应用分析天平称取多少试样?滴定时所用标准溶液的体积为多少?

**解** 由于误差具有传递的性质,称量时一般需称两次,因此用分析天平称取试样时,实际的绝对误差为

$$E_a = \pm 0.1\ \text{mg} \times 2 = \pm 0.2\ \text{mg}$$

而

$$E_r = \frac{E_a}{m_S} \times 100\%$$

所以

$$m_S = \frac{E_a}{E_r} \times 100\% = \frac{\pm 0.2}{\pm 0.1\%} \times 100\% = 0.2\ \text{g}$$

即为使分析结果的准确度达到 $0.1\%$,至少应称取 $0.2$ g 试样。

同理,用滴定管滴定时实际的绝对误差为

$$E_a = \pm 0.01\ \text{mL} \times 2 = \pm 0.02\ \text{mL}$$

$$V_S = \frac{E_a}{E_r} \times 100\% = \frac{\pm 0.02}{\pm 0.1\%} \times 100\% = 20\ \text{mL}$$

即为使分析结果的准确度达到 $0.1\%$,滴定时所用标准溶液的体积至少应为 $20$ mL,而实际滴定时常控制在 $20 \sim 30$ mL。

**3-4** 在标定 NaOH 时,要求消耗 $0.1\ \text{mol} \cdot \text{L}^{-1}$ NaOH 溶液的体积为 $20 \sim 30$ mL,问:

(1) 应称取多少邻苯二甲酸氢钾($KHC_8H_4O_4$)基准物质?

(2) 如果改用草酸($H_2C_2O_4 \cdot 2H_2O$)做基准物质,又该称取多少?
(3) 若分析天平的称量误差为 $\pm 0.0002$ g,试计算以上两种试剂称量的相对误差。
(4) 计算结果说明了什么?

**解** (1) $NaOH + KHC_8H_4O_4 \rightleftharpoons KNaC_8H_4O_4 + H_2O$

由上述计量关系可知,$n(NaOH) = n(KHC_8H_4O_4)$

$$\frac{c(NaOH)V(NaOH)}{1\,000} = \frac{m(KHC_8H_4O_4)}{M(KHC_8H_4O_4)}$$

若 $V(NaOH) = 20 \sim 30$ mL

则 $m(KHC_8H_4O_4) = \dfrac{c(NaOH)V(NaOH)M(KHC_8H_4O_4)}{1\,000}$

$$= \frac{0.1 \times (20 \sim 30) \times 204}{1\,000}$$

$$= 0.4 \sim 0.6 \text{ g}$$

(2) $2NaOH + H_2C_2O_4 \cdot 2H_2O \rightleftharpoons Na_2C_2O_4 + 4H_2O$

$m(H_2C_2O_4 \cdot 2H_2O) = \dfrac{c(NaOH)V(NaOH)M(H_2C_2O_4 \cdot 2H_2O)}{2 \times 1\,000}$

$$= \frac{0.1 \times (20 \sim 30) \times 126}{2\,000} = 0.1 \sim 0.2 \text{ g}$$

(3) $E_r = \dfrac{\pm 0.0002}{0.4} \times 100\% = \pm 0.05\% \sim \dfrac{\pm 0.0002}{0.6} \times 100\% = \pm 0.03\%$

$E_r = \dfrac{\pm 0.0002}{0.1} \times 100\% = \pm 0.2\% \sim \dfrac{\pm 0.0002}{0.2} \times 100\% = \pm 0.1\%$

(4) 计算结果说明,称样量越大,计算结果的相对误差越小。

**3-5** 用两种不同方法测得数据如下:
(1) $n_1 = 6, \bar{x}_1 = 71.26\%, S_1 = 0.13\%$
(2) $n_2 = 9, \bar{x}_2 = 71.38\%, S_2 = 0.11\%$
判断两种方法间有无显著性差异?

**解** $S_R = \sqrt{\dfrac{(n_1-1)S_1^2 + (n_2-1)S_2^2}{n_1 + n_2 - 2}}$

$$= \sqrt{\frac{(6-1)\times 0.001\ 3^2 + (9-1)0.001\ 1^2}{6+9-2}} = 0.001\ 2$$

$$t = \frac{|\bar{x}_1 - \bar{x}_2|}{S_R}\sqrt{\frac{n_1 \times n_2}{n_1 + n_2}}$$

$$= \frac{|0.712\ 6 - 0.713\ 8|}{0.001\ 2}\sqrt{\frac{6\times 9}{6+9}} = 1.9$$

查表 3-3,得 $t_{0.05,13} = 2.160$。由于 $t < t_{0.05,13}$,说明两组数据间不存在系统误差,无显著性差异。

**3-6** 测定某一热交换器水垢的 $P_2O_5$ 和 $SiO_2$ 的质量分数如下(已校正系统误差):

$w(P_2O_5)$:8.44%,8.32%,8.45%,8.52%,8.69%,9.38%;

$w(SiO_2)$:1.50%,1.51%,1.68%,1.22%,1.63%,1.72%。

根据 $Q$ 检验法对可疑数据决定取舍,置信度为 90%。然后求出平均值、平均偏差和标准偏差。

**解** (1) 将 $w(P_2O_5)$ 数据按递增的顺序排列

8.32%,8.44%,8.45%,8.52%,8.69%,9.38%

(2) 9.38% 为可疑值,则统计量 $Q$ 为

$$Q = \frac{x_n - x_{n-1}}{x_n - x_1} = \frac{9.38\% - 8.69\%}{9.38\% - 8.32\%} = 0.650$$

(3) 由教材表 3-1 查得,当 $n=6$ 时,$Q_{0.90} = 0.56$,$Q > Q_{0.90}$,因此 9.38% 应该舍去。

平均值为

$$\bar{x} = \frac{8.44\% + 8.32\% + 8.45\% + 8.52\% + 8.69\%}{5} = 8.48\%$$

平均偏差为

$$\bar{d} = \frac{1}{n}\sum_{i=1}^{n}|x_i - \bar{x}|$$

$$= \frac{(|8.44-8.48|+|8.32-8.48|+|8.45-8.48|+|8.52-8.48|+|8.69-8.48|)\%}{5}$$

$$= 0.1\%$$

标准偏差为

$$S = \sqrt{\frac{\sum_{i=1}^{n}(x_i - \bar{x})^2}{n-1}} = \sqrt{\frac{\sum_{i=1}^{n} d_i^2}{n-1}}$$

$$= \sqrt{\frac{(0.04\%)^2 + (0.16\%)^2 + (0.03\%)^2 + (0.04\%)^2 + (0.21\%)^2}{5-1}}$$

$$= 1 \times 10^{-3}$$

注：$w(SiO_2)$ 数据处理略。

**3-7** 某学生标定 HCl 溶液的物质的量浓度时，得到下列数据：0.101 1，0.101 0，0.101 2，0.101 6。根据 $4\bar{d}$ 法判断第四个数据是否应当保留？若再测定一次，得到 0.101 4，0.101 6 是否应当保留？

**解** 首先不计可疑数据 0.101 6，求得其余数据的平均值和平均偏差

$$\bar{x} = \frac{0.101\ 1 + 0.101\ 0 + 0.101\ 2}{3} = 0.101\ 1$$

$$\bar{d} = \frac{1}{n}\sum_{i=1}^{n}|x_i - \bar{x}|$$

$$= \frac{|0.101\ 1 - 0.101\ 1| + |0.101\ 0 - 0.101\ 1| + |0.101\ 2 - 0.101\ 1|}{3}$$

$$= 7 \times 10^{-5}$$

可疑数据与平均值差的绝对值为

$$|0.101\ 6 - 0.101\ 1| = 0.000\ 5 > 4\bar{d} = 4 \times 6.7 \times 10^{-5} = 2.7 \times 10^{-4}$$

故 0.101 6 这一数据应舍去。

若再测定一次，得到数据为 0.101 4，则

$$\bar{x} = \frac{0.101\ 1 + 0.101\ 0 + 0.101\ 2 + 0.101\ 4}{4} = 0.101\ 2$$

$$\bar{d} = \frac{1}{n}\sum_{i=1}^{n}|x_i - \bar{x}|$$

$$= \frac{|0.101\ 1 - 0.101\ 2| + |0.101\ 0 - 0.101\ 2| + |0.101\ 2 - 0.101\ 2| + |0.101\ 4 - 0.101\ 2|}{4}$$

$$= 1 \times 10^{-4}$$

可疑数据与平均值差的绝对值为

$$|0.101\ 6 - 0.101\ 2| = 0.000\ 4 \leqslant 4\bar{d} = 4 \times 1 \times 10^{-4} = 4 \times 10^{-4}$$

故 0.101 6 这一数据应予保留。

**3-8** 按有效数字运算规则,计算下列各式:

(1) $2.187 \times 0.854 + 9.6 \times 10^{-5} - 0.032\,6 \times 0.008\,14$;

(2) $\dfrac{51.38}{8.709 \times 0.094\,60}$;

(3) $\dfrac{89.827 \times 50.62}{0.005\,164 \times 136.6}$;

(4) $\sqrt{\dfrac{1.5 \times 10^{-8} \times 6.1 \times 10^{-8}}{3.3 \times 10^{-6}}}$;

(5) $\dfrac{1.20 \times (112 - 1.240)}{5.437\,5}$;

(6) $\dfrac{1.50 \times 10^{-5} \times 6.11 \times 10^{-8}}{3.3 \times 10^{-5}}$;

(7) pH = 0.03,求 $c(H^+)$。

**解** (1) $2.187 \times 0.854 + 9.6 \times 10^{-5} - 0.032\,6 \times 0.008\,14 = 1.867$;

(2) $\dfrac{51.38}{8.709 \times 0.094\,60} = 62.36$;

(3) $\dfrac{89.827 \times 50.62}{0.005\,164 \times 136.6} = 6\,446$;

(4) $\sqrt{\dfrac{1.5 \times 10^{-8} \times 6.1 \times 10^{-8}}{3.3 \times 10^{-6}}} = 1.7 \times 10^{-5}$;

(5) $\dfrac{1.20 \times (112 - 1.240)}{5.437\,5} = 24.5$(或 24.4);

(6) $\dfrac{1.50 \times 10^{-5} \times 6.11 \times 10^{-8}}{3.3 \times 10^{-5}} = 2.8 \times 10^{-8}$;

(7) 因为 pH = 0.03,所以 $c(H^+) = 0.93 \text{ mol} \cdot L^{-1}$。

**3-9** 将 0.008 9 g $BaSO_4$ 换算为 Ba,问计算时下列换算因数取何数较为恰当?计算结果应以几位有效数字给出?

  0.588 4    0.588    0.59

**解** 在计算时,换算因数取 0.588 4 较为恰当。

计算结果应取三位有效数字:

$$m(Ba) = 0.588\,4 \times 0.008\,9 = 0.005\,24 \text{ g}$$

**3-10** 已知浓硫酸的相对密度为 1.84,其中 $H_2SO_4$ 含量(质量分数)为 98%,现要配制 1 L 0.1 mol·L$^{-1}$ 的 $H_2SO_4$ 溶液,应取多少毫升这种硫酸?

**解** 应取这种硫酸 $V$ mL,$H_2SO_4$ 的摩尔质量为
$$M(H_2SO_4) = 98.08 \text{ g·mol}^{-1}$$
则
$$0.1 \text{ mol·L}^{-1} \times 1 \text{ L} = \frac{1.84 \times V \times 98\%}{M(H_2SO_4)}$$

$$V = \frac{0.1 \text{ mol·L}^{-1} \times 1 \text{ L} \times M(H_2SO_4)}{1.84 \times 98\%} = 5.4 \text{ mL}$$

**3-11** 有一 NaOH 溶液,其浓度为 0.545 0 mol·L$^{-1}$,取该溶液 100.0 mL,需加多少毫升水方能配制成 0.500 0 mol·L$^{-1}$ 的 NaOH 溶液?

**解** 已知 $V(\text{NaOH}) = 100.0$ mL,$c(\text{NaOH}) = 0.545 0$ mol·L$^{-1}$ 设需加水 $V(H_2O)$ mL,则
$$c(\text{NaOH})V(\text{NaOH}) = c'(\text{NaOH})[V(\text{NaOH}) + V(H_2O)]$$
$$V(H_2O) = \frac{c(\text{NaOH})V(\text{NaOH}) - c'(\text{NaOH})V(\text{NaOH})}{c'(\text{NaOH})}$$
$$= \frac{0.545 0 \times 100.00 - 0.500 0 \times 100.00}{0.500 0} = 9.00 \text{ mL}$$

**3-12** 计算 0.101 5 mol·L$^{-1}$ HCl 标准溶液对 $CaCO_3$ 的滴定度。

**解** HCl 标准溶液与 $CaCO_3$ 反应如下:
$$CaCO_3 + 2HCl \longrightarrow CaCl_2 + CO_2\uparrow + H_2O$$
$$n(CaCO_3) = \frac{1}{2}n(\text{HCl})$$
$$T(CaCO_3/\text{HCl}) = \frac{m(CaCO_3)}{V(\text{HCl})} = \frac{n(\text{HCl})M(CaCO_3)}{2V(\text{HCl})}$$
$$= \frac{c(\text{HCl})V(\text{HCl})M(CaCO_3)}{2V(\text{HCl})}$$
$$= \frac{0.101 5 \times 1 \times 10^{-3} \times 100}{2 \times 1.00} = 0.005 075 \text{ g·mL}^{-1}$$

**3-13** 分析不纯 $CaCO_3$(其中不含干扰物质)时,称取三份试样并记录质量(见下表),分别加入浓度为 0.250 0 mol·L$^{-1}$ 的 HCl 标准溶液 25.00 mL。煮沸除去 $CO_2$,再用浓度为 0.201 2 mol·L$^{-1}$ 的 NaOH 溶液返滴定过量的酸,记录消耗 NaOH 溶液的体积。计算试样中 $CaCO_3$ 的质量分数,并完成下表。

| 编号 | $m(CaCO_3)$/g | $V(NaOH)$/mL | $\omega(CaCO_3)$/% | $\omega(CaCO_3)$平均值/% | 绝对偏差/% | 平均偏差/% | 相对平均偏差/% |
|---|---|---|---|---|---|---|---|
| 1 | 0.300 0 | 5.84 | | | | | |
| 2 | 0.276 5 | 7.96 | | | | | |
| 3 | 0.290 2 | 6.74 | | | | | |

**解**

| 编号 | $m(CaCO_3)$/g | $V(NaOH)$/mL | $\omega(CaCO_3)$/% | $\omega(CaCO_3)$平均值/% | 绝对偏差/% | 平均偏差/% | 相对平均偏差/% |
|---|---|---|---|---|---|---|---|
| 1 | 0.300 0 | 5.84 | 84.58 | | +0.26 | | |
| 2 | 0.276 5 | 7.96 | 84.06 | 84.32 | −0.26 | 0.17 | 0.20 |
| 3 | 0.290 2 | 6.74 | 84.32 | | 0.00 | | |

$$CaCO_3\% = \frac{m}{m_s} \times 100\%$$

$$= \frac{M(CaCO_3)}{2m_s}[c(HCl) \times V(HCl) - c(NaOH) \times V(NaOH)] \times 10^{-3} \times 100\%$$

$$= \frac{50.00}{m_s} \times [0.250\ 0 \times 25.00 - 0.201\ 2 \times V(NaOH)] \times 10^{-3} \times 100\%$$

$$= \frac{50.00}{m_s} \times [6.250 - 0.201\ 2 \times V(NaOH)] \times 10^{-3} \times 100\%$$

● **同步练习** ●

一、判断题

1. 仪器分析法具有灵敏度高、分析速度快等特点,因此在任何测定时可以取代化学方法。 ( )

2. 根据误差的基本性质可以将其分为三大类:系统误差、偶然误差和过失误差。 ( )

3. 对偶然误差来讲,大小相等的正、负误差出现的机会均等。 ( )

4. 偏差是指测定值与真实值之差。 ( )

5. 通过增加平行测定次数,可以降低偶然误差。 ( )

**6.** 精密度高,则准确度必然高。( )

**7.** 系统误差的特点是其大小、正负是固定的。( )

**8.** 在分析数据中,所有的"0"均为有效数字。( )

**9.** 标准溶液的配制方法有直接配制法和间接配制法,间接配制法也称标定法。( )

**10.** 滴定分析的误差一般要求≤0.1%,滴定时消耗标准溶液的体积应控制在 10～20 mL。( )

**11.** pH = 3.05 是 3 位有效数字。( )

**12.** 滴定管的读数误差为 0.01 mL,那么在一次滴定中就会有 0.01 mL 的误差。( )

**13.** 硼砂保存于干燥剂中,用于标定 HCl 溶液,浓度将会偏高。( )

**14.** 在分析结果计算的下列算式中:

$$x = \frac{0.3020 \times 25.25 \times 46.42}{0.1407 \times 500}$$

每个数据的最后一位都有±1 的绝对误差。其中最小的数据 0.140 7 在计算结果 $x$ 中引入的相对误差将最大。( )

**15.** 将 3.142 4,3.215 6,5.623 5 和 4.624 5 修约成四位有效数字时,则分别为 3.142,3.216,5.624 和 4.624。( )

**16.** 精密度高不等于准确度好,这是由于可能存在系统误差。控制了偶然误差,测定的精密度才会有保证,但同时还需要校正系统误差,才能使测定结果既精密又准确。( )

**17.** 对某样品进行 6 次测定得到如下数据:5.12,6.28,6.12,6.23,6.22,6.02。用 $Q$ 检验法处理后 5.12 这个数据应舍去(设置信度为 90%)($n = 6$, $Q_{0.90} = 0.56$)。( )

**18.** 基准物质可以直接配制成标准溶液。( )

**19.** 用分析天平称取 8 g $Na_2S_2O_3$,配制标准溶液。( )

**20.** 溶解样品时,加入 30 mL 蒸馏水,此时可用量筒量取。( )

**21.** 修约有效数字时应遵循"四舍六入五成双"的原则,从最后一位开

始,逐个向左进行。 ( )

**22.** 用指示剂法确定终点时,由于指示剂选择不当所造成的误差属于偶然误差。 ( )

**23.** 1 L 溶液中含有 9.808 g $H_2SO_4$,则 $c(1/2\ H_2SO_4) = 2c(H_2SO_4) = 0.200\ 0\ mol \cdot L^{-1}$。 ( )

**24.** 平行实验的精密度越高,其分析结果的准确度也越高。 ( )

**25.** 增加平行测定次数,可提高分析结果的准确度。 ( )

**26.** 有效数字是指分析工作中实际能测量到的数字,每一位都是准确的。 ( )

**27.** 欲配制 1 L 0.020 00 $mol \cdot L^{-1}$ $K_2Cr_2O_7$(摩尔质量 294.2 $g \cdot mol^{-1}$)溶液,所用分析天平的准确度为 ±0.1 mg。若相对误差要求为 ±0.2%,则称取 $K_2Cr_2O_7$ 时应称准至 0.001 g。 ( )

**28.** 由计算器算得 $\dfrac{2.236 \times 1.112\ 4}{1.036 \times 0.200\ 0}$ 的结果为 12.004 471,按有效数字运算规则应将其结果修正为 12.00。 ( )

二、选择题

**1.** 下列叙述错误的是( )。

A. 方法误差属于系统误差    B. 系统误差又称可测误差

C. 系统误差呈正态分布    D. 系统误差具有单向性

**2.** 下列有关偶然误差的正确论述是( )。

A. 偶然误差可以用空白实验消除

B. 偶然误差在分析中是不可避免的

C. 偶然误差出现正误差和负误差的机会均等

D. 偶然误差具有单向性

**3.** 测定中若出现下列情况,所引起的误差属于偶然误差的是( )。

A. 测定时所加试剂中含有微量的被测物质

B. 某分析人员读取滴定管读数时总是偏高或偏低

C. 某分析人员读取同一滴定管的读数几次不能取得一致

D. 滴定时发现有少量的溶液溅出

**4.** 精密度和准确度的关系是( )。

A. 精密度高,准确度一定高　　　B. 准确度高,精密度一定高

C. 二者之间无关系　　　　　　　D. 准确度高,精密度不一定高

**5.** 用返滴定法测定软锰矿中 $MnO_2$ 的含量时,测定结果按下式计算:

$$\frac{\left(\frac{0.750\ 0}{126.07} - 30.08 \times 0.025\ 00 \times \frac{1}{1\ 000} \times \frac{5}{2}\right) \times 86.94}{1.000} \times 100\%$$

分析结果应以几位有效数字报出( )。

A. 5 位　　　B. 4 位　　　C. 2 位　　　D. 3 位

**6.** 硼砂保存在干燥剂中,用于标定 HCl 溶液,浓度将会( )。

A. 偏高　　　B. 无影响　　　C. 偏低

**7.** 下列物质中不能作为基准物质的是( )。

A. $K_2Cr_2O_7$　　B. NaOH　　C. $Na_2C_2O_4$　　D. ZnO

**8.** 已知 $T(Fe_3O_4/K_2Cr_2O_7) = 0.009\ 260\ g \cdot mL^{-1}$,则 $K_2Cr_2O_7$ 标准溶液浓度为( )。

A. $0.010\ 00\ mol \cdot L^{-1}$　　　B. $0.100\ 0\ mol \cdot L^{-1}$

C. $0.020\ 00\ mol \cdot L^{-1}$　　　D. $0.200\ 0\ mol \cdot L^{-1}$

**9.** 在滴定分析中,滴定剂的浓度与被测物质的浓度( )。

A. 必须相等　　　　　　　B. 必须均在 $0.1\ mol \cdot L^{-1}$ 左右

C. 最好大致相当　　　　　D. 需要相差 10 倍以上

**10.** 为下列操作选用合适的仪器:

(1) 量取未知浓度的溶液做被测液( );

(2) 配制 $K_2Cr_2O_7$ 标准溶液(直接法)( );

(3) 量取浓盐酸配制盐酸标准溶液( )。

A. 量筒　　　B. 移液管　　　C. 容量瓶　　　D. 试剂瓶

### 三、填空题

**1.** 0.908 001 有_____位有效数字,0.024 有_____位有效数字。

**2.** 正态分布规律反映出_____误差的分布特点。

**3.** 定量分析中,影响测定结果准确度的是_____误差;影响测定结果精密度的是_____误差。

**4.** 精密度可用_____、_____、_____、_____来分别表示。

**5.** 分析测试数据中偶然误差的特点是大小相同的正负误差出现的概率_____,大误差出现的概率_____,小误差出现的概率_____。

**6.** 对某酸溶液的浓度(单位:mol·L$^{-1}$)平行测定了 4 次,其结果为 0.105 1,0.106 0,0.105 5,0.105 7。则平均值 $\bar{x}$ = _____;平均偏差 $\bar{d}$ = _____;标准偏差 $S$ = _____;相对标准偏差 $S_r$ = _____。

**7.** 对于滴定分析一般要求滴定的相对误差 ≤ 0.1%,用万分之一的分析天平可以称至_____mg,用递减法称样时,一般至少称取_____g;滴定管读数一般可以读至_____mL;使用 50 mL 的滴定管滴定时,滴定体积应控制在_____mL。

**8.** 在滴定分析中,将指示剂改变颜色时的那一点称为_____,而将标准溶液与被测物质恰好完全反应时的那一点称为_____,由两者存在的差异所引起的误差称为_____。

**9.** 根据化学反应类型的不同,滴定分析法可分为_____、_____、_____和_____。

**10.** 能用于滴定分析的化学反应应具备的条件是:
(1) _____;
(2) _____;
(3) _____。

**11.** 基准物质是指_____,基准物质应满足下列要求:
(1) _____;
(2) _____;
(3) _____;
(4) _____。

**12.** 标准溶液是指_____的溶液,其配制方法包括_____和

_____,后者又称为_____。

**13.** 标定 NaOH 标准溶液,常用的基准物质是_____。

**14.** 在表示分析结果时,组分含量 ≥10% 时,保留_____位有效数字;含量 1%～10% 时,保留_____位有效数字;含量 <1% 时,保留_____位有效数字。对于各种误差和偏差的计算,一般要求保留_____位有效数字。

**15.** 滴定管的读数常有 ±0.01 mL 的误差,那么在一次滴定中可能有 _____ mL 的误差。

### 四、计算题

**1.** 根据有效数字运算规则进行下列计算:

(1) $\dfrac{3.10 \times 21.14 \times 5.10}{0.001\,120}$;

(2) $\dfrac{51.0 \times 4.03 \times 10^{-4}}{2.512 \times 0.002\,034}$;

(3) $\dfrac{0.032\,4 \times 8.1 \times 2.12 \times 10^{2}}{0.006\,15}$;

(4) $213.64 + 4.4 + 0.324\,4$;

(5) 已知 pH = 8.23,求溶液的 $H^+$ 浓度;

(6) 已知溶液中含有 $5.0 \times 10^{-5}$ mol·$L^{-1}$ 的 $OH^-$,计算溶液的 pH。

**2.** 分析某一批铁矿石的标准样品,6 次平行测定含铁量的结果如下:37.45%,37.20%,37.30%,37.50%,37.25%,37.35%,试计算测定结果的平均值、平均偏差、相对平均偏差、标准偏差和相对标准偏差。

**3.** 某一标准溶液的四次标准值(单位:mol·$L^{-1}$)为 0.101 4,0.101 2,0.102 5,0.101 6,试分别用 $Q$ 检验法和 $4\bar{d}$ 法判断离群值 0.102 5 mol·$L^{-1}$ 可否舍去(置信度为 90%)?

**4.** 用 $Na_2B_4O_7 \cdot 10H_2O$ 基准物质标定 HCl 溶液浓度,滴定时要求消耗 0.1 mol·$L^{-1}$ HCl 溶液 20～30 mL,计算应称取多少 $Na_2B_4O_7 \cdot 10H_2O$ 基准物质?如果改用 $Na_2CO_3$ 做基准物质,又该称取多少?以上两种基准物质称量的最大相对误差各是多少?计算结果说明了什么?

5. 已知在酸性溶液中,$KMnO_4$ 与 $Fe^{2+}$ 反应时,1.00 mL $KMnO_4$ 溶液相当于 0.111 7 g Fe,而 1.00 mL $KHC_2O_4 \cdot H_2C_2O_4$ 溶液在酸性介质中恰好和 0.20 mL 上述 $KMnO_4$ 溶液完全反应,问需要多少毫升 0.200 mol·$L^{-1}$ NaOH 溶液才能与 1.00 mL $KHC_2O_4 \cdot H_2C_2O_4$ 溶液完全中和?

● 同步练习参考答案 ●

一、判断题

1. × 2. √ 3. √ 4. × 5. √ 6. × 7. √ 8. × 9. √ 10. ×
11. × 12. × 13. × 14. × 15. √ 16. √ 17. √ 18. √ 19. ×
20. √ 21. × 22. × 23. √ 24. × 25. √ 26. × 27. × 28. √

二、选择题

1. C 2. B 3. C 4. D 5. B 6. C 7. B 8. C 9. C 10.(1)B (2)C (3)A

三、填空题

1. 6,2

2. 偶然

3. 系统,偶然

4. 平均偏差,相对平均偏差,标准偏差,相对标准偏差(变异系数)

5. 相等,小,大

6. 0.105 6,0.000 3,0.000 4,0.4%

7. ±0.1,0.2,±0.01,20～30

8. 滴定终点,化学计量点,终点误差

9. 酸碱滴定法,沉淀滴定法,氧化还原滴定法,配位滴定法

10. (1)反应定量且完全,(2)反应速率较大,(3)有合适的终点指示方法

11. 能直接配制标准溶液或能用于标定标准溶液的物质。(1)组成与化学式完全一致,(2)纯度足够高,(3)性质稳定,(4)摩尔质量大

12. 已知准确浓度的试剂溶液,直接法,间接法,标定法

13. 邻苯二甲酸氢钾

**14.** 四,三,二,1~2

**15.** 0.02

### 四、计算题

**1.** (1) $\dfrac{3.10 \times 21.14 \times 5.10}{0.001\ 120} = 2.98 \times 10^5$

(2) $\dfrac{51.0 \times 4.03 \times 10^{-4}}{2.512 \times 0.002\ 034} = 4.02$

(3) $\dfrac{0.032\ 4 \times 8.1 \times 2.12 \times 10^2}{0.006\ 15} = 9.0 \times 10^3$

(4) $213.64 + 4.4 + 0.324\ 4 = 2.2 \times 10^2$

(5) $c(H^+) = 5.9 \times 10^{-9}\ \text{mol} \cdot L^{-1}$

(6) pH = 9.70

**2.** 平均值　　　　　　　$\bar{x} = 37.34\%$

平均偏差　　　　　　$\bar{d} = 9.2 \times 10^{-4}$

相对平均偏差　　　　$\bar{d}_r = 0.25\%$

标准偏差　　　　　　$S = 0.001\ 2$

相对标准偏差　　　　$CV = 0.32\%$

**3.** (1) 用 $Q$ 检验法判断

由小到大排列数据：0.101 2, 0.101 4, 0.101 6, 0.102 5

计算 $Q$ 值：$Q = \dfrac{0.102\ 5 - 0.101\ 6}{0.102\ 5 - 0.101\ 2} = 0.692\ 3$

查 $Q$ 值表：$Q_{0.90} = 0.76$

因为 $Q < Q_{0.90}$，所以 0.102 5 不能舍去。

(2) 用 $4\bar{d}$ 法判断

首先不计可疑数据 0.102 5, 求得其余数据的平均值和平均偏差：

$\bar{x} = \dfrac{0.101\ 2 + 0.101\ 4 + 0.101\ 6}{3} = 0.101\ 4$

$\bar{d} = \dfrac{1}{n} \sum_{i=1}^{n} |x - \bar{x}|$

$$= \frac{|0.1012-0.1014|+|0.1014-0.1014|+|0.1016-0.1014|}{3}$$

$$= 0.0001$$

可疑数据与平均值差的绝对值为

$$|0.1025-0.1014| = 0.0011 > 4\bar{d} = 4 \times 0.0001 = 0.0004$$

故 0.1025 这一数据应舍去。

两结果矛盾,应以 $Q$ 检验法为准。

**4.** (1) 以 $Na_2B_4O_7 \cdot 10H_2O$ 为基准物

$$B_4O_7^{2-} + 2H^+ + 5H_2O \rlap{=}= 4H_3BO_3$$

由上述计量关系可知,

$$n(Na_2B_4O_7 \cdot 10H_2O) = \frac{1}{2}n(HCl)$$

$$\frac{m(Na_2B_4O_7 \cdot 10H_2O)}{M(Na_2B_4O_7 \cdot 10H_2O)} = \frac{1}{2} \times \frac{c(HCl) \cdot V(HCl)}{1\,000}$$

$$m(Na_2B_4O_7 \cdot 10H_2O) = \frac{c(HCl) \cdot V(HCl) \cdot M(Na_2B_4O_7 \cdot 10H_2O)}{2\,000}$$

$$= \frac{0.1 \times 381.37}{2\,000} \times V(HCl)$$

将 $V(HCl) = 20$ mL 和 $V(HCl) = 30$ mL 分别代入上式,可得 $m(Na_2B_4O_7 \cdot 10H_2O)$ 的称量范围:$0.4 \sim 0.6$ g。

(2) 以 $Na_2CO_3$ 为基准物

$$CO_3^{2-} + 2H^+ \rlap{=}= CO_2 + H_2O$$

由上述计量关系可知,

$$n(Na_2CO_3) = \frac{1}{2}n(HCl)$$

$$\frac{m(Na_2CO_3)}{M(Na_2CO_3)} = \frac{1}{2} \times \frac{c(HCl) \cdot V(HCl)}{1\,000}$$

$$m(Na_2CO_3) = \frac{c(HCl) \cdot V(HCl) \cdot M(Na_2CO_3)}{2\,000}$$

$$= \frac{0.1 \times 106}{2\,000} \times V(\text{HCl})$$

将 $V(\text{HCl}) = 20$ mL 和 $V(\text{HCl}) = 30$ mL 分别代入上式,可得 $m(\text{Na}_2\text{CO}_3)$ 的称量范围:$0.1 \sim 0.2$ g。

(3) 以 $\text{Na}_2\text{B}_4\text{O}_7 \cdot 10\text{H}_2\text{O}$ 为基准物:

$$E_r = \frac{\pm 0.000\,2}{0.4} \times 100\% = \pm 0.05\% \sim \frac{\pm 0.000\,2}{0.6} \times 100\% = \pm 0.03\%$$

以 $\text{Na}_2\text{CO}_3$ 为基准物:

$$E_r = \frac{\pm 0.000\,2}{0.1} \times 100\% = \pm 0.2\% \sim \frac{\pm 0.000\,2}{0.2} \times 100\% = \pm 0.1\%$$

(4) 结果说明,基准物的摩尔质量越大,称样量越大,称样的相对误差越小。

**5. 解** 根据反应计量方程可得:

$$1\text{KMnO}_4 = 5\text{Fe} = \frac{5}{2}\text{C}_2\text{O}_4^{2-} = \frac{5}{4}\text{KHC}_2\text{O}_4 \cdot \text{H}_2\text{C}_2\text{O}_4$$

$$= \frac{15}{4}\text{NaOH}$$

$$n(\text{Fe}) = \frac{4}{3}n(\text{NaOH})$$

由题中已知条件可得:

$$1.00 \text{ mL KHC}_2\text{O}_4 \cdot \text{H}_2\text{C}_2\text{O}_4 = 0.20 \text{ mL}$$

$$\text{KMnO}_4 = \frac{0.111\,7}{5} \text{g Fe}$$

所以

$$\frac{0.111\,7/5}{55.85} = \frac{4}{3} \times n(\text{NaOH})$$

$$n(\text{NaOH}) = \frac{0.111\,7 \times 3}{55.85 \times 5 \times 4} = 0.000\,3 \text{ mol}$$

$$V(\text{NaOH}) = \frac{0.000\,3 \text{ mol}}{0.200\,0 \text{ mol} \cdot \text{L}^{-1}} = 0.001\,5 \text{ L} = 1.5 \text{ mL}$$

# 第4章　酸碱平衡和酸碱滴定法

● 教学基本要求 ●

1. 了解酸碱理论的发展概况；掌握酸碱的质子理论；了解酸碱溶液的质子条件。
2. 了解水溶液中酸碱组分的分布、分布系数及分布曲线。
3. 掌握弱酸、弱碱在水溶液中的离解平衡；掌握溶液的酸碱性和酸碱溶液 pH 的计算方法；了解同离子效应、盐效应对酸碱平衡的影响。
4. 了解缓冲溶液及其作用原理；掌握缓冲溶液 pH 的计算；了解缓冲溶液的配制方法。
5. 了解酸碱指示剂的变色原理；掌握酸碱滴定中选择指示剂的方法；熟悉几种常用的酸碱指示剂。
6. 掌握酸碱滴定过程中 pH 的计算；了解强酸(碱)滴定强碱(酸)和强酸(碱)滴定弱碱(酸)的滴定突跃及其影响滴定突跃的因素；掌握强酸(碱)滴定弱碱(酸)的滴定条件；了解多元酸碱的滴定。
7. 掌握酸碱标准溶液的配制和标定方法；掌握双指示剂法测定混合碱的组成和含量；了解酸碱滴定法对硼酸、二氧化硅、氮含量等的测定；掌握酸碱滴定法的结果计算。

● 重点内容概要 ●

一、酸碱平衡

**1. 酸碱理论**

（1）酸碱电离理论

酸碱电离理论认为：凡是在水溶液中能电离出 $H^+$ 的物质为酸；在水溶

液中能电离出 $OH^-$ 的物质为碱。

(2) 酸碱质子理论

酸碱质子理论认为:凡是在反应过程中能给出质子($H^+$)的物质都是酸;凡是能接受质子($H^+$)的物质都是碱。例如

$$HAc \rightleftharpoons H^+ + Ac^-$$

$$HCl \rightleftharpoons H^+ + Cl^-$$

$$H_2PO_4^- \rightleftharpoons H^+ + HPO_4^{2-}$$

$$HPO_4^{2-} \rightleftharpoons H^+ + PO_4^{3-}$$

其中,$HAc$,$HCl$,$H_2PO_4^-$,$HPO_4^{2-}$等都是酸,因为它们在一定条件下均可以给出质子。而 $Ac^-$,$Cl^-$,$HPO_4^{2-}$,$PO_4^{3-}$等均是碱,因为它们在一定条件下都可以接受质子。

酸碱质子理论中的酸和碱的关系是相互依赖的关系。酸给出质子后生成相应的碱,而碱与质子结合生成相应的酸,酸碱之间这种相互依赖的关系称为共轭关系。相应的一对酸碱称为共轭酸碱对。可用通式表示为

$$酸(共轭酸) \rightleftharpoons H^+ + 共轭碱(碱)$$

因此,强酸的共轭碱接受质子的能力较弱,是弱碱;强碱的共轭酸给出质子的能力较弱,是弱酸。

(3) 酸碱电子理论

酸碱电子理论认为:凡是可以接受电子对的物质为酸;凡是可以给出电子对的物质为碱。酸是电子对的接受体,必须具有可以接受电子对的空轨道。碱则是可以给出电子对的分子或离子,即碱是电子对的给予体,必须具有未共享的孤对电子。酸碱反应的实质是电子对接受体与电子对给予体之间形成配位共价键的反应。

**2. 酸碱离解平衡**

根据酸碱质子理论,酸碱的相对强弱取决于酸碱给出质子或接受质子的能力,通常利用酸碱的离解常数定量地说明它们的强弱程度。

(1) 一元弱酸

对于一元弱酸 HA 的离解反应可表示如下:

$$HA(aq) + H_2O(l) \rightleftharpoons A^-(aq) + H_3O^+(aq)$$

简写为

$$HA(aq) \rightleftharpoons H^+(aq) + A^-(aq)$$

当反应达到平衡时：

$$K_a^\ominus = \frac{(c_{H^+}^{eq}/c^\ominus) \cdot (c_{A^-}^\ominus/c^\ominus)}{(c_{HA}^{eq}/c^\ominus)} = \frac{[H^+][A^-]}{[HA]} \quad (4\text{-}1)$$

$K_a^\ominus$ 称为一元弱酸 HA 的离解常数。在相同温度下，离解常数越大，弱酸的酸性越强，反之则越弱。

(2) 一元弱碱

同理，在一元弱碱 B 溶液中存在如下离解反应：

$$B(aq) + H_2O(l) \rightleftharpoons BH^+(aq) + OH^-(aq)$$

当反应达到平衡时：

$$K_b^\ominus = \frac{(c_{BH^+}^{eq}/c^\ominus) \cdot (c_{OH^-}^\ominus/c^\ominus)}{(c_B^{eq}/c^\ominus)} = \frac{[BH^+][OH^-]}{[B]} \quad (4\text{-}2)$$

$K_b^\ominus$ 称为一元弱碱 B 的离解常数。在相同温度下，$K_b^\ominus$ 越大，弱碱的碱性越强，反之则越弱。

(3) 水的离解平衡

根据酸碱质子理论，水的离解反应可表示为

$$H_2O(l) + H_2O(l) \rightleftharpoons H_3O^+(aq) + OH^-(aq)$$

简写为

$$H_2O(l) \rightleftharpoons H^+(aq) + OH^-(aq)$$

平衡时：$K_w^\ominus = (c_{H^+}^\ominus/c^\ominus) \cdot (c_{OH^-}^\ominus/c^\ominus) = [H^+][OH^-]$ (4-3)

$K_w^\ominus$ 称为水的离子积常数。$K_w^\ominus$ 随温度的升高而变大，但变化不明显。为了方便，一般在室温情况下采用 $K_w^\ominus = 1.0 \times 10^{-14}$。

将式(4-3)两边取负对数：

$$-\lg K_w^\ominus = -\lg[H^+] - \lg[OH^-]$$

$$pK_w^\ominus = pH + pOH = 14$$

(4) 共轭酸碱对 $K_a^\ominus$ 与 $K_b^\ominus$ 之间的关系

共轭酸碱对 $K_a^\ominus$ 与 $K_b^\ominus$ 之间存在下列关系：

例如：

$$HAc + H_2O \rightleftharpoons H_3O^+ + Ac^- \qquad K_a^\ominus = \frac{[H^+][Ac^-]}{[HAc]}$$

$$Ac^- + H_2O \rightleftharpoons HAc + OH^- \qquad K_b^\ominus = \frac{[HAc][OH^-]}{[Ac^-]}$$

$$K_a^\ominus K_b^\ominus = \frac{[H^+][Ac^-]}{[HAc]} \times \frac{[HAc][OH^-]}{[Ac^-]} = [H^+][OH^-] = K_w^\ominus$$

$$K_a^\ominus K_b^\ominus = K_w^\ominus, \qquad pK_w^\ominus = pK_a^\ominus + pK_b^\ominus \tag{4-4}$$

$$K_a^\ominus = \frac{K_w^\ominus}{K_b^\ominus}, \quad K_b^\ominus = \frac{K_w^\ominus}{K_a^\ominus} \tag{4-5}$$

因此,已知酸或碱的离解常数,就可以通过式(4-5)计算它们的共轭碱或共轭酸的离解常数。

(5) 多元弱酸(或碱)的离解平衡

多元弱酸(或碱)在水溶液中是分步离解的,每一步离解都有其相应的离解常数。

例如,对于多元酸 $H_3A$:

$$H_3A + H_2O \rightleftharpoons H_3O^+ + H_2A^- \qquad K_{a1}^\ominus = \frac{[H_3O^+][H_2A^-]}{[H_3A]}$$

$$H_2A^- + H_2O \rightleftharpoons H_3O^+ + HA^{2-} \qquad K_{a2}^\ominus = \frac{[H_3O^+][HA^{2-}]}{[H_2A^-]}$$

$$HA^{2-} + H_2O \rightleftharpoons H_3O^+ + A^{3-} \qquad K_{a3}^\ominus = \frac{[H_3O^+][A^{3-}]}{[HA^{2-}]}$$

对于多元碱 $A^{3-}$:

$$A^{3-} + H_2O \rightleftharpoons HA^{2-} + OH^- \qquad K_{b1}^\ominus = \frac{[HA^{2-}][OH^-]}{[A^{3-}]}$$

$$HA^{2-} + H_2O \rightleftharpoons H_2A^- + OH^- \qquad K_{b2}^\ominus = \frac{[H_2A^-][OH^-]}{[HA^{2-}]}$$

$$H_2A^- + H_2O \rightleftharpoons H_3A + OH^- \qquad K_{b3}^{\ominus} = \frac{[H_3A][OH^-]}{[H_2A^-]}$$

多元酸 $K_a^{\ominus}$ 与多元碱 $K_b^{\ominus}$ 的对应关系为

$$K_{a1}^{\ominus} K_{b3}^{\ominus} = K_{a2}^{\ominus} K_{b2}^{\ominus} = K_{a3}^{\ominus} K_{b1}^{\ominus} = K_w^{\ominus} \qquad (4-6)$$

酸碱的离解常数,在温度一定时为常数。

**3. 酸碱溶液中各组分的分布**

在酸碱溶液中,当系统达到平衡时,溶液中通常同时存在多种组分,这些组分的浓度随溶液中 $H^+$ 浓度的改变而变化。平衡时各组分的浓度称为平衡浓度;各组分平衡浓度之和称为总浓度或分析浓度;某一组分(存在形式)的平衡浓度占总浓度的分数即为该组分(存在形式)的分布系数,以 $\delta$ 表示。

(1) 一元弱酸(碱)溶液

若 $c$ 为 HA 和 $A^-$ 的总浓度。HA 的分布系数为 $\delta_1$;$A^-$ 的分布系数为 $\delta_0$。

则

$$\delta_1 = \frac{[H^+]}{[H^+] + K_a^{\ominus}} \qquad (4-7)$$

$$\delta_0 = \frac{K_a^{\ominus}}{[H^+] + K_a^{\ominus}} \qquad (4-8)$$

各组分分布系数之和等于1,即

$$\delta_1 + \delta_0 = 1$$

(2) 多元弱酸溶液

三元酸以 $H_3PO_4$ 为例,其溶液中有四种存在形式:$H_3PO_4$,$H_2PO_4^-$,$HPO_4^{2-}$,$PO_4^{3-}$。相应的分布系数分别为 $\delta_3, \delta_2, \delta_1, \delta_0$。

$$\delta_3 = \frac{[H^+]^3}{[H^+]^3 + K_{a1}^{\ominus}[H^+]^2 + K_{a1}^{\ominus} K_{a2}^{\ominus}[H^+] + K_{a1}^{\ominus} K_{a2}^{\ominus} K_{a3}^{\ominus}} \qquad (4-9)$$

$$\delta_2 = \frac{K_{a1}^{\ominus}[H^+]^2}{[H^+]^3 + K_{a1}^{\ominus}[H^+]^2 + K_{a1}^{\ominus} K_{a2}^{\ominus}[H^+] + K_{a1}^{\ominus} K_{a2}^{\ominus} K_{a3}^{\ominus}} \qquad (4-10)$$

$$\delta_1 = \frac{K_{a1}^{\ominus} K_{a2}^{\ominus} [\text{H}^+]}{[\text{H}^+]^3 + K_{a1}^{\ominus} [\text{H}^+]^2 + K_{a1}^{\ominus} K_{a2}^{\ominus} [\text{H}^+] + K_{a1}^{\ominus} K_{a2}^{\ominus} K_{a3}^{\ominus}} \tag{4-11}$$

$$\delta_0 = \frac{K_{a1}^{\ominus} K_{a2}^{\ominus} K_{a3}^{\ominus}}{[\text{H}^+]^3 + K_{a1}^{\ominus} [\text{H}^+]^2 + K_{a1}^{\ominus} K_{a2}^{\ominus} [\text{H}^+] + K_{a1}^{\ominus} K_{a2}^{\ominus} K_{a3}^{\ominus}} \tag{4-12}$$

同样各组分的分布系数之和等于1。

$$\delta_0 + \delta_1 + \delta_2 + \delta_3 = 1$$

**4. 酸碱溶液 pH 的计算**

酸碱溶液 pH 的计算是依据溶液中 $\text{H}^+$ 浓度与有关组分浓度的关系式,即质子条件来进行的。

(1) 质子条件

根据酸碱质子理论,酸碱反应的本质是质子的转移,当反应达到平衡时,酸失去的质子和碱得到的质子的物质的量必然相等。其数学表达式称为质子平衡或质子条件,用 PBE 表示。它是准确反映整个平衡体系中质子转移的严格数量关系式。

质子条件的书写要点:

① 在酸碱平衡体系中选取质子参考水平(零水准)。通常是原始的酸碱组分,在很多情况下是溶液中大量存在的并与质子转移有关的酸碱组分。

② 从质子参考水平出发,将溶液中其他组分与之比较,确定何者得失质子,得失多少质子。

③ 根据得失质子恒等的原理写出质子等衡式。

④ 涉及多级离解的物质时,与质子参考水平比较,质子转移数在 2 或 2 以上时,在它们的浓度项之前必须乘以相应的系数,以保持得失质子的平衡。

(2) 酸碱溶液 pH 的计算

酸碱溶液 pH 的计算是依据质子条件式进行推导而得到的,各种酸碱水溶液中 $\text{H}^+$ 浓度的计算公式及应用条件见表 4-1。

表 4-1 各种酸碱水溶液中 $H^+$ 浓度的计算

| 溶液类型 | 质子条件方程（平衡）式 | $[H^+]$ 计算公式 | 应用条件 |
|---|---|---|---|
| 一元强酸（碱） | $[H_3O^+]=[A^-]+[OH^-]$<br>$[H^+]^2-c_a[H^+]-K_w^\ominus=0$ | （精确）$[H^+]=\dfrac{c_a+\sqrt{c_a^2+4K_w^\ominus}}{2}$<br>（最简）$[H^+]=c_a$ | $c_a \geq 20[OH^-]$<br>$c_a > 10^{-6}$ mol/L |
| 一元弱酸（碱） | $[H_3O^+]=[A^-]+[OH^-]$<br>$[H^+]^3+K_a^\ominus[H^+]^2-(c_aK_a^\ominus+K_w^\ominus)$<br>$[H^+]-K_a^\ominus K_w^\ominus=0$ | （近似）$[H^+]=\dfrac{-K_a^\ominus+\sqrt{(K_a^\ominus)^2+4K_a^\ominus c_a}}{2}$<br>（近似）$[H^+]=\sqrt{K_a^\ominus c_a+K_w^\ominus}$<br>（最简）$[H^+]=\sqrt{K_a^\ominus c_a}$ | $c_a K_a^\ominus \geq 20K_w^\ominus$<br>$c_a/K_a^\ominus < 500$<br>$c_a K_a^\ominus < 20K_w^\ominus$<br>$c_a/K_a^\ominus \geq 500$<br>$c_a K_a^\ominus \geq 20K_w^\ominus$<br>$c_a/K_a^\ominus \geq 500$ |
| 二元酸（碱） | $[H^+]=[HA^-]+2[A^{2-}]+[OH^-]$<br>$[H^+]^4+K_{a1}^\ominus[H^+]^3+(K_{a1}^\ominus K_{a2}^\ominus-K_{a1}^\ominus c_a)[H^+]^2-(K_{a1}^\ominus K_w^\ominus+2K_{a1}^\ominus K_{a2}^\ominus c_a)[H^+]-K_{a1}^\ominus K_{a2}^\ominus K_w^\ominus=0$ | （近似）$[H^+]=$<br>$\dfrac{-K_{a1}^\ominus+\sqrt{(K_{a1}^\ominus)^2+4K_{a1}^\ominus c_a}}{2}$<br>（最简）$[H^+]=\sqrt{K_{a1}^\ominus c_a}$ | $c_a K_{a1}^\ominus \geq 20K_w^\ominus$<br>$\dfrac{2K_{a2}^\ominus}{[H^+]} \approx \sqrt{\dfrac{2K_{a2}^\ominus}{c_a K_{a1}^\ominus}} < 0.05$<br>满足上述条件，且<br>$c_a/K_{a1}^\ominus \geq 500$ |

第 4 章　酸碱平衡和酸碱滴定法

（续表）

| 溶液类型 | 质子条件方程（平衡）式 | $[H^+]$计算公式 | 应用条件 |
|---|---|---|---|
| 酸式盐 | $[H_3O^+]+[H_2A]=[A^{2-}]+[OH^-]$ $(K_{a1}^\ominus+c_a)[H^+]^2-K_{a1}^\ominus K_{a2}^\ominus c_a+K_{a1}^\ominus K_w^\ominus=0$ | （近似）$[H^+]=\sqrt{\dfrac{K_{a1}^\ominus(K_{a2}^\ominus c_a+K_w^\ominus)}{K_{a1}^\ominus+c_a}}$ （近似）$[H^+]=\sqrt{\dfrac{K_{a1}^\ominus K_{a2}^\ominus c_a}{K_{a1}^\ominus+c_a}}$ （最简）$[H^+]=\sqrt{K_{a1}^\ominus K_{a2}^\ominus}$ | $K_{a2}^\ominus$很小 $c_a K_{a2}^\ominus \geqslant 20 K_w^\ominus$ $c_a K_{a2}^\ominus \geqslant 20 K_w^\ominus$ $c_a \geqslant 20 K_{a1}^\ominus$ |
| 弱酸弱碱盐 （$NH_4Ac$） | $[H^+]+[HAc]=[OH^-]+[NH_3]$ $(K_a^\ominus+c_a)[H^+]^2-K_a^\ominus K_a'^\ominus c_a-K_a^\ominus K_w^\ominus=0$ | （近似）$[H^+]=\sqrt{\dfrac{K_a^\ominus(K_a'^\ominus c_a+K_w^\ominus)}{K_a^\ominus+c_a}}$ （最简）$[H^+]=\sqrt{K_a^\ominus K_a'^\ominus}$ | $NH_4^+$的离解常数为$K_a'^\ominus$ HAc的离解常数为$K_a^\ominus$ $c_a K_a'^\ominus \geqslant 20 K_w^\ominus$ $c_a \geqslant 20 K_a^\ominus$ |
| 缓冲溶液 | $[H^+]=[OH^-]+([A^-]+c_b)$ | （最简）$pH=pK_a^\ominus+\lg\dfrac{c_{共轭碱}}{c_{酸}}$ | $c_a \geqslant 20[H^+]$ $c_b \geqslant 20[OH^-]$ |

注：计算碱溶液的时候，将相应式中的$[H^+]$替换为$[OH^-]$，式中的$K_a^\ominus$替换为$K_b^\ominus$即可。

(3) 酸碱指示剂

酸碱指示剂一般是有机弱酸或有机弱碱,其共轭酸碱具有不同的结构,而且颜色不同。当溶液 pH 发生改变时,共轭酸碱相互转化,从而引起溶液颜色的变化进而指示滴定终点。

酸碱指示剂的变色范围为 pH = p$K^{\ominus}$(HIn)±1。当[HIn] = [In$^-$]时,pH = p$K^{\ominus}$(HIn)称为理论变色点。不同的指示剂其 p$K^{\ominus}$(HIn)值不同,所以各有不同的变色范围。

酸碱指示剂的选择原则:使指示剂的变色范围处于或部分处于化学计量点附近的滴定突跃范围内。此时滴定的相对误差 <±0.1%。

## 二、酸碱滴定法的基本原理

### 1. 强碱(酸)滴定强酸(碱)

若滴定的相对误差 <±0.1%,0.010 0 mol·L$^{-1}$ 酸碱的滴定,pH 突跃范围为 5.3~8.7;0.100 0 mol·L$^{-1}$ 酸碱的滴定,pH 突跃范围为 4.3~9.7;1.000 mol·L$^{-1}$ 酸碱的滴定,pH 突跃范围为 3.3~10.7。

滴定突跃范围的大小与酸碱溶液的浓度有关,酸碱浓度增大 10 倍,滴定突跃部分的 pH 变化范围增加约两个 pH 单位。化学计量点时 pH = 7.00,若酸滴定碱时,可选择甲基红或甲基橙作指示剂;若碱滴定酸时,可选择酚酞作指示剂。

### 2. 强碱(酸)滴定一元弱酸(碱)

与强酸碱滴定相比,突跃变小。强碱(酸)滴定弱酸(碱)的滴定突跃范围的大小主要与两个因素有关。当酸(碱)的浓度一定时,滴定突跃范围与酸(碱)的强弱有关,$K_a^{\ominus}$($K_b^{\ominus}$)值越大即酸(碱)越强时,滴定的突跃范围越大;$K_a^{\ominus}$($K_b^{\ominus}$)值越小即酸(碱)越弱时,滴定范围越小。滴定的突跃范围的大小还与弱酸(碱)的浓度有关。当 $K_a^{\ominus}$($K_b^{\ominus}$)一定时,浓度越大,突跃范围越大;反之则越小。

弱酸(碱)能够直接被准确地滴定条件为

$$cK_a^{\ominus} \geqslant 10^{-8}$$

若强酸滴定弱碱时,可选择甲基红或甲基橙作指示剂;若强碱滴定弱酸时,可选择酚酞作指示剂。

**3. 多元酸(碱)的滴定**

对于多元酸(碱)的滴定,首先要考虑多元酸(碱)某一级离解(或接受)的 $H^+$ 能否被准确滴定,该酸(碱)能否进行分步滴定;其次还应考虑能够直接滴定至多元酸(碱)的哪一级离解;反应的产物是什么,以便进行定量的计算。一般多元酸的滴定允许±1%的终点误差,在滴定突跃≥0.4pH 的情况下,要分步滴定必须满足下列条件:

$$c_0 K_{a1}^{\ominus} \geqslant 10^{-9} \quad (c_0 \text{ 为酸的初始浓度})$$

$$K_{a1}^{\ominus}/K_{a2}^{\ominus} > 10^4$$

另外,测定多元酸的总量,从强度最弱的那一级酸考虑,滴定可行性的条件与一元弱酸相同。

$$c_0 K_{an}^{\ominus} \geqslant 10^{-8}$$

多元碱与多元酸的滴定相似,只需将 $K_a^{\ominus}$ 换成 $K_b^{\ominus}$ 即可。

指示剂的选择可根据计算各化学计量点时的 pH 来确定。

**4. 混合酸的滴定**

两种弱酸(HA+HB)混合与多元酸的滴定相似。设两种酸的离解常数分别为 $K_{HA}^{\ominus}$ 和 $K_{HB}^{\ominus}$,浓度分别为 $c_{HA}$ 和 $c_{HB}$。若允许±1%误差,滴定突跃≥0.4pH,则分别滴定两种弱酸需要满足下列条件:

$$c_{HA} K_{HA}^{\ominus} \geqslant 10^{-9}, c_{HB} K_{HB}^{\ominus} \geqslant 10^{-9}$$

$$c_{HA} K_{HA}^{\ominus}/c_{HB} K_{HB}^{\ominus} > 10^4$$

指示剂的选择可根据计算各化学计量点时的 pH 来确定。

**5. 滴定终点误差**

在滴定分析中,如用指示剂的颜色变化来确定滴定终点,那么由于滴定终点与化学计量点不一致而产生的误差,称为滴定误差或终点误差,用 $TE$ 表示。

$$TE = \frac{\text{终点时过量(或不足)滴定剂物质的量}}{\text{化学计量点时应加入滴定剂物质的量}} \times 100\%$$

## 三、酸碱滴定法的应用

**1. 酸碱标准溶液的配制和标定**

(1) 酸标准溶液

酸标准溶液一般常用 HCl 溶液配制,常用的浓度为 $0.1\ \text{mol}\cdot\text{L}^{-1}$,但有时也需要浓度为 $1\ \text{mol}\cdot\text{L}^{-1}$ 的高浓度溶液或浓度为 $0.01\ \text{mol}\cdot\text{L}^{-1}$ 的低浓度溶液。HCl 标准溶液一般用间接法配制,即先配制成近似浓度的溶液,然后用基准物质标定。常用的基准物质有无水 $\text{Na}_2\text{CO}_3$ 和硼砂。

(2) 碱标准溶液

碱标准溶液一般用 NaOH 溶液配制,常用的浓度为 $0.1\ \text{mol}\cdot\text{L}^{-1}$,但有时也需要浓度为 $1\ \text{mol}\cdot\text{L}^{-1}$ 的高浓度溶液或浓度为 $0.01\ \text{mol}\cdot\text{L}^{-1}$ 的低浓度溶液。NaOH 易吸潮、易吸收空气中的 $\text{CO}_2$,以致常含有 $\text{Na}_2\text{CO}_3$。有时还含有硫酸盐、硅酸盐和氯化物等杂质。因此应采用间接法配制。常用的基准物有 $\text{H}_2\text{C}_2\text{O}_4\cdot 2\text{H}_2\text{O}$、$\text{KHC}_2\text{O}_4$、苯甲酸等。最常用的是邻苯二甲酸氢钾。

**2. 酸碱滴定法应用示例**

(1) 硼酸的测定

$\text{H}_3\text{BO}_3$ 的 $pK_a^{\ominus} = 9.24$,$cK_a^{\ominus} < 10^{-8}$,不能用标准碱直接滴定。但它可与多元醇(如乙二醇、丙三醇、甘露醇等)作用生成酸性较强的配位酸($pK_a^{\ominus} = 4.26$),可用标准碱溶液直接滴定,化学计量点的 pH 在 9 左右。用酚酞等在碱性溶液中变色的指示剂指示终点。

(2) 化合物中氮含量的测定

① 蒸馏法

将铵盐试液置于蒸馏瓶中,加过量浓 NaOH 溶液进行蒸馏,用过量的 $\text{H}_3\text{BO}_3$ 溶液吸收蒸出的 $\text{NH}_3$,再用 HCl 标准溶液滴定反应生成的 $\text{H}_2\text{BO}_3^-$,反应如下:

$$\text{NH}_4^+ + \text{OH}^- \xrightarrow{\Delta} \text{NH}_3(g) + \text{H}_2\text{O}$$

$$\text{NH}_3 + \text{H}_3\text{BO}_3 =\!=\!= \text{NH}_4^+ + \text{H}_2\text{BO}_3^-$$

$$\text{H}^+ + \text{H}_2\text{BO}_3^- =\!=\!= \text{H}_3\text{BO}_3$$

终点时的 pH = 5,选用甲基红作指示剂。

或用过量的 HCl 溶液吸收蒸出的 $NH_3$,过量的 HCl 溶液用 NaOH 标准溶液回滴,以甲基红或甲基橙指示终点。反应如下:

$$NH_4^+ + OH^- \xrightarrow{\triangle} NH_3(g) + H_2O$$

$$NH_3 + HCl(过量) = NH_4^+ + Cl^-$$

$$NaOH + HCl(剩余) = NaCl + H_2O$$

② 甲醛法

该方法比较简便。甲醛与铵盐反应:

$$6HCHO + 4NH_4^+ = (CH_2)_6N_4H^+ + 3H^+ + 6H_2O$$

利用 NaOH 标准溶液滴定反应生成的酸(包括 $H^+$ 和质子化的六次甲基四胺)。六次甲基四胺$(CH_2)_6N_4$ 是一种极弱的有机碱,应选用酚酞作指示剂。为了提高测定的准确度,也可以加入过量的标准碱溶液,再用标准酸溶液返滴定。

③ 克氏定氮法

测定时,将试样与浓硫酸共煮进行消化分解,并加入 $K_2SO_4$ 提高沸点,促使分解过程的进行,使有机物转化为 $CO_2$ 和 $H_2O$,其中的氮在 $CuSO_4$ 或汞盐的催化下转变为 $NH_4^+$。反应为

$$C_mH_nN \xrightarrow[CuSO_4]{H_2SO_4,K_2SO_4} CO_2(g) + H_2O + NH_4^+$$

溶液以过量的 NaOH 碱化后,再用蒸馏法测定 $NH_4^+$。

(3) 氟硅酸钾法测定 $SiO_2$ 含量

硅酸盐试样一般难溶于酸,可用碱熔融,使之转化为可溶性硅酸盐。如:

$$2K^+ + SiO_3^{2-} + 6F^- + 6H^+ = K_2SiF_6 \downarrow + 3H_2O$$

过滤、洗涤,用 NaOH 溶液中和未洗净的游离的酸,然后加入沸水使之水解:

$$K_2SiF_6 + 3H_2O = 2KF + H_2SiO_3 + 4HF$$

用标准碱滴定 HF,计算出试样中 $SiO_2$ 的含量。由于有 HF 存在,此操作必须在塑料容器中进行。

(4) 混合碱分析

混合碱的组成有两种可能,即 $NaOH + Na_2CO_3$ 和 $NaHCO_3 + Na_2CO_3$ 混合物。混合碱的组成和含量的测定可采用双指示剂法进行连续滴定,取一份

试液,先加入酚酞指示剂,滴定到红色恰好消失为第一终点,再加入甲基橙指示剂,继续滴定到变为橙色为第二终点。

根据两个终点时消耗 HCl 标准溶液的体积 $V_1$ 和 $V_2$ 的相对大小可以定性判断未知混合碱的组成,见表 4-2。

$$NaOH + HCl \xrightarrow{酚酞} NaCl + H_2O$$
$$Na_2CO_3 + HCl \xrightarrow{酚酞} NaCl + NaHCO_3$$
消耗 HCl $V_1$ mL

$$NaHCO_3 + HCl \xrightarrow{甲基橙} NaCl + H_2CO_3$$
消耗 HCl $V_2$ mL

表 4-2 未知混合碱组分的定性判断

| $V_1$ 和 $V_2$ 的相对大小 | 试样的组成 |
| --- | --- |
| ① $V_1 > 0, V_2 = 0$ | NaOH |
| ② $V_1 = 0, V_2 > 0$ | $NaHCO_3$ |
| ③ $V_1 = V_2 > 0$ | $Na_2CO_3$ |
| ④ $V_1 > V_2 > 0$ | NaOH 和 $Na_2CO_3$ |
| ⑤ $V_2 > V_1 > 0$ | $Na_2CO_3$ 和 $NaHCO_3$ |

根据终点时消耗 HCl 标准溶液的体积 $V_1$、$V_2$ 可以计算各组分的含量。

① $V_1 > V_2$,组成为 NaOH 和 $Na_2CO_3$。混合碱中各组分计算公式为

$$w(NaOH) = \frac{c(HCl) \cdot (V_1 - V_2) \cdot M(NaOH)}{1\,000\, m_s} \times 100\%$$

$$w(Na_2CO_3) = \frac{c(HCl) \cdot V_2 \cdot M(Na_2CO_3)}{1\,000\, m_s} \times 100\%$$

② $V_1 < V_2$,组成为 $NaHCO_3$ 和 $Na_2CO_3$。混合碱中各组分计算公式为

$$w(NaHCO_3) = \frac{c(HCl)(V_2 - V_1) \cdot M(NaHCO_3)}{1\,000\, m_s} \times 100\%$$

$$w(Na_2CO_3) = \frac{c(HCl) \cdot V_1 \cdot M(Na_2CO_3)}{1\,000\, m_s} \times 100\%$$

● 例题解析 ●

【例1】 在烧杯中盛放 20.00 mL 0.100 mol·L$^{-1}$ 氨的水溶液,逐步加入 0.100 mol·L$^{-1}$ 的 HCl 溶液,计算:

(1) 当加入 10.00 mL HCl 后,混合液的 pH;

(2) 当加入 20.00 mL HCl 后,混合液的 pH。($K_b^{\ominus}(NH_3) = 1.76 \times 10^{-5}$)

**解题思路** 首先判断加入 HCl 溶液后,溶液的组成如何,然后根据溶液的组成选择合适的计算公式。

**解** (1) 加入 10.00 mL HCl 后,体系是 $NH_3$-$NH_4Cl$ 缓冲体系,$NH_3 \cdot H_2O$ 和生成的 $NH_4Cl$ 浓度相等。

$$pH = pK_a^{\ominus} - \lg \frac{c_{酸}}{c_{碱}} = -\lg \frac{10^{-14}}{1.76 \times 10^{-5}} - \lg \frac{[NH_4Cl]}{[NH_3]} = 9.25$$

(2) 当加入 20.00 mL HCl 后,反应完全生成 $NH_4Cl$,浓度为 $0.05 \text{ mol} \cdot L^{-1}$。

$$pH = -\lg \sqrt{cK_a^{\ominus}} = -\lg \sqrt{0.05 \times \frac{1 \times 10^{-14}}{1.76 \times 10^{-5}}} = 5.27$$

【例 2】 称取某弱酸 HA 试样 1.026 4 g,溶于适量水中,以酚酞为指示剂,用 $0.100\ 0 \text{ mol} \cdot L^{-1}$ NaOH 滴定,当滴定剂加到 10.50 mL 时,溶液的 pH 为 4.20;滴定至终点时,消耗 NaOH 溶液 24.70 mL。求:

(1) 该弱酸的 $pK_a^{\ominus}$ 值;

(2) 试样中 HA 的质量分数。(已知:M(HA) = 345.0)

**解题思路** 首先要清楚当滴定至溶液的 pH 为 4.20 时,溶液为 HA 和 NaA 组成的缓冲溶液,所以可根据缓冲溶液 pH 的计算公式求得 $pK_a^{\ominus}$ 值。滴定至终点时,HA 完全与 NaOH 溶液反应,然后根据相应的计量关系进行正确的计算。

**解** (1) pH 为 4.20 时,溶液为 HA 和 NaA 组成的缓冲溶液,而

$$pH = pK_a^{\ominus} - \lg \frac{[HA]}{[A^-]}$$

所以　　$4.20 = pK_a^{\ominus} - \lg \frac{24.70 - 10.50}{10.50}$　　$pK_a^{\ominus} = 4.33$

$$(2) w(HA) = \frac{c(NaOH)V(NaOH)M(HA)}{m_s \times 1\ 000} \times 100\%$$

$$= \frac{0.100\ 0 \times 24.70 \times 345.0}{1.026\ 4 \times 1\ 000} \times 100\% = 83.02\%$$

【例 3】 以 $0.100\ 0 \text{ mol} \cdot L^{-1}$ NaOH 溶液滴定 $0.100\ 0 \text{ mol} \cdot L^{-1}$ 的某二元弱酸 $H_2A$ 溶液。已知当中和至 pH = 1.92 时,$\delta_{H_2A} = \delta_{HA^-}$;中和至 pH =

6.22 时,$\delta_{A^{2-}} = \delta_{HA^-}$。计算:

(1) 中和至第一化学计量点时,溶液的 pH 是多少?选用何种指示剂?

(2) 中和至第二化学计量点时,溶液的 pH 是多少?选用何种指示剂?

**解题思路**　首先根据分布分数相等的条件计算出酸的各级离解常数,然后依据各计量点的产物,选择恰当的计算公式计算出各计量点的pH,再根据各计量点的 pH 选择合适的指示剂。

**解**　因为 pH = 1.92 时,$\delta_{H_2A} = \delta_{HA^-}$,则

$$\frac{[H^+]^2}{[H^+]^2 + K_{a1}^{\ominus}[H^+] + K_{a1}^{\ominus}K_{a2}^{\ominus}} = \frac{K_{a1}^{\ominus}[H^+]}{[H^+]^2 + K_{a1}^{\ominus}[H^+] + K_{a1}^{\ominus}K_{a2}^{\ominus}}$$

$$K_{a1}^{\ominus} = [H^+] = 1.2 \times 10^{-2}$$

同理,pH = 6.22 时,$\delta_{A^{2-}} = \delta_{HA^-}$,则

$$K_{a1}^{\ominus}[H^+] = K_{a1}^{\ominus}K_{a2}^{\ominus}, K_{a2}^{\ominus} = 6.02 \times 10^{-7}$$

(1) 第一计量点时,生成 NaHA 为两性物质,$c_{HA^-} = 0.050\ 00\ mol \cdot L^{-1}$。因为 $cK_{a2}^{\ominus} \gg 20K_w^{\ominus}, c/K_{a1}^{\ominus} < 500$,所以

$$[H^+] = \sqrt{\frac{K_{a1}^{\ominus}K_{a2}^{\ominus}c}{K_{a1}^{\ominus} + c}} = \sqrt{\frac{1.2 \times 10^{-2} \times 6.02 \times 10^{-7} \times 5.0 \times 10^{-2}}{1.2 \times 10^{-2} + 5.0 \times 10^{-2}}}$$

$$= 7.6 \times 10^{-5} (mol \cdot L^{-1})$$

pH = 4.12

可选用甲基橙作指示剂。

(2) 第二计量点时,生成 $Na_2A$,$c_{A^{2-}} = 0.033\ 30\ mol \cdot L^{-1}$。

因为 $c_{A^{2-}} K_{b1}^{\ominus} = c_{A^{2-}} \dfrac{K_w^{\ominus}}{K_{a2}^{\ominus}} = 0.033\ 30 \times \dfrac{10^{-14}}{6.02 \times 10^{-7}} \gg 20K_w^{\ominus}$

$$c_{A^{2-}} / K_{b1}^{\ominus} > 500$$

所以可用最简式计算:

$$[OH^-] = \sqrt{K_{b1}^{\ominus}c} = \sqrt{\frac{10^{-14}}{6.02 \times 10^{-7}} \times 0.033\ 30} = 2.4 \times 10^{-5}\ mol \cdot L^{-1}$$

$$pOH = 4.63,\quad pH = 9.37$$

可选用酚酞作指示剂。

**【例 4】** 有一份磷酸盐溶液,可能由 $Na_3PO_4$、$Na_2HPO_4$、$NaH_2PO_4$ 三种物质中的两种物质组成,以酚酞为指示剂,用标准溶液滴定至终点,消耗滴定剂体积 $V_1$ mL,再以甲基橙作指示剂,继续用标准溶液滴定至终点,又消耗滴定剂体积 $V_2$ mL。若 $V_1 > 0, V_2 > V_1$,溶液的组成为

A. $Na_3PO_4$　　　　　　B. $Na_2HPO_4$　　　　C. $Na_3PO_4 + NaH_2PO_4$
D. $Na_3PO_4 + Na_2HPO_4$　　　E. $Na_2HPO_4 + NaH_2PO_4$

**解题思路**　首先判断多元碱的每一种存在形式是否都能直接滴定,能否分步滴定,然后对每种情况写出正确的体积关系,即可得出混合物的组成。

**解**　已知:$H_3PO_4$ 的 $pK_{a1}^{\ominus} = 2.12$, $pK_{a2}^{\ominus} = 7.20$, $pK_{a3}^{\ominus} = 12.36$
共轭碱的 $pK_{b1}^{\ominus} = 14 - 12.36 = 1.64$, $pK_{b2}^{\ominus} = 6.8$, $pK_{b3}^{\ominus} = 11.88$

$$cK_{b1}^{\ominus} = 0.10 \times 2.3 \times 10^{-2} = 2.3 \times 10^{-3} > 10^{-8}$$

$$cK_{b2}^{\ominus} = 0.10 \times 1.58 \times 10^{-7} = 1.58 \times 10^{-8} > 10^{-8}$$

$$cK_{b3}^{\ominus} < 10^{-8}$$

说明 $H_2PO_4^-$ 不能直接被滴定,无 pH 突跃;

又因为　$K_{b1}^{\ominus}/K_{b2}^{\ominus} = 1.46 \times 10^5 > 10^4$;$K_{b2}^{\ominus}/K_{b3}^{\ominus} = 1.20 \times 10^5 > 10^4$
所以 $PO_4^{3-}$、$HPO_4^{2-}$ 可分别被滴定,出现两个突跃,存在 $V_1$ 和 $V_2$。

由上述分析可知:

A. $V_1 = V_2$;
B. $V_1 = 0, V_2 > 0$;
C. $V_1 = V_2$(因 $H_2PO_4^-$ 不反应);
D. $V_1 > 0, V_2 > V_1$;
E. $V_1 = 0, V_2 > 0$($H_2PO_4^-$ 不反应)。

所以正确答案为 D。

**【例 5】** 某试样含有 $Na_2CO_3$、$Na_3PO_4$ 及其他中性杂质,拟设计分别测定此二组分的分析方法。

**解题思路**　$Na_2CO_3$ 为二元碱,$Na_3PO_4$ 为三元碱,利用甲基橙作指示剂,用 HCl 标准溶液滴定。$CO_3^{2-}$ 与 HCl 溶液完全反应放出 $CO_2$,$PO_4^{3-}$ 则生成两性物质 $H_2PO_4^-$,可用强碱滴定,单独测得 $Na_3PO_4$ 的含量,通过计算可得 $Na_2CO_3$ 的含量。

**解** 主要反应:$2HCl + Na_2CO_3 \xrightarrow{甲基橙} CO_2 + H_2O + 2NaCl$

$2HCl + Na_3PO_4 \xrightarrow{甲基橙} NaH_2PO_4 + 2NaCl$

$NaOH + NaH_2PO_4 \xrightarrow{百里酚酞} Na_2HPO_4 + H_2O$

测定步骤:

试液 $\xrightarrow{HCl\text{标液滴定},甲基橙指示剂} V_1 \xrightarrow{\text{加热,除}CO_2}$

$\xrightarrow{NaOH\text{标液滴定},百里酚酞指示剂} V_2$

所以,$w(Na_3PO_4) = \dfrac{c(NaOH)V_2 \times 10^{-3} \times M(Na_3PO_4)}{m} \times 100\%$

$w(Na_2CO_3) = \dfrac{\frac{1}{2}[c(HCl)V_1 - 2c(NaOH)V_2] \times M(Na_2CO_3)}{m} \times 100\%$

● **习题选解** ●

**4-1** 写出下列各酸碱水溶液的质子条件。

(1) $NH_4Cl$; (2) $Na_2C_2O_4$; (3) $Na_3PO_4$;
(4) $NH_4H_2PO_4$; (5) $NaNH_4HPO_4$; (6) $(NH_4)_2CO_3$;
(7) $NH_4Ac$; (8) $HAc + H_3BO_3$; (9) $H_2SO_4 + HCOOH$;
(10) $HCl + NaH_2PO_4$; (11) $Na_2HPO_4 + NaH_2PO_4$。

**解** (1) 选择 $NH_4^+$, $H_2O$ 作为质子参考水平

质子条件为 $[H^+] = [NH_3] + [OH^-]$

(2) 选择 $C_2O_4^{2-}$, $H_2O$ 作为质子参考水平

质子条件为 $[H^+] + [HC_2O_4^-] + 2[H_2C_2O_4] = [OH^-]$

(3) 选择 $PO_4^{3-}$, $H_2O$ 作为质子参考水平

质子条件为 $[H^+] + [HPO_4^{2-}] + 2[H_2PO_4^-] + 3[H_3PO_4] = [OH^-]$

(4) 选择 $NH_4^+$, $H_2PO_4^-$, $H_2O$ 作为质子参考水平

质子条件为 $[H^+] + [H_3PO_4] = [NH_3] + [HPO_4^{2-}] + 2[PO_4^{3-}] + [OH^-]$

(5) 选择 $NH_4^+$, $HPO_4^{2-}$, $H_2O$ 作为质子参考水平

质子条件为 $[H^+] + [H_2PO_4^-] + 2[H_3PO_4] = [NH_3] + [PO_4^{3-}] + [OH^-]$

(6) 选择 $NH_4^+, CO_3^{2-}, H_2O$ 作为质子参考水平

质子条件为 $[H^+] + [HCO_3^-] + 2[H_2CO_3] = [NH_3] + [OH^-]$

(7) 选择 $NH_4^+, Ac^-, H_2O$ 作为质子参考水平

质子条件为 $[H^+] + [HAc] = [NH_3] + [OH^-]$

(8) 选择 $H_3BO_3, HAc, H_2O$ 作为质子参考水平

质子条件为 $[H^+] = [Ac^-] + [B(OH)_4^-] + [OH^-]$

(9) 选择 $HSO_4^-, HCOOH, H_2O$ 作为质子参考水平

质子条件为 $[H^+] = [SO_4^{2-}] + [HCOO^-] + [OH^-] + c(H_2SO_4)$

(10) 选择 $H_2PO_4^-, H_2O$ 作为质子参考水平

质子条件为 $[H^+] + [H_3PO_4] - c(HCl) = [HPO_4^{2-}] + 2[PO_4^{3-}] + [OH^-]$

(11) ① 选择 $HPO_4^{2-}$ 和 $H_2O$ 作为质子参考水平

$[H^+] + [H_2PO_4^-] + 2[H_3PO_4] = c(H_2PO_4^-) + [OH^-] + [PO_4^{3-}]$

② 选择 $H_2PO_4^-$ 和 $H_2O$ 作为质子参考水平

$[H^+] + [H_3PO_4] + c(HPO_4^{2-}) = [HPO_4^{2-}] + [OH^-] + 2[PO_4^{3-}]$

各物质的浓度必须同时满足这两个关系式。

**4-2** 计算下列各溶液的 pH。

(1) $0.10\ mol \cdot L^{-1}\ NH_4Cl$;    (2) $0.025\ mol \cdot L^{-1}\ HCOOH$;

(3) $0.10\ mol \cdot L^{-1}\ H_3BO_3$;    (4) $0.10\ mol \cdot L^{-1}$ 三乙醇胺;

(5) $1.0 \times 10^{-4}\ mol \cdot L^{-1}\ HCN$;    (6) $0.10\ mol \cdot L^{-1}\ NH_4CN$;

(7) $0.10\ mol \cdot L^{-1}\ Na_2S$;    (8) $0.010\ mol \cdot L^{-1}\ H_2SO_4$;

(9) $0.10\ mol \cdot L^{-1}$ 六次甲基四胺。

**解** (1) 已知 $K_b^{\ominus}(NH_3) = 1.8 \times 10^{-5}$

$$K_a^{\ominus}(NH_4^+) = \frac{K_w^{\ominus}}{K_b^{\ominus}(NH_3)} = \frac{1.0 \times 10^{-14}}{1.8 \times 10^{-5}} = 5.6 \times 10^{-10}$$

因为   $cK_a^{\ominus}(NH_4^+) = 0.1 \times 5.6 \times 10^{-10} \gg 20K_w^{\ominus}$

     $c/K_a^{\ominus}(NH_4^+) = 0.1/(5.6 \times 10^{-10}) \gg 500$

所以可采用最简式计算：

$$[H^+] = \sqrt{cK_a^{\ominus}(NH_4^+)} = \sqrt{0.1 \times 5.6 \times 10^{-10}} = 7.48 \times 10^{-6}\ mol \cdot L^{-1}$$

$$pH = 5.12$$

(2) 已知 $K_a^\ominus = 1.8 \times 10^{-4}$,因为

$$cK_a^\ominus = 0.025 \times 1.8 \times 10^{-4} > 20K_w^\ominus$$
$$c/K_a^\ominus = 0.025/(1.8 \times 10^{-4}) < 500$$

所以采用近似式计算:

$$[H^+] = \frac{-K_a^\ominus + \sqrt{(K_a^\ominus)^2 + 4cK_a^\ominus}}{2} = 2.033 \times 10^{-3} \text{ mol} \cdot L^{-1}$$

$$pH = 2.69$$

(3) 已知 $K_a^\ominus = 5.7 \times 10^{-10}$,因为

$$cK_a^\ominus = 0.10 \times 5.7 \times 10^{-10} > 20K_w^\ominus$$
$$c/K_a^\ominus = 0.10/(5.7 \times 10^{-10}) \gg 500$$

所以可采用最简式计算:

$$[H^+] = \sqrt{cK_a^\ominus} = \sqrt{0.10 \times 5.7 \times 10^{-10}} = 7.55 \times 10^{-6} \text{ mol} \cdot L^{-1}$$

$$pH = 5.12$$

(4) 已知 $K_b^\ominus = 5.8 \times 10^{-7}$,因为

$$cK_b^\ominus = 0.10 \times 5.8 \times 10^{-7} > 20K_w^\ominus$$
$$c/K_b^\ominus = 0.10/(5.8 \times 10^{-7}) \gg 500$$

所以可采用最简式计算:

$$[OH^-] = \sqrt{cK_b^\ominus} = \sqrt{0.10 \times 5.8 \times 10^{-7}} = 2.41 \times 10^{-4} \text{ mol} \cdot L^{-1}$$

$$pH = 14 - pOH = 10.38$$

(5) 已知 $K_a^\ominus = 6.2 \times 10^{-10}$,因为

$$cK_a^\ominus = 1.0 \times 10^{-4} \times 6.2 \times 10^{-10} < 20K_w^\ominus$$
$$c/K_a^\ominus = 1.0 \times 10^{-4}/(6.2 \times 10^{-10}) > 500$$

所以水的离解不能忽略:

$$[H^+] = \sqrt{cK_a^\ominus + K_w^\ominus} = 2.68 \times 10^{-7} \text{ mol} \cdot L^{-1}$$

$$pH = 6.57$$

(6) 已知 $K_a^\ominus(NH_4^+) = 5.6 \times 10^{-10}$, $K_a^\ominus(HCN) = 6.2 \times 10^{-10}$

$NH_4CN$ 为两性物质,且其碱式离解和酸式离解都较弱,所以

$$[H^+] = \sqrt{K_a^{\ominus}(NH_4^+)K_a^{\ominus}(HCN)} = 5.9 \times 10^{-10} \text{ mol} \cdot L^{-1}$$
$$pH = 9.23$$

(7) 查表得 $H_2S$ 的 $K_{a1}^{\ominus} = 1.07 \times 10^{-7}, K_{a2}^{\ominus} = 1.26 \times 10^{-13}$

$$K_{b1}^{\ominus} = \frac{K_w^{\ominus}}{K_{a2}^{\ominus}} = \frac{1.0 \times 10^{-14}}{1.26 \times 10^{-13}} = 7.94 \times 10^{-2}$$

$$K_{b2}^{\ominus} = \frac{K_w^{\ominus}}{K_{a1}^{\ominus}} = \frac{1.0 \times 10^{-14}}{1.07 \times 10^{-7}} = 9.35 \times 10^{-8}$$

$$K_{b1}^{\ominus} \gg K_{b2}^{\ominus}$$

可按一元碱处理，又因为

$$cK_{b1}^{\ominus} = 0.10 \times 7.94 \times 10^{-2} \gg 20K_w^{\ominus}$$
$$c/K_{b1}^{\ominus} = 0.10/(7.94 \times 10^{-2}) < 500$$

所以采用近似式计算

$$[OH^-] = \frac{-K_{b1}^{\ominus} + \sqrt{(K_{b1}^{\ominus})^2 + 4cK_{b1}^{\ominus}}}{2} = 5.78 \times 10^{-2} \text{ mol} \cdot L^{-1}$$

$$pH = 14 - pOH = 12.77$$

(8) $H_2SO_4$ 的一级电离完全，$K_{a2}^{\ominus} = 1.0 \times 10^{-2}$

设 $HSO_4^-$ 电离出的 $[H^+]$ 为 $x$，则

$$HSO_4^- \rightleftharpoons H^+ + SO_4^{2-}$$
$$0.010 - x \quad\quad x + 0.010 \quad\quad x$$

$$K_{a2}^{\ominus} = \frac{x(x+0.010)}{(0.010-x)} = 1.0 \times 10^{-2}$$

解得
$$x = 4.15 \times 10^{-3} \text{ mol} \cdot L^{-1}$$
$$[H^+] = 0.010 + 4.15 \times 10^{-3} = 0.014\,15 \text{ mol} \cdot L^{-1}$$
$$pH = 1.85$$

(9) 查表得 $K_b^{\ominus} = 1.4 \times 10^{-9}$，因为

$$cK_b^{\ominus} = 0.10 \times 1.4 \times 10^{-9} > 20K_w^{\ominus}$$
$$c/K_b^{\ominus} = 0.10/(1.4 \times 10^{-9}) \gg 500$$

所以可采用最简式计算：

$$[OH^-] = \sqrt{cK_b^\ominus} = \sqrt{0.10 \times 1.4 \times 10^{-9}} = 1.18 \times 10^{-5} \text{ mol} \cdot \text{L}^{-1}$$
$$\text{pH} = 14 - \text{pOH} = 9.07$$

**4-3** 计算下列各溶液的 pH。

(1) $0.05 \text{ mol} \cdot \text{L}^{-1}$ HCl；  (2) $0.10 \text{ mol} \cdot \text{L}^{-1}$ $CH_2ClCOOH$；

(3) $0.10 \text{ mol} \cdot \text{L}^{-1}$ $NH_3 \cdot H_2O$；  (4) $0.10 \text{ mol} \cdot \text{L}^{-1}$ $CH_3COOH$；

(5) $0.20 \text{ mol} \cdot \text{L}^{-1}$ $Na_2CO_3$；  (6) $0.50 \text{ mol} \cdot \text{L}^{-1}$ $NaHCO_3$；

(7) $0.10 \text{ mol} \cdot \text{L}^{-1}$ $NH_4Ac$；  (8) $0.20 \text{ mol} \cdot \text{L}^{-1}$ $Na_2HPO_4$。

**解** (1) $[H^+] = 0.05 \text{ mol} \cdot \text{L}^{-1}$　　pH = 1.3

(2) 已知 $K_a^\ominus = 1.4 \times 10^{-3}$

因为，$cK_a^\ominus = 0.10 \times 1.4 \times 10^{-3} = 1.4 \times 10^{-4} > 20K_w^\ominus$

$$c/K_a^\ominus = \frac{0.10}{1.4 \times 10^{-3}} = 71 < 500$$

所以采用近似式计算

$$[H^+] = \frac{-K_a^\ominus + \sqrt{(K_a^\ominus)^2 + 4cK_a^\ominus}}{2} = 1.12 \times 10^{-2} \text{ mol} \cdot \text{L}^{-1}$$
$$\text{pH} = 1.95$$

(3) 已知 $K_b^\ominus = 1.8 \times 10^{-5}$

因为，$cK_b^\ominus = 0.10 \times 1.8 \times 10^{-5} = 1.8 \times 10^{-6} > 20K_w^\ominus$

$$c/K_b^\ominus = \frac{0.10}{1.8 \times 10^{-5}} = 5.56 \times 10^3 > 500$$

所以可采用最简式计算

$$[OH^-] = \sqrt{cK_b^\ominus} = \sqrt{0.10 \times 1.8 \times 10^{-5}} = 1.34 \times 10^{-3} \text{ mol} \cdot \text{L}^{-1}$$
$$\text{pH} = 14 - \text{pOH} = 11.13$$

(4) 已知 $K_a^\ominus = 1.8 \times 10^{-5}$

因为，$cK_a^\ominus = 0.10 \times 1.8 \times 10^{-5} = 1.8 \times 10^{-6} > 20K_w^\ominus$

$$c/K_a^\ominus = \frac{0.10}{1.8 \times 10^{-5}} = 5.56 \times 10^3 > 500$$

所以可采用最简式计算

$$[H^+] = \sqrt{cK_a^\ominus} = \sqrt{0.10 \times 1.8 \times 10^{-5}} = 1.34 \times 10^{-3} \text{ mol} \cdot \text{L}^{-1}$$

pH = 2.87

(5) 查表得 $H_2CO_3$ 的 $K_{a1}^\ominus = 4.2 \times 10^{-7}$, $K_{a2}^\ominus = 5.6 \times 10^{-11}$

$$K_{b1}^\ominus = \frac{K_W^\ominus}{K_{a2}^\ominus} = \frac{1.0 \times 10^{-14}}{5.6 \times 10^{-11}} = 1.78 \times 10^{-4}$$

$$K_{b2}^\ominus = \frac{K_W^\ominus}{K_{a1}^\ominus} = \frac{1.0 \times 10^{-14}}{4.2 \times 10^{-7}} = 2.38 \times 10^{-8}$$

$K_{b1}^\ominus \gg K_{b2}^\ominus$, 可按一元碱处理，又

因为，$cK_{b,1}^\ominus = 0.20 \times 1.78 \times 10^{-4} = 3.56 \times 10^{-5} \gg 20K_W^\ominus$

$$c/K_{b,1}^\ominus = \frac{0.20}{1.78 \times 10^{-4}} = 1.12 \times 10^3 > 500$$

所以可采用最简式计算

$$[OH^-] = \sqrt{cK_{b,1}^\ominus} = \sqrt{0.20 \times 1.78 \times 10^{-4}} = 5.97 \times 10^{-3} \text{ mol} \cdot L^{-1}$$

$$pH = 14 - pOH = 11.78$$

(6) 查表得 $H_2CO_3$ 的 $K_{a1}^\ominus = 4.2 \times 10^{-7}$, $K_{a2}^\ominus = 5.6 \times 10^{-11}$

$$cK_{a2}^\ominus = 0.50 \times 5.6 \times 10^{-11} = 2.8 \times 10^{-11} > 20K_W^\ominus$$

$$c > 20K_{a1}^\ominus$$

所以可采用最简式计算

$$[H^+] = \sqrt{K_{a,1}^\ominus \cdot K_{a,2}^\ominus} = \sqrt{4.2 \times 10^{-7} \times 5.6 \times 10^{-11}}$$

$$= 4.85 \times 10^{-9} \text{ mol} \cdot L^{-1}$$

$$pH = 8.31$$

(7) 已知 $K_a^\ominus(NH_4^+) = 5.6 \times 10^{-10}$, $K_a^\ominus(HAc) = 1.8 \times 10^{-5}$

$NH_4Ac$ 为两性物质，

$$cK_a^\ominus(NH_4^+) = 0.10 \times 5.6 \times 10^{-10} = 5.6 \times 10^{-11} > 20K_W^\ominus$$

$$c > 20K_a^\ominus(HAc)$$

其碱式离解和酸式离解都较弱，所以

$$[H^+] = \sqrt{K_a^\ominus(NH_4^+)K_a^\ominus(HAc)} = 1.0 \times 10^{-7} \text{ mol} \cdot L^{-1}$$

$$pH = 7.00$$

(8) 查表得 $H_3PO_4$ 的 $K_{a1}^\ominus = 7.6 \times 10^{-3}$, $K_{a2}^\ominus = 6.3 \times 10^{-8}$, $K_{a3}^\ominus =$

$4.4 \times 10^{-13}$，$K_{a3}^{\ominus}$ 很小。

$$[H^+] = \sqrt{\frac{K_{a,2}^{\ominus}(cK_{a,3}^{\ominus} + K_W^{\ominus})}{K_{a,2}^{\ominus} + c}}$$

$$= \sqrt{\frac{6.3 \times 10^{-8} \times (0.20 \times 4.4 \times 10^{-13} + 1.0 \times 10^{-14})}{6.3 \times 10^{-8} + 0.20}}$$

$$= 1.76 \times 10^{-10} \text{ mol} \cdot L^{-1}$$

$$pH = 9.76$$

或

$$pH = \frac{1}{2}(pK_{a2}^{\ominus} + pK_{a3}^{\ominus}) = 9.78$$

**4-4** 往 100 mL 0.10 mol·L⁻¹ HAc 溶液中，加入 50 mL 0.10 mol·L⁻¹ NaOH 溶液，求此溶液的 pH。

**解** 两种溶液混合后：

$$HAc + NaOH = NaAc + H_2O$$

$$c(HAc) = \frac{0.10 \times 100 \times 10^{-3} - 0.10 \times 50 \times 10^{-3}}{(100+50) \times 10^{-3}} = \frac{1}{30} \text{ mol} \cdot L^{-1}$$

$$c(Ac^-) = \frac{0.10 \times 50 \times 10^{-3}}{(100+50) \times 10^{-3}} = \frac{1}{30} \text{ mol} \cdot L^{-1}$$

所以该溶液是由 HAc-Ac⁻ 组成的缓冲溶液。

$$pH = pK_a^{\ominus} - \lg\frac{[HAc]}{[Ac^-]} = 4.74$$

**4-5** 欲配制 pH = 10.0 的缓冲溶液，如用 500 mL 0.10 mol·L⁻¹ NH₃·H₂O 溶液，问需加入 0.10 mol·L⁻¹ HCl 溶液多少毫升？或加入固体 NH₄Cl 多少克？（假设体积不变）

**解** 已知 $NH_3 \cdot H_2O$ 的 $K_b^{\ominus} = 1.8 \times 10^{-5}$

(1) 设加入 HCl V mL 后，$NH_3 \cdot H_2O + HCl = NH_4Cl + H_2O$

$$c(NH_4^+) = \frac{0.10 \times V \times 10^{-3}}{(500+V) \times 10^{-3}} = \frac{0.1V}{500+V} \text{ mol} \cdot L^{-1}$$

$$c(NH_3 \cdot H_2O) = \frac{(0.10 \times 500 - 0.10 \times V) \times 10^{-3}}{(500+V) \times 10^{-3}}$$

$$= \frac{50 - 0.1V}{500+V} \text{ mol} \cdot L^{-1}$$

$$pOH = pK_b^\ominus - \lg\frac{[NH_3 \cdot H_2O]}{[NH_4^+]} = 14.0 - pH = 14.0 - 10.0 = 4.0$$

$$-\lg(1.8 \times 10^{-5}) - \lg\frac{\dfrac{50-0.1V}{500+V}}{\dfrac{0.1V}{500+V}} = 4.0$$

$$4.74 - \lg\frac{50-0.1V}{0.1V} = 4.0$$

$$V = 77 \text{ mL}$$

$$pOH = pK_b^\ominus - \lg\frac{[NH_3 \cdot H_2O]}{[NH_4^+]} = 14.0 - pH$$
$$= 14.0 - 10.0 = 4.0$$

(2) $\quad -\lg(1.8 \times 10^{-5}) - \lg\dfrac{0.10}{[NH_4^+]} = 4.0$

$$[NH_4^+] = 0.018 \text{ mol} \cdot \text{L}^{-1}$$

$$m(NH_4Cl) = n(NH_4Cl)M(NH_4Cl)$$
$$= c(NH_4Cl)V(NH_4Cl)M(NH_4Cl)$$

$$m(NH_4Cl) = 0.018 \times 500 \times 10^{-3} \times 53.49 = 0.48 \text{ g}$$

**4-6** 欲将 100 mL 0.10 mol·L$^{-1}$ HCl 溶液的 pH 从 1.00 增加至 4.46，需加入固体醋酸钠(NaAc)多少克？

**解** 加入 NaAc 后，
$$Ac^- + H^+ = HAc$$
溶液是 HAc-Ac$^-$ 的缓冲溶液。

$$[HAc] = 0.10 \text{ mol} \cdot \text{L}^{-1}$$

$$pH = pK_a^\ominus - \lg\frac{[HAc]}{[Ac^-]} = 4.46$$

$$4.74 - \lg\frac{0.10}{[Ac^-]} = 4.46$$

解得 [Ac$^-$] = 0.052 mol·L$^{-1}$

所以需加入固体醋酸钠的量为 $m(NaAc) = n(NaAc)M(NaAc)$

$$m(NaAc) = (0.10 + 0.052) \times 100 \times 10^{-3} \times 82.03 = 1.2 \text{ g}$$

**4-7** 欲配制 0.5 L pH 为 9，其中 [NH$_4^+$] = 1.0 mol·L$^{-1}$ 的缓冲溶液，需密度为 0.904 g·cm$^{-3}$、氨质量分数为 26.0% 的浓氨水多少升？固体氯化

铵多少克?

**解** 已知 $NH_4^+$ 的 $K_a^{\ominus} = 5.56 \times 10^{-10}$

依题设可得:

$$[NH_3 \cdot H_2O] = \frac{w\rho}{M} \times 10^3 = \frac{26.0\% \times 0.904}{17.03} \times 10^3$$

$$= 13.80 \text{ mol} \cdot L^{-1}$$

$$pH = pK_a^{\ominus} - \lg\frac{[NH_4^+]}{[NH_3 \cdot H_2O]} = 9$$

$$9.26 - \lg\frac{1.0}{[NH_3 \cdot H_2O]} = 9$$

解得 $[NH_3 \cdot H_2O] = 0.55 \text{ mol} \cdot L^{-1}$

设需浓氨水的体积为 $V$ mL,则

$$0.55 \times 0.5 = 13.80 \times V \times 10^{-3}$$

$$V = 20 \text{ mL}$$

需固体氯化铵的量为

$$m(NH_4Cl) = n(NH_4Cl)M(NH_4Cl)$$

$$= c(NH_4Cl)V(NH_4Cl)M(NH_4Cl)m(NH_4Cl)$$

$$= 1.0 \times 0.5 \times 53.49 = 26.7 \text{ g}$$

**4-8** 计算 pH 为 8.00 和 12.00 时 $0.10 \text{ mol} \cdot L^{-1}$ KCN 溶液中 $CN^-$ 的浓度。

**解** 查得 HCN 的 $K_a^{\ominus} = 6.2 \times 10^{-10}$

$$\delta(CN^-) = \delta_0 = \frac{[CN^-]}{c} = \frac{K_a^{\ominus}}{K_a^{\ominus} + [H^+]}$$

$$[CN^-] = \frac{cK_a^{\ominus}}{K_a^{\ominus} + [H^+]}$$

(1) pH = 8.00, $[H^+] = 1.0 \times 10^{-8} \text{ mol} \cdot L^{-1}$

$$[CN^-] = \frac{cK_a^{\ominus}}{K_a^{\ominus} + [H^+]} = \frac{0.10 \times 6.2 \times 10^{-10}}{6.2 \times 10^{-10} + 1.0 \times 10^{-8}}$$

$$= 5.8 \times 10^{-3} \text{ mol} \cdot L^{-1}$$

(2) pH = 12.00, $[H^+] = 1.0 \times 10^{-12} \text{ mol} \cdot L^{-1}$

$$[CN^-] = \frac{cK_a^{\ominus}}{K_a^{\ominus} + [H^+]} = \frac{0.10 \times 6.2 \times 10^{-10}}{6.2 \times 10^{-10} + 1.0 \times 10^{-12}} = 0.10 \text{ mol} \cdot L^{-1}$$

**4-9** 称取纯的四草酸氢钾($KHC_2O_4 \cdot H_2C_2O_4 \cdot 2H_2O$)0.617 4 g,用 NaOH 标准溶液滴定时,用去 26.35 mL。求 NaOH 溶液的浓度。

**解** 滴定反应为
$$KHC_2O_4 \cdot H_2C_2O_4 \cdot 2H_2O + 3OH^- \longrightarrow KNaC_2O_4 + Na_2C_2O_4 + 5H_2O$$
$$n(NaOH) = 3n(KHC_2O_4 \cdot H_2C_2O_4 \cdot 2H_2O)$$
$$c(NaOH) \cdot V(NaOH) = 3 \times \frac{m(KHC_2O_4 \cdot H_2C_2O_4 \cdot 2H_2O)}{M(KHC_2O_4 \cdot H_2C_2O_4 \cdot 2H_2O)}$$
$$c(NaOH) = 3 \times \frac{m(KHC_2O_4 \cdot H_2C_2O_4 \cdot 2H_2O)}{M(KHC_2O_4 \cdot H_2C_2O_4 \cdot 2H_2O) \cdot V(NaOH)}$$
$$= 3 \times \frac{0.617\ 4}{254.20 \times 26.35 \times 10^{-3}} = 0.276\ 5\ mol \cdot L^{-1}$$

**4-10** 称取粗铵盐 1.075 g,与过量碱共热,蒸出的 $NH_3$ 以过量的硼酸溶液吸收,再以 $0.386\ 5\ mol \cdot L^{-1}$ HCl 滴定至甲基红和溴甲酚绿混合指示剂终点,需 33.68 mL 溶液,求试样 $NH_3$ 的百分含量和以 $NH_4Cl$ 表示的百分含量。

**解** 有关反应为
$$NH_4^+ + OH^- \xrightarrow{\triangle} NH_3(g) + H_2O$$
$$NH_3 + H_3BO_3 \Longrightarrow NH_4^+ + H_2BO_3^-$$
$$H^+ + H_2BO_3^- \Longrightarrow H_3BO_3$$

由上述计量关系可知
$$n(NH_4Cl) = n(NH_4^+) = n(NH_3) = n(HCl) = c(HCl)V(HCl)$$
$$= 0.386\ 5 \times 33.68 \times 10^{-3} = 0.013\ 02\ mol$$
$$w(NH_3) = \frac{m(NH_3)}{m_s} \times 100\% = \frac{n(NH_3) \times M(NH_3)}{m_s} \times 100\%$$
$$= \frac{0.013\ 02 \times 17.03}{1.075} \times 100\% = 20.63\%$$
$$w(NH_4Cl) = \frac{m(NH_4Cl)}{m_s} \times 100\% = \frac{n(NH_4Cl) \times M(NH_4Cl)}{m_s} \times 100\%$$
$$= \frac{0.013\ 02 \times 53.49}{1.075} \times 100\% = 64.79\%$$

**4-11** 称取不纯的硫酸铵 1.000 g,以甲醛法分析,加入已中和至中性的甲醛溶液和 $0.363\ 8\ mol \cdot L^{-1}$ NaOH 溶液 50.00 mL,过量的 NaOH 再以

$0.301\ 2\ mol·L^{-1}$ HCl 溶液 21.64 mL 回滴至酚酞终点。试计算 $(NH_4)_2SO_4$ 的纯度。

**解** 有关反应为
$$6HCHO + 4NH_4^+ = (CH_2)_6N_4H^+ + 3H^+ + 6H_2O$$
$$4NH_4^+ \sim 4NaOH$$
$$NaOH(过量) + HCl = NaCl + H_2O$$

由上述计量关系可知,过量 NaOH 的物质的量 $n$(过量 NaOH) 为
$$n(过量\ NaOH) = n(HCl) = c(HCl)V(HCl)$$
$$= 0.301\ 2 \times 21.64 \times 10^{-3} = 6.518 \times 10^{-3}\ mol$$
$$n(NH_4^+) = n(总\ NaOH) - n(过量\ NaOH)$$
$$= 0.363\ 8 \times 50.00 \times 10^{-3} - 6.518 \times 10^{-3} = 0.011\ 67\ mol$$
$$n[(NH_4)_2SO_4] = \frac{1}{2}n(NH_4^+) = 5.835 \times 10^{-3}\ mol$$
$$w[(NH_4)_2SO_4] = \frac{m[(NH_4)_2SO_4]}{m_s} \times 100\%$$
$$= \frac{n[(NH_4)_2SO_4] \times M[(NH_4)_2SO_4]}{m_s} \times 100\%$$
$$= \frac{5.835 \times 10^{-3} \times 132.14}{1.000} \times 100\% = 77.10\%$$

**4-12** 面粉和小麦中粗蛋白质含量是将氮含量乘以 5.7 而得到的(不同物质有不同系数),2.449 g 面粉经消化后,用 NaOH 处理,蒸出的 $NH_3$ 以 100.00 mL $0.010\ 86\ mol·L^{-1}$ HCl 溶液吸收,需用 $0.012\ 28\ mol·L^{-1}$ NaOH 溶液 15.30 mL 回滴,计算面粉中粗蛋白质含量。

**解** 有关反应:$NH_3 + HCl = NH_4Cl$
$$HCl(过量) + NaOH = NaCl + H_2O$$
由上述计量关系可知,过量 HCl 的物质的量 $n$(过量 HCl) 为
$$n(过量\ HCl) = n(NaOH) = c(NaOH)V(NaOH)$$
$$= 0.012\ 28 \times 15.30 \times 10^{-3} = 1.879 \times 10^{-4}\ mol$$
吸收 $NH_3$ 的 HCl 的物质的量 $n$ 为
$$n = n(总\ HCl) - n(过量\ HCl)$$
$$= 0.010\ 86 \times 100.00 \times 10^{-3} - 1.879 \times 10^{-4}$$
$$= 8.981 \times 10^{-4}\ mol$$

$$n(\text{N}) = n(\text{NH}_3) = n(\text{HCl}) = 8.981 \times 10^{-4} \text{ mol}$$

$$w(\text{N}) = \frac{m(\text{N})}{m_s} \times 100\% = \frac{n(\text{N}) \times M(\text{N})}{m_s} \times 100\%$$

$$= \frac{8.981 \times 10^{-4} \times 14.01}{2.449} \times 100\% = 0.51\%$$

$$w(\text{粗蛋白质}) = 5.7 \times w(\text{N}) = 5.7 \times 0.51\% = 2.91\%$$

**4-13** 一试样含丙氨酸($CH_3CH(NH_2)COOH$)和惰性物质,用克氏法测定氮,称取试样 2.215 g,消化后,蒸馏出 $NH_3$ 并吸收在 50.00 mL 0.146 8 mol·$L^{-1}$ $H_2SO_4$ 溶液中,再以 0.092 14 mol·$L^{-1}$ NaOH 11.37 mL 回滴,求丙氨酸的百分含量。

**解** 有关反应:$2NH_3 + H_2SO_4 \Longrightarrow (NH_4)_2SO_4$

$$H_2SO_4(\text{过量}) + 2NaOH \Longrightarrow Na_2SO_4 + 2H_2O$$

$$CH_3CH(NH_2)COOH \sim N \sim NH_3 \sim \frac{1}{2}H_2SO_4$$

$$H_2SO_4 \sim 2NaOH$$

由上述计量关系可知,过量 $H_2SO_4$ 的物质的量 $n(\text{过量 } H_2SO_4)$ 为

$$n(\text{过量 } H_2SO_4) = \frac{1}{2}n(\text{NaOH}) = \frac{1}{2}c(\text{NaOH})V(\text{NaOH})$$

$$= \frac{1}{2} \times 0.092\ 14 \times 11.37 \times 10^{-3} = 5.238 \times 10^{-4} \text{ mol}$$

吸收 $NH_3$ 的 $H_2SO_4$ 的物质的量 $n$ 为

$$n = n(\text{总 } H_2SO_4) - n(\text{过量 } H_2SO_4)$$

$$= 0.146\ 8 \times 50.00 \times 10^{-3} - 5.238 \times 10^{-4} = 6.816 \times 10^{-3} \text{ mol}$$

$$n(CH_3CH(NH_2)COOH) = n(NH_3) = 2n(H_2SO_4)$$

$$= 2 \times 6.816 \times 10^{-3}$$

$$= 0.013\ 63 \text{ mol}$$

$$w(CH_3CH(NH_2)COOH)$$

$$= \frac{m(CH_3CH(NH_2)COOH)}{m_s} \times 100\%$$

$$= \frac{n(CH_3CH(NH_2)COOH) \times M(CH_3CH(NH_2)COOH)}{m_s} \times 100\%$$

$$= \frac{0.013\ 63 \times 89.10}{2.215} \times 100\% = 54.83\%$$

**4-14** 往 0.358 2 g 含 $CaCO_3$ 及杂质不与酸作用的石灰石里加入 25.00 mL 0.147 1 mol·$L^{-1}$ HCl 溶液,过量的酸需用 10.15 mL NaOH 溶液回滴。已知1 mL NaOH 溶液相当于 1.032 HCl 溶液。求石灰石的纯度及 $CO_2$ 的百分含量。

**解** 有关反应:$CaCO_3 + 2HCl \rightleftharpoons CaCl_2 + CO_2 + H_2O$
由题设可知,与 $CaCO_3$ 反应的 HCl 的体积 V 为
$$V = 25.00 - 10.15 \times 1.032 = 14.52 \text{ mL}$$
由反应方程式可知,
$$n(CaCO_3) = n(CO_2) = \frac{1}{2}n(HCl) = \frac{1}{2}c(HCl)V(HCl)$$
$$\frac{1}{2}c(HCl)V(HCl) = \frac{1}{2} \times 0.147\ 1 \times 14.52 \times 10^{-3} = 1.068 \times 10^{-3} \text{ mol}$$
$$w(CaCO_3) = \frac{m(CaCO_3)}{m_s} \times 100\% = \frac{n(CaCO_3) \times M(CaCO_3)}{m_s} \times 100\%$$
$$= \frac{1.068 \times 10^{-3} \times 100.09}{0.358\ 2} \times 100\% = 29.84\%$$
$$w(CO_2) = \frac{m(CO_2)}{m_s} \times 100\% = \frac{n(CO_2) \times M(CO_2)}{m_s} \times 100\%$$
$$= \frac{1.068 \times 10^{-3} \times 44.01}{0.358\ 2} \times 100\% = 13.12\%$$

**4-15** 称取混合碱试样 0.947 6 g,加酚酞指示剂,用 0.278 5 mol·$L^{-1}$ HCl 溶液滴定至终点,计耗去酸溶液 34.12 mL。再加甲基橙指示剂,滴定至终点,又耗去酸 23.66 mL。求试样中各组分的百分含量。

**解** $V_1 = 34.12$ mL,$V_2 = 23.66$ mL,$V_1 > V_2$,故混合碱试样由 NaOH 和 $Na_2CO_3$ 组成。
$$w(Na_2CO_3) = \frac{c(HCl) \times V_2 \times M(Na_2CO_3)}{m_s} \times 100\%$$
$$= \frac{0.278\ 5 \times 23.66 \times 10^{-3} \times 106.0}{0.947\ 6} \times 100\% = 73.71\%$$
$$w(NaOH) = \frac{c(HCl) \times (V_1 - V_2) \times M(NaOH)}{m_s} \times 100\%$$
$$= \frac{0.278\ 5 \times (34.12 - 23.66) \times 10^{-3} \times 40.00}{0.947\ 6} \times 100\%$$
$$= 12.30\%$$

**4-16** 称取混合碱试样 0.652 4 g,以酚酞为指示剂,用 0.199 2 mol·L$^{-1}$ HCl 标准溶液滴定至终点,用去酸溶液 21.76 mL。再加甲基橙指示剂,滴定至终点,又耗去酸溶液 27.15 mL。求试样中各组分的百分含量。

**解** $V_1 = 21.76$ mL, $V_2 = 27.15$ mL, $V_1 < V_2$,故混合碱试样由 $Na_2CO_3$ 和 $NaHCO_3$ 组成。

$$w(Na_2CO_3) = \frac{c(HCl) \times V_1 \times M(Na_2CO_3)}{m_s} \times 100\%$$

$$= \frac{0.199\ 2 \times 22.76 \times 10^{-3} \times 106.0}{0.652\ 4} \times 100\% = 70.43\%$$

$$w(NaHCO_3) = \frac{c(HCl) \times (V_2 - V_1) M(NaHCO_3)}{m_s} \times 100\%$$

$$= \frac{0.199\ 2 \times (27.15 - 21.76) \times 10^{-3} \times 84.01}{0.652\ 4} \times 100\%$$

$$= 13.82\%$$

**4-17** 一试样仅含 NaOH 和 $Na_2CO_3$,一份重 0.351 5 g 试样需 35.00 mL 0.198 2 mol·L$^{-1}$ HCl 溶液滴定到酚酞变色,那么还需再加入多少毫升 0.198 2 mol·L$^{-1}$ HCl 溶液可达到以甲基橙为指示剂的终点?并分别计算 NaOH 和 $Na_2CO_3$ 的百分含量。

**解** 依题设知

$$m(NaOH) + m(Na_2CO_3) = 0.351\ 5\ g \tag{1}$$

酚酞变色时: $n(HCl) = n(NaOH) + n(Na_2CO_3)$

$$c(HCl) \times V(HCl) = \frac{m(NaOH)}{M(NaOH)} + \frac{m(Na_2CO_3)}{M(Na_2CO_3)}$$

$$0.198\ 2 \times 35.00 \times 10^{-3} = \frac{m(NaOH)}{40.00} + \frac{m(Na_2CO_3)}{106.0} \tag{2}$$

解(1)和(2)得

$$m(NaOH) = 0.232\ 6\ g, m(Na_2CO_3) = 0.118\ 9\ g$$

$$w(NaOH) = \frac{m(NaOH)}{m_s} \times 100\% = \frac{0.232\ 6}{0.351\ 5} \times 100\% = 66.17\%$$

$$w(Na_2CO_3) = \frac{m(Na_2CO_3)}{m_s} \times 100\% = \frac{0.118\ 9}{0.351\ 5} \times 100\% = 33.83\%$$

甲基橙变色时: $n(HCl) = n(Na_2CO_3)$

$$c(HCl) \times V(HCl) = \frac{m(Na_2CO_3)}{M(Na_2CO_3)}$$

$$0.198\,2 \times V(\text{HCl}) = \frac{0.118\,9}{106.0}$$

$$V(\text{HCl}) = 5.66 \text{ mL}$$

**4-18** 一瓶纯 KOH 吸收了 $CO_2$ 和水,称取其均匀试样 1.186 g 溶于水,稀释至 500.00 mL,吸取 50.00 mL,以 25.00 mL 0.087 17 mol·$L^{-1}$ HCl 处理,煮沸驱除 $CO_2$,过量的酸用 0.023 65 mol·$L^{-1}$ NaOH 溶液 10.09 mL 滴定至酚酞终点。另取 50.00 mL 试样的稀释液,加入过量的中性 $BaCl_2$,滤去沉淀,滤液以 20.38 mL 上述酸溶液滴定至酚酞终点。计算试样中 KOH、$K_2CO_3$ 和 $H_2O$ 的百分含量。

**解** KOH 溶液吸收了 $CO_2$ 和 $H_2O$,溶液中生成部分 $K_2CO_3$。

由第一份样品计算出纯 KOH 总的物质的量:

$$n_1(\text{KOH}) = [c(\text{HCl})V_1(\text{HCl}) - c(\text{NaOH})V(\text{NaOH})] \times 10^{-3}$$
$$= (25.00 \times 0.087\,17 - 10.09 \times 0.023\,65) \times 10^{-3}$$
$$= 1.941 \times 10^{-3} \text{ mol}$$

由第二份样品计算出 KOH 溶液吸收了 $CO_2$ 和 $H_2O$ 后溶液所含 KOH 的物质的量:

$$n_2(\text{KOH}) = c(\text{HCl})V_2(\text{HCl}) \times 10^{-3} = 0.087\,17 \times 20.38 \times 10^{-3}$$
$$= 1.776 \times 10^{-3} \text{ mol}$$

$$n(\text{K}_2\text{CO}_3) = \frac{1}{2}[n_1(\text{KOH}) - n_2(\text{KOH})]$$
$$= 8.25 \times 10^{-5} \text{ mol}$$

所以

$$w(\text{KOH}) = \frac{n_2(\text{KOH})M(\text{KOH})}{m_s \times 0.1} \times 100\%$$
$$= \frac{1.776 \times 10^{-3} \times 56.11}{1.186 \times 0.1} \times 100\% = 84.02\%$$

$$w(\text{K}_2\text{CO}_3) = \frac{8.25 \times 10^{-5} \times 138.21}{1.186 \times 0.1} \times 100\% = 9.61\%$$

$$w(\text{H}_2\text{O}) = 1 - (84.02\% + 9.61\%) = 6.37\%$$

**4-19** 已知某试样可能含有 $Na_3PO_4$、$Na_2HPO_4$ 和惰性物质。称取该试样 1.000 0 g,用水溶解。试样溶液以甲基橙作指示剂,用 0.250 0 mol·$L^{-1}$ HCl 溶液滴定,用去 32.00 mL。含同样质量的试样溶液以百里酚酞作指示剂,需上述 HCl 溶液 12.00 mL。求试样中 $Na_3PO_4$ 和 $Na_2HPO_4$ 的质量分数。

**解** 设以甲基橙为指示剂,消耗 HCl 溶液体积为 $V_1$,以百里酚酞为指示剂,消耗 HCl 溶液体积为 $V_2$。当甲基橙变色时,$PO_4^{3-}$ 变成 $H_2PO_4^-$,$HPO_4^{2-}$ 也

变成 $H_2PO_4^-$,即
$$Na_3PO_4 + 2HCl \longrightarrow NaH_2PO_4 + 2NaCl$$
$$Na_2HPO_4 + HCl \longrightarrow NaH_2PO_4 + NaCl$$
当百里酚酞变色时,$PO_4^{3-}$ 变成 $HPO_4^{2-}$,即
$$Na_3PO_4 + HCl \longrightarrow Na_2HPO_4 + NaCl$$
所以

$$w(Na_3PO_4) = \frac{m(Na_3PO_4)}{m_s} \times 100\%$$
$$= \frac{c(HCl) \cdot V_2 \times 10^{-3} \times M(Na_3PO_4)}{m_s} \times 100\%$$
$$= \frac{0.2500 \times 12.00 \times 10^{-3} \times 163.94}{1.0000} \times 100\% = 49.18\%$$

$$w(Na_2HPO_4) = \frac{m(Na_2HPO_4)}{m_s} \times 100\%$$
$$= \frac{c(HCl) \cdot (V_1 - 2V_2) \times 10^{-3} \times M(Na_2HPO_4)}{m_s} \times 100\%$$
$$= \frac{0.2500 \times (32.00 - 2 \times 12.00) \times 10^{-3} \times 141.96}{1.0000} \times 100\%$$
$$= 28.39\%$$

**4-20** 称取 2.000 g 的干肉片试样,用浓 $H_2SO_4$ 煮解(以汞为催化剂)直至其中的氮素完全转化为硫酸氢铵。用过量 NaOH 处理,放出的 $NH_3$ 吸收于 50.00 mL $H_2SO_4$(1.00 mL 相当于 0.018 60 g $Na_2O$)中。过量酸需要 28.80 mL 的 NaOH(1.00 mL 相当于 0.126 6 g 邻苯二甲酸氢钾)返滴定。试计算肉片蛋白质的质量分数。(N 的质量分数乘以 6.25 因数得蛋白质的质量分数)

**解** 有关反应:$NH_4HSO_4 + 2NaOH \rightleftharpoons Na_2SO_4 + NH_3 + 2H_2O$
$$2NH_3 + H_2SO_4 \rightleftharpoons (NH_4)_2SO_4$$
$$H_2SO_4(过量) + 2NaOH \rightleftharpoons Na_2SO_4 + 2H_2O$$
$$KHC_8H_4O_4 + NaOH \rightleftharpoons NaKC_8H_4O_4 + H_2O$$
$$N \sim NH_4HSO_4 \sim NH_3 \sim \frac{1}{2}H_2SO_4$$
$$Na_2O \sim 2NaOH \sim H_2SO_4$$
$$H_2SO_4 \sim 2NaOH \sim 2KHC_8H_4O_4$$

由上述计量关系可知,过量 $H_2SO_4$ 的物质的量 $n$(过量 $H_2SO_4$)为

$$n(过量\ H_2SO_4) = \frac{1}{2}n(KHC_8H_4O_4) = \frac{m(KHC_8H_4O_4)}{2M(KHC_8H_4O_4)}$$
$$= \frac{28.80 \times 0.126\ 6}{2 \times 204.22} = 8.927 \times 10^{-3}\ mol$$

总的 $H_2SO_4$ 的物质的量 $n(总\ H_2SO_4)$ 为

$$n(总\ H_2SO_4) = n(Na_2O) = \frac{m(Na_2O)}{M(Na_2O)}$$
$$= \frac{50.00 \times 0.018\ 60}{61.98}$$
$$= 1.500 \times 10^{-2}\ mol$$

与 $NH_3$ 反应的 $H_2SO_4$ 的物质的量 $n$ 为

$$n = n(总\ H_2SO_4) - n(过量\ H_2SO_4) = 1.500 \times 10^{-2} - 8.927 \times 10^{-3}$$
$$= 6.073 \times 10^{-3}\ mol$$
$$n(N) = n(NH_3) = 2n(H_2SO_4) = 2 \times 6.073 \times 10^{-3} = 0.012\ 15\ mol$$
$$w(N) = \frac{m(N)}{m_s} \times 100\% = \frac{n(N) \times M(N)}{m_s} \times 100\%$$
$$= \frac{0.012\ 15 \times 14.01}{2.000} \times 100\% = 8.51\%$$
$$w(蛋白质) = 6.25 \times w(N) = 6.25 \times 8.51\% = 53.19\%$$

**4-21** 有一在空气中暴露过的氢氧化钾,经分析测定内含水 7.62%,$K_2CO_3$ 2.38% 和 KOH 90.00%。将此试样 1.000 g 加入 46.00 mL 1.000 mol·$L^{-1}$ HCl 溶液,过量酸再用 1.070 mol·$L^{-1}$ KOH 溶液回滴至中性。然后将此溶液蒸干,问可得残渣多少克?

**解** 有关反应:$K_2CO_3 + 2HCl \rightleftharpoons 2KCl + CO_2 + H_2O$
$$KOH + HCl(过量) \rightleftharpoons KCl + H_2O$$
$$n(K_2CO_3) = \frac{m(K_2CO_3)}{M(K_2CO_3)} = \frac{1.000 \times 2.38\%}{138.21} = 1.722 \times 10^{-4}\ mol$$
$$n(KOH) = \frac{m(KOH)}{M(KOH)} = \frac{1.000 \times 90.00\%}{56.108} = 1.604 \times 10^{-2}\ mol$$

由上述计量关系可知,过量 HCl 的物质的量 $n(过量\ HCl)$ 为

$$n(过量\ HCl) = 1.000 \times 46.00 \times 10^{-3} - 2n(K_2CO_3) - n(KOH)$$
$$= 0.029\ 62\ mol$$

所以残渣 KCl 的物质的量 $n(残渣\ KCl)$ 为

$$n(残渣\ KCl) = 2n(K_2CO_3) + n(KOH) + n(过量\ HCl)$$

第 4 章 酸碱平衡和酸碱滴定法

$$= 2 \times 1.722 \times 10^{-4} + 1.604 \times 10^{-2} + 0.029\ 62$$
$$= 0.046\ 00\ \text{mol}$$

$n(\text{残渣 KCl}) = n(\text{残渣 KCl}) \times M(\text{KCl}) = 0.046\ 00 \times 74.55 = 3.429\ \text{g}$

**4-22** 称取混合碱试样 0.898 3 g,加酚酞指示剂,用 0.289 6 mol·L⁻¹ HCl 溶液滴定至终点,计耗去酸溶液 31.45 mL。再加甲基橙指示剂,滴定至终点,又耗去 24.10 mL 酸溶液。求试样中各组分的质量分数。

已知:$M(\text{Na}_2\text{CO}_3) = 106.0$ g/mol,$M(\text{NaHCO}_3) = 84.01$ g/mol,$M(\text{NaOH}) = 40.00$ g/mol。

**解** $V_1 = 31.45$ mL,$V_2 = 24.10$ mL,$V_1 > V_2$,故混合碱试样由 NaOH 和 $\text{Na}_2\text{CO}_3$ 组成。

$$w(\text{Na}_2\text{CO}_3) = \frac{c(\text{HCl}) \times V_2 \times M(\text{Na}_2\text{CO}_3)}{m_s} \times 100\%$$

$$= \frac{0.289\ 6 \times 24.10 \times 10^{-3} \times 106.0}{0.898\ 3} \times 100\% = 82.36\%$$

$$w(\text{NaOH}) = \frac{c(\text{HCl}) \times (V_1 - V_2) \times M(\text{NaOH})}{m_s} \times 100\%$$

$$= \frac{0.289\ 6 \times (31.45 - 24.10) \times 10^{-3} \times 40.00}{0.898\ 3} \times 100\%$$

$$= 9.48\%$$

**4-23** 有一三元酸,其 $pK_{a1}^{\ominus} = 2.0$,$pK_{a2}^{\ominus} = 6.0$,$pK_{a3}^{\ominus} = 12.0$,用 NaOH 溶液滴定时,第一和第二化学计量点的 pH 各为多少?两个化学计量点附近有无滴定突跃?应选择何种指示剂指示滴定终点?能否直接滴定酸的总量?

**解** 该三元酸的 $pK_{a1}^{\ominus} = 2.0$,$pK_{a2}^{\ominus} = 6.0$,$pK_{a3}^{\ominus} = 12.0$

(1) 用 NaOH 溶液滴定时,第一计量点的产物为 $\text{H}_2\text{A}^-$,所以

$$[\text{H}^+] = \sqrt{K_{a1}^{\ominus} K_{a2}^{\ominus}} = \sqrt{10^{-2.0} \times 10^{-6.0}} = 10^{-4.0}\ \text{mol} \cdot \text{L}^{-1}$$

pH = 4.0

第二计量点的产物为 $\text{HA}^{2-}$,则

$$[\text{H}^+] = \sqrt{K_{a2}^{\ominus} K_{a3}^{\ominus}} = \sqrt{10^{-6.0} \times 10^{-12.0}} = 10^{-9.0}\ \text{mol} \cdot \text{L}^{-1}$$

pH = 9.0

(2) 因为 $\dfrac{K_{a1}^{\ominus}}{K_{a2}^{\ominus}} = \dfrac{10^{-2.0}}{10^{-6.0}} = 10^{4.0}$,所以,两个化学计量点附近有滴定突跃,但滴定突跃较短,滴定终点误差较大。

(3) 在第一计量点可选用甲基橙作指示剂指示滴定终点,在第二计量点

可选用酚酞作指示剂指示滴定终点。

(4) 由于该三元酸的 $K_{a3}^{\ominus} = 10^{-12.0}$ 很小,第三个 $H^+$ 不能直接被滴定,所以不能直接滴定酸的总量。

**4-24** 某一元弱酸(HA)试样 1.250 g,用水溶解后定容至 50.00 mL,用 41.20 mL 0.090 0 mol·L$^{-1}$ NaOH 标准溶液滴定至化学计量点。加入 8.24 mL NaOH 溶液时,溶液的 pH 为 4.30。求:(1)弱酸的摩尔质量;(2)弱酸的离解常数;(3)化学计量点的 pH 值?(4)选何种指示剂?

**解** (1) 当用 0.090 0 mol·L$^{-1}$ NaOH 滴定 HA 达到化学计量点时

$$HA + NaOH \longrightarrow NaA + H_2O$$
$$n(HA) = n(NaOH)$$

所以

$$\frac{1.250}{M(HA)} = 0.090\ 0 \times 41.20 \times 10^{-3} = 3.708 \times 10^{-3}$$

解得 $M(HA) = 337\ \text{g} \cdot \text{mol}^{-1}$

(2) 加入 8.24 mL NaOH 时,

$$n(A^-) = 0.090\ 0 \times 8.24 \times 10^{-3} = 7.416 \times 10^{-4}\ \text{mol}$$
$$n(HA) = 0.090\ 0 \times (41.20 - 8.24) \times 10^{-3} = 2.966 \times 10^{-3}\ \text{mol}$$

此时,溶液是由 HA-A$^-$ 组成的缓冲溶液。

$$pH = pK_a^{\ominus} - \lg \frac{[HA]}{[A^-]} = pK_a^{\ominus} - \lg \frac{n(HA)}{n(A^-)} = 4.30$$

所以

$$pK_a^{\ominus} = 4.902, \text{即}\ K_a^{\ominus} = 1.25 \times 10^{-5}$$

(3) 化学计量点时:

$$c(A^-) = \frac{0.090\ 0 \times 41.20 \times 10^{-3}}{(50.00 + 41.20) \times 10^{-3}} = 0.040\ 66\ \text{mol} \cdot \text{L}^{-1}$$

$$K_b^{\ominus} = \frac{K_w^{\ominus}}{K_a^{\ominus}} = \frac{1.0 \times 10^{-14}}{1.25 \times 10^{-5}} = 8.0 \times 10^{-10}$$

因为,$c/K_b^{\ominus} = \frac{0.040\ 66}{8.0 \times 10^{-10}} = 5.1 \times 10^7 \gg 500$

所以计量点时:

$$[OH^-] = \sqrt{cK_b^{\ominus}} = \sqrt{0.040\ 66 \times 8.0 \times 10^{-10}} = 5.7 \times 10^{-6}\ \text{mol} \cdot \text{L}^{-1}$$
$$pOH = 5.24, \text{即}\ pH = 8.76$$

(4) 选用酚酞作指示剂

● 同步练习 ●

一、选择题

**1.** 下列哪些属于共轭酸碱对（　　）。
A. $H_2CO_3$ 和 $CO_3^{2-}$　　　　B. $H_2S$ 和 $S^{2-}$
C. $NH_4^+$ 和 $NH_3$　　　　　　D. $H_3O^+$ 和 $OH^-$

**2.** 已知 $H_3PO_4$ 的 $pK_{a1}^{\ominus}$，$pK_{a2}^{\ominus}$，$pK_{a3}^{\ominus}$ 分别为：2.12，7.21，12.36，则 $PO_4^{3-}$ 的 $pK_b^{\ominus}$ 为（　　）。
A. 11.88　　B. 6.80　　C. 1.64　　D. 2.12

**3.** 在 HAc 溶液中，加入适量 $NH_4Ac$ 来抑制 HAc 的离解，这种作用为（　　）。
A. 缓冲作用　B. 同离子效应　C. 盐效应　D. 稀释作用

**4.** $0.10\ mol \cdot L^{-1}\ MOH$ 溶液 pH = 10.0，则该碱的 $K_b^{\ominus}$ 为（　　）。
A. $1.0 \times 10^{-3}$　B. $1.0 \times 10^{-19}$　C. $1.0 \times 10^{-13}$　D. $1.0 \times 10^{-7}$

**5.** 强碱滴定弱酸（$K_a^{\ominus} = 1.0 \times 10^{-5}$）宜选用的指示剂为（　　）。
A. 甲基橙　　B. 甲基红　　C. 酚酞　　D. 铬黑 T

**6.** 一元酸能直接滴定的条件是（　　）。
A. $cK_a^{\ominus} \geqslant 10^{-8}$　　　　B. $cK_a^{\ominus} \geqslant 10^{-6}$
C. $c/K_a^{\ominus} \geqslant 10^{-8}$　　　　D. $c/K_a^{\ominus} \geqslant 10^{-6}$

**7.** 浓度为 $0.10\ mol \cdot L^{-1}$ 的某一元弱酸，当解离度为 $1.0\%$ 时，溶液中 $OH^-$ 浓度为（　　）。
A. $1.0 \times 10^{-3}\ mol \cdot L^{-1}$　　　B. $1.0 \times 10^{-11}\ mol \cdot L^{-1}$
C. $1.0 \times 10^{-5}\ mol \cdot L^{-1}$　　　D. $1.0 \times 10^{-14}\ mol \cdot L^{-1}$

**8.** 欲配制一定体积的 pH = 7.0 的缓冲溶液，应选择下列哪一对物质为好？（　　）
（已知 $K_a^{\ominus}(HAc) = 1.77 \times 10^{-5}$，$K_b^{\ominus}(NH_3) = 1.77 \times 10^{-5}$，$K_a^{\ominus}(HCOOH) = 1.77 \times 10^{-4}$，$K_{a1}^{\ominus}(H_3PO_4) = 7.52 \times 10^{-3}$，$K_{a2}^{\ominus}(H_3PO_4) = 6.23 \times 10^{-8}$）
A. HAc 与 NaAc　　　　　B. $NaH_2PO_4$ 与 $Na_2HPO_4$
C. $NH_4Cl$ 与 $NH_3$　　　　D. HCOOH 与 HCOONa

**9.** 标定 NaOH 标准溶液常用的基准物质是（　　）。
A. HCl　　　　　　　B. 邻苯二甲酸氢钾

C. 硼砂                      D. $Na_2CO_3$

**10.** 在酸碱滴定中,选择指示剂可不必考虑的因素是( )。
A. pH 突跃范围          B. 指示剂的变色范围
C. 指示剂的颜色变化     D. 指示剂的分子结构

## 二、填空题

**1.** 在弱酸溶液中加水,弱酸的解离度变_____,pH 变_____;在 $NH_4Cl$ 溶液中加入 HAc,则水解度变_____,pH 变_____。

**2.** 以甲基橙为指示剂,用 $0.10\ mol·L^{-1}$ HCl 溶液滴定 $0.10\ mol·L^{-1}$ 硼砂,测定硼砂($Na_2B_4O_7·10H_2O$)的纯度,结果表明该试剂的纯度为 110%,已确定 HCl 溶液的浓度及操作均没问题,则引起此结果偏高的原因是_____。

**3.** 已知 $1.0\ mol·L^{-1}$ HA 溶液的解离度 $\alpha = 0.42\%$,则 $0.010\ mol·L^{-1}$ HA 溶液的 $\alpha =$ _____,该溶液中 $c(H^+) =$ _____ $mol·L^{-1}$。

**4.** 已知 $K_b^{\ominus}(NH_3·H_2O) = 1.8 \times 10^{-5}$,50 mL $0.20\ mol·L^{-1}$ $NH_3·H_2O$ 与 50 mL $0.20\ mol·L^{-1}$ $NH_4Cl$ 混合后溶液的 pH = _____。在该溶液中加入很少量 NaOH 溶液,其 pH 将_____。

**5.** 在相同体积相同浓度的 HAc 溶液和 HCl 溶液中,所含的 $H^+$ 浓度_____;若用相同浓度的 NaOH 溶液去完全中和这两种溶液时,所消耗的 NaOH 溶液的体积_____,恰好中和时两溶液的 pH _____。

**6.** 在 $0.10\ mol·L^{-1}$ $H_3PO_4$ 溶液中,离子浓度最大的是_____,最小的是_____。在酸碱滴定中,指示剂的选择原则是:指示剂的_____处于或部分处于_____之内。

**7.** 在 10 mL 纯水中,加入 0.001 mol HCl,水的离子积为_____;水中的 $[H^+] =$ _____。

**8.** 下面 $0.10\ mol·L^{-1}$ 的酸能用 NaOH 溶液直接滴定分析的是_____。
HCOOH($pK_a^{\ominus} = 3.45$)      $H_3BO_3$($pK_a^{\ominus} = 9.22$)
$NH_4NO_3$($pK_b^{\ominus} = 4.74$)      $H_2O_2$($pK_a^{\ominus} = 12$)

**9.** 测定蛋白质中 N 的含量时,通常采用蒸馏法,产生的 $NH_3$ 用_____吸收,过量的_____用_____标准溶液回滴。

**10.** 计算一元弱酸溶液的 pH,常用的最简式为 $[H^+] =$ _____,使用此式时要注意应先满足两个条件_____和_____,否则将引入较大的误差。

## 三、判断题

**1.** 用含有少量邻苯二甲酸的邻苯二甲酸氢钾标定 NaOH 溶液,结果将

偏低。（　）

2. NaOH 标准溶液吸收了 $CO_2$ 后用来测定弱酸的含量,如选用酚酞做指示剂,则测定结果准确。（　）

3. 因为各种酸碱指示剂的 $K^{\ominus}$(HIn) 值不同,所以指示剂变色的 pH 也不同。（　）

4. 一定浓度及温度的两一元酸溶液,$H^+$ 离子浓度不同,则这两种酸的强度必不同。（　）

5. 现有 $H_2CO_3$、$H_2SO_4$、NaOH、$NH_4Ac$ 四种溶液,浓度均为 $0.01\ mol\cdot L^{-1}$,同温度下在这四种溶液中,$c(H^+)$ 与 $c(OH^-)$ 的乘积均相等。（　）

6. 在缓冲溶液中加入少量强酸或强碱时,其 pH 基本不变。（　）

7. 用 HCl 溶液滴定 $Na_2CO_3$ 基准物溶液以甲基橙作指示剂,其物质的量关系为 $n(HCl):n(Na_2CO_3)=1:1$。（　）

8. 强酸滴定弱碱时,指示剂既可以是酚酞也可以是甲基橙。（　）

9. 在 $0.1\ mol\cdot L^{-1}$ 氨水溶液中加入酚酞指示剂,溶液呈红色;向溶液中添加少量 $NH_4Cl$,溶液的颜色由红色变为无色。这说明溶液由碱性变为酸性。（　）

10. 一定温度下,将适量 NaAc 晶体加入 HAc 水溶液中,则 HAc 的标准离解常数 $K_a^{\ominus}$ 会增大。（　）

**四、计算题**

1. 已知 HCN 的 $K_a^{\ominus}=4.9\times 10^{-10}$,计算 $CN^-$ 的 $K_b^{\ominus}$ 值。

2. 计算 $0.10\ mol\cdot L^{-1}$ HAc 溶液的 pH。($K_a^{\ominus}=1.8\times 10^{-5}$)

3. 欲配制 250 mL 的 pH = 5.0 的缓冲溶液,问在 125 mL $1.0\ mol\cdot L^{-1}$ NaAc 溶液中应加多少 $6.0\ mol\cdot L^{-1}$ 的 HAc 和多少水?

4. 某一元弱酸 HA 试样用水溶解后稀释至 50.00 mL,可用 30.00 mL $0.096\ 00\ mol\cdot L^{-1}$ NaOH 滴定至计量点,当加入 10.00 mL NaOH 时,溶液的 pH = 4.70,问:

(1) HA 的离解常数 $K_a^{\ominus}$?

(2) 化学计量点的 pH?

(3) 选何种指示剂?

5. 称取工业纯碱试样 1.046 g,溶解后定容至 100 mL,吸取 25 mL,以酚酞为指示剂,以浓度为 $0.100\ 0\ mol\cdot L^{-1}$ HCl 滴定,消耗 26.47 mL,继续以甲基橙为指示剂,用同浓度的 HCl 滴定,又消耗 21.24 mL,确定试样组成,计算各自的含量及非碱性杂质的含量。

**6.** 欲测定奶粉中蛋白质的含量,称取试样 1.000 g 放入蒸馏瓶中,加入 $H_2SO_4$ 加热消化使蛋白质中的 —$NH_2$ 转化为 $NH_4HSO_4$,然后加入浓 NaOH 溶液,加热将蒸出的 $NH_3$ 通入硼酸溶液中吸收,以甲基红做指示剂,用 $0.100\ 0\ mol·L^{-1}$ HCl 滴定,消耗 23.68 mL,求奶粉中蛋白质的含量。已知牛奶中蛋白质的平均含氮量为 15.7%。

● 同步练习参考答案 ●

一、选择题

**1.** C  **2.** C  **3.** B  **4.** D  **5.** C  **6.** A  **7.** B  **8.** B  **9.** B  **10.** D

二、填空题

**1.** 大,大,小,小

**2.** 指示剂选择不当,甲基橙的变色范围低于滴定突跃,变色时 HCl 已过量。

**3.** 4.2%,4.2×10$^{-4}$

**4.** 9.26,基本不变

**5.** 不同,相同,不同

**6.** $H^+$,$PO_4^{3-}$,变色范围,滴定突跃范围

**7.** $1.0×10^{-14}$,0.1 mol/L

**8.** HCOOH

**9.** HCl 标准溶液,HCl,NaOH

**10.** $\sqrt{K_a^\ominus · c(HA)}$,$c(HA) · K_a^\ominus \geq 20K_w^\ominus$,$\dfrac{c(HA)}{K_a^\ominus} \geq 500$

三、判断题

**1.** √  **2.** ×  **3.** √  **4.** √  **5.** √  **6.** √  **7.** ×  **8.** ×  **9.** ×  **10.** ×

四、计算题

**1.** 解  $K_b^\ominus = \dfrac{K_w^\ominus}{K_a^\ominus} = \dfrac{1.0×10^{-14}}{4.9×10^{-10}} = 2.0×10^{-5}$

**2.** 解  $c(HAc) · K_a^\ominus = 0.10 × 1.8×10^{-5} > 20K_w^\ominus = 20×10^{-14}$

$\dfrac{c(HAc)}{K_a^\ominus} = \dfrac{0.10}{1.8×10^{-5}} = 5\ 555.6 > 500$

$[H^+] = \sqrt{K_a^\ominus · c(HAc)} = \sqrt{0.10 × 1.8×10^{-5}} = 1.34×10^{-3}$ mol/L

pH = 2.87

**3.** 解  在缓冲溶液中,$c(Ac^-) = 0.50$ mol/L

由 pH = p$K_a^{\ominus}$ − lg $\dfrac{c(\text{HAc})}{c(\text{Ac}^-)}$,可得

$$\lg \dfrac{c(\text{HAc})}{c(\text{Ac}^-)} = pK_a^{\ominus} - pH = 4.74 - 5.0 = -0.26$$

$$\dfrac{c(\text{HAc})}{c(\text{Ac}^-)} = 0.55, c(\text{HAc}) = 0.55 \times 0.5 = 0.275 \text{ mol/L}$$

所以,所需 HAc 的体积为

$$V(\text{HAc}) = \dfrac{0.275 \times 250}{6} = 11.5 \text{ mL}$$

需加入水的体积为

$$V(\text{H}_2\text{O}) = 250 - (125 + 11.5) = 113.5 \text{ mL}$$

**4. 解** (1) 根据计量点消耗的 NaOH 的量可以得到 HA 的总量:

$n(\text{HA})_{总} = 30.00 \times 10^{-3} \times 0.096\ 00 = 2.880 \times 10^{-3}$ mol

加入 10.00 mL NaOH 时:

反应生成的 A$^-$ 的量为

$$n(\text{A}^-) = 10.00 \times 10^{-3} \times 0.096\ 00 = 9.60 \times 10^{-4} \text{ mol}$$

反应后剩余的 HA 的量为

$$n(\text{HA}) = 2.880 \times 10^{-3} - 0.960 \times 10^{-3} = 1.920 \times 10^{-3} \text{ mol}$$

由 [H$^+$] = $K_a^{\ominus} \times \dfrac{c(\text{HA})}{c(\text{A}^-)}$ 可得

$$K_a^{\ominus} = [\text{H}^+] \times \dfrac{c(\text{A}^-)}{c(\text{HA})} = [\text{H}^+] \times \dfrac{n(\text{A}^-)}{n(\text{HA})} = 10^{-4.70} \times \dfrac{0.96}{1.92} = 1.0 \times 10^{-5}$$

(2) 化学计量点时

$n(\text{A}^-) = 30.00 \times 10^{-3} \times 0.096\ 00 = 2.880 \times 10^{-3}$ mol

$$c(\text{A}^-) = \dfrac{2.880 \times 10^{-3}}{(30.00 + 50.00) \times 10^{-3}} = 0.036\ 00 \text{ mol/L}$$

$$[\text{OH}^-] = \sqrt{K_b^{\ominus} \cdot c(\text{A}^-)} = \sqrt{\dfrac{K_w^{\ominus}}{K_a^{\ominus}} \cdot c(\text{A}^-)} = \sqrt{\dfrac{1.0 \times 10^{-14}}{1.0 \times 10^{-5}} \times 0.036}$$

$$= 6.00 \times 10^{-6} \text{ mol/L}$$

pH = 14 − pOH = 8.78

(3) 选择酚酞作指示剂。

**5. 解** 由题可知,$V_1 > V_2$,所以该样品为 NaOH + Na$_2$CO$_3$,所以

$$w(\text{Na}_2\text{CO}_3) = \frac{c(\text{HCl})V_2 M(\text{Na}_2\text{CO}_3)}{m_s \times \dfrac{1}{4}} \times 100\%$$

$$= \frac{0.1000 \times 21.24 \times 10^{-3} \times 106.0}{1.046 \times \dfrac{1}{4}} \times 100\% = 86.10\%$$

$$w(\text{NaOH}) = \frac{c(\text{HCl})(V_1 - V_2) M(\text{NaOH})}{m_s \times \dfrac{1}{4}} \times 100\%$$

$$= \frac{0.1000 \times (26.47 - 21.24) \times 10^{-3} \times 40.01}{1.046 \times \dfrac{1}{4}} \times 100\%$$

$$= 8.00\%$$

$w(\text{非碱性杂质}) = 100\% - 86.10\% - 8.00\% = 5.90\%$

**6. 解** 根据反应计量关系可得

$$n(\text{N}) = n(\text{HCl})$$

$$w(\text{N}) = \frac{c(\text{HCl}) \cdot V(\text{HCl}) \cdot M(\text{N})}{m_s} \times 100\%$$

$$= \frac{0.1000 \times 23.68 \times 10^{-3} \times 14.01}{1.000} = 3.32\%$$

蛋白质的含量为 $w(\text{蛋白质}) = 3.32\% \times \dfrac{100}{15.7} = 21.15\%$

# 第5章　沉淀平衡和沉淀滴定法

● **教学基本要求** ●

1. 掌握溶度积常数和溶解度的概念及溶度积与溶解度的相互换算。
2. 掌握溶度积规则及其有关计算。
3. 了解沉淀溶解平衡的有关应用(沉淀的生成、溶解和转化以及分步沉淀)。

● **重点内容概要** ●

**1. 溶度积常数与溶度积规则**

沉淀溶解平衡常数称为溶度积常数,简称溶度积,记作 $K_{sp}^{\ominus}$。如

$$A_m B_n(s) \Longleftrightarrow mA^{n+} + nB^{m-}$$

$$K_{sp}^{\ominus} = [A^{n+}]^m [B^{m-}]^n$$

$K_{sp}^{\ominus}$ 与其他标准平衡常数一样,只是温度的函数,与溶液中的离子浓度、溶液中固体量的多少无关。温度改变,溶度积常数也随之改变,但变化不大。

把用平衡常数 $K_{sp}^{\ominus}$ 与反应商 $Q$ 的大小关系判断平衡移动方向的方法用于沉淀溶解平衡问题,就称为溶度积规则,此时反应商为离子积。

溶度积规则表明:

(1) $Q < K_{sp}^{\ominus}$　　溶液为不饱和溶液,无沉淀生成;若体系中已有沉淀,沉淀将会溶解,直至饱和,$Q = K_{sp}^{\ominus}$;

(2) $Q = K_{sp}^{\ominus}$　　溶液为饱和溶液,处于动态平衡状态;

(3) $Q > K_{sp}^{\ominus}$　　溶液为过饱和溶液,沉淀可从溶液中析出,直至饱和,$Q = K_{sp}^{\ominus}$。

### 2. $K_{sp}^{\ominus}$ 与溶解度之间的关系

$K_{sp}^{\ominus}$ 与溶解度虽在概念上不同,但它们都可表示难溶电解质的溶解情况。对于相同类型的难溶电解质,可直接根据 $K_{sp}^{\ominus}$ 的大小比较溶解度,$K_{sp}^{\ominus}$ 越小,溶解度越小,对于不同类型的难溶电解质,则应换算成摩尔溶解度($s$)之后比较。

### 3. 沉淀溶解平衡移动

沉淀溶解平衡移动可使溶液中有关离子的浓度发生变化,从而造成沉淀的生成、溶解、转化。最后在新的条件下达到新的平衡。移动方向的判断要依据溶度积规则。使某种离子生成沉淀的方法主要是加入沉淀剂,使 $Q > K_{sp}^{\ominus}$;使沉淀溶解的方法主要有:使沉淀离子生成弱电解质、配合物或发生氧化还原反应等,它们都是使离子的实际游离浓度降低,从而使平衡向溶解的方向移动。沉淀转化方向是生成更加难溶的沉淀。

### 4. 分步沉淀

当溶液中的多种离子都能和加入的沉淀剂作用生成难溶沉淀物时,分步沉淀的顺序是:被沉淀离子浓度相同且沉淀类型相同时,溶度积小的先沉淀,溶度积大的后沉淀;被沉淀离子浓度相同但沉淀类型不相同时,溶解度小的先沉淀,溶解度大的后沉淀;离子浓度及沉淀类型均不同时,离子积较早达到其溶度积的最先沉淀。

### 5. 沉淀滴定法

最常用的沉淀滴定法为银量法。银量法因指示终点的方法不同,主要有摩尔法、佛尔哈德法和法扬斯法等三种方法。

(1) 摩尔法

用 $K_2CrO_4$ 做指示剂,以 $AgNO_3$ 为标准溶液,终点时出现砖红色的沉淀。摩尔法适用于直接滴定 $Cl^-$、$Br^-$、$CN^-$ 等离子。

摩尔法的滴定应在中性或弱碱性介质中进行,最适宜的 pH 范围是 6.5~10.5。凡是能与 $Ag^+$ 生成沉淀的阴离子如 $PO_4^{3-}$、$S^{2-}$、$C_2O_4^{2-}$ 等和凡能与 $CrO_4^{2-}$ 生成沉淀的阳离子如 $Hg^{2+}$、$Pb^{2+}$ 等以及在中性或弱碱性介质中易水解的离子如 $Al^{3+}$、$Fe^{3+}$,都会干扰摩尔法的测定。滴定时应充分摇动,以减少化学计量点之前 AgCl 沉淀对剩余 $Cl^-$ 的吸附。

(2) 佛尔哈德法

用铁铵矾（$NH_4Fe(SO_4)_2$）或硝酸铁溶液作指示剂，以 KSCN 或 $NH_4SCN$ 溶液为标准溶液，终点时呈红色配合物$[FeSCN]^{2+}$。佛尔哈德法可以直接滴定$Ag^+$，返滴定酸性试样中$Cl^-$，$Br^-$，$I^-$及$SCN^-$等离子。

佛尔哈德法必须在酸性溶液中进行。通常在 $0.1\sim 1\ mol\cdot L^{-1}$ 的 $HNO_3$ 介质中进行。避免高温，并应预先排除强氧化剂、铜盐、汞盐以及低价氮氧化物的干扰。

(3) 法扬斯法

用吸附指示剂指示终点的银量法称为法扬斯法。

● 例题解析 ●

【例1】 根据下列物质的$K_{sp}^{\ominus}$数据，通过计算比较其溶解度的大小。

(1) $Ag_2CrO_4$，$K_{sp}^{\ominus}=1.1\times 10^{-12}$

(2) $BaCrO_4$，$K_{sp}^{\ominus}=1.2\times 10^{-10}$

(3) $CaF_2$，$K_{sp}^{\ominus}=3.4\times 10^{-11}$

**解题思路** 本题为难溶电解质的溶度积与溶解度的关系与换算中最基础的练习形式。(1) 比较的条件均为纯水溶液中的溶解，无同离子效应等。(2) 沉淀类型相同时，可直接通过$K_{sp}^{\ominus}$比较其溶解度的大小。(3) 沉淀类型不同时，溶解度的大小的比较必须通过计算说明。

**解** (1) $Ag_2CrO_4(s) \rightleftharpoons 2Ag^+(aq) + CrO_4^{2-}(aq)$

平衡　　　　　　　　　　　　　　$2s$　　　　$s$

$$K_{sp}^{\ominus}=(2s)^2\times s=4s^3$$

$$s=\sqrt[3]{\frac{K_{sp}^{\ominus}}{4}}=\sqrt[3]{\frac{1.1\times 10^{-12}}{4}}=6.5\times 10^{-5}\ mol\cdot L^{-1}$$

(2) $BaCrO_4(s) \rightleftharpoons Ba^{2+}(aq) + CrO_4^{2-}(aq)$

平衡　　　　　　　　　　　　　$s$　　　　$s$

$$K_{sp}^{\ominus}=s^2$$

$$s=\sqrt{K_{sp}^{\ominus}}=\sqrt{1.2\times 10^{-10}}=1.1\times 10^{-5}\ mol\cdot L^{-1}$$

(3) $CaF_2(s) \rightleftharpoons Ca^{2+}(aq) + 2F^-(aq)$

平衡　　　　　　　　　$s$　　　　　$2s$

$$K_{sp}^{\ominus} = s \times (2s)^2 = 4s^3$$

$$s = \sqrt[3]{\frac{K_{sp}^{\ominus}}{4}} = \sqrt[3]{\frac{3.4 \times 10^{-11}}{4}} = 2.0 \times 10^{-4} \text{ mol} \cdot \text{L}^{-1}$$

故溶解度的大小：

$$s(CaF_2) > s(Ag_2CrO_4) > s(BaCrO_4)$$

【例2】过量 $Mg(OH)_2$ 固体在 1.0 L 1.0 mol·$L^{-1}$ $NH_4Cl$ 溶液中充分作用形成饱和 $Mg(OH)_2$ 溶液的pH为9.0，求难溶电解质 $Mg(OH)_2$ 的溶度积常数。(已知 $K_b^{\ominus}(NH_3) = 1.8 \times 10^{-5}$)

**解题思路**　由于 pH = 9.0，即 $[OH^-] = 10^{-5}$，故求 $K_{sp}^{\ominus}$ 的关键是求出 $[Mg^{2+}]$。以此为纲，追踪找出 $Mg^{2+}$ 离子浓度与氨浓度之间的关系。从题意中可得：

(1) 在 $NH_4^+$ 离子作用下，$Mg(OH)_2$ 部分溶解但溶液仍为饱和溶液；

(2) $[NH_4^+] + [NH_3] = 1.0$ mol·$L^{-1}$

**解**　反应 $Mg(OH)_2(s) + 2NH_4^+ \rightleftharpoons Mg^{2+}(aq) + 2NH_3(aq) + 2H_2O$

根据　　　$K_b^{\ominus} = \dfrac{[NH_4^+][OH^-]}{[NH_3]}$

$$\frac{[NH_4^+]}{[NH_3]} = \frac{K_b^{\ominus}}{[OH^-]} = \frac{1.8 \times 10^{-5}}{10^{-5}} = 1.8$$

$$[NH_4^+] + [NH_3] = 1.0 \text{ mol} \cdot \text{L}^{-1}$$

$$[NH_3] = 0.36 \text{ mol} \cdot \text{L}^{-1}$$

$$[Mg^{2+}] = \frac{[NH_3]}{2} = 0.18$$

$$K_{sp}^{\ominus}(Mg(OH)_2) = [Mg^{2+}][OH^-]^2 = 0.18 \times (10^{-5})^2 = 1.8 \times 10^{-11}$$

【例3】某溶液中含有 $Cl^-$ 和 $CrO_4^{2-}$，其浓度分别为 0.10 mol·$L^{-1}$ 和 0.001 0 mol·$L^{-1}$。逐滴加入 $AgNO_3$ 试剂，哪一种离子首先沉淀析出？当第二种离子沉淀时，第一种离子是否被沉淀完全？(忽略由于加入 $AgNO_3$ 所引起的体积变化)

**解**　查得 $K_{sp}^{\ominus}(Ag_2CrO_4) = 1.1 \times 10^{-12}$，$K_{sp}^{\ominus}(AgCl) = 1.8 \times 10^{-10}$

溶液中滴加入 $AgNO_3$ 试剂后，发生如下反应：

$$2Ag^+(aq) + CrO_4^{2-}(aq) \rightleftharpoons Ag_2CrO_4(s) \quad (砖红色)$$
$$Ag^+(aq) + Cl^-(aq) \rightleftharpoons AgCl(s) \quad (白色)$$

生成 $Ag_2CrO_4$ 沉淀所需的最低浓度为

$$[Ag^+]_1 = \sqrt{\frac{K_{sp}^{\ominus}(Ag_2CrO_4)}{[CrO_4^{2-}]}} = \sqrt{\frac{1.1\times10^{-12}}{0.001}} = 3.3\times10^{-5} \text{ mol} \cdot L^{-1}$$

生成 AgCl 沉淀所需的最低浓度为

$$[Ag^+]_2 = \frac{K_{sp}^{\ominus}(AgCl)}{[Cl^-]} = \frac{1.8\times10^{-10}}{0.10} = 1.8\times10^{-9} \text{ mol} \cdot L^{-1}$$

$$[Ag^+]_2 < [Ag^+]_1$$

混合溶液中加入 $AgNO_3$ 时,首先达到的 AgCl 溶度积,所以 AgCl 沉淀先析出,$Ag_2CrO_4$ 沉淀后析出。当 $Ag_2CrO_4$ 沉淀开始析出时,溶液中 $Ag^+$ 浓度为 $3.3\times10^{-5}$ mol·$L^{-1}$,这时 $Cl^-$ 浓度为

$$[Cl^-] = \frac{K_{sp}^{\ominus}(AgCl)}{[Ag^+]} = \frac{1.8\times10^{-10}}{3.3\times10^{-5}} = 5.5\times10^{-6} \text{ mol} \cdot L^{-1}$$

$$[Cl^-] < 1.0\times10^{-5} \text{ mol} \cdot L^{-1}$$

说明当 $Ag_2CrO_4$ 沉淀开始析出时,$Cl^-$ 已被沉淀完全。

由于 $Ag_2CrO_4$ 沉淀是砖红色,所以在摩尔法沉淀滴定分析中用 $AgNO_3$ 滴定 $Cl^-$ 时,可用 $K_2CrO_4$ 作指示剂。

**【例 4】** (1) 在 0.10 mol·$L^{-1}$ $FeCl_2$ 溶液中,不断通入 $H_2S$,若要不生成 FeS 沉淀,则溶液的 pH 最高不应超过多少?

(2) 在某溶液中含有 $FeCl_2$ 与 $CuCl_2$,二者的浓度均为 0.10 mol·$L^{-1}$,不断通入 $H_2S$ 时,能有哪些沉淀生成?各离子浓度是多少?

**解** 查得 $K_{a1}^{\ominus}(H_2S) = 1.07\times10^{-7}$,$K_{a2}^{\ominus}(H_2S) = 1.26\times10^{-13}$,$K_{sp}^{\ominus}(FeS) = 6.3\times10^{-18}$,$K_{sp}^{\ominus}(CuS) = 6.3\times10^{-36}$。

(1) 若要不生成 FeS 沉淀,则溶液中 $S^{2-}$ 的最高浓度为

$$[S^{2-}] = \frac{K_{sp}^{\ominus}(FeS)}{[Fe^{2+}]} = \frac{6.3\times10^{-18}}{0.10} = 6.3\times10^{-17} \text{ mol} \cdot L^{-1}$$

根据 $H_2S \rightleftharpoons 2H^+ + S^{2-}$

$$K_a^\ominus = K_{a1}^\ominus(H_2S) \times K_{a2}^\ominus(H_2S) = \frac{[H^+]^2[S^{2-}]}{[H_2S]}$$

$$[H^+] = \sqrt{\frac{K_{a1}^\ominus(H_2S) \times K_{a2}^\ominus(H_2S)[H_2S]}{[S^{2-}]}}$$

$$= \sqrt{\frac{1.07 \times 10^{-7} \times 1.26 \times 10^{-13} \times 0.10}{6.3 \times 10^{-17}}}$$

$$= 4.6 \times 10^{-3} \text{ mol} \cdot L^{-1}$$

$$pH = 2.3$$

(2) 由于 $K_{sp}^\ominus(CuS) \ll K_{sp}^\ominus(FeS)$，故 CuS 先沉淀析出且很完全，CuS 析出的同时，溶液中 $H^+$ 的浓度增大，而 $H^+$ 浓度的大小又影响了 FeS 能否析出。已知要使 FeS 沉淀的 pH 必须大于 2.3，故计算 CuS 沉淀后溶液的 pH 若小于 2.3，则无 FeS 沉淀生成；若大于 2.3，则有 FeS 沉淀生成。达到平衡时有如下关系：

$$Cu^{2+}(aq) + H_2S(aq) \rightleftharpoons CuS(s) + 2H^+(aq)$$

初始浓度 /(mol·L$^{-1}$)　　0.10　　0.10　　　　　　0

平衡浓度 /(mol·L$^{-1}$)　　$x$　　0.10　　　　2(0.10−$x$)

　　　　　　　　　　　　　　　　　　　　　　≈ 0.2

$$K^\ominus = \frac{K_{a1}^\ominus(H_2S) \times K_{a2}^\ominus(H_2S)}{K_{sp}^\ominus(CuS)} = \frac{[H^+]^2}{[Cu^{2+}][H_2S]}$$

$$\frac{1.07 \times 10^{-7} \times 1.26 \times 10^{-13}}{6.3 \times 10^{-36}} = \frac{0.20^2}{x \times 0.10}$$

$$x = 1.9 \times 10^{-16}$$

所以　　　$[Cu^{2+}] = 1.9 \times 10^{-16}$ mol·L$^{-1}$

因为　　　$[H^+] \approx 0.2$ mol·L$^{-1}$，pH = 0.70

所以无 FeS 沉淀生成，此时

$$[S^{2-}] = \frac{K_{sp}^\ominus(CuS)}{[Cu^{2+}]} = \frac{6.3 \times 10^{-36}}{1.9 \times 10^{-16}} = 3.3 \times 10^{-20} \text{ mol} \cdot L^{-1}$$

故各离子的浓度分别为

$[Cu^{2+}] = 1.9 \times 10^{-16}$ mol·L$^{-1}$,  $\qquad [Fe^{2+}] = 0.10$ mol·L$^{-1}$

$[S^{2-}] = 3.3 \times 10^{-20}$ mol·L$^{-1}$,  $\qquad [H_2S] = 0.10$ mol·L$^{-1}$

$[H^+] = 0.20$ mol·L$^{-1}$,  $\qquad\qquad [Cl^-] = 0.40$ mol·L$^{-1}$

## ● 习题选解 ●

**5-1** 写出下列难溶化合物的沉淀-溶解反应方程式及其溶度积常数表达式。

(1) $CaC_2O_4$;(2) $Mn_3(PO_4)_2$;(3) $Al(OH)_3$;(4) $Ag_3PO_4$;(5) $PbI_2$;(6) $MgNH_4PO_4$。

**解** (1) $CaC_2O_4(s) \rightleftharpoons Ca^{2+}(aq) + C_2O_4^{2-}(aq)$

$K_{sp}^{\ominus}(CaC_2O_4) = [Ca^{2+}] \cdot [C_2O_4^{2-}]$

(2) $Mn_3(PO_4)_2(s) \rightleftharpoons 3Mn^{2+}(aq) + 2PO_4^{3-}(aq)$

$K_{sp}^{\ominus}(Mn_3(PO_4)_2) = [Mn^{2+}]^3 \cdot [PO_4^{3-}]^2$

(3) $Al(OH)_3(s) \rightleftharpoons Al^{3+}(aq) + 3OH^-(aq)$

$K_{sp}^{\ominus}(Al(OH)_3) = [Al^{3+}] \cdot [OH^-]^3$

(4) $Ag_3PO_4(s) \rightleftharpoons 3Ag^+(aq) + PO_4^{3-}(aq)$

$K_{sp}^{\ominus}(Ag_3PO_4) = [Ag^+]^3 \cdot [PO_4^{3-}]$

(5) $PbI_2(s) \rightleftharpoons Pb^{2+}(aq) + 2I^-(aq)$

$K_{sp}^{\ominus}(PbI_2) = [Pb^{2+}] \cdot [I^-]^2$

(6) $MgNH_4PO_4(s) \rightleftharpoons Mg^{2+}(aq) + NH_4^+(aq) + PO_4^{3-}(aq)$

$K_{sp}^{\ominus}(MgNH_4PO_4) = [Mg^{2+}] \cdot [NH_4^+] \cdot [PO_4^{3-}]$

**5-2** 根据 $Mg(OH)_2$ 的溶度积计算:

(1) $Mg(OH)_2$ 在水中的溶解度(mol·L$^{-1}$);

(2) $Mg(OH)_2$ 饱和溶液中$[Mg^{2+}]$、$[OH^-]$ 和 pH;

(3) $Mg(OH)_2$ 在 0.010 mol·L$^{-1}$ NaOH 溶液中的溶解度(mol·L$^{-1}$);

(4) $Mg(OH)_2$ 在 0.010 mol·L$^{-1}$ $MgCl_2$ 溶液中的溶解度(mol·L$^{-1}$)。

**解** 查得 $K_{sp}^{\ominus}(Mg(OH)_2) = 1.8 \times 10^{-11}$

(1) $\qquad Mg(OH)_2(s) \rightleftharpoons Mg^{2+}(aq) + 2OH^-(aq)$

平衡时 $\qquad\qquad\qquad\qquad s_1 \qquad\quad 2s_1$

$K_{sp}^{\ominus}(Mg(OH)_2) = [Mg^{2+}][OH^-]^2 = (s_1)(2s_1)^2 = 1.8 \times 10^{-11}$

$s_1 = 1.7 \times 10^{-4}$ mol·L$^{-1}$

(2) $Mg(OH)_2$ 饱和溶液即为 $Mg(OH)_2(s)$ 与 $Mg^{2+}(aq), 2OH^-(aq)$ 的固-液平衡系统,因此

$$[Mg^{2+}] = s_1 = 1.7 \times 10^{-4} \text{ mol} \cdot L^{-1}$$
$$[OH^-] = 2s_1 = 3.4 \times 10^{-4} \text{ mol} \cdot L^{-1}$$
$$pOH = 3.47$$
$$pH = 10.53$$

(3) $Mg(OH)_2(s) \rightleftharpoons Mg^{2+}(aq) + 2OH^-(aq)$

平衡时 $\qquad s_2 \qquad 0.010 + 2s_2$

$$K_{sp}^{\ominus}(Mg(OH)_2) = [Mg^{2+}][OH^-]^2$$
$$= s_2(0.010 + 2s_2)^2 = 1.8 \times 10^{-11}$$
$$s_2 = 1.8 \times 10^{-7} \text{ mol} \cdot L^{-1}$$

(4) $Mg(OH)_2(s) \rightleftharpoons Mg^{2+}(aq) + 2OH^-(aq)$

平衡时 $\qquad 0.010 + s_3 \qquad 2s_3$

$$K_{sp}^{\ominus}(Mg(OH)_2) = [Mg^{2+}][OH^-]^2$$
$$= (0.010 + s_3)(2s_3)^2 = 1.8 \times 10^{-11}$$
$$s_3 = 2.1 \times 10^{-5} \text{ mol} \cdot L^{-1}$$

**5-3** 下列溶液中能否产生沉淀?

(1) $0.02 \text{ mol} \cdot L^{-1} BaCl_2$ 溶液与 $0.01 \text{ mol} \cdot L^{-1} Na_2CO_3$ 溶液等体积混合;

(2) $0.05 \text{ mol} \cdot L^{-1} MgCl_2$ 溶液与 $0.1 \text{ mol} \cdot L^{-1}$ 氨水等体积混合;

(3) 在 $0.1 \text{ mol} \cdot L^{-1}$ HAc 和 $0.1 \text{ mol} \cdot L^{-1} FeCl_2$ 混合溶液中通入 $H_2S$ 气体达饱和(溶液中 $H_2S$ 浓度约 $0.1 \text{ mol} \cdot L^{-1}$)。

**解** (1) 查得 $K_{sp}^{\ominus}(BaCO_3) = 5.1 \times 10^{-9}$

$Ba^{2+}(aq) + CO_3^{2-}(aq) \rightleftharpoons BaCO_3(s)$

$0.02/2 \qquad 0.01/2$

$$Q = \frac{0.02}{2} \times \frac{0.01}{2} = 5 \times 10^{-5} > K_{sp}^{\ominus}(BaCO_3) = 5.1 \times 10^{-9}$$

有沉淀产生。

(2) 查得 $K_b^{\ominus}(NH_3) = 1.8 \times 10^{-5}, K_{sp}^{\ominus}(Mg(OH)_2) = 1.8 \times 10^{-11}$

$$c(Mg^{2+}) = 0.05/2 = 0.025 \text{ mol} \cdot L^{-1}$$
$$c(NH_3 \cdot H_2O) = 0.1/2 = 0.05 \text{ mol} \cdot L^{-1}$$
$$c(OH^-) = \sqrt{c \cdot K_b^{\ominus}} = \sqrt{0.05 \times 1.8 \times 10^{-5}} = 9.5 \times 10^{-4} \text{ mol} \cdot L^{-1}$$
$$Q = 0.025 \times (9.5 \times 10^{-4})^2$$

$= 2.26 \times 10^{-8} > K_{sp}^{\ominus}(Mg(OH)_2) = 1.8 \times 10^{-11}$

有沉淀产生。

(3) 查得 $K_a^{\ominus}(HAc) = 1.8 \times 10^{-5}$, $K_{a1}^{\ominus}(H_2S) = 1.07 \times 10^{-7}$, $K_{a2}^{\ominus}(H_2S) = 1.26 \times 10^{-13}$, $K_{sp}^{\ominus}(FeS) = 6.3 \times 10^{-18}$

$$c(Fe^{2+}) = 0.1 \text{ mol} \cdot L^{-1}$$

$$c(H^+) = \sqrt{c \cdot K_a^{\ominus}} = \sqrt{0.1 \times 1.8 \times 10^{-5}} = 1.34 \times 10^{-3} \text{ mol} \cdot L^{-1}$$

$$c(S^{2-}) = \frac{K_{a1}^{\ominus} \times K_{a2}^{\ominus} c(H_2S)}{c^2(H^+)} = \frac{1.07 \times 10^{-7} \times 1.26 \times 10^{-13} \times 0.1}{(1.34 \times 10^{-3})^2}$$

$$= 7.5 \times 10^{-16} \text{ mol} \cdot L^{-1}$$

$$Q = 0.1 \times 7.5 \times 10^{-16} = 7.5 \times 10^{-17} > K_{sp}^{\ominus}(FeS) = 6.3 \times 10^{-18}$$

有沉淀产生。

**5-4** 计算 25 ℃ 下 $CaF_2(s)$ (1) 在水中，(2) 在 $0.010 \text{ mol} \cdot L^{-1} Ca(NO_3)_2$ 溶液中，(3) 在 $0.010 \text{ mol} \cdot L^{-1} NaF$ 溶液中的溶解度 $(\text{mol} \cdot L^{-1})$。比较三种情况下溶解度的相对大小。

**解** 查得 $K_{sp}^{\ominus}(CaF_2) = 3.4 \times 10^{-11}$

(1) $CaF_2$ 在纯水中的溶解度为 $s_1$，则

$$K_{sp}^{\ominus}(CaF_2) = [Ca^{2+}][F^-]^2 = 3.4 \times 10^{-11}$$

$$s_1(2s_1)^2 = 3.4 \times 10^{-11}$$

$$s_1 = 2.0 \times 10^{-4} \text{ mol} \cdot L^{-1}$$

(2) $CaF_2$ 在 $0.010 \text{ mol} \cdot L^{-1} Ca(NO_3)_2$ 溶液中的溶解度为 $s_2$，则

$$CaF_2(s) \rightleftharpoons Ca^{2+}(aq) + 2F^-(aq)$$

平衡时           $0.010 + s_2$    $2s_2$

$$K_{sp}^{\ominus}(CaF_2) = [Ca^{2+}][F^-]^2 = (0.010 + s_2)(2s_2)^2 = 3.4 \times 10^{-11}$$

$$s_2 = 2.9 \times 10^{-5} \text{ mol} \cdot L^{-1}$$

(3) $CaF_2$ 在 $0.010 \text{ mol} \cdot L^{-1} NaF$ 溶液中的溶解度为 $s_3$，则

$$CaF_2(s) \rightleftharpoons Ca^{2+}(aq) + 2F^-(aq)$$

平衡时           $s_3$    $0.010 + 2s_3$

$$K_{sp}^{\ominus}(CaF_2) = [Ca^{2+}][F^-]^2 = s_3(0.010 + 2s_3)^2 = 3.4 \times 10^{-11}$$

$$s_3 = 3.4 \times 10^{-7} \text{ mol} \cdot L^{-1}$$

比较 $s_1$，$s_2$ 和 $s_3$ 的计算结果，$CaF_2$ 在纯水中的溶解度最大。

**5-5** (1) 在 10.0 mL 0.015 mol·L$^{-1}$ MnSO$_4$ 溶液中，加入 5.0 mL 0.15 mol·L$^{-1}$ NH$_3$(aq)，是否能生成 Mn(OH)$_2$ 沉淀？

(2) 若在上述 10.0 mL 0.015 mol·L$^{-1}$ MnSO$_4$ 溶液中先加入 0.495 g (NH$_4$)$_2$SO$_4$ 晶体，然后再加入 5.0 mL 0.15 mol·L$^{-1}$ NH$_3$(aq)，是否有 Mn(OH)$_2$ 沉淀生成？

**解** 查得 $K_{sp}^{\ominus}(Mn(OH)_2) = 1.9 \times 10^{-13}$，$K_b^{\ominus}(NH_3) = 1.8 \times 10^{-5}$

(1) $c(Mn^{2+}) = \dfrac{0.015 \times 10.0}{10.0 + 5.0} = 0.010 \text{ mol·L}^{-1}$，

$c(NH_3 \cdot H_2O) = 0.050 \text{ mol·L}^{-1}$

$$c(OH^-) = \sqrt{c \cdot K_b^{\ominus}}$$
$$= \sqrt{0.05 \times 1.8 \times 10^{-5}} = 9.5 \times 10^{-4} \text{ mol·L}^{-1}$$
$$Q = 0.010 \times (9.5 \times 10^{-4})^2$$
$$= 9.0 \times 10^{-9} > K_{sp}^{\ominus}(Mn(OH)_2) = 1.9 \times 10^{-13}$$

有 Mn(OH)$_2$ 沉淀产生。

(2) (NH$_4$)$_2$SO$_4$ 的相对分子质量为 132.1

$$c(NH_4^+) = \dfrac{\dfrac{0.495}{132.1} \times 2}{(10.0 + 5.0) \times 10^{-3}} = 0.50 \text{ mol·L}^{-1}$$

按多重平衡来判断有无 Mn(OH)$_2$ 沉淀生成：

$$Mn^{2+}(aq) + 2NH_3 \cdot H_2O(aq) \rightleftharpoons Mn(OH)_2(s) + 2NH_4^+$$

$$K^{\ominus} = \dfrac{[NH_4^+]^2}{[Mn^{2+}][NH_3 \cdot H_2O]^2} = \dfrac{[K_b^{\ominus}(NH_3 \cdot H_2O)]^2}{K_{sp}^{\ominus}(Mn(OH)_2)}$$

$$= \dfrac{(1.8 \times 10^{-5})^2}{1.9 \times 10^{-13}} = 1.7 \times 10^3$$

$$Q = \dfrac{(0.50)^2}{0.010 \times (0.050)^2} = 1.0 \times 10^4$$

$$Q > K^{\ominus}$$

无 Mn(OH)$_2$ 沉淀产生。

**5-6** 将 H$_2$S 气体通入 0.1 mol·L$^{-1}$ FeCl$_2$ 溶液中，达到饱和，问必须将

pH 控制在什么范围才能阻止 FeS 沉淀?

**解** 查得 $K_{a1}^{\ominus}(H_2S) = 1.07 \times 10^{-7}$, $K_{a2}^{\ominus}(H_2S) = 1.26 \times 10^{-13}$, $K_{sp}^{\ominus}(FeS) = 6.3 \times 10^{-18}$

在 $c(Fe^{2+}) = 0.1 \text{ mol} \cdot L^{-1}$ 时,如不析出 FeS 沉淀,则 $c(S^{2-})$ 的最大值为

$$c(S^{2-}) = \frac{K_{sp}^{\ominus}(FeS)}{c(Fe^{2+})} = \frac{6.3 \times 10^{-18}}{0.1} = 6.3 \times 10^{-17} \text{ mol} \cdot L^{-1}$$

而 $c(S^{2-})$ 的大小又与 $c(H^+)$ 有如下的关系:

$$H_2S \rightleftharpoons 2H^+ + S^{2-}$$

$$K_a^{\ominus} = K_{a1}^{\ominus}(H_2S) \times K_{a2}^{\ominus}(H_2S) = \frac{[H^+]^2[S^{2-}]}{[H_2S]}$$

$$[H^+] = \sqrt{\frac{K_{a1}^{\ominus}(H_2S) \times K_{a2}^{\ominus}(H_2S)[H_2S]}{[S^{2-}]}}$$

$$= \sqrt{\frac{1.07 \times 10^{-7} \times 1.26 \times 10^{-13} \times 0.1}{6.3 \times 10^{-17}}}$$

$$= 4.6 \times 10^{-3} \text{ mol} \cdot L^{-1}$$

$$pH \leqslant 2.3$$

**5-7** 在某混合溶液中 $Fe^{3+}$ 和 $Zn^{2+}$ 浓度均为 $0.010 \text{ mol} \cdot L^{-1}$。加碱调节 pH,使 $Fe(OH)_3$ 完全沉淀出来,而 $Zn^{2+}$ 保留在溶液中。通过计算确定分离 $Fe^{3+}$ 和 $Zn^{2+}$ 的 pH 范围。

**解** 查得 $K_{sp}^{\ominus}(Fe(OH)_3) = 2.64 \times 10^{-39}$, $K_{sp}^{\ominus}(Zn(OH)_2) = 1.2 \times 10^{-17}$ 为使 $Fe^{3+}$ 以 $Fe(OH)_3$ 形式完全沉淀,即达到 $[Fe^{3+}] \leqslant 1.0 \times 10^{-5} \text{ mol} \cdot L^{-1}$,此时相应的 pH 计算如下:

$$[OH^-] = \sqrt[3]{\frac{K_{sp}^{\ominus}(Fe(OH)_3)}{[Fe^{3+}]}} = \sqrt[3]{\frac{2.64 \times 10^{-39}}{1.0 \times 10^{-5}}}$$

$$= 6.4 \times 10^{-12} \text{ mol} \cdot L^{-1}$$

$$pH = 2.81$$

这是 $Fe^{3+}$ 沉淀完全时的最低 pH。

若使 $Zn^{2+}$ 不沉淀,溶液的 pH 不能高于 $Zn^{2+}$ 开始沉淀时的 pH。即

$$[OH^-] = \sqrt{\frac{K_{sp}^{\ominus}(Zn(OH)_2)}{[Zn^{2+}]}} = \sqrt{\frac{1.2 \times 10^{-17}}{0.010}}$$

$$= 3.5 \times 10^{-8} \text{ mol} \cdot L^{-1}$$

$$pH = 6.54$$

所以分离 $Fe^{3+}$ 和 $Zn^{2+}$ 的 pH 为 $2.81 \sim 6.54$,实际操作时应当有余地,控制 pH 在 $3 \sim 6$ 为宜。

**5-8** 某溶液含有 $Pb^{2+}$ 和 $Ba^{2+}$,其浓度都是 $0.1 \text{ mol} \cdot L^{-1}$,加入 $Na_2SO_4$ 试剂,哪一种离子先沉淀?两者有无分离的可能?

($K_{sp}^{\ominus}(PbSO_4) = 1.6 \times 10^{-8}$;$K_{sp}^{\ominus}(BaSO_4) = 1.1 \times 10^{-10}$)

**解** 查得 $K_{sp}^{\ominus}(PbSO_4) = 1.6 \times 10^{-8}$,$K_{sp}^{\ominus}(BaSO_4) = 1.1 \times 10^{-10}$。沉淀 $Pb^{2+}$ 所需 $[SO_4^{2-}]$ 为 $\frac{1.6 \times 10^{-8}}{0.1} = 1.6 \times 10^{-7} \text{ mol} \cdot L^{-1}$。

沉淀 $Ba^{2+}$ 所需 $[SO_4^{2-}]$ 为 $\frac{1.1 \times 10^{-10}}{0.1} = 1.1 \times 10^{-9} \text{ mol} \cdot L^{-1}$。

因为沉淀 $Ba^{2+}$ 需要的 $[SO_4^{2-}]$ 低,所以 $Ba^{2+}$ 先沉淀。而当 $Pb^{2+}$ 也开始沉淀时,

$$\frac{[Ba^{2+}]}{[Pb^{2+}]} = \frac{1.1 \times 10^{-10}}{1.6 \times 10^{-8}} = 6.9 \times 10^{-3}$$

$$[Ba^{2+}] = 6.9 \times 10^{-3} \times 0.1 = 6.9 \times 10^{-4} \text{ mol} \cdot L^{-1}$$

由于 $PbSO_4$ 开始沉淀时,$[Ba^{2+}] > 1.0 \times 10^{-5} \text{ mol} \cdot L^{-1}$,所以 $Ba^{2+}$ 尚未沉淀完全。

因此,用 $Na_2SO_4$ 做沉淀剂,若 $Ba^{2+}$ 和 $Pb^{2+}$ 的浓度相同,则不能分离。

**5-9** 已知室温下,$2CrO_4^{2-} + 2H^+ \rightleftharpoons Cr_2O_7^{2-} + H_2O$,$K^{\ominus} = 3.5 \times 10^{14}$。$K_{sp}^{\ominus}(BaCrO_4) = 1.2 \times 10^{-10}$,$K_{sp}^{\ominus}(SrCrO_4) = 2.2 \times 10^{-5}$。通过计算说明:

(1) 在 $pH = 2.00$ 的 $10 \text{ mL}$ $0.010 \text{ mol} \cdot L^{-1}$ $K_2CrO_4$ 溶液中,加入 $1.0 \text{ mL}$ $0.10 \text{ mol} \cdot L^{-1}$ $BaCl_2$ 溶液时,可以产生 $BaCrO_4$ 沉淀。

(2) 同样条件下,加入 $1.0 \text{ mL}$ $0.10 \text{ mol} \cdot L^{-1}$ $Sr(NO_3)_2$ 溶液时,不可能产生 $SrCrO_4$ 沉淀。

(3) 怎样才能得到 $SrCrO_4$ 沉淀?

**解** 查得 $K_{sp}^{\ominus}(BaCrO_4) = 1.2 \times 10^{-10}$,$K_{sp}^{\ominus}(SrCrO_4) = 2.2 \times 10^{-5}$

(1) 反应前 $[CrO_4^{2-}] = \dfrac{10 \times 0.010}{11} = 9.1 \times 10^{-3}$ mol·L$^{-1}$

$$[Ba^{2+}] = \dfrac{1.0 \times 0.10}{11} = 9.1 \times 10^{-3}\text{ mol·L}^{-1}$$

设反应达到平衡时 $[CrO_4^{2-}]$ 为 $x$ mol·L$^{-1}$,则

|  | $2CrO_4^{2-}$ | $+$ | $2H^+$ | $\rightleftharpoons$ | $Cr_2O_7^{2-}$ | $+$ | $H_2O$ |
|---|---|---|---|---|---|---|---|
| 起始浓度/mol·L$^{-1}$ | $9.1 \times 10^{-3}$ |  | $1.0 \times 10^{-2}$ |  | 0 |  |  |
| 变化浓度/mol·L$^{-1}$ | $-(9.1 \times 10^{-3} - x)$ |  | $-(9.1 \times 10^{-3} - x)$ |  | $+(9.1 \times 10^{-3} - x)/2$ |  |  |
| 平衡浓度/mol·L$^{-1}$ | $x$ | | $1.0 \times 10^{-2} - (9.1 \times 10^{-3} - x)$ | | $(9.1 \times 10^{-3} - x)/2$ | | |
| | | | $\approx 9.0 \times 10^{-4} + x$ | | $\approx (9.0 \times 10^{-3})/2$ | | |
| | | | $\approx 9.0 \times 10^{-4}$ | | | | |

$$K^{\ominus} = \dfrac{c(Cr_2O_7^{2-})}{c^2(CrO_4^{2-})c^2(H^+)} = \dfrac{\dfrac{9.1 \times 10^{-3}}{2}}{x^2 \times (9.0 \times 10^{-4})^2} = 3.5 \times 10^{14}$$

解得 $x = 4.0 \times 10^{-6}$ mol·L$^{-1}$

$Q = 9.1 \times 10^{-3} \times 4.0 \times 10^{-6} = 3.6 \times 10^{-8} > K_{sp}^{\ominus}(BaCrO_4) = 1.2 \times 10^{-10}$

所以有 $BaCrO_4$ 沉淀。

(2) $[Sr^{2+}] = 9.1 \times 10^{-3}$ mol·L$^{-1}$

平衡时 $[CrO_4^{2-}] = 4.0 \times 10^{-6}$ mol·L$^{-1}$

$Q = 9.1 \times 10^{-3} \times 4.0 \times 10^{-6} = 3.6 \times 10^{-8} < K_{sp}^{\ominus}(SrCrO_4) = 2.2 \times 10^{-5}$

所以无 $SrCrO_4$ 沉淀。

(3) 欲生成 $SrCrO_4$ 沉淀,可采用加 $NaOH$ 使 $[CrO_4^{2-}]$ 增大的方法。

**5-10** 在 100 mL 0.100 mol·L$^{-1}$ 的 $NaOH$ 溶液中,加入 1.51 g $MnSO_4$,如果要阻止 $Mn(OH)_2$ 沉淀析出,最少需加入 $(NH_4)_2SO_4$ 多少克?

**解** 查得 $K_{sp}^{\ominus}(Mn(OH)_2) = 1.9 \times 10^{-13}$,$K_b^{\ominus}(NH_3) = 1.8 \times 10^{-5}$。$MnSO_4$ 的相对分子质量为 151。

$$[Mn^{2+}] = \dfrac{1.51}{151 \times 0.100} = 0.100 \text{ mol·L}^{-1}$$

欲阻止 $Mn(OH)_2$ 沉淀析出,允许的 $OH^-$ 的最高浓度为

$$[OH^-] = \sqrt{\dfrac{K_{sp}^{\ominus}}{[Mn^{2+}]}} = \sqrt{\dfrac{1.9 \times 10^{-13}}{0.100}} = 1.38 \times 10^{-6} \text{ mol·L}^{-1}$$

为使[OH⁻]浓度低于 $1.38 \times 10^{-6}$ mol·L⁻¹，则$(NH_4)_2SO_4$ 必须过量。

加入的$(NH_4)_2SO_4$ 首先与 NaOH 反应

$$2NaOH + (NH_4)_2SO_4 \longrightarrow 2NH_3 \cdot H_2O + Na_2SO_4$$

**解法 1**  设达到平衡时溶液中 $NH_4^+$ 的浓度为 $x$ mol·L⁻¹

$$NH_3 \cdot H_2O \rightleftharpoons NH_4^+ + OH^-$$

平衡时    $0.100 - 1.38 \times 10^{-6}$    $x$    $1.38 \times 10^{-6}$

$$K_b^\ominus = \frac{[NH_4^+][OH^-]}{[NH_3 \cdot H_2O]} = \frac{1.38 \times 10^{-6} x}{0.100 - 1.38 \times 10^{-6}} = 1.8 \times 10^{-5}$$

$$x = 1.30 \text{ mol} \cdot L^{-1}$$

所以在 100 mL 溶液中需加入的 $(NH_4)_2SO_4$ 为

$$\left(\frac{0.100 \times 0.100}{2} + \frac{1.30 \times 0.100}{2}\right) \times 132 = 9.24 \text{ g}$$

**解法 2**  依 $c(OH^-) = K_b^\ominus \times \dfrac{c(NH_3 \cdot H_2O)}{c(NH_4^+)}$

$$c(NH_3 \cdot H_2O) = 0.100 \text{ mol} \cdot L^{-1}$$

所以 $c(NH_4^+) = K_b^\ominus \times \dfrac{c(NH_3 \cdot H_2O)}{c(OH^-)}$

$$= 1.8 \times 10^{-5} \times \frac{0.100}{1.38 \times 10^{-6}}$$

$$= 1.30 \text{ mol} \cdot L^{-1}$$

所以在 100 mL 溶液中需加入的 $(NH_4)_2SO_4$ 为

$$\left(\frac{0.100 \times 0.100}{2} + \frac{1.30 \times 0.100}{2}\right) \times 132 = 9.24 \text{ g}$$

**解法 3**  设达到平衡时溶液中 $NH_4^+$ 的浓度为 $x$ mol·L⁻¹

$$Mn(OH)_2(s) + 2NH_4^+ \rightleftharpoons Mn^{2+} + 2NH_3 \cdot H_2O$$

平衡浓度/mol·L⁻¹    $x$    $0.100$    $0.100$

$$K^\ominus = \frac{c(Mn^{2+}) \cdot c^2(NH_3 \cdot H_2O)}{c^2(NH_4^+)} = \frac{K_{sp}^\ominus(Mn(OH)_2)}{(K_{NH_3 \cdot H_2O}^\ominus)^2}$$

$$= \frac{1.9 \times 10^{-13}}{(1.8 \times 10^{-5})^2} = 5.9 \times 10^{-4}$$

$$\frac{0.100 \times 0.100^2}{x^2} = 5.9 \times 10^{-4}$$

$$x = 1.30 \text{ mol} \cdot \text{L}^{-1}$$

所以在 100 mL 溶液中需加入的 $(NH_4)_2SO_4$ 为

$$\left(\frac{0.100 \times 0.100}{2} + \frac{1.30 \times 0.100}{2}\right) \times 132 = 9.24 \text{ g}$$

**5-11** 在 1 L $Na_2CO_3$ 溶液中使 0.010 mol 的 $CaSO_4$ 全部转化为 $CaCO_3$，求 $Na_2CO_3$ 的最初浓度为多少？

**解** 查得 $K_{sp}^{\ominus}(CaSO_4) = 9.1 \times 10^{-6}$，$K_{sp}^{\ominus}(CaCO_3) = 2.8 \times 10^{-9}$。

$$CaSO_4(s) + CO_3^{2-}(aq) \rightleftharpoons CaCO_3(s) + SO_4^{2-}(aq)$$

$$\frac{[SO_4^{2-}]}{[CO_3^{2-}]} = \frac{K_{sp}^{\ominus}(CaSO_4)}{K_{sp}^{\ominus}(CaCO_3)} = 3.25 \times 10^3$$

平衡时 $[SO_4^{2-}] = 0.010 \text{ mol} \cdot \text{L}^{-1}$

$$[CO_3^{2-}] = \frac{0.010}{3.25 \times 10^3} = 3.1 \times 10^{-6} \text{ mol} \cdot \text{L}^{-1}$$

故 $Na_2CO_3$ 的初始浓度为 $0.010 + 3.1 \times 10^{-6} \approx 0.010 \text{ mol} \cdot \text{L}^{-1}$。

**5-12** 已知某溶液中含有 $0.10 \text{ mol} \cdot \text{L}^{-1} Zn^{2+}$ 和 $0.10 \text{ mol} \cdot \text{L}^{-1} Cd^{2+}$，当在此溶液中通入 $H_2S$ 使之饱和时，$c(H_2S)$ 为 $0.10 \text{ mol} \cdot \text{L}^{-1}$。

(1) 试判断哪一种沉淀首先析出？

(2) 溶液的酸度应控制在多大范围,才能使两者实现定性分离？（忽略离子强度）

**解** 查得 $K_{sp}^{\ominus}(CdS) = 8.0 \times 10^{-27}$，$K_{sp}^{\ominus}(ZnS) = 2.5 \times 10^{-22}$，$K_{a1}^{\ominus}(H_2S) = 1.07 \times 10^{-7}$，$K_{a2}^{\ominus}(H_2S) = 1.26 \times 10^{-13}$。

(1) 显然,在两者浓度相同的情况下 CdS 会先沉淀,然后 ZnS 沉淀。

(2) 根据 $H_2S$ 在水溶液中的解离平衡：

$$K_a^{\ominus} = K_{a1}^{\ominus}(H_2S) \times K_{a2}^{\ominus}(H_2S) = \frac{[H^+]^2[S^{2-}]}{[H_2S]} = 1.34 \times 10^{-20}$$

$$[S^{2-}] = \frac{1.34 \times 10^{-20} \times 0.10}{[H^+]^2}$$

$Cd^{2+}$ 完全沉淀时的 $[S^{2-}]$:

$$[Cd^{2+}][S^{2-}] = 8.0 \times 10^{-27}$$

$$[S^{2-}] = \frac{8.0 \times 10^{-27}}{[Cd^{2+}]} = \frac{8.0 \times 10^{-27}}{1.0 \times 10^{-5}} = \frac{1.34 \times 10^{-20} \times 0.10}{[H^+]^2} = 8.0 \times 10^{-22}$$

$$[H^+] = 1.29 \text{ mol} \cdot L^{-1}$$

$Zn^{2+}$ 开始沉淀时的 $[S^{2-}]$:

$$[Zn^{2+}][S^{2-}] = 2.5 \times 10^{-22}$$

$$[S^{2-}] = \frac{2.5 \times 10^{-22}}{[Zn^{2+}]} = \frac{2.5 \times 10^{-22}}{0.10} = \frac{1.34 \times 10^{-20} \times 0.10}{[H^+]^2}$$

$$= 2.5 \times 10^{-21}$$

$$[H^+] = 0.73 \text{ mol} \cdot L^{-1}$$

显然,只要将溶液的酸度控制在 $0.73 \sim 1.29$ mol·$L^{-1}$,就能使两种离子定性分离完全。

**5-13** 计算下列换算因数
(1) 从 $Mg_2P_2O_7$ 的质量计算 $MgO$ 的质量;
(2) 从 $Mg_2P_2O_7$ 的质量计算 $P_2O_5$ 的质量;
(3) 从 $(NH_4)_3PO_4 \cdot 12MoO_3$ 的质量计算 P 和 $P_2O_5$ 的质量。

**解** (1) $F = \dfrac{2M(MgO)}{M(Mg_2P_2O_7)} = \dfrac{2 \times 40.31}{222.56} = 0.3622$

(2) $F = \dfrac{M(P_2O_5)}{M(Mg_2P_2O_7)} = \dfrac{141.94}{222.56} = 0.6378$

(3) P: $F = \dfrac{M(P)}{M((NH_4)_3PO_4 \cdot 12MoO_3)} = \dfrac{30.97}{1876.376} = 0.01650$

$P_2O_5$: $F = \dfrac{M(P_2O_5)}{2M((NH_4)_3PO_4 \cdot 12MoO_3)} = \dfrac{141.94}{2 \times 1876.376} = 0.03782$

**5-14** 仅含有 CaO 和 BaO 的混合物 2.212 g,转化为混合硫酸盐后重 5.023 g,计算原混合物中 CaO 和 BaO 的百分含量。

**解** CaO:82.66%    BaO:17.34%

**5-15** 称取 0.4817 g 硅酸盐试样,将它作适当处理后获得 0.2630 g 不纯的 $SiO_2$(主要含有 $Fe_2O_3$、$Al_2O_3$ 等杂质)。将不纯的 $SiO_2$ 用 $H_2SO_4$-HF 处理。使 $SiO_2$ 转化为 $SiF_4$ 而除去。残渣经灼烧后,其质量为 0.0013 g。计算试样中纯 $SiO_2$ 含量。若不经 $H_2SO_4$-HF 处理,杂质造成的误差有多大?

**解** 54.33%　0.5%

**5-16** 称取基准物 NaCl 0.200 0 g，溶于水后，加入 AgNO₃ 标准溶液 50.00 mL，以铁铵矾作指示剂，用 NH₄SCN 标准溶液滴定至微红色，用去 NH₄SCN 标准溶液 25.00 mL。已知 1 mL NH₄SCN 标准溶液相当于 1.20 mL AgNO₃ 标准溶液，计算 AgNO₃ 和 NH₄SCN 的标准溶液的浓度。

**解** 此题为返滴定法。NaCl 与过量的 AgNO₃ 标准溶液反应，之后，剩余的 AgNO₃ 再与 NH₄SCN 标准溶液完全反应，所以各物质间物质的量的关系如下：

$$n(Cl^-) = n(Ag^+) - n(SCN^-)$$

$$\frac{0.200\,0}{58.443} = c(Ag^+) \times 50.00 \times 10^{-3} - c(SCN^-) \times 25.00 \times 10^{-3}$$

因 $c(SCN^-) \times 1.00 = c(Ag^+) \times 1.20$，得

$$c(Ag^+) = 0.171\,1\ mol \cdot L^{-1}, c(AgNO_3) = 0.171\,1\ mol \cdot L^{-1}$$

$$c(SCN^-) = 0.205\,3\ mol \cdot L^{-1}, c(NHSCN) = 0.205\,3\ mol \cdot L^{-1}$$

**5-17** 将 0.115 9 mol·L⁻¹ AgNO₃ 溶液 30.00 mL 加入含有氯化物试样 0.225 5 g 的溶液中，然后用 3.16 mL 0.103 3 mol·L⁻¹ NH₄SCN 溶液滴定过量的 AgNO₃。计算试样中氯的百分含量。

**解** 此题为返滴定法。

$$n(Cl^-) = n(Ag^+) - n(SCN^-)$$

试样中氯的百分含量为

$$\frac{n(Cl^-)M(Cl^-)}{m_{试样}} \times 100\%$$

$$= \frac{(0.115\,9 \times 30.00 \times 10^{-3} - 0.103\,3 \times 3.16 \times 10^{-3}) \times 35.45}{0.225\,5} \times 100\%$$

$$= 49.53\%$$

**5-18** 称取 0.500 0 g 纯净钾盐 KIO$_x$，还原为碘化物后，用 0.100 0 mol·L⁻¹ AgNO₃ 溶液滴定，用去 23.36 mL，判断该盐的分子式。

**解**
$$Ag^+ + I^- = AgI$$

$$n(I^-) = n(Ag^+) = n(KIO_x)$$

$$0.100\,0 \times 23.36 \times 10^{-3} = \frac{0.500\,0}{M(KIO_x)}$$

$$M(KIO_x) = 214.0$$

已知K的相对原子质量为39.10，I的相对原子质量为126.9，O的相对原子质量为15.999，所以

$$39.10 + 126.9 + 15.999x = 214.0, \quad x = 3$$

因此该盐的分子式为$KIO_3$。

## ● 同步练习 ●

**一、选择题**

1. 难溶电解质$AB_2$饱和溶液中，$c(A^{2+}) = x$ mol·$L^{-1}$，$c(B^-) = y$ mol·$L^{-1}$ 则$K_{sp}^{\ominus}$值为(　　)。

   A. $xy^2/2$　　　B. $xy$　　　C. $xy^2$　　　D. $4xy^2$

2. 已知水溶液中平衡$A_2B_3(s) \rightleftharpoons 2A^{3+}(aq) + 3B^{2-}(aq)$ 有$x$ mol·$L^{-1}$的$A_2B_3$溶解，则$K_{sp}^{\ominus}$值为(　　)。

   A. $108x^3$　　　B. $108x^5$　　　C. $27x^5$　　　D. $27x^3$

3. 欲使$Mg(OH)_2$溶解，可加入(　　)。

   A. $NH_4Cl$　　　B. $NaCl$　　　C. $NH_3 \cdot H_2O$　　　D. $NaOH$

4. 硫化铜不可以溶于HCl，而硫化锌可以溶于HCl，主要原因是它们的(　　)。

   A. 水解能力不同　　　　　　B. $K_{sp}^{\ominus}$不同
   C. 溶解速率不同　　　　　　D. 酸碱性不同

5. 已知$K_{sp}^{\ominus}(PbI_2) = 7.1 \times 10^{-9}$，则其饱和溶液中$c(I^-) = ($ 　　$)$。

   A. $8.4 \times 10^{-5}$ mol·$L^{-1}$　　　B. $1.2 \times 10^{-3}$ mol·$L^{-1}$
   C. $2.4 \times 10^{-3}$ mol·$L^{-1}$　　　D. $1.9 \times 10^{-3}$ mol·$L^{-1}$

6. 已知$K_{sp}^{\ominus}(BaSO_4) = 1.1 \times 10^{-10}$，$K_{sp}^{\ominus}(AgCl) = 1.8 \times 10^{-10}$，等体积的0.002 mol·$L^{-1}$ $Ag_2SO_4$与$2.0 \times 10^{-5}$ mol·$L^{-1}$ $BaCl_2$溶液混合，会出现(　　)。

   A. 仅有$BaSO_4$沉淀　　　　　B. 仅有$AgCl$沉淀
   C. $AgCl$与$BaSO_4$共沉淀　　D. 无沉淀

7. 为使锅垢中难溶于酸的$CaSO_4$转化为易溶于酸的$CaCO_3$，常用$Na_2CO_3$处理，反应式为$CaSO_4 + CO_3^{2-} \rightleftharpoons CaCO_3 + SO_4^{2-}$，此反应的标准平衡常数为(　　)。

   A. $K_{sp}^{\ominus}(CaCO_3)/K_{sp}^{\ominus}(CaSO_4)$　　B. $K_{sp}^{\ominus}(CaSO_4)/K_{sp}^{\ominus}(CaCO_3)$
   C. $K_{sp}^{\ominus}(CaSO_4)K_{sp}^{\ominus}(CaCO_3)$　　D. $[K_{sp}^{\ominus}(CaSO_4)K_{sp}^{\ominus}(CaCO_3)]^{1/2}$

## 第5章 沉淀平衡和沉淀滴定法

8. 已知 $K_{sp}^{\ominus}(BaSO_4) = 1.1 \times 10^{-10}$，$K_{sp}^{\ominus}(BaCO_3) = 5.1 \times 10^{-9}$，下列判断正确的是(　　)。

A. 因为 $K_{sp}^{\ominus}(BaSO_4) < K_{sp}^{\ominus}(BaCO_3)$，所以不能把 $BaSO_4$ 转化为 $BaCO_3$

B. 因为 $BaSO_4 + CO_3^{2-} \rightleftharpoons BaCO_3 + SO_4^{2-}$ 的标准平衡常数很小，所以实际上 $BaSO_4$ 沉淀不能转化为 $BaCO_3$ 沉淀

C. 改变 $CO_3^{2-}$ 浓度，能使溶解度较小的 $BaSO_4$ 沉淀转化为溶解度较大的 $BaCO_3$ 沉淀

D. 改变 $CO_3^{2-}$ 浓度，不能使溶解度较小的 $BaSO_4$ 沉淀转化为溶解度较大的 $BaCO_3$ 沉淀

9. 在 $pH \approx 4$ 时用摩尔法测定 $Cl^-$ 时，分析结果会(　　)。

A. 偏高　　　B. 偏低　　　C. 准确

10. 用佛尔哈德返滴定法测定 $Cl^-$ 时，试液中先加入过量的硝酸银，产生氯化银沉淀，加入硝基苯等保护沉淀，然后再用硫氰酸盐进行滴定。若不加入硝基苯等试剂，分析结果会(　　)。

A. 偏高　　　B. 偏低　　　C. 准确

### 二、填空题

1. 在 $AgCl$、$CaCO_3$、$Fe(OH)_3$ 等物质中，溶解度不随溶液 pH 而变的是_____，$Mg(OH)_2$ 在稀盐酸溶液中溶解的离子方程式为_____。

2. 含有 $CaCO_3$ 固体的水溶液中达到溶解平衡时，该溶液为_____溶液，溶液中 $c(Ca^{2+})$ 和 $c(CO_3^{2-})$ 的乘积_____ $K_{sp}^{\ominus}(CaCO_3)$。

3. 同离子效应使难溶电解质的溶解度_____；盐效应使难溶电解质的溶解度_____。

4. $Ca_3(PO_4)_2$ 溶度积常数的表达式是_____。

5. 已知 $K_{sp}^{\ominus}(Ca(OH)_2) = 5.5 \times 10^{-6}$，则 $Ca(OH)_2$ 饱和溶液的 pH 为_____。

6. 按溶度积规则，沉淀析出 $Q$ _____ $K_{sp}^{\ominus}$；沉淀溶解 $Q$ _____ $K_{sp}^{\ominus}$。

7. 在溶液中加入适量含共同离子的强电解质时，弱电解质的解离度将_____，难溶电解质的溶解度将_____。

### 三、判断题(判断下列各题正误，对打"√"；错打"×")。

1. 一定温度下，$AgCl$ 的饱和水溶液中，$Ag^+$ 浓度 $[Ag^+]$ 和 $Cl^-$ 浓度 $[Cl^-]$ 的乘积是

一常数。( )

2. 已知 $K_{sp}^{\ominus}(AgCl) > K_{sp}^{\ominus}(AgI)$，则反应 $AgI(s) + Cl^-(aq) \rightleftharpoons AgCl(s) + I^-(aq)$ 有利于向右进行。( )

3. 因为难溶盐类在水中的溶解度很小，所以它们都是弱电解质。( )

4. 一定温度下，在 AgCl 的饱和水溶液中，加入少量的 NaCl 固体，溶液中 $Ag^+$ 浓度 $[Ag^+]$ 和 $Cl^-$ 浓度 $[Cl^-]$ 的乘积是一常数。( )

5. AgCl 在水溶液中的溶解度和在 $0.1\ mol \cdot L^{-1}\ NaCl$ 溶液中的溶解度是一样的，因为 $Ag^+$ 浓度 $[Ag^+]$ 和 $Cl^-$ 浓度 $[Cl^-]$ 的乘积是一常数。( )

6. CuS 不溶于水及盐酸，但能溶于硝酸，是因为硝酸的酸性比盐酸的强。( )

**四、计算题**

1. 分别计算 AgCl 在纯水中和 $0.1\ mol \cdot L^{-1}\ NaCl$ 中的溶解度。(已知：$K_{sp}^{\ominus}(AgCl) = 1.8 \times 10^{-10}$)

2. 在含有 $0.010\ mol \cdot L^{-1}\ MgCl_2$ 和 $0.100\ mol \cdot L^{-1}\ NH_3$ 的混合溶液中，$NH_4^+$ 的浓度为多大才能防止 $Mg(OH)_2$ 沉淀的生成？(已知：$K_{sp}^{\ominus}(Mg(OH)_2) = 1.8 \times 10^{-11}$，$K_b^{\ominus}(NH_3 \cdot H_2O) = 1.8 \times 10^{-5}$)

3. 已知某溶液中含有 $0.10\ mol \cdot L^{-1}$ 的 $Ni^{2+}$ 和 $0.10\ mol \cdot L^{-1}$ 的 $Fe^{3+}$。问能否通过控制 pH 的方法达到分离目的？($K_{sp}^{\ominus}(Ni(OH)_2) = 6.5 \times 10^{-18}$；$K_{sp}^{\ominus}(Fe(OH)_3) = 2.64 \times 10^{-39}$)

4. 用 $Na_2CO_3$ 溶液处理 AgI 沉淀，使之转化为 $Ag_2CO_3$ 沉淀，这一反应的平衡常数是多少？如果在 $1.0\ L\ Na_2CO_3$ 溶液中要溶解 $0.010\ mol\ AgI$，$Na_2CO_3$ 的最初浓度应是多少？这种转化能否实现？($K_{sp}^{\ominus}(AgI) = 8.3 \times 10^{-17}$；$K_{sp}^{\ominus}(Ag_2CO_3) = 6.15 \times 10^{-12}$)

● **同步练习参考答案** ●

**一、选择题**

1. C  2. B  3. A  4. B  5. C  6. C  7. B  8. C  9. A  10. B

**二、填空题**

1. $AgCl$；$Mg(OH)_2 + 2H^+ \rightleftharpoons Mg^{2+} + 2H_2O$  2. 饱和；等于

3. 降低；增大  4. $K_{sp}^{\ominus}(Ca_3(PO_4)_2) = [Ca^{2+}]^3[PO_4^{3-}]^2$  5. 12.35

6. >；< 7. 降低；降低

三、判断题

1. √ 2. × 3. × 4. √ 5. × 6. ×

四、计算题

**1. 解** 已知 $K_{sp}^{\ominus}(AgCl) = 1.8 \times 10^{-10}$

(1) AgCl 在纯水中的溶解度为 $s_1$，则

$$K_{sp}^{\ominus}(AgCl) = [Ag^+][Cl^-] = 1.8 \times 10^{-10}$$
$$s_1^2 = 1.8 \times 10^{-10} \quad s_1 = 1.34 \times 10^{-5} \text{ mol} \cdot L^{-1}$$

(2) AgCl 在 $0.1 \text{ mol} \cdot L^{-1}$ NaCl 溶液中的溶解度为 $s_2$，则

$$AgCl(s) \rightleftharpoons Ag^+(aq) + Cl^-(aq)$$

平衡时 $\qquad\qquad s_2 \qquad 0.1+s_2$

$$K_{sp}^{\ominus}(AgCl) = [Ag^+][Cl^-] = s_2 \times (0.1 + s_2) = 1.8 \times 10^{-10}$$
$$s_2 = 1.8 \times 10^{-9} \text{ mol} \cdot L^{-1}$$

**2. 解** 已知 $K_{sp}^{\ominus}(Mg(OH)_2) = 1.8 \times 10^{-11}$，$K_b^{\ominus}(NH_3 \cdot H_2O) = 1.8 \times 10^{-5}$。

防止 $Mg(OH)_2$ 沉淀的生成 $OH^-$ 的最高浓度为

$$[OH^-] = \sqrt{\frac{K_{sp}^{\ominus}(Mg(OH)_2)}{[Mg^{2+}]}} = \sqrt{\frac{1.8 \times 10^{-11}}{0.010}} = 4.2 \times 10^{-5} \text{ mol} \cdot L^{-1}$$

根据

$$NH_3 + H_2O \rightleftharpoons NH_4^+ + OH^-$$

$$K_b^{\ominus} = \frac{[NH_4^+][OH^-]}{[NH_3 \cdot H_2O]} = \frac{4.2 \times 10^{-5} \times [NH_4^+]}{0.100} = 1.8 \times 10^{-5}$$

$$[NH_4^+] = 0.043 \text{ mol} \cdot L^{-1}$$

即当 $[NH_4^+] \geqslant 0.043 \text{ mol} \cdot L^{-1}$ 时，才能防止 $Mg(OH)_2$ 沉淀的生成。

**3. 解** 已知 $K_{sp}^{\ominus}(Ni(OH)_2) = 6.5 \times 10^{-18}$；$K_{sp}^{\ominus}(Fe(OH)_3) = 2.64 \times 10^{-39}$。

生成 $Ni(OH)_2$ 沉淀所需 $OH^-$ 的最低浓度为

$$[OH^-] = \sqrt{\frac{K_{sp}^{\ominus}(Ni(OH)_2)}{[Ni^{2+}]}} = \sqrt{\frac{6.5 \times 10^{-18}}{0.10}} = 8.1 \times 10^{-9} \text{ mol} \cdot L^{-1}$$

生成 Fe(OH)₃ 沉淀所需 OH⁻ 的最低浓度为

$$[OH^-] = \sqrt[3]{\frac{K_{sp}^{\ominus}(Fe(OH)_3)}{[Fe^{3+}]}} = \sqrt[3]{\frac{2.64 \times 10^{-39}}{0.10}} = 3.0 \times 10^{-13} \text{ mol} \cdot L^{-1}$$

所以 Fe³⁺ 先沉淀。

Fe³⁺ 沉淀完全时,OH⁻ 的浓度为

$$[OH^-] = \sqrt[3]{\frac{K_{sp}^{\ominus}(Fe(OH)_3)}{[Fe^{3+}]}} = \sqrt[3]{\frac{2.64 \times 10^{-39}}{1.0 \times 10^{-5}}} = 6.4 \times 10^{-12} \text{ mol} \cdot L^{-1}$$

$$pH = 2.81$$

Ni²⁺ 开始沉淀时,OH⁻ 的浓度为 $8.1 \times 10^{-9}$ mol·L⁻¹,pH = 5.91。

通过计算可知:为了使 0.10 mol·L⁻¹ 的 Ni²⁺ 和 Fe³⁺ 分离,溶液的 pH 必须控制在 2.81～5.91。

**4. 解** 已知 $K_{sp}^{\ominus}(AgI) = 8.3 \times 10^{-17}$;$K_{sp}^{\ominus}(Ag_2CO_3) = 6.15 \times 10^{-12}$

$$2AgI(s) + CO_3^{2-}(aq) \rightleftharpoons Ag_2CO_3(s) + 2I^-(aq)$$

$$K^{\ominus} = \frac{[I^-]^2}{[CO_3^{2-}]} = \frac{(K_{sp}^{\ominus}(AgI))^2}{K_{sp}^{\ominus}(Ag_2CO_3)} = \frac{(8.3 \times 10^{-17})^2}{6.15 \times 10^{-12}} = 1.1 \times 10^{-21}$$

$$\frac{[I^-]^2}{[CO_3^{2-}]} = \frac{(0.01)^2}{[CO_3^{2-}]} = 1.1 \times 10^{-21}$$

$$[CO_3^{2-}] = 9.1 \times 10^{16} \text{ mol} \cdot L^{-1}$$

Na₂CO₃ 的最初浓度应为 $\left(\frac{0.010}{2} + 9.1 \times 10^{16}\right)$ mol·L⁻¹ ≈ $9.1 \times 10^{16}$ mol·L⁻¹,由于 Na₂CO₃ 饱和溶液根本达不到 $9.1 \times 10^{16}$ mol·L⁻¹,因而这种转化难以实现。

# 第6章 氧化还原平衡与氧化还原滴定

● **教学基本要求** ●

1. 掌握氧化还原反应的基本概念(包括氧化和还原、氧化数、氧化还原电对、氧化还原半反应、离子－电子法配平氧化还原方程式)。

2. 了解原电池的工作原理、电池符号、电极反应、电池反应及电池符号与化学反应对应关系。

3. 了解电极电势与电池电动势的关系,理解标准还原电势和标准氢电极,了解常见实用电极类型。

4. 掌握能斯特方程式及其电极电势的计算,会选择合适的氧化剂和还原剂,能判断原电池的正负极、会计算原电池的电动势,能根据电动势符号判断电池反应的方向,会计算氧化还原反应的程度。

5. 掌握元素电势图及其应用。

6. 了解条件电极电势和条件平衡常数,了解氧化还原反应程度与条件电极电势的关系,了解反应速率对氧化还原滴定的影响。

7. 了解氧化还原滴定的样品预处理及避免副反应的方法。

8. 了解氧化还原滴定过程中电极电势的计算,会计算对称电对间滴定的化学计量点的电极电势,了解氧化还原滴定突跃的影响因素。

9. 了解氧化还原指示剂的变色原理和变色范围、氧化还原指示剂选择、自身指示剂和专属指示剂。

10. 掌握高锰酸钾法和碘法,了解重铬酸钾法和溴酸钾法,掌握氧化还原滴定的结果计算。

## ● 重点内容概要 ●

### 1. 氧化还原反应与氧化还原电对

（1）氧化还原反应

氧化还原反应的特征是反应过程中有电子的得失（包括电子对的偏移），反应前后某些元素的氧化数发生了变化。在氧化还原反应中，失去电子，氧化数升高的过程称为氧化；得到电子，氧化数降低的过程称为还原。得到电子、氧化数降低的物质是氧化剂；失去电子、氧化数升高的物质是还原剂。

（2）氧化还原反应的特点

① 氧化还原反应基于电子的转移，故反应过程中物质的氧化数发生了变化。

② 氧化还原反应的机理复杂，除主反应外还有副反应，且条件不同，反应不同。

③ 氧化还原反应常是分步进行的，需一定的时间才能完成，因而反应速率较慢。

（3）氧化还原电对

在氧化还原反应中，把同一种元素的两种带电状态称为该种元素的氧化态。把同一种元素的两种不同氧化态称为一个氧化还原电对。例如，反应

$$Cu^{2+} + Zn = Cu + Zn^{2+}$$

Cu 和 $Cu^{2+}$、Zn 和 $Zn^{2+}$ 分别是铜元素和锌元素的两种氧化态；同时 $Cu^{2+}$ 和 Cu、$Zn^{2+}$ 和 Zn 也分别构成氧化还原电对。电对中，氧化数较高的物质称氧化型物质，氧化数较低的物质称还原型物质。电对用"氧化型｜还原型"的形式表示。上例中的两个电对可表示成 $Cu^{2+} | Cu$、$Zn^{2+} | Zn$。

### 2. 氧化还原反应方程式的配平

（1）配平的原则

① 反应前后各元素的原子总数相等。

② 氧化剂中元素得到电子的总数（或氧化数降低的总数）等于还原剂中元素失去电子的总数（或氧化数升高的总数），即反应中得失电子的总数相等。

（2）配平的方法

配平方法常用的有氧化数法和离子-电子法。

### 3. 原电池与电极电势

（1）原电池

原电池是利用自发的氧化还原反应产生电流将化学能转化为电能的装置。

（2）标准电极电势

原电池之所以能产生电流是因为正负极的电极电势不同。

如果参加电极反应的物质均处于标准态，这时的电极称标准电极，对应的电极电势称标准电极电势，用 $\varphi^{\ominus}$ 表示，SI 单位为 V。所谓标准态是指组成电极的离子浓度为 $1\ mol \cdot L^{-1}$，气体分压为 $10^5\ Pa$，液体或固体都是纯净物质。

### 4. 能斯特（Nernst）方程

（1）电极反应的 Nernst 方程

设有电极反应：

$$Ox + ne^- \rightleftharpoons Red$$

则 Nernst 方程为

$$\varphi = \varphi^{\ominus} + \frac{RT}{nF} \ln \frac{c(Ox)}{c(Red)}$$

由于离子强度的影响，严格地说，式中的浓度应以活度代替，即

$$\varphi = \varphi^{\ominus} + \frac{RT}{nF} \ln \frac{\alpha(Ox)}{\alpha(Red)}$$

298 K 时，将各常数代入式中，并将自然对数换成常用对数，即得

$$\varphi = \varphi^{\ominus} + \frac{0.059\ 2}{n} \lg \frac{c(Ox)}{c(Red)}$$

（2）使用 Nernst 方程应注意的几点：

① Nernst 方程反映了参加电极反应的各种物质的浓度以及温度对电极电势的影响。当规定了温度为 298 K 时，才有 0.059 2 这个数值，可用 Nernst 方程求任意浓度时的 $\varphi$。

② 若电极反应中氧化型或还原型物质的计量数不是 1，Nernst 方程中各物质的浓度项变为以计量数为指数的幂。

③ 若电极反应中某物质是固体或液体，则不写入 Nernst 方程中。如果

是气体,则用该气体的分压和标准态压力($p^{\ominus}$)的比值代入方程式。例如:

$$PbO_2(s) + 4H^+(aq) + SO_4^{2-}(aq) + 2e^- \longrightarrow PbSO_4(s) + 2H_2O$$

$$\varphi(PbO_2/Pb^{2+}) = \varphi^{\ominus}(PbO_2/Pb^{2+}) + \frac{0.0592}{2}\lg\{[c(H^+)]^4 \cdot c(SO_4^{2-})\}$$

$$Cl_2(s) + 2e^- \longrightarrow 2Cl^-(aq)$$

$$\varphi(Cl_2/Cl^-) = \varphi^{\ominus}(Cl_2/Cl^-) + \frac{0.0592}{2}\lg\frac{p(Cl_2)/p^{\ominus}}{[c(Cl^-)]^2}$$

④ 公式中的 $c(Ox)$ 和 $c(Red)$ 并非专指氧化数有变化的物质的浓度,若有氧化剂、还原剂以外的物质参加电极反应(如 $H^+$、$OH^-$ 等),则应把这些物质的浓度以计量数为指数的幂表示在方程中。例如电极反应

$$MnO_4^- + 8H^+ + 5e^- \rightleftharpoons Mn^{2+} + 4H_2O$$

其 Nernst 方程为

$$\varphi(MnO_4^- \mid Mn^{2+}) = \varphi^{\ominus}(MnO_4^- \mid Mn^{2+}) + \frac{0.0592}{5}\lg\frac{c(MnO_4^-) \cdot c^8(H^+)}{c(Mn^{2+})}$$

**5. 影响电极电势的因素**

内部因素:指的是电极的本质,它由 Nernst 方程式中的 $\varphi^{\ominus}$ 决定。

外部因素:指的是温度、压力以及参加电极反应的各物质的浓度。

讨论影响电极电势的因素时,主要讨论参加电极反应的各物质的浓度对电极电势的影响,具体可以分为下面四种:

(1) 参加电极反应的氧化型或还原型物质的浓度;

(2) 溶液酸碱性;

(3) 生成沉淀;

(4) 生成配合物。

**6. 电极电势的应用**

(1) 判断原电池的正、负极,计算原电池的电动势 $E$

在组成原电池的两个电极中,电极电势代数值较大的是原电池的正极,代数值较小的是原电池的负极。原电池的电动势等于正极的电极电势减去负极的电极电势。

(2) 比较氧化剂、还原剂的相对强弱

电极电势的大小反映了电极中氧化态物质和还原态物质在水溶液中氧化还原能力的相对强弱。

若某电极电势代数值越小,则该电极上越容易发生氧化反应,其还原态物质越容易失去电子,是较强的还原剂;而该电极的氧化态物质越难得到电子,是较弱的氧化剂。若某电极电势代数值越大,则该电极上越容易发生还原反应,其氧化态物质越容易得到电子,是较强的氧化剂;而该电极的还原态物质越难失去电子,是较弱的还原剂。

所以,电对的电极电势代数值越小,还原态物质的还原性越强,氧化态物质的氧化性越弱。反之亦然。

(3) 判断氧化还原反应进行的方向

自发的氧化还原反应,总是较强的氧化剂与较强的还原剂相互作用,生成较弱的还原剂和较弱的氧化剂。因此,要判断氧化还原反应的方向,只要比较氧化剂电对和还原剂电对的电极电势相对大小,一般可以用下面方法判断氧化还原反应方向:

① 确定氧化剂和还原剂,写出相应的电对
② 计算各电对的电极电势(标准态用 $\varphi^{\ominus}$)
③ 以氧化剂电对为正极,还原剂电对为负极,计算 $E$(标准态计算 $E^{\ominus}$)

$$E = \varphi_+ - \varphi_-$$
$$E^{\ominus} = \varphi_+^{\ominus} - \varphi_-^{\ominus}$$

$E > 0 (\varphi_{\text{氧化剂电对}} > \varphi_{\text{还原剂电对}})$,反应向正反应方向进行
$E < 0 (\varphi_{\text{氧化剂电对}} < \varphi_{\text{还原剂电对}})$,反应向逆反应方向进行
$E = 0 (\varphi_{\text{氧化剂电对}} = \varphi_{\text{还原剂电对}})$,反应处于平衡状态

根据 $Q$ 和 $K^{\ominus}$ 的相对大小也可以判断化学反应的方向:
$Q < K^{\ominus}$,反应向正方向进行
$Q > K^{\ominus}$,反应向逆方向进行
$Q = K^{\ominus}$,反应处于平衡状态

(4) 计算氧化还原反应的标准平衡常数,判断氧化还原反应进行的程度

以氧化剂电对作为正极,还原剂电对作为负极,把一个可逆的氧化还原反应设计成原电池,根据其标准电动势 $E^{\ominus}$ 可计算该反应的标准平衡常数 $K^{\ominus}$:

$$\lg K^{\ominus} = \frac{nFE^{\ominus}}{2.303RT}$$

当 $T = 298\text{ K}$ 时,将有关常数代入,得

$$\lg K^{\ominus} = \frac{nE^{\ominus}}{0.0592}$$

式中

$$E^{\ominus} = \varphi^{\ominus}_{\text{氧化剂电对}} - \varphi^{\ominus}_{\text{还原剂电对}} = \varphi^{\ominus}_{+} - \varphi^{\ominus}_{-}$$

$n$ 是氧化还原反应式中转移的电子数,它实际上是两个半反应中电子的化学计量数 $n_1$ 和 $n_2$ 的最小公倍数。

(5) 测定难溶强电解质的溶度积常数和配合物的稳定常数

### 7. 元素电势图及其应用

(1) 元素电势图

将同一种元素的各种氧化态按氧化数从高到低的顺序排列,在两种氧化态之间用联线连接,并在联线上标明相应电对的标准电极电势值,这种图形称为元素电势图,又称 Latimer 图。

(2) 元素电势图的应用

① 比较元素各氧化态之间的标准电极电势的高低,判断元素在不同氧化态时的氧化还原性质

② 求算某电对未知的标准电极电势

若某元素电势图为

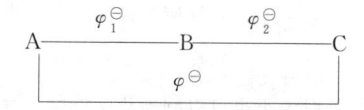

$$A \xrightarrow{\varphi^{\ominus}_1} B \xrightarrow{\varphi^{\ominus}_2} C$$
$$\underline{\qquad\qquad \varphi^{\ominus} \qquad\qquad}$$

则

$$\varphi^{\ominus} = \frac{n_1 \varphi^{\ominus}_1 + n_2 \varphi^{\ominus}_2}{n_1 + n_2}$$

$n_1$、$n_2$ 和 $n$ 分别为相应电极反应传递的电子数,其中 $n = n_1 + n_2$。

③ 判断歧化反应能否进行

某元素不同氧化态的三种物质组成两个电对,按其氧化态由高到低排列,如

$$A \xrightarrow{\varphi^{\ominus}_{\text{左}}} B \xrightarrow{\varphi^{\ominus}_{\text{右}}} C$$

若 B 能发生歧化反应,则 $E^{\ominus} = \varphi^{\ominus}_{+} - \varphi^{\ominus}_{-} = \varphi^{\ominus}_{\text{右}} - \varphi^{\ominus}_{\text{左}} > 0$,即 $\varphi^{\ominus}_{\text{右}} > \varphi^{\ominus}_{\text{左}}$;

否则 B 不能发生歧化反应。

**8. 氧化还原滴定法的特点**

氧化还原滴定法是以氧化还原反应为基础的滴定分析法,是滴定分析中应用最广泛的方法之一。该滴定法不仅可以测定许多具有氧化还原性质的金属离子、阴离子和有机化合物,而且某些非变价元素也可以通过与氧化剂或还原剂发生其他反应间接地进行测定。

氧化还原滴定对氧化还原反应的一般要求是:

① 滴定剂与被滴定物质电对的电极电势要有较大的差值(一般要求 $\geqslant$ 0.40 V)。

② 能有适当的方法或指示剂指示反应的终点。

③ 滴定反应能迅速完成。

**9. 条件电极电势与条件平衡常数**

(1) 条件电极电势

氧化还原电对的电极电势的 Nernst 方程表示为

$$\varphi = \varphi^{\ominus} + \frac{RT}{nF} \ln \frac{c(\mathrm{Ox})}{c(\mathrm{Red})}$$

实际上,该方程只有在满足下列两个条件时才成立:

① 完全忽略离子强度的影响;

② 溶液中没有副反应发生,电对的氧化型和还原型只有唯一的存在形式。

实际上的溶液不可能满足上述条件,为了较准确地得到电对的电极电势,引入了条件电极电势。它是在特定条件下,电对的氧化型物质和还原型物质的分析浓度均为 1 mol·L$^{-1}$,或它们的比值为 1 时,校正了离子强度及副反应等的影响时的实际电极电势。

条件电极电势用 $\varphi^{\ominus}{}'$ 表示,它在条件不变时为一常数。有了条件电极电势,就可以计算特定条件下电对的电极电势,其 Nernst 方程为

$$\varphi(\mathrm{Ox} \mid \mathrm{Red}) = \varphi^{\ominus}{}'(\mathrm{Ox} \mid \mathrm{Red}) + \frac{0.0592}{n} \lg \frac{c'(\mathrm{Ox})}{c'(\mathrm{Red})}$$

式中,$c'(\mathrm{Ox})$ 和 $c'(\mathrm{Red})$ 分别表示电对的氧化型和还原型物质的分析浓度,不包括反应介质(H$^+$ 或 OH$^-$ 不应出现在公式中)。

(2) 条件平衡常数

氧化还原反应: $n_2 Ox_1 + n_1 Red_2 \rightleftharpoons n_2 Red_1 + n_1 Ox_2$ 的标准平衡常数为

$$K^{\ominus} = \frac{c^{n_2}(Red_1) c^{n_1}(Ox_2)}{c^{n_2}(Ox_1) c^{n_1}(Red_2)}$$

可以用下面的公式计算:

$$\lg K^{\ominus} = \frac{n(\varphi_+^{\ominus} - \varphi_-^{\ominus})}{0.0592}$$

由于离子强度和副反应的影响,用标准平衡常数来表示反应程度往往与实际有较大的偏差,为了准确地表示特定条件下氧化还原反应的程度,引入了条件平衡常数:

$$K^{\ominus\prime} = \frac{c^{n_2}(Red_1) c^{n_1}(Ox_2)}{c^{n_2}(Ox_1) c^{n_1}(Red_2)}$$

可以用下面的公式计算:

$$\lg K^{\ominus\prime} = \frac{n(\varphi_+^{\ominus\prime} - \varphi_-^{\ominus\prime})}{0.0592}$$

可以看到, $\varphi_+^{\ominus\prime} - \varphi_-^{\ominus\prime}$ 的值越大,反应进行得越完全。在氧化还原滴定中,一般可根据两电对条件电极电势之差是否大于 0.4 V 来判断氧化还原滴定能否进行。氧化还原滴定中,一般用强氧化剂作为滴定剂,还可控制条件改变电对的条件电极电势以满足这个要求。

**10. 氧化还原滴定曲线**

在氧化还原滴定过程中,随着滴定剂(标准溶液)的加入,反应物和产物的浓度不断改变,使有关电对的电极电势也随之发生变化。这种电极电势的变化情况也可以用滴定曲线来描绘。在化学计量点附近,体系的电势发生突跃。各滴定点的电极电势可用实验方法测量,也可从理论上进行计算。

对于可逆电对,在反应的任一瞬间都能建立起氧化还原平衡,可用 Nernst 方程计算电势值,也可用实验方法测得电极电势值,从而得到滴定曲线。

而对于不可逆电对,在反应的瞬间不能马上建立起化学平衡,其电势计算值与实测值相差较大,不能按 Nernst 方程计算电势值来绘制滴定曲线,而应由实验方法测得电极电势值,从而得到滴定曲线。

(1) 用计算方法绘制滴定曲线

对于可逆电对,滴定开始后,体系中就同时存在两个电对。在滴定过程中的任一点,达到平衡时,这两个电对的电极电势相等。因此,在滴定的不同阶段可选用便于计算的电对,按 Nernst 方程计算滴定过程中体系的电极电势。

绘制滴定曲线一般分为以下三个阶段:

① 滴定开始至化学计量点前,体系电势按被滴定物质电对计算。

② 化学计量点时,不能单独按其中某一电对计算电势,而要对两个电对按 Nernst 方程联立求解电势。对于对称电对,滴定至化学计量点的电势:

$$\varphi_{sp} = \frac{n_1 \varphi_1^{\ominus\prime} + n_2 \varphi_2^{\ominus\prime}}{n_1 + n_2}$$

对于不对称电对,$\varphi_{sp}$ 的计算就比较复杂。

③ 计量点后,滴定剂过量,体系电势按滴定剂电对计算。

由此可见,由可逆的对称电对构成的氧化还原滴定的化学计量点电势 $\varphi_{sp}$ 取决于两电对的条件电极电势,而与浓度无关。两电对的条件电极电势差值越大,突跃范围越大,一般要求突跃在 0.2 V 以上。

仅当两电对的电子转移数相等,即 $n_1 = n_2$ 时,$\varphi_{sp}$ 才恰好位于滴定突跃的中央;当 $n_1 \neq n_2$ 时,滴定曲线在化学计量点前后是不对称的,$\varphi_{sp}$ 并不是在滴定突跃的中央,而是偏向电子得失数较大的一方。

(2) 由实验方法绘制滴定曲线

由不可逆对称电对构成的氧化还原滴定,其反应电势的计算较复杂,且计算绘制的滴定曲线与实际滴定曲线往往相差较大,所以必须由实验方法绘制。

(3) 影响氧化还原滴定曲线的因素

① $\Delta\varphi'(\Delta\varphi^{\ominus})$:差值 ↑,突跃范围 ↑;差值 ↓,突跃范围 ↓。

$\Delta\varphi'(\Delta\varphi^{\ominus}) > 0.2$ V 时,才有可能进行滴定。

$\Delta\varphi'(\Delta\varphi^{\ominus}) = 0.2 \sim 0.4$ V 时,可采用电位法确定终点。

$\Delta\varphi'(\Delta\varphi^{\ominus}) > 0.4$ V 时,可选用指示剂指示终点。

② 溶液浓度 $c$:$c$ ↑,突跃范围 ↑;$c$ ↓,突跃范围 ↓。

**11. 氧化还原滴定指示剂**

对氧化还原滴定终点,除了可用电势法来确定外,还常用指示剂来指示。

(1) 常用的氧化还原指示剂

常用的氧化还原指示剂有以下三类:

① 自身指示剂:如 $KMnO_4$ 标准溶液,本身呈紫红色,在酸性溶液中用它

滴定无色或浅色溶液时,它被还原为几乎无色的 $Mn^{2+}$,当滴定到计量点后,稍过量的 $MnO_4^-$ 就可使溶液呈粉红色(此时 $MnO_4^-$ 的浓度约为 $2 \times 10^{-6}\ mol \cdot L^{-1}$),指示滴定终点的到达。

② 显色指示剂(专属指示剂):如碘量法中,可溶性淀粉与 $I_3^-$ 生成深蓝色的吸附化合物,反应特效且灵敏,以蓝色的出现或消失指示滴定终点。

③ 氧化还原指示剂:这类指示剂本身具有氧化还原性,且其氧化态和还原态具有明显不同的颜色,在滴定过程中,氧化还原指示剂的存在形式与溶液的电极电势有关。若 $\varphi > \varphi(In_{Ox}/In_{Red})$,氧化还原指示剂主要以氧化态 $(In_{Ox})$ 的形式存在;若 $\varphi < \varphi(In_{Ox}/In_{Red})$,氧化还原指示剂主要以还原态 $(In_{Red})$ 的形式存在。在化学计量点附近,溶液的电极电势发生突变,氧化还原指示剂的存在形式也发生相应的变化。而溶液的颜色与氧化还原指示剂的两种存在形式的浓度比有关,一般在 $\dfrac{c(In_{Ox})}{c(In_{Red})} = \dfrac{1}{10} \sim \dfrac{10}{1}$,溶液的颜色会发生明显的改变,由此可以得到氧化还原指示剂的变色范围为

$$\varphi'(In) \pm \dfrac{0.0592}{n}\ V$$

(2) 选择氧化还原指示剂的原则

所选氧化还原指示剂的变色范围应与滴定的突跃范围重合,至少也要部分重合,即指示剂的变色点电势 $\varphi'(In)$ 应在滴定突跃范围内,且尽量与化学计量点电势 $\varphi_{sp}$ 一致,以减少终点误差。

**12. 氧化还原滴定的预处理**

氧化还原滴定前,被测物的价态往往不适于滴定,所以滴定前必须将其氧化或还原成可定量滴定的价态。

常用的预氧化剂有 $(NH_4)_2S_2O_8$、$NaBiO_3$、$KMnO_4$、$H_2O_2$、$HClO_4$、$KIO_4$ 等;预还原剂有 $SnCl_2$、$TiCl_3$、金属还原剂(Zn、Al、锌汞齐等)。

试样中存在的一些有机干扰物会对氧化还原滴定的电势产生影响,因此,必须除去这些有机干扰物,常用的试样干法灰化和湿法灰化可达到这个目的。

**13. 常用氧化还原滴定法及其计算**

氧化还原滴定法应用非常广泛,可直接或间接测定许多无机物和有机物。通常根据所用氧化剂和还原剂的不同,可将氧化还原滴定法分为高锰酸钾法、重铬酸钾法、碘量法等。其基本原理、特点及应用见表 6-1。

## 表 6-1　常用氧化还原滴定法的基本原理、特点及应用

| 方法名称 | 标准溶液 | 基本反应 | 电势/V | 指示剂 | 特　点 | 应　用 |
|---|---|---|---|---|---|---|
| $KMnO_4$法 | $KMnO_4$ | ①在强酸性溶液中： $MnO_4^- + 8H^+ + 5e^- \Longrightarrow Mn^{2+} + 4H_2O$ <br> ②在中性或弱碱(酸)性溶液中： $MnO_4^- + 2H_2O + 3e^- \Longrightarrow MnO_2 + 4OH^-$ <br> ③在强碱性溶液中 $MnO_4^- + e^- \Longrightarrow MnO_4^{2-}$ | 1.51 <br><br> 0.59 <br><br><br> 0.56 | 自身指示剂 | ①$KMnO_4$的氧化能力强；②不需另加指示剂；③标准溶液需间接法配制；④易发生副反应，选择性差 | ①$H_2O_2$在酸性介质中，用$KMnO_4$标准溶液直接滴定；②矿石中铁的测定 |
| $K_2Cr_2O_7$法 | $K_2Cr_2O_7$ | $Cr_2O_7^{2-} + 14H^+ + 6e^- \Longrightarrow 2Cr^{3+} + 7H_2O$ | 1.23 | 二苯胺磺酸钠 | ①$K_2Cr_2O_7$纯度高，可直接配成标准溶液；②$K_2Cr_2O_7$标准溶液非常稳定，可在密闭容器中长期保存；③$K_2Cr_2O_7$氧化性中等，选择性好，盐酸介质中滴定；④滴定反应速度快，通常在常温下进行滴定，无须加催化剂；⑤$K_2Cr_2O_7$有毒，注意使用 | ①矿石中含铁量的测定；②土壤中有机质的测定；③水中的化学需氧量$COD_{Cr}$的测定 |
| 碘量法 | 直接碘量法 $I_2$ | $I_3^- + 2e^- \Longrightarrow 3I^-$ | 0.536 | 淀粉溶液 | 间接碘量法的特点：①副反应少，测定对象广泛；②淀粉指示剂灵敏度高，体系可逆性好；③$I_2$与$S_2O_3^{2-}$反应快，定量关系确定；④注意碘的挥发及碘离子的氧化 | ①胆矾中铜的测定；②硫化钠总还原能力的测定；③漂白粉中有效氯的测定 |
| | 间接碘量法 | $3I^- - 2e^- \Longrightarrow I_3^-$ <br> $I_2 + 2S_2O_3^{2-} \Longrightarrow 2I^- + S_4O_6^{2-}$ | | | | |

(1) 高锰酸钾法中 $KMnO_4$ 标准溶液标定的注意点（三度一点）

在酸性溶液中，$KMnO_4$ 与 $Na_2C_2O_4$ 的反应为

$$2MnO_4^- + 5C_2O_4^{2-} + 16H^+ \Longrightarrow 2Mn^{2+} + 10CO_2\uparrow + 8H_2O$$

① 温度。室温下此反应缓慢，常将溶液加热到 75～85 ℃ 进行滴定。但温度也不宜过高，温度超过 90 ℃，会使 $C_2O_4^{2-}$ 部分分解；低于 60 ℃ 反应速率太慢。

② 酸度。为了保证滴定反应能正常进行，溶液必须保持一定的酸度。酸度太低，$KMnO_4$ 部分还原为 $MnO_2$；酸度太高，$H_2C_2O_4$ 分解。开始滴定时溶液酸度为 $0.5～1.0\ mol \cdot L^{-1}$，滴定终点时溶液酸度为 $0.2～0.5\ mol \cdot L^{-1}$。

③ 滴定速度。即便加热，$MnO_4^-$ 与 $C_2O_4^{2-}$ 在无催化剂存在时，反应速率也很慢。滴定开始时，第一滴 $KMnO_4$ 溶液滴入后，红色很难褪去，这时需待红色消失后再滴加第二滴。由于反应中产生的 $Mn^{2+}$ 对反应具有催化作用，几滴 $KMnO_4$ 加入后，反应明显加快，这时可适当加快滴定速度；否则，加入的 $KMnO_4$ 在热溶液中来不及与 $C_2O_4^{2-}$ 反应而发生分解：

$$4MnO_4^- + 12H^+ \Longrightarrow 4Mn^{2+} + 5O_2\uparrow + 6H_2O$$

若在滴定前加入几滴 $MnSO_4$ 溶液，滴定一开始反应速率就较快。

④ 终点判断。$KMnO_4$ 可作为自身指示剂，滴定至化学计量点时，$KMnO_4$ 微过量就可使溶液呈粉红色，若 30 s 内不褪色，即可认为已到滴定终点。

(2) 碘量法

① 碘量法中的主要误差来源

i. 易挥发；

ii. $I^-$ 在酸性条件下易被空气中氧所氧化。

② 减少误差的措施

i. 控制溶液的酸度

一般在弱酸性或中性条件下进行。在强酸性溶液中，$Na_2S_2O_3$ 会分解，$I^-$ 易被空气中氧所氧化，其反应为

$$S_2O_3^{2-} + 2H^+ \Longrightarrow SO_2\uparrow + S\downarrow + H_2O$$

$$4I^- + 4H^+ + O_2 \Longrightarrow 2I_2 + 2H_2O$$

在碱性条件下，$Na_2S_2O_3$ 与 $I_2$ 会发生如下副反应：

$$S_2O_3^{2-} + 4I_2 + 10OH^- \rightleftharpoons 2SO_4^{2-} + 8I^- + 5H_2O$$

这种副反应影响滴定反应的定量关系。另外,在碱性溶液中$I_2$也会发生歧化反应:

$$3I_2 + 6OH^- \rightleftharpoons IO_3^- + 5I^- + 3H_2O$$

ii. 加入过量的KI(比理论量多2～3倍)

$I^-$与$I_2$生成$I_3^-$配离子,增大$I_2$的溶解度,降低$I_2$的挥发;同时,还可加快反应速度,增大反应完全程度,提高淀粉指示剂的灵敏度。

iii. 控制反应温度

反应时温度不宜过高,因温度高,$I_2$易挥发。一般在室温下进行。

iv. 避免光照

光线能催化$I^-$被空气氧化,同时可增大$Na_2S_2O_3$溶液中的细菌活性,促使$Na_2S_2O_3$分解。

v. 滴定前的放置

在氧化性物质与KI作用时,为保证反应完全,一般需在暗处放置一段时间,但时间不宜过长,以减少$I_2$的挥发,通常放置5 min,此后立即用$Na_2S_2O_3$标准溶液滴定。

vi. 为减少$I_2$的挥发和$I^-$的氧化,滴定时速度宜快一些,不要剧烈摇动。最好使用碘瓶。

由于氧化还原滴定试样往往需要预处理,反应步骤较多,且有些测定又需要多种滴定方法结合起来使用,所以氧化还原滴定结果的计算比较复杂。弄清楚每一步反应,确定被测物与滴定剂之间的量的关系是解题的关键。

● 例题解析 ●

【例1】 有一原电池,其电池符号为

$(-)Pt,H_2(50 \text{ kPa}) \mid H^+(0.50 \text{ mol} \cdot L^{-1}) \| Sn^{4+}(0.70 \text{ mol} \cdot L^{-1}),Sn^{2+}(0.50 \text{ mol} \cdot L^{-1}) \mid Pt(+)$

(1)写出半电池反应;

(2)写出电池反应;

(3)计算原电池的电动势$E$;

(4) 当 $E=0$ 时,在保持 $p(H_2)$ 和 $c(H^+)$ 不变的情况下,$c(Sn^{2+})/c(Sn^{4+})$ 等于多少?

**解** (1) 氧化(负极)反应:
$$H_2(g) - 2e^- = 2H^+(aq)$$

还原(正极)反应:
$$Sn^{4+}(aq) + 2e^- = Sn^{2+}(aq)$$

(2) 电池反应:
$$Sn^{4+}(aq) + H_2(g) = Sn^{2+}(aq) + 2H^+(aq)$$

(3) $\varphi_+ = \varphi(Sn^{4+}|Sn^{2+}) = \varphi^{\ominus}(Sn^{4+}|Sn^{2+}) + \dfrac{0.0592}{2}\lg\dfrac{c(Sn^{4+})}{c(Sn^{2+})}$

$= 0.154 + \dfrac{0.0592}{2}\lg\dfrac{0.70}{0.50} = 0.158 \text{ V}$

$\varphi_- = \varphi(H^+|H_2) = \varphi^{\ominus}(H^+|H_2) + \dfrac{0.0592}{2}\lg\dfrac{c^2(H^+)}{p(H_2)/p^{\ominus}}$

$= \dfrac{0.0592}{2}\lg\dfrac{c^2(H^+)}{p(H_2)/p^{\ominus}} = \dfrac{0.0592}{2}\lg\dfrac{0.50^2}{50/100}$

$= -0.00891 \text{ V}$

$E = \varphi_+ - \varphi_- = 0.158 - (-0.00891) = 0.167 \text{ V}$

(4) 依题设知:
$$\varphi_- = -0.00891 \text{ V}$$

$\varphi_+ = \varphi(Sn^{4+}|Sn^{2+}) = \varphi^{\ominus}(Sn^{4+}|Sn^{2+}) + \dfrac{0.0592}{2}\lg\dfrac{c(Sn^{4+})}{c(Sn^{2+})}$

$= 0.154 + \dfrac{0.0592}{2}\lg\dfrac{c(Sn^{4+})}{c(Sn^{2+})}$

$$E = \varphi_+ - \varphi_- = 0$$

$$0.154 + \dfrac{0.0592}{2}\lg\dfrac{c(Sn^{4+})}{c(Sn^{2+})} - (-0.00891) = 0$$

$$\dfrac{c(Sn^{4+})}{c(Sn^{2+})} = 3.13 \times 10^{-6}$$

$$\dfrac{c(Sn^{2+})}{c(Sn^{4+})} = 3.19 \times 10^{5}$$

**【例2】** 计算 OH⁻ 浓度为 $0.100\ \text{mol}\cdot\text{L}^{-1}$, $p(\text{O}_2) = 100\ \text{kPa}$ 时,氧的电极电势值 $\varphi(\text{O}_2\mid\text{OH}^-)$。

**解** 查得 $\varphi^{\ominus}(\text{O}_2\mid\text{OH}^-) = 0.401\ \text{V}$

电极反应为 $\text{O}_2(\text{g}) + 2\text{H}_2\text{O}(\text{l}) + 4\text{e}^- \rightleftharpoons 4\text{OH}^-$

$$\varphi(\text{O}_2\mid\text{OH}^-) = \varphi^{\ominus}(\text{O}_2\mid\text{OH}^-) + \frac{0.0592}{4}\lg\frac{p(\text{O}_2)/p^{\ominus}}{c^4(\text{OH}^-)}$$

$$= 0.401 + \frac{0.0592}{4}\lg\frac{100/100}{(0.100)^4} = 0.460\ \text{V}$$

**【例3】** 已知某原电池的正极是氢电极,$p(\text{H}_2)$ 为 100 kPa,负极的电极电势是恒定的。当氢电极中 pH = 4.008 时,该电池的电动势是 0.412 V。如果氢电极中所用的溶液改为一未知 $c(\text{H}^+)$ 的缓冲溶液,又重新测得原电池的电动势为 0.427 V。计算该缓冲溶液的 $\text{H}^+$ 浓度和 pH。如该缓冲溶液中 $c(\text{HA}) = c(\text{A}^-) = 1.0\ \text{mol}\cdot\text{L}^{-1}$,求该弱酸 HA 的电离常数。

**解** 正极反应为 $2\text{H}^+(\text{aq}) + 2\text{e}^- \rightleftharpoons \text{H}_2(\text{g})$

$$\varphi_+ = \varphi(\text{H}^+\mid\text{H}_2) = \varphi^{\ominus}(\text{H}^+\mid\text{H}_2) + \frac{0.0592}{2}\lg\frac{c^2(\text{H}^+)}{p(\text{H}_2)/p^{\ominus}}$$

$$= 0.0592\lg c(\text{H}^+) = -0.0592\text{pH}$$

$E = \varphi_+ - \varphi_-$

当 $\text{pH}_1 = 4.008$ 时,$E_1 = 0.412\ \text{V}$,即
$$0.412 = -0.0592\text{pH}_1 - \varphi_-$$

当改为一未知 $c(\text{H}^+)$ 的缓冲溶液时,$E_2 = 0.427\ \text{V}$,即
$$0.427 = -0.0592\text{pH}_2 - \varphi_-$$

所以 $0.412 - 0.427 = -0.0592\text{pH}_1 - (-0.0592\text{pH}_2)$

又 $\text{pH}_1 = 4.008$

所以 $\text{pH}_2 = 3.755$

所以 $c_2(\text{H}^+) = 1.76\times 10^{-4}\ \text{mol}\cdot\text{L}^{-1}$

当该缓冲溶液的 $c(\text{HA}) = c(\text{A}^-) = 1.0\ \text{mol}\cdot\text{L}^{-1}$ 时,依 $\text{pH} = \text{p}K_a^{\ominus} - \lg\frac{c_a}{c_b}$,可得

● 无机与分析化学学习指导

$$pH = pK_a^{\ominus} = 3.755$$

所以 $\qquad K_a^{\ominus} = 1.76 \times 10^{-4}$

或者 $\qquad HA(aq) \rightleftharpoons H^+(aq) + A^-(aq)$

$$K_a^{\ominus} = \frac{c(H^+) \cdot c(A^-)}{c(HA)} = \frac{1.76 \times 10^{-4} \times 1.0}{1.0} = 1.76 \times 10^{-4}$$

此题也可以先由 $E_1$ 求出 $\varphi_-$，再由 $E_2$ 和 $\varphi_-$ 求出 $pH_2$，最后求出 $c_2(H^+)$ 和 $K_a^{\ominus}$。

**【例4】** 用 $H_2$ 和 $O_2$ 的有关半反应设计一原电池，确定 25 ℃ 时 $H_2O$ 的 $K_w^{\ominus}$ 是多少？

**解** 设计原电池测定 $K_w^{\ominus}$ 时，该原电池的两个电极反应中必须包含 $H^+(aq)$、$OH^-(aq)$ 和 $H_2O(l)$ 等物质。由氧的有关电对组成原电池。

正极反应为

$$O_2(g) + 4H^+(aq) + 4e^- \rightleftharpoons 2H_2O(l) \quad \varphi^{\ominus}(O_2|H_2O) = 1.229 \text{ V}$$

负极反应为

$$4OH^-(aq) - 4e^- \rightleftharpoons O_2(g) + 2H_2O(l) \quad \varphi^{\ominus}(O_2|OH^-) = 0.401 \text{ V}$$

电池反应为

$$4H^+(aq) + 4OH^-(aq) \rightleftharpoons 4H_2O(l)$$

即 $\qquad H^+(aq) + OH^-(aq) \rightleftharpoons H_2O(l) \quad K^{\ominus} = \dfrac{1}{K_w^{\ominus}}$

依 $\lg K^{\ominus} = \dfrac{nE^{\ominus}}{0.0592} = \dfrac{n(\varphi_+^{\ominus} - \varphi_-^{\ominus})}{0.0592} = \dfrac{n(\varphi^{\ominus}(O_2|H_2O) - \varphi^{\ominus}(O_2|OH^-))}{0.0592}$

$$\lg K^{\ominus} = \frac{1 \times (1.229 - 0.401)}{0.0592} = 13.99$$

$$K^{\ominus} = 9.8 \times 10^{13}$$

$$K_w^{\ominus} = \frac{1}{K^{\ominus}} = 1.0 \times 10^{-14}$$

**【例5】** 实验室中用 $Br_2$ 水在碱性介质中氧化 $Co^{2+}$，已知：

$\varphi^{\ominus}(Br_2|Br^-) = 1.07 \text{ V} \qquad \varphi^{\ominus}(Co^{3+}|Co^{2+}) = 1.84 \text{ V}$

$K_{sp}^{\ominus}(Co(OH)_3) = 1.6 \times 10^{-44} \qquad K_{sp}^{\ominus}(Co(OH)_2) = 1.6 \times 10^{-15}$

求：(1) $\varphi^{\ominus}(Co(OH)_3 | Co(OH)_2)$；

(2) 反应的平衡常数。

**解** (1) 电极反应为 $Co(OH)_3 + e^- \rightleftharpoons Co(OH)_2 + OH^-$

$\varphi^{\ominus}(Co(OH)_3 | Co(OH)_2)$

$= \varphi(Co^{3+} | Co^{2+})$

$= \varphi^{\ominus}(Co^{3+} | Co^{2+}) + 0.0592 \lg \dfrac{c(Co^{3+})}{c(Co^{2+})}$

$= \varphi^{\ominus}(Co^{3+} | Co^{2+}) + 0.0592 \lg \dfrac{\dfrac{K_{sp}^{\ominus}(Co(OH)_3)}{c^3(OH^-)}}{\dfrac{K_{sp}^{\ominus}(Co(OH)_2)}{c^2(OH^-)}}$

$= \varphi^{\ominus}(Co^{3+} | Co^{2+}) + 0.0592 \lg \dfrac{K_{sp}^{\ominus}(Co(OH)_3)}{K_{sp}^{\ominus}(Co(OH)_2) \times c(OH^-)}$

$= +1.84 + 0.0592 \lg \dfrac{1.6 \times 10^{-44}}{1.6 \times 10^{-15} \times 1.0}$

$= +0.12 \text{ V}$

(2) 反应方程式为 $Br_2 + 2Co(OH)_2 + 2OH^- \rightleftharpoons 2Co(OH)_3 + 2Br^-$

正极反应为

$$Br_2 + 2e^- \rightleftharpoons 2Br^-$$

$$\varphi^{\ominus}(Br_2 | Br^-) = 1.07 \text{ V}$$

负极反应为

$$2Co(OH)_2 + 2OH^- - 2e^- \rightleftharpoons 2Co(OH)_3$$

$$\varphi^{\ominus}(Co(OH)_3 | Co(OH)_2) = 0.12 \text{ V}$$

依 $\lg K^{\ominus} = \dfrac{nE^{\ominus}}{0.0592} = \dfrac{n(\varphi_+^{\ominus} - \varphi_-^{\ominus})}{0.0592}$

$= \dfrac{n(\varphi^{\ominus}(Br_2 | Br^-) - \varphi^{\ominus}(Co(OH)_3 | Co(OH)_2))}{0.0592}$

$\lg K^{\ominus} = \dfrac{2 \times (1.07 - 0.12)}{0.0592} = 32.09$

$K^{\ominus} = 1.24 \times 10^{32}$

**【例 6】** 将氢电极和饱和甘汞电极插入某 HA-A⁻ 的缓冲溶液中,饱和甘汞电极为正极。已知 $c(HA) = 1.0 \text{ mol} \cdot L^{-1}$,$c(A^-) = 0.1 \text{ mol} \cdot L^{-1}$,向此溶液中通入 $H_2(100 \text{ kPa})$,测得其电动势为 $0.478\ 0$ V。

(1) 写出电池符号和反应方程式;

(2) 求弱酸 HA 的解离常数。

**解** (1) 电池符号为

$(-)$Pt,$H_2(100 \text{ kPa})$ | HA($1.0 \text{ mol} \cdot L^{-1}$),A⁻($0.1 \text{ mol} \cdot L^{-1}$) ‖ KCl(饱和) | $Hg_2Cl_2(s)$ | Hg(l) | Pt(+)

正极反应为

$$Hg_2Cl_2(s) + 2e^- \Longrightarrow 2Hg(l) + 2Cl^-(aq)$$

负极反应为

$$H_2(g) + 2A^-(aq) - 2e^- \Longrightarrow 2HA(aq)$$

电池反应(反应方程式)为

$$Hg_2Cl_2(s) + H_2(g) + 2A^-(aq) \Longrightarrow 2Hg(l) + 2Cl^-(aq) + 2HA(aq)$$

(2) $\varphi_+ = \varphi_{饱和甘汞} = 0.241\ 5$ V

$\varphi_- = \varphi(HAc | H_2) = \varphi(H^+ | H_2)$

$= \varphi^{\ominus}(H^+ | H_2) + \dfrac{0.059\ 2}{2} \lg \dfrac{c^2(H^+)}{p(H_2)/p^{\ominus}}$

$= 0.059\ 2 \lg c(H^+)$

$E = \varphi_+ - \varphi_-$

所以  $0.478\ 0 = 0.241\ 5 - 0.059\ 2 \lg c(H^+)$

解得  $c(H^+) = 1.012 \times 10^{-4} \text{ mol} \cdot L^{-1}$

又  $HA(aq) \Longrightarrow H^+(aq) + A^-(aq)$

$$K_a^{\ominus} = \dfrac{c(H^+) \cdot c(A^-)}{c(HA)} = \dfrac{1.012 \times 10^{-4} \times 0.1}{1.0} = 1.012 \times 10^{-5}$$

**【例 7】** 用重铬酸钾法测定铁,称取矿样 $0.250\ 0$ g,滴定时消耗 $K_2Cr_2O_7$ 标准溶液 $23.68$ mL。此 $K_2Cr_2O_7$ 标准溶液 $25.00$ mL,在酸性介质中与过量的 KI 作用后,析出的 $I_2$ 需用 $20.00$ mL $Na_2S_2O_3$ 溶液滴定,而此 $Na_2S_2O_3$ 溶液 $1.00$ mL 相当于 $0.015\ 87$ g $I_2$。计算矿样中 $Fe_2O_3$ 的质量分

数。(已知:$M(Fe_2O_3) = 159.7, M(I_2) = 253.8$)。

**解** 有关化学反应为

$$Cr_2O_7^{2-} + 6Fe^{2+} + 14H^+ \rightleftharpoons 2Cr^{3+} + 6Fe^{3+} + 7H_2O$$

$$Cr_2O_7^{2-} + 6I^- + 14H^+ \rightleftharpoons 2Cr^{3+} + 3I_2 + 7H_2O$$

$$I_2 + 2S_2O_3^{2-} \rightleftharpoons 2I^- + S_4O_6^{2-}$$

$$Cr_2O_7^{2-} \longrightarrow 3I_2 \longrightarrow 6S_2O_3^{2-}$$

所以 $c(Cr_2O_7^{2-}) = \dfrac{n(I_2)}{3 \times V_{Cr_2O_7^{2-}}} = \dfrac{\dfrac{20.00 \times 0.01587}{M(I_2)}}{3 \times V_{Cr_2O_7^{2-}}}$

$$= \dfrac{20.00 \times 0.01587}{3 \times 25.00 \times 10^{-3} \times 253.8} = 0.01667 \text{ mol} \cdot \text{L}^{-1}$$

$$Cr_2O_7^{2-} \longrightarrow 6Fe^{2+} \longrightarrow 3Fe_2O_3$$

矿样中 $Fe_2O_3$ 的质量分数为

$$w(Fe_2O_3) = \dfrac{3n(Cr_2O_7^{2-})M(Fe_2O_3)}{m(试样)} \times 100\%$$

$$= \dfrac{3 \times 0.01667 \times 23.68 \times 10^{-3} \times 159.7}{0.2500} \times 100\%$$

$$= 75.65\%$$

【例8】 有一浓度为 $0.01726 \text{ mol} \cdot \text{L}^{-1}$ 的 $K_2Cr_2O_7$ 标准溶液,求其 $T(K_2Cr_2O_7 \mid Fe)$ 和 $T(K_2Cr_2O_7 \mid Fe_2O_3)$。称取某铁矿试样 $0.2150 \text{ g}$,用 HCl 溶解后,加入 $SnCl_2$ 将溶液中的 $Fe^{3+}$ 还原为 $Fe^{2+}$,然后用上述 $K_2Cr_2O_7$ 标准溶液滴定,用去 $22.32 \text{ mL}$。求试样中的铁含量(分别以 Fe 和 $Fe_2O_3$ 的质量分数表示)。(已知:$M(Fe) = 55.85, M(Fe_2O_3) = 159.7$)

**解** 有关化学反应为

$$Cr_2O_7^{2-} + 6Fe^{2+} + 14H^+ \rightleftharpoons 2Cr^{3+} + 6Fe^{3+} + 7H_2O$$

$$Cr_2O_7^{2-} \longrightarrow 6Fe^{2+}$$

$$T(K_2Cr_2O_7 \mid Fe) = 6 \cdot c(Cr_2O_7^{2-}) \cdot V(Cr_2O_7^{2-}) \cdot M(Fe)$$

$$= 6 \times 0.01726 \times 1.00 \times 10^{-3} \times 55.85$$

$$= 0.005784 \text{ g} \cdot \text{mL}^{-1}$$

$$Cr_2O_7^{2-} \longrightarrow 6Fe^{2+} \longrightarrow 3Fe_2O_3$$

$$T(K_2Cr_2O_7 \mid Fe_2O_3) = 3 \cdot c(Cr_2O_7^{2-}) \cdot V(Cr_2O_7^{2-}) \cdot M(Fe_2O_3)$$
$$= 3 \times 0.017\ 26 \times 1.00 \times 10^{-3} \times 159.7$$
$$= 0.008\ 269\ g \cdot mL^{-1}$$

所以,试样中 Fe 和 $Fe_2O_3$ 的质量分数分别为

$$w(Fe) = \frac{T(K_2Cr_2O_7 \mid Fe) \cdot V(Cr_2O_7^{2-})}{m(试样)} \times 100\%$$

$$= \frac{0.005\ 784 \times 22.32}{0.215\ 0} \times 100\% = 60.05\%$$

$$w(Fe_2O_3) = \frac{T(K_2Cr_2O_7 \mid Fe_2O_3) \cdot V(Cr_2O_7^{2-})}{m(试样)} \times 100\%$$

$$= \frac{0.008\ 269 \times 22.32}{0.215\ 0} \times 100\%$$

$$= 85.84\%$$

● 习题选解 ●

**6-1** 求下列物质中元素的氧化数:

(1) $CrO_4^{2-}$ 中的 Cr;    (2) $MnO_4^{2-}$ 中的 Mn;
(3) $Na_2O_2$ 中的 O;    (4) $H_2C_2O_4 \cdot H_2O$ 中的 C。

**解** (1) +6; (2) +6; (3) -1; (4) +3

**6-2** 用离子-电子法配平下列反应式:

(1) $H_2O_2 + Cr_2(SO_4)_3 + KOH \longrightarrow K_2CrO_4 + K_2SO_4 + H_2O$
(2) $KMnO_4 + KNO_2 + KOH \longrightarrow K_2MnO_4 + KNO_3 + H_2O$
(3) $PbO_2 + HCl \longrightarrow PbCl_2 + Cl_2 + H_2O$
(4) $Na_2S_2O_3 + I_2 \longrightarrow NaI + Na_2S_4O_6$
(5) $CrO_2^- + Cl_2 + OH^- \longrightarrow CrO_4^{2-} + Cl^- + H_2O$
(6) $KMnO_4 + KOH + K_2SO_3 \longrightarrow K_2MnO_4 + K_2SO_4 + H_2O$

**解** (1) $H_2O_2 + Cr_2(SO_4)_3 + KOH \longrightarrow K_2CrO_4 + K_2SO_4 + H_2O$

氧化反应: $Cr^{3+} + 8OH^- - 3e^- \Longrightarrow CrO_4^{2-} + 4H_2O$

还原反应: $H_2O_2 + 2e^- \Longrightarrow 2OH^-$

$$2Cr^{3+} + 10OH^- + 3H_2O_2 \Longrightarrow 2CrO_4^{2-} + 8H_2O$$

$$3H_2O_2 + Cr_2(SO_4)_3 + 10KOH = 2K_2CrO_4 + 3K_2SO_4 + 8H_2O$$

(2) $KMnO_4 + KNO_2 + KOH \longrightarrow K_2MnO_4 + KNO_3 + H_2O$

氧化反应： $NO_2^- + 2OH^- - 2e^- = NO_3^- + H_2O$

还原反应： $MnO_4^- + e^- = MnO_4^{2-}$

$$NO_2^- + 2OH^- + 2MnO_4^- = NO_3^- + H_2O + 2MnO_4^{2-}$$

$$2KMnO_4 + KNO_2 + 2KOH = 2K_2MnO_4 + KNO_3 + H_2O$$

(3) $PbO_2 + HCl \longrightarrow PbCl_2 + Cl_2 + H_2O$

氧化反应： $2Cl^- - 2e^- = Cl_2$

还原反应： $PbO_2 + 4H^+ + 2e^- = Pb^{2+} + 2H_2O$

$$2Cl^- + PbO_2 + 4H^+ = Cl_2 + Pb^{2+} + 2H_2O$$

$$PbO_2 + 4HCl = PbCl_2 + Cl_2 + 2H_2O$$

(4) $Na_2S_2O_3 + I_2 \longrightarrow NaI + Na_2S_4O_6$

氧化反应： $2S_2O_3^{2-} - 2e^- = S_4O_6^{2-}$

还原反应： $I_2 + 2e^- = 2I^-$

$$2S_2O_3^{2-} + I_2 = S_4O_6^{2-} + 2I^-$$

$$2Na_2S_2O_3 + I_2 = 2NaI + Na_2S_4O_6$$

(5) $CrO_2^- + Cl_2 + OH^- \longrightarrow CrO_4^{2-} + Cl^- + H_2O$

氧化反应： $CrO_2^- + 4OH^- - 3e^- = CrO_4^{2-} + 2H_2O$

还原反应： $Cl_2 + 2e^- = 2Cl^-$

$$2CrO_2^- + 3Cl_2 + 8OH^- = 2CrO_4^{2-} + 6Cl^- + 4H_2O$$

(6) $KMnO_4 + KOH + K_2SO_3 \longrightarrow K_2MnO_4 + K_2SO_4 + H_2O$

氧化反应： $SO_3^{2-} + 2OH^- - 2e^- = SO_4^{2-} + H_2O$

还原反应： $MnO_4^- + e^- = MnO_4^{2-}$

$$SO_3^{2-} + 2OH^- + 2MnO_4^- = SO_4^{2-} + H_2O + 2MnO_4^{2-}$$

$$2KMnO_4 + 2KOH + K_2SO_3 = 2K_2MnO_4 + K_2SO_4 + H_2O$$

**6-3** 在含有 $Cl^-$、$Br^-$、$I^-$ 的溶液中，欲使 $I^-$ 氧化为 $I_2$，而不使 $Br^-$ 和 $Cl^-$ 被氧化，问选用 $KMnO_4$ 与 $Fe_2(SO_4)_3$ 哪个更适宜？

**解** 查得：

$$Cl_2 + 2e^- \rightleftharpoons 2Cl^- \qquad \varphi^\ominus = +1.358 \text{ V}$$

$$Br_2 + 2e^- \rightleftharpoons 2Br^- \qquad \varphi^\ominus = +1.065 \text{ V}$$

$$I_2 + 2e^- \rightleftharpoons 2I^- \qquad \varphi^\ominus = +0.536 \text{ V}$$

$$MnO_4^- + 8H^+ + 5e^- \rightleftharpoons Mn^{2+} + 4H_2O \qquad \varphi^\ominus = +1.491 \text{ V}$$

$$Fe^{3+} + e^- \rightleftharpoons Fe^{2+} \qquad \varphi^\ominus = +0.771 \text{ V}$$

由 $\varphi^\ominus$ 值可以看到,在酸性介质中,$MnO_4^-$ 能氧化 $Cl^-$、$Br^-$、$I^-$;只有 $\varphi^\ominus(Fe^{3+}|Fe^{2+})$ 介于 $\varphi^\ominus(I_2|I^-)$ 和 $\varphi^\ominus(Br_2|Br^-)$、$\varphi^\ominus(Cl_2|Cl^-)$ 之间,以 $Fe^{3+}$ 作氧化剂恰好能氧化 $I^-$ 而不氧化 $Br^-$ 和 $Cl^-$,$Fe_2(SO_4)_3$ 是合适的氧化剂。

**6-4** 下列物质:$KMnO_4$、$K_2Cr_2O_7$、$CuCl_2$、$FeCl_3$、$I_2$、$Br_2$、$Cl_2$、$F_2$,在一定条件下都能做氧化剂,试根据标准电极电势表,把它们按氧化能力的大小顺序排列,并写出它们在酸性介质中的还原产物。

**解** 查得:

$$MnO_4^- + 8H^+ + 5e^- \rightleftharpoons Mn^{2+} + 4H_2O \qquad \varphi^\ominus = +1.491 \text{ V}$$

$$Cr_2O_7^{2-} + 14H^+ + 6e^- \rightleftharpoons 2Cr^{3+} + 7H_2O \qquad \varphi^\ominus = +1.33 \text{ V}$$

$$Cu^{2+} + 2e^- \rightleftharpoons Cu \qquad \varphi^\ominus = +0.341\,9 \text{ V}$$

$$Fe^{3+} + e^- \rightleftharpoons Fe^{2+} \qquad \varphi^\ominus = +0.771 \text{ V}$$

$$I_2 + 2e^- \rightleftharpoons 2I^- \qquad \varphi^\ominus = +0.536 \text{ V}$$

$$Br_2 + 2e^- \rightleftharpoons 2Br^- \qquad \varphi^\ominus = +1.065 \text{ V}$$

$$Cl_2 + 2e^- \rightleftharpoons 2Cl^- \qquad \varphi^\ominus = +1.358 \text{ V}$$

$$F_2 + 2e^- \rightleftharpoons 2F^- \qquad \varphi^\ominus = +2.87 \text{ V}$$

若电极电势代数值越大,则该电极上越容易发生还原反应,该电极的氧化态物质越容易得到电子,是较强的氧化剂,可知各物质氧化能力由大到小的排列顺序为 $F_2 > MnO_4^- > Cl_2 > Cr_2O_7^{2-} > Br_2 > Fe^{3+} > I_2 > Cu^{2+}$,其在酸性介质中的还原产物分别为 $F^-$、$Mn^{2+}$、$Cl^-$、$Cr^{3+}$、$Br^-$、$Fe^{2+}$、$I^-$、$Cu$。

**6-5** 298 K 时,在 $Fe^{3+}$、$Fe^{2+}$ 的混合溶液中加入 NaOH 时,有 $Fe(OH)_3$ 和 $Fe(OH)_2$ 沉淀生成(假如没有其他反应发生)。当沉淀反应达到平衡时,保持 $c(OH^-) = 1.0 \text{ mol} \cdot L^{-1}$,计算 $\varphi(Fe^{3+}|Fe^{2+})$。

**解** 电极反应为 $Fe(OH)_3 + e^- \rightleftharpoons Fe(OH)_2 + OH^-$

$$\varphi(\text{Fe}^{3+}|\text{Fe}^{2+}) = \varphi^{\ominus}(\text{Fe}^{3+}|\text{Fe}^{2+}) + 0.059\ 2\ \lg \frac{c(\text{Fe}^{3+})}{c(\text{Fe}^{2+})}$$

$$= \varphi^{\ominus}(\text{Fe}^{3+}|\text{Fe}^{2+}) + 0.059\ 2\ \lg \frac{K_{sp}^{\ominus}(\text{Fe}(\text{OH})_3)/c^3(\text{OH}^-)}{K_{sp}^{\ominus}(\text{Fe}(\text{OH})_2)/c^2(\text{OH}^-)}$$

$$= \varphi^{\ominus}(\text{Fe}^{3+}|\text{Fe}^{2+}) + 0.059\ 2\ \lg \frac{K_{sp}^{\ominus}(\text{Fe}(\text{OH})_3)}{K_{sp}^{\ominus}(\text{Fe}(\text{OH})_2) \times c(\text{OH}^-)}$$

$$= +0.771 + 0.059\ 2\ \lg \frac{2.64 \times 10^{-39}}{4.87 \times 10^{-17} \times 1.0}$$

$$= -0.547\ \text{V}$$

**6-6** 下列反应在原电池中发生,试写出原电池符号和电极反应。

(1) $\text{Fe} + \text{Cu}^{2+} =\!=\!= \text{Fe}^{2+} + \text{Cu}$;   (2) $\text{Ni} + \text{Pb}^{2+} =\!=\!= \text{Ni}^{2+} + \text{Pb}$;

(3) $\text{Cu} + 2\text{Ag}^+ =\!=\!= \text{Cu}^{2+} + 2\text{Ag}$;   (4) $\text{Sn} + 2\text{H}^+ =\!=\!= \text{Sn}^{2+} + \text{H}_2 \uparrow$。

**解** (1) 负极(氧化)反应: $\text{Fe} - 2\text{e}^- =\!=\!= \text{Fe}^{2+}$

正极(还原)反应: $\text{Cu}^{2+} + 2\text{e}^- =\!=\!= \text{Cu}$

电池反应: $\text{Fe} + \text{Cu}^{2+} =\!=\!= \text{Fe}^{2+} + \text{Cu}$

原电池符号: $(-)\text{Fe}|\text{Fe}^{2+}\|\text{Cu}^{2+}|\text{Cu}(+)$

(2) 负极(氧化)反应: $\text{Ni} - 2\text{e}^- =\!=\!= \text{Ni}^{2+}$

正极(还原)反应: $\text{Pb}^{2+} + 2\text{e}^- =\!=\!= \text{Pb}$

电池反应: $\text{Ni} + \text{Pb}^{2+} =\!=\!= \text{Ni}^{2+} + \text{Pb}$

原电池符号: $(-)\text{Ni}|\text{Ni}^{2+}\|\text{Pb}^{2+}|\text{Pb}(+)$

(3) 负极(氧化)反应: $\text{Cu} - 2\text{e}^- =\!=\!= \text{Cu}^{2+}$

正极(还原)反应: $\text{Ag}^+ + \text{e}^- =\!=\!= \text{Ag}$

电池反应: $\text{Cu} + 2\text{Ag}^+ =\!=\!= \text{Cu}^{2+} + 2\text{Ag}$

原电池符号: $(-)\text{Cu}|\text{Cu}^{2+}\|\text{Ag}^+|\text{Ag}(+)$

(4) 负极(氧化)反应: $\text{Sn} - 2\text{e}^- =\!=\!= \text{Sn}^{2+}$

正极(还原)反应: $2\text{H}^+ + 2\text{e}^- =\!=\!= \text{H}_2$

电池反应: $\text{Sn} + 2\text{H}^+ =\!=\!= \text{Sn}^{2+} + \text{H}_2$

原电池符号: $(-)\text{Sn}|\text{Sn}^{2+}\|\text{H}^+|\text{H}_2|\text{Pt}(+)$

**6-7** 计算 298 K 时下列各电池的标准电动势,并写出每个电池的自发电池反应:

(1) $(-)Pt \mid I_2 \mid I^- \parallel Fe^{3+}, Fe^{2+} \mid Pt(+)$;

(2) $(-)Zn \mid Zn^{2+} \parallel Fe^{3+}, Fe^{2+} \mid Pt(+)$;

(3) $(-)Pt \mid HNO_2, NO_3^-, H^+ \parallel Fe^{3+}, Fe^{2+} \mid Pt(+)$;

(4) $(-)Pt \mid Fe^{3+}, Fe^{2+} \parallel MnO_4^-, Mn^{2+}, H^+ \mid Pt(+)$。

**解** (1) 依题设并查得：

$$\varphi_+^\ominus = \varphi^\ominus(Fe^{3+} \mid Fe^{2+}) = +0.771 \text{ V}$$

$$\varphi_-^\ominus = \varphi^\ominus(I_2 \mid I^-) = +0.536 \text{ V}$$

$$E^\ominus = \varphi_+^\ominus - \varphi_-^\ominus = +0.771 - (+0.536) = +0.235 \text{ V}$$

因为 $\varphi_+^\ominus > \varphi_-^\ominus$（或 $E^\ominus > 0$）

所以 负极（氧化）反应：$2I^- - 2e^- = I_2$

正极（还原）反应：$Fe^{3+} + e^- = Fe^{2+}$

电池反应：$2I^- + 2Fe^{3+} = I_2 + 2Fe^{2+}$

(2) 依题设并查得：

$$\varphi_+^\ominus = \varphi^\ominus(Fe^{3+} \mid Fe^{2+}) = +0.771 \text{ V}$$

$$\varphi_-^\ominus = \varphi^\ominus(Zn^{2+} \mid Zn) = -0.7618 \text{ V}$$

$$E^\ominus = \varphi_+^\ominus - \varphi_-^\ominus = +0.771 - (-0.7618) = +1.5328 \text{ V}$$

因为 $\varphi_+^\ominus > \varphi_-^\ominus$（或 $E^\ominus > 0$）

所以 负极（氧化）反应：$Zn - 2e^- = Zn^{2+}$

正极（还原）反应：$Fe^{3+} + e^- = Fe^{2+}$

电池反应：$Zn + 2Fe^{3+} = Zn^{2+} + 2Fe^{2+}$

(3) 依题设并查得：

$$\varphi_+^\ominus = \varphi^\ominus(Fe^{3+} \mid Fe^{2+}) = +0.771 \text{ V}$$

$$\varphi_-^\ominus = \varphi^\ominus(NO_3^- \mid HNO_2) = +0.94 \text{ V}$$

$$E^\ominus = \varphi_+^\ominus - \varphi_-^\ominus = +0.771 - (+0.94) = -0.169 \text{ V}$$

因为 $\varphi_+^\ominus < \varphi_-^\ominus$（或 $E^\ominus < 0$）

所以 负极（氧化）反应：$Fe^{2+} - e^- = Fe^{3+}$

正极（还原）反应：$NO_3^- + 3H^+ + 2e^- = HNO_2 + H_2O$

电池反应:$NO_3^- + 2Fe^{2+} + 3H^+ \rightleftharpoons HNO_2 + 2Fe^{3+} + H_2O$

(4) 依题设并查得:

$$\varphi_+^{\ominus} = \varphi^{\ominus}(MnO_4^- | Mn^{2+}) = +1.491 \text{ V}$$

$$\varphi_-^{\ominus} = \varphi^{\ominus}(Fe^{3+} | Fe^{2+}) = +0.771 \text{ V}$$

$$E^{\ominus} = \varphi_+^{\ominus} - \varphi_-^{\ominus} = +1.491 - (+0.771) = +0.72 \text{ V}$$

因为 $\varphi_+^{\ominus} > \varphi_-^{\ominus}$ (或 $E^{\ominus} > 0$)

所以 负极(氧化)反应:$Fe^{2+} - e^- \rightleftharpoons Fe^{3+}$

正极(还原)反应:$MnO_4^- + 8H^+ + 5e^- \rightleftharpoons Mn^{2+} + 4H_2O$

电池反应:$MnO_4^- + 5Fe^{2+} + 8H^+ \rightleftharpoons Mn^{2+} + 5Fe^{3+} + 4H_2O$

**6-8** 计算 298 K 时下列各电对的电极电势:

(1) $Fe^{3+} | Fe^{2+}$, $c(Fe^{3+}) = 0.1 \text{ mol} \cdot L^{-1}$, $c(Fe^{2+}) = 0.5 \text{ mol} \cdot L^{-1}$;

(2) $Sn^{4+} | Sn^{2+}$, $c(Sn^{4+}) = 1 \text{ mol} \cdot L^{-1}$, $c(Sn^{2+}) = 0.2 \text{ mol} \cdot L^{-1}$;

(3) $Cr_2O_7^{2-} | Cr^{3+}$, $c(Cr_2O_7^{2-}) = 0.1 \text{ mol} \cdot L^{-1}$, $c(Cr^{3+}) = 0.2 \text{ mol} \cdot L^{-1}$, $c(H^+) = 2 \text{ mol} \cdot L^{-1}$;

(4) $Cl_2 | Cl^-$, $c(Cl^-) = 0.1 \text{ mol} \cdot L^{-1}$, $p(Cl_2) = 2 \times 10^5 \text{ Pa}$。

**解** (1) 电极反应为 $Fe^{3+} + e^- \rightleftharpoons Fe^{2+}$

根据 Nernst 方程,得

$$\varphi(Fe^{3+} | Fe^{2+}) = \varphi^{\ominus}(Fe^{3+} | Fe^{2+}) + 0.0592 \lg \frac{c(Fe^{3+})}{c(Fe^{2+})}$$

$$= +0.771 + 0.0592 \lg \frac{0.1}{0.5} = +0.730 \text{ V}$$

(2) 电极反应为 $Sn^{4+} + 2e^- \rightleftharpoons Sn^{2+}$

根据 Nernst 方程,得

$$\varphi(Sn^{4+} | Sn^{2+}) = \varphi^{\ominus}(Sn^{4+} | Sn^{2+}) + \frac{0.0592}{2} \lg \frac{c(Sn^{4+})}{c(Sn^{2+})}$$

$$= +0.15 + \frac{0.0592}{2} \lg \frac{1}{0.2} = +0.171 \text{ V}$$

(3) 电极反应为 $Cr_2O_7^{2-} + 14H^+ + 6e^- \rightleftharpoons 2Cr^{3+} + 7H_2O$

根据 Nernst 方程,得

$$\varphi(Cr_2O_7^{2-}\mid Cr^{3+}) = \varphi^{\ominus}(Cr_2O_7^{2-}\mid Cr^{3+}) + \frac{0.0592}{6}\lg\frac{c(Cr_2O_7^{2-})c^{14}(H^+)}{c^2(Cr^{3+})}$$

$$= 1.33 + \frac{0.0592}{6}\lg\frac{0.1\times 2^{14}}{0.2^2} = 1.38\text{ V}$$

(4) 电极反应为  $Cl_2 + 2e^- \rightleftharpoons 2Cl^-$

根据能斯特方程,得

$$\varphi(Cl_2\mid Cl^-) = \varphi^{\ominus}(Cl_2\mid Cl^-) + \frac{0.0592}{2}\lg\frac{p(Cl_2)/p^{\ominus}}{c^2(Cl^-)}$$

$$= 1.358 + \frac{0.0592}{2}\lg\frac{\frac{2\times 10^5}{10^5}}{0.1^2} = 1.426\text{ V}$$

**6-9** 计算 298 K、$10^5$ Pa 时 $H_2$ 分别与 0.1 mol·L$^{-1}$ HAc 溶液和 1 mol·L$^{-1}$ NaOH 溶液所组成的电极的电极电势。

**解** (1) 电极反应为  $2HAc + 2e^- \rightleftharpoons 2Ac^- + H_2$

$$\varphi(HAc\mid H_2) = \varphi(H^+\mid H_2) = \varphi^{\ominus}(H^+\mid H_2) + \frac{0.0592}{2}\lg\frac{c^2(H^+)}{p(H_2)/p^{\ominus}}$$

$$= 0.0592\lg c(H^+)$$

因为  $c/K_a^{\ominus} = 0.1/(1.76\times 10^{-5}) = 5.68\times 10^3 > 500$

所以  $c(H^+) = \sqrt{K_a^{\ominus}\cdot c} = \sqrt{1.76\times 10^{-5}\times 0.1}$

$$= 1.33\times 10^{-3}\text{ mol·L}^{-1}$$

$$\varphi(HAc\mid H_2) = 0.0592\lg c(H^+) = -0.170\text{ V}$$

(2) 解法 1

电极反应为  $2H_2O + 2e^- \rightleftharpoons H_2 + 2OH^-$

$$\varphi(H_2O\mid H_2) = \varphi^{\ominus}(H_2O\mid H_2) + \frac{0.0592}{2}\lg\frac{1}{p(H_2)/p^{\ominus}\times c^2(OH^-)}$$

$$= -0.8277 + \frac{0.0592}{2}\lg\frac{1}{(10^5/10^5)\times 1^2} = -0.8277\text{ V}$$

解法 2

$$\varphi(H_2O\mid H_2) = \varphi(H^+\mid H_2) = \varphi^{\ominus}(H^+\mid H_2) + \frac{0.0592}{2}\lg\frac{c^2(H^+)}{p(H_2)/p^{\ominus}}$$

## 第6章 氧化还原平衡与氧化还原滴定

$$= 0.059\ 2\ \lg c(\text{H}^+) = 0.059\ 2\ \lg \frac{K_w^{\ominus}}{c(\text{OH}^-)}$$

$$= 0.059\ 2\ \lg \frac{1.0 \times 10^{-14}}{1}$$

$$= 0.059\ 2\ \lg 10^{-14} = -0.828\ 8\ \text{V}$$

**6-10** 分别计算298 K时,下列各组电对的标准电极电势。
(1) AgBr | Ag;(2) $\text{Ag}_2\text{CrO}_4$ | Ag;(3) $\text{Fe(OH)}_3$ | $\text{Fe(OH)}_2$。

**解** (1) 电极反应:$\text{AgBr} + \text{e}^- \rightleftharpoons \text{Ag} + \text{Br}^-$

$\varphi^{\ominus}(\text{AgBr} | \text{Ag}) = \varphi(\text{Ag}^+ | \text{Ag}) = \varphi^{\ominus}(\text{Ag}^+ | \text{Ag}) + 0.059\ 2\ \lg c(\text{Ag}^+)$

$$= \varphi^{\ominus}(\text{Ag}^+ | \text{Ag}) + 0.059\ 2\ \lg \frac{K_{sp}^{\ominus}(\text{AgBr})}{c(\text{Br}^-)}$$

$$= \varphi^{\ominus}(\text{Ag}^+ | \text{Ag}) + 0.059\ 2\ \lg K_{sp}^{\ominus}(\text{AgBr})$$

$$= 0.800 + 0.059\ 2\ \lg(4.1 \times 10^{-13}) = 0.066\ 7\ \text{V}$$

(2) 电极反应:$\text{Ag}_2\text{CrO}_4 + 2\text{e}^- \rightleftharpoons 2\text{Ag} + \text{CrO}_4^{2-}$

$\varphi^{\ominus}(\text{Ag}_2\text{CrO}_4 | \text{Ag}) = \varphi(\text{Ag}^+ | \text{Ag})$

$$= \varphi^{\ominus}(\text{Ag}^+ | \text{Ag}) + 0.059\ 2\ \lg c(\text{Ag}^+)$$

$$= \varphi^{\ominus}(\text{Ag}^+ | \text{Ag}) + 0.059\ 2\ \lg \sqrt{\frac{K_{sp}^{\ominus}(\text{Ag}_2\text{CrO}_4)}{c(\text{CrO}_4^{2-})}}$$

$$= \varphi^{\ominus}(\text{Ag}^+ | \text{Ag}) + 0.059\ 2\ \lg \sqrt{K_{sp}^{\ominus}(\text{Ag}_2\text{CrO}_4)}$$

$$= 0.800 + 0.059\ 2\ \lg \sqrt{1.1 \times 10^{-12}} = 0.446\ \text{V}$$

(3) 电极反应:$\text{Fe(OH)}_3 + \text{e}^- \rightleftharpoons \text{Fe(OH)}_2 + \text{OH}^-$

$\varphi^{\ominus}(\text{Fe(OH)}_3 | \text{Fe(OH)}_2)$

$= \varphi(\text{Fe}^{3+} | \text{Fe}^{2+})$

$= \varphi^{\ominus}(\text{Fe}^{3+} | \text{Fe}^{2+}) + 0.059\ 2\ \lg \dfrac{c(\text{Fe}^{3+})}{c(\text{Fe}^{2+})}$

$= \varphi^{\ominus}(\text{Fe}^{3+} | \text{Fe}^{2+}) + 0.059\ 2\ \lg \dfrac{K_{sp}^{\ominus}(\text{Fe(OH)}_3)/c^3(\text{OH}^-)}{K_{sp}^{\ominus}(\text{Fe(OH)}_2)/c^2(\text{OH}^-)}$

$= \varphi^{\ominus}(\text{Fe}^{3+} | \text{Fe}^{2+}) + 0.059\ 2\ \lg \dfrac{K_{sp}^{\ominus}(\text{Fe(OH)}_3)}{K_{sp}^{\ominus}(\text{Fe(OH)}_2) \times c(\text{OH}^-)}$

$$= +0.771 + 0.0592 \lg \frac{2.64 \times 10^{-39}}{1.0 \times 10^{-15} \times 1.0} = -0.625 \text{ V}$$

**6-11** 由下列已知电对的标准电极电势，计算未知电对的标准电极电势：

(1) 已知 $\varphi^{\ominus}(\text{Fe}^{2+}|\text{Fe}) = -0.441 \text{ V}, \varphi^{\ominus}(\text{Fe}^{3+}|\text{Fe}^{2+}) = 0.771 \text{ V}$，求 $\varphi^{\ominus}(\text{Fe}^{3+}|\text{Fe})$。

(2) 已知 $\varphi^{\ominus}(\text{MnO}_4^-|\text{Mn}^{2+}) = 1.491 \text{ V}, \varphi^{\ominus}(\text{MnO}_2|\text{Mn}^{2+}) = 1.23 \text{ V}$，求 $\varphi^{\ominus}(\text{MnO}_4^-|\text{MnO}_2)$。

(3) 已知 $\varphi^{\ominus}(\text{Co}^{3+}|\text{Co}^{2+}) = 1.842 \text{ V}, \varphi^{\ominus}(\text{Co}^{2+}|\text{Co}) = -0.277 \text{ V}$，求 $\varphi^{\ominus}(\text{Co}^{3+}|\text{Co})$。

**解** (1) 依元素电势图的应用，可得

$$\varphi^{\ominus}(\text{Fe}^{3+}|\text{Fe}) = \frac{n_1 \times \varphi^{\ominus}(\text{Fe}^{3+}|\text{Fe}^{2+}) + n_2 \times \varphi^{\ominus}(\text{Fe}^{2+}|\text{Fe})}{n_3}$$

$$= \frac{1 \times 0.771 + 2 \times (-0.441)}{3} = -0.0370 \text{ V}$$

(2) 依元素电势图的应用，可得

$$\varphi^{\ominus}(\text{MnO}_4^-|\text{Mn}^{2+}) = \frac{n_1 \times \varphi^{\ominus}(\text{MnO}_4^-|\text{MnO}_2) + n_2 \times \varphi^{\ominus}(\text{MnO}_2|\text{Mn}^{2+})}{n_3}$$

所以 $\varphi^{\ominus}(\text{MnO}_4^-|\text{MnO}_2)$

$$= \frac{n_3 \times \varphi^{\ominus}(\text{MnO}_4^-|\text{Mn}^{2+}) - n_2 \times \varphi^{\ominus}(\text{MnO}_2|\text{Mn}^{2+})}{n_1}$$

$$= \frac{5 \times 1.491 - 2 \times 1.23}{3} = 1.665 \text{ V}$$

(3) 依元素电势图的应用，可得

$$\varphi^{\ominus}(\text{Co}^{3+}|\text{Co}) = \frac{n_1 \times \varphi^{\ominus}(\text{Co}^{3+}|\text{Co}^{2+}) + n_2 \times \varphi^{\ominus}(\text{Co}^{2+}|\text{Co})}{n_3}$$

$$= \frac{1 \times 1.842 + 2 \times (-0.277)}{3} = +0.429 \text{ V}$$

**6-12** Ag 能否和 $1.0 \text{ mol} \cdot \text{L}^{-1}$ HCl 反应放出 $H_2$，如果将 Ag 和 $1.0 \text{ mol} \cdot \text{L}^{-1}$ HI 反应，能否放出 $H_2$？$(p(H_2) = 100 \text{ kPa})$

**解** (1) 假设 Ag 能和 $1.0 \text{ mol} \cdot \text{L}^{-1}$ HCl 反应放出 $H_2$，则

正极(还原)反应为:$2H^+ + 2e^- \rightleftharpoons H_2$

负极(氧化)反应为:$Ag + Cl^- - e^- \rightleftharpoons AgCl$

电池反应为:$2Ag + 2H^+ + 2Cl^- \rightleftharpoons 2AgCl + H_2$

$\varphi_+^\ominus = \varphi^\ominus(H^+ \mid H_2) = 0.00\ V$

$\varphi_-^\ominus = \varphi^\ominus(AgCl \mid Ag) = \varphi(Ag^+ \mid Ag)$

$\quad = \varphi^\ominus(Ag^+ \mid Ag) + 0.059\ 2\ \lg Ag^+$

$\quad = \varphi^\ominus(Ag^+ \mid Ag) + 0.059\ 2\ \lg \dfrac{K_{sp,AgCl}^\ominus}{c(Cl^-)}$

$\quad = \varphi^\ominus(Ag^+ \mid Ag) + 0.059\ 2\ \lg K_{sp,AgCl}^\ominus$

$\quad = 0.800 + 0.059\ 2\ \lg(1.8 \times 10^{-10}) = 0.223\ V$

因为 $E^\ominus = \varphi_+^\ominus - \varphi_-^\ominus = -0.223\ V < 0$

所以 Ag 不能和 $1.0\ mol \cdot L^{-1}$ HCl 反应放出 $H_2$。

(2) 假设 Ag 能和 $1.0\ mol \cdot L^{-1}$ HI 反应放出 $H_2$,则

正极(还原)反应:$2H^+ + 2e^- \rightleftharpoons H_2$

负极(氧化)反应:$Ag + I^- - e^- \rightleftharpoons AgI$

电池反应:$2Ag + 2H^+ + 2I^- \rightleftharpoons 2AgI + H_2$

$\varphi_+^\ominus = \varphi^\ominus(H^+ \mid H_2) = 0.00\ V$

$\varphi_-^\ominus = \varphi^\ominus(AgI \mid Ag) = \varphi(Ag^+ \mid Ag)$

$\quad = \varphi^\ominus(Ag^+ \mid Ag) + 0.059\ 2\ \lg c(Ag^+)$

$\quad = \varphi^\ominus(Ag^+ \mid Ag) + 0.059\ 2\ \lg \dfrac{K_{sp}^\ominus(AgI)}{c(I^-)}$

$\quad = \varphi^\ominus(Ag^+ \mid Ag) + 0.059\ 2\ \lg K_{sp}^\ominus(AgI)$

$\quad = 0.800 + 0.059\ 2\ \lg(8.3 \times 10^{-17}) = -0.152\ V$

因为 $E^\ominus = \varphi_+^\ominus - \varphi_-^\ominus = +0.152\ V > 0$

所以 Ag 能和 $1.0\ mol \cdot L^{-1}$ HI 反应放出 $H_2$。

**6-13** 已知:$K_{sp}^\ominus(CuCl(s)) = 1.72 \times 10^{-7}$,$\varphi^\ominus(Cu^{2+} \mid Cu) = 0.341\ 9\ V$,$\varphi^\ominus(Cu^{2+} \mid Cu^+) = 0.153\ V$。

计算:$Cu + Cu^{2+} = 2Cu^+$ 和 $Cu + Cu^{2+} + 2Cl^- = 2CuCl$ 这两个反应的标准

平衡常数。

**解** (1) 依题设,知

电池反应:$Cu + Cu^{2+} \rightleftharpoons 2Cu^+$

所以 正极(还原)反应:$Cu^{2+} + e^- \rightleftharpoons Cu^+$

负极(氧化)反应:$Cu - e^- \rightleftharpoons Cu^+$

$$\varphi_+^\ominus = \varphi^\ominus(Cu^{2+}|Cu^+) = 0.153 \text{ V}$$

$$\varphi_-^\ominus = \varphi^\ominus(Cu^+|Cu)$$

所以 $E^\ominus = \varphi_+^\ominus - \varphi_-^\ominus = \varphi^\ominus(Cu^{2+}|Cu^+) - \varphi^\ominus(Cu^+|Cu)$

$$= 0.153 - \varphi^\ominus(Cu^+|Cu)$$

又依元素电势图的应用,可得

$$\varphi^\ominus(Cu^{2+}|Cu) = \frac{n_1 \times \varphi^\ominus(Cu^{2+}|Cu^+) + n_2 \times \varphi^\ominus(Cu^+|Cu)}{n_3}$$

所以 $\varphi^\ominus(Cu^+|Cu) = \dfrac{n_3 \times \varphi^\ominus(Cu^{2+}|Cu) - n_1 \times \varphi^\ominus(Cu^{2+}|Cu^+)}{n_2}$

$$= \frac{2 \times 0.341\,9 - 1 \times 0.153}{1} = 0.530\,8 \text{ V}$$

$$E^\ominus = 0.153 - 0.530\,8 = -0.377\,8 \text{ V}$$

依 $\lg K^\ominus = \dfrac{nE^\ominus}{0.059\,2}$,得

$$\lg K^\ominus = \frac{1 \times (-0.377\,8)}{0.059\,2} = -6.382$$

$$K^\ominus = 4.15 \times 10^{-7}$$

(2) 依题设知:

电池反应:$Cu + Cu^{2+} + 2Cl^- \rightleftharpoons 2CuCl$

所以 正极(还原)反应:$Cu^{2+} + Cl^- + e^- \rightleftharpoons CuCl$

负极(氧化)反应:$Cu + Cl^- - e^- \rightleftharpoons CuCl$

$$\varphi_+^\ominus = \varphi^\ominus(Cu^{2+}|CuCl) = \varphi(Cu^{2+}|Cu^+)$$

$$= \varphi^\ominus(Cu^{2+}|Cu^+) + 0.059\,2 \lg \frac{c(Cu^{2+})}{c(Cu^+)}$$

$$= \varphi^{\ominus}(\text{Cu}^{2+}|\text{Cu}^+) + 0.0592 \lg \frac{c(\text{Cu}^{2+})}{K_{\text{sp}}^{\ominus}(\text{CuCl})/c(\text{Cl}^-)}$$

$$= 0.153 + 0.0592 \lg \frac{1}{(1.72\times 10^{-7})/1} = 0.553 \text{ V}$$

$$\varphi_-^{\ominus} = \varphi^{\ominus}(\text{CuCl}|\text{Cu}) = \varphi(\text{Cu}^+|\text{Cu})$$

$$= \varphi^{\ominus}(\text{Cu}^+|\text{Cu}) + 0.0592 \lg c(\text{Cu}^+)$$

$$= \varphi^{\ominus}(\text{Cu}^+|\text{Cu}) + 0.0592 \lg \frac{K_{\text{sp}}^{\ominus}(\text{CuCl})}{c(\text{Cl}^-)}$$

$$= 0.5308 + 0.0592 \lg \frac{1.72\times 10^{-7}}{1} = 0.130 \text{ V}$$

所以 $E^{\ominus} = 0.553 - 0.130 = +0.423 \text{ V}$

依 $\lg K^{\ominus} = \dfrac{nE^{\ominus}}{0.0592}$，得

$$\lg K^{\ominus} = \frac{1\times(+0.423)}{0.0592} = 7.145$$

$$K^{\ominus} = 1.40\times 10^7$$

**6-14** 已知：$\varphi^{\ominus}(\text{Co}^{3+}|\text{Co}^{2+}) = 1.842 \text{ V}$，$\varphi^{\ominus}(\text{Br}_2|\text{Br}^-) = 1.065 \text{ V}$；$K_{\text{sp}}^{\ominus}(\text{Co(OH)}_3) = 1.6\times 10^{-44}$，$K_{\text{sp}}^{\ominus}(\text{Co(OH)}_2) = 1.6\times 10^{-15}$。

(1) 判断反应：$\text{Br}_2 + 2\text{Co}^{2+} \rightleftharpoons 2\text{Br}^- + 2\text{Co}^{3+}$ 在酸性条件下能否自发进行？

(2) 判断反应：$2\text{Co(OH)}_2 + \text{Br}_2 + 2\text{OH}^- \rightleftharpoons 2\text{Co(OH)}_3 + 2\text{Br}^-$ 在碱性条件下能否进行？若能进行，计算反应的标准平衡常数。

(3) 判断反应：$2\text{Co(OH)}_3 + 2\text{Br}^- + 6\text{H}^+ \rightleftharpoons 2\text{Co}^{2+} + \text{Br}_2 + 6\text{H}_2\text{O}$ 在酸性条件下能否进行？若能进行，计算反应的标准平衡常数。

**解** (1) 假如在酸性溶液中 $\text{Co}^{2+}$ 能与溴水反应，则

电池反应：$\text{Br}_2 + 2\text{Co}^{2+} \rightleftharpoons 2\text{Br}^- + 2\text{Co}^{3+}$

所以　正极(还原)反应：$\text{Br}_2 + 2\text{e}^- \rightleftharpoons 2\text{Br}^-$

　　　负极(氧化)反应：$\text{Co}^{2+} - \text{e}^- \rightleftharpoons \text{Co}^{3+}$

$$\varphi_+^{\ominus} = \varphi^{\ominus}(\text{Br}_2|\text{Br}^-) = 1.065 \text{ V}$$

$$\varphi_-^{\ominus} = \varphi^{\ominus}(\text{Co}^{3+}|\text{Co}^{2+}) = 1.842 \text{ V}$$

因为 $\varphi_+^{\ominus} < \varphi_-^{\ominus}$ (或 $E^{\ominus} = \varphi_+^{\ominus} - \varphi_-^{\ominus} = 1.065 - 1.842 = -0.777 \text{ V} < 0$)

所以在酸性溶液中 $Co^{2+}$ 不能与溴水反应。

(2) 假如在碱性溶液中 $Co(OH)_2$ 能与溴水反应,则电池反应为
$$2Co(OH)_2 + Br_2 \Longrightarrow 2Br^- + 2Co(OH)_3$$
所以　　正极(还原)反应:$Br_2 + 2e^- \Longrightarrow 2Br^-$

负极(氧化)反应:$Co(OH)_2 + OH^- - e^- \Longrightarrow Co(OH)_3$

$\varphi_+^{\ominus} = \varphi^{\ominus}(Br_2 \mid Br^-) = 1.065 \text{ V}$

$\varphi_-^{\ominus} = \varphi^{\ominus}(Co(OH)_3 \mid Co(OH)_2)$

$= \varphi^{\ominus}(Co^{3+} \mid Co^{2+}) + 0.059\,2 \lg \dfrac{K_{sp}^{\ominus}(Co(OH)_3)}{K_{sp}^{\ominus}(Co(OH)_2)}$

$= 1.842 + 0.059\,2 \lg \dfrac{1.6 \times 10^{-44}}{1.6 \times 10^{-15}} = 0.125\,2 \text{ V}$

因为 $\varphi_+^{\ominus} > \varphi_-^{\ominus}$ (或 $E^{\ominus} = \varphi_+^{\ominus} - \varphi_-^{\ominus} = 1.065 - 0.125\,2 = 0.939\,8 \text{ V} > 0$)

所以在碱性溶液中 $Co(OH)_2$ 能与溴水反应。

$\lg K^{\ominus} = \dfrac{n \cdot E^{\ominus}}{0.059\,2} = \dfrac{2 \times (1.065 - 0.125\,2)}{0.059\,2} = 31.75 \quad K^{\ominus} = 5.62 \times 10^{31}$

(3) 在酸性条件下电池反应为
$$2Co(OH)_3 + 2Br^- + 6H^+ \Longrightarrow 2Co^{2+} + Br_2 + 6H_2O$$
所以　　正极(还原)反应:$Co(OH)_3 + 3H^+ + e^- \Longrightarrow Co^{2+} + 3H_2O$

负极(氧化)反应:$2Br^- - 2e^- \Longrightarrow Br_2$

$\varphi_-^{\ominus} = \varphi^{\ominus}(Br_2 \mid Br^-) = 1.065 \text{ V}$

$\varphi_+^{\ominus} = \varphi^{\ominus}(Co(OH)_3 \mid Co^{2+}) = \varphi^{\ominus}(Co^{3+} \mid Co^{2+}) + 0.059\,2 \lg \dfrac{[Co^{3+}]}{[Co^{2+}]}$

式中　$[Co^{2+}] = 1 \text{ mol/L}$

$[Co^{3+}] = \dfrac{K_{sp}^{\ominus}(Co(OH)_3)}{[OH^-]^3} = \dfrac{K_{sp}^{\ominus}(Co(OH)_3)}{(K_w^{\ominus}/[H^+])^3} = \dfrac{K_{sp}^{\ominus}(Co(OH)_3)}{(K_w^{\ominus})^3}$

$\varphi_+^{\ominus} = 1.842 + 0.059\,2 \lg \dfrac{1.6 \times 10^{-44}}{(1.0 \times 10^{-14})^3} = 1.736 \text{ V}$

因为 $\varphi_+^{\ominus} > \varphi_-^{\ominus}$ (或 $E^{\ominus} = \varphi_+^{\ominus} - \varphi_-^{\ominus} = 1.736 - 1.065 = 0.671 \text{ V} > 0$),所以在酸性条件下,$Co(OH)_3$ 能与 $Br^-$ 反应。

$\lg K^{\ominus} = \dfrac{n \cdot E^{\ominus}}{0.059\,2} = \dfrac{2 \times (1.736 - 1.065)}{0.059\,2} = 22.669 \quad K^{\ominus} = 4.67 \times 10^{22}$

第 6 章　氧化还原平衡与氧化还原滴定

**6-15** 已知：$\varphi^{\ominus}(I_2/I^-) = 0.536$ V, $\varphi^{\ominus}(H_3AsO_4/HAsO_2) = 0.56$ V；试计算下列反应在 25℃ 时的标准平衡常数：$I_2 + HAsO_2 + 2H_2O \rightleftharpoons H_3AsO_4 + 2H^+ + 2I^-$。若要使反应正向进行，应怎样控制溶液的酸度？（假定除 $H^+$ 浓度外，其他各物质都处于标准状态）

**解** （1）正极反应：$I_2 + 2e^- \rightleftharpoons 2I^-$

负极反应：$HAsO_2 + 2H_2O - 2e^- \rightleftharpoons H_3AsO_4 + 2H^+$

$$\lg K^{\ominus} = \frac{n \cdot E^{\ominus}}{0.059\,2} = \frac{2 \times (0.536 - 0.56)}{0.059\,2} = -0.811$$

$$K^{\ominus} = 0.155$$

（2）要使反应正向进行：

**解法 1**　必须满足 $Q < K^{\ominus}$

$$Q = \frac{c_{H_3AsO_4} \cdot (c_{H^+})^2 \cdot (c_{I^-})^2}{c_{HAsO_2}} = (c_{H^+})^2$$

$$Q < K^{\ominus} \Rightarrow (c_{H^+})^2 < 0.155$$

$$c_{H^+} < 0.394 \text{ (mol} \cdot \text{L}^{-1})$$

**解法 2**　必须满足 $\varphi_+ > \varphi_-$。

$$\varphi_+ = \varphi_{I_2/I^-} = \varphi^{\ominus}_{I_2/I^-} + 0.059\,2 \lg \frac{1}{(c_{I^-})^2} = 0.536 \text{ (V)}$$

$$\varphi_- = \varphi_{H_3AsO_4/HAsO_2} = \varphi^{\ominus}_{H_3AsO_4/HAsO_2} + \frac{0.059\,2}{2} \lg \frac{c_{H_3AsO_4} \cdot (c_{H^+})^2}{c_{HAsO_2}}$$

$$= 0.56 + 0.059\,2 \lg c_{H^+}$$

$$0.536 > 0.56 + 0.059\,2 \lg c_{H^+}$$

$$\lg c_{H^+} < \frac{0.536 - 0.56}{0.059\,2}$$

$$c_{H^+} < 0.393 \text{ (mol} \cdot \text{L}^{-1})$$

**6-16** 一定质量的 $H_2C_2O_4$ 需用 21.26 mL 0.238 4 mol·L$^{-1}$ 的 NaOH 标准溶液滴定，同样质量的 $H_2C_2O_4$ 需用 25.28 mL 的 $KMnO_4$ 标准溶液滴定，计算 $KMnO_4$ 标准溶液的浓度。

**解**　$KMnO_4$ 与 $H_2C_2O_4$ 的反应为

$$2MnO_4^- + 5C_2O_4^{2-} + 16H^+ = 2Mn^{2+} + 10CO_2\uparrow + 8H_2O$$

$H_2C_2O_4$ 与 NaOH 的反应为

$$H_2C_2O_4 + 2OH^- = C_2O_4^{2-} + 2H_2O$$

所以  $2KMnO_4 \longrightarrow 5H_2C_2O_4 \longrightarrow 10NaOH$

$$n(KMnO_4) = \frac{1}{5}n(NaOH)$$

故  $c(KMnO_4) = \frac{1}{5} \times \frac{c(NaOH) \cdot V(NaOH)}{V(KMnO_4)}$

$= \frac{1}{5} \times \frac{0.2384 \times 21.26 \times 10^{-3}}{25.28 \times 10^{-3}}$

$= 0.04010 \text{ mol} \cdot L^{-1}$

**6-17** 用 $KMnO_4$ 法测定硅酸盐样品中 $Ca^{2+}$ 的含量,称取试样 0.5863 g,在一定条件下,将钙沉淀为 $CaC_2O_4$,过滤、洗涤、沉淀,将洗净的 $CaC_2O_4$ 溶解于稀 $H_2SO_4$ 中,用 0.05052 mol·L$^{-1}$ 的 $KMnO_4$ 标准溶液滴定,消耗 25.64 mL,计算硅酸盐中 Ca 的质量分数。

**解**  用 $KMnO_4$ 法间接测定 $Ca^{2+}$ 时经过如下几步:

$$Ca^{2+} \xrightarrow{C_2O_4^{2-}} CaC_2O_4 \downarrow \xrightarrow{H^+} H_2C_2O_4 \xrightarrow{KMnO_4, H^+} 2CO_2 \uparrow$$

根据滴定反应:

$$2MnO_4^- + 5H_2C_2O_4 + 6H^+ = 2Mn^{2+} + 10CO_2 + 8H_2O$$

$$2KMnO_4 \longrightarrow 5H_2C_2O_4 \longrightarrow 5Ca^{2+}$$

$$n(Ca^{2+}) = \frac{5}{2}n(KMnO_4)$$

样品中钙的质量分数为

$$w(Ca) = \frac{\frac{5}{2}c(KMnO_4) \cdot V(KMnO_4) \cdot M(Ca)}{m(试样)} \times 100\%$$

$$= \frac{\frac{5}{2} \times 0.05052 \times 25.64 \times 10^{-3} \times 40.00}{0.5863} \times 100\%$$

$$= 22.09\%$$

**6-18** 将 1.000 g 钢样中的铬氧化为 $Cr_2O_7^{2-}$,加入 25.00 mL 0.1000 mol·L$^{-1}$ $FeSO_4$ 标准溶液,然后用 0.01800 mol·L$^{-1}$ 的 $KMnO_4$ 标准溶液 7.00 mL 回滴过量的 $FeSO_4$,计算钢中铬的质量分数。

**解**  有关化学反应为

$$MnO_4^- + 5Fe^{2+} + 8H^+ = Mn^{2+} + 5Fe^{3+} + 4H_2O$$
$$Cr_2O_7^{2-} + 6Fe^{2+} + 14H^+ = 2Cr^{3+} + 6Fe^{3+} + 7H_2O$$

与 KMnO$_4$ 反应的 FeSO$_4$ 的物质的量为

$$n_1(FeSO_4) = 5n(KMnO_4) = 5c(KMnO_4)V(KMnO_4)$$
$$= 5 \times 0.018\ 00 \times 7.00 \times 10^{-3} = 6.300 \times 10^{-4}\ mol$$

与 Cr$_2$O$_7^{2-}$ 反应的 FeSO$_4$ 的物质的量为

$$n_2(FeSO_4) = n_{总}(FeSO_4) - n_1(FeSO_4)$$
$$= 0.100\ 0 \times 25.00 \times 10^{-3} - 6.300 \times 10^{-4}$$
$$= 1.870 \times 10^{-3}\ mol$$
$$2Cr \longrightarrow Cr_2O_7^{2-} \longrightarrow 6FeSO_4$$
$$n(Cr) = \frac{1}{3}n(FeSO_4) = \frac{1}{3}n_2(FeSO_4) = 6.233 \times 10^{-4}\ mol$$

样品中铬的质量分数为

$$w(Cr) = \frac{n(Cr)M(Cr)}{m(试样)} \times 100\% = \frac{6.233 \times 10^{-4} \times 52.00}{1.000} \times 100\% = 3.24\%$$

**6-19** 称取 KI 试样 0.350 7 g,溶解后用 0.194 2 g 分析纯 K$_2$CrO$_4$ 处理,将处理后的溶液煮沸,逐出碘,再加过量的碘化钾与剩余的 K$_2$CrO$_4$ 作用,最后用 0.105 3 mol·L$^{-1}$ 的 Na$_2$S$_2$O$_3$ 标准溶液滴定,消耗 10.00 mL Na$_2$S$_2$O$_3$。试计算试样中 KI 的质量分数。

**解** 有关化学反应为

$$2CrO_4^{2-} + 2H^+ = Cr_2O_7^{2-} + H_2O$$
$$Cr_2O_7^{2-} + 6I^- + 14H^+ = 2Cr^{3+} + 3I_2 + 7H_2O$$
$$I_2 + 2S_2O_3^{2-} = 2I^- + S_4O_6^{2-}$$
$$2CrO_4^{2-} \longrightarrow Cr_2O_7^{2-} \longrightarrow 3I_2 \longrightarrow 6S_2O_3^{2-}$$

剩余的 K$_2$CrO$_4$ 的物质的量为

$$n_1(K_2CrO_4) = \frac{1}{3}n(Na_2S_2O_3) = \frac{1}{3} \cdot c(Na_2S_2O_3) \cdot V(Na_2S_2O_3)$$
$$= \frac{1}{3} \times 0.105\ 3 \times 10.00 \times 10^{-3} = 3.510 \times 10^{-4}\ mol$$
$$2CrO_4^{2-} \longrightarrow Cr_2O_7^{2-} \longrightarrow 6I^-$$

与 KI 反应的 $K_2CrO_4$ 的物质的量为

$$n_2(K_2CrO_4) = n_{总}(K_2CrO_4) - n_1(K_2CrO_4)$$
$$= \frac{m(K_2CrO_4)}{M(K_2CrO_4)} - n_1(K_2CrO_4) = \frac{0.1942}{194.2} - 3.510 \times 10^{-4}$$
$$= 0.001 - 3.510 \times 10^{-4} = 6.490 \times 10^{-4} \text{ mol}$$
$$n(KI) = 3n(K_2CrO_4) = 3n_2(K_2CrO_4) = 0.001947 \text{ mol}$$

试样中 KI 的质量分数为

$$w(KI) = \frac{n(KI)M(KI)}{m(试样)} = \frac{0.001947 \times 166}{0.3507} \times 100\% = 92.16\%$$

**6-20** 用 $KIO_3$ 做基准物质标定 $Na_2S_2O_3$ 溶液。称取 0.1500 g $KIO_3$ 与过量的 KI 作用，析出的碘用 $Na_2S_2O_3$ 溶液滴定，用去 24.00 mL，此 $Na_2S_2O_3$ 溶液浓度为多少？每毫升 $Na_2S_2O_3$ 相当于多少克碘？

**解** 有关化学反应为

$$IO_3^- + 5I^- + 6H^+ \rightleftharpoons 3I_2 \downarrow + 3H_2O$$
$$I_2 + 2S_2O_3^{2-} \rightleftharpoons 2I^- + S_4O_6^{2-}$$
$$IO_3^- \longrightarrow 3I_2 \longrightarrow 6S_2O_3^{2-}$$

与 $KIO_3$ 反应的 $Na_2S_2O_3$ 的物质的量为

$$n(Na_2S_2O_3) = 6n(KIO_3) = 6 \times \frac{m(KIO_3)}{M(KIO_3)} = 6 \times \frac{0.1500}{214}$$
$$= 0.004206 \text{ mol}$$

$$c(Na_2S_2O_3) = \frac{n(Na_2S_2O_3)}{V(Na_2S_2O_3)} = \frac{0.004206}{24.00 \times 10^{-3}} = 0.1752 \text{ mol} \cdot L^{-1}$$

因为 $$n(I_2) = \frac{1}{2}n(Na_2S_2O_3)$$

每毫升 $Na_2S_2O_3$ 相当于碘的克数为

$$m(I_2) = n(I_2)M(I_2) = \frac{1}{2}n(Na_2S_2O_3)M(I_2)$$
$$= \frac{1}{2} \times c(Na_2S_2O_3) \times V(Na_2S_2O_3) \times M(I_2)$$
$$= \frac{1}{2} \times 0.1752 \times 1 \times 10^{-3} \times 253.8 = 0.02223 \text{ g}$$

**6-21** 抗坏血酸(摩尔质量为 176.1 $g \cdot mol^{-1}$)是一种还原剂，其半反应

为

$$C_6H_6O_6 + 2H^+ + 2e^- = C_6H_8O_6$$

它能被 $I_2$ 氧化。如果 10.00 mL 柠檬水果汁样品用 HAc 酸化,并加 20.00 mL 0.025 00 mol·$L^{-1}$ $I_2$ 溶液,待反应完全后,过量的 $I_2$ 用 10.00 mL 0.010 00 mol·$L^{-1}$ $Na_2S_2O_3$ 滴定,计算每毫升柠檬水果汁中抗坏血酸的质量。

**解** 有关化学反应为

$$C_8H_8O_6 + I_2 =\!=\!= C_6H_6O_6 + 2I^- + 2H^+$$

$$I_2 + 2S_2O_3^{2-} =\!=\!= 2I^- + S_4O_6^{2-}$$

与 $Na_2S_2O_3$ 反应的 $I_2$ 的物质的量为

$$n_1(I_2) = \frac{1}{2}n(Na_2S_2O_3) = \frac{1}{2}c(Na_2S_2O_3)V(Na_2S_2O_3)$$

$$= \frac{1}{2} \times 0.010\ 00 \times 10.00 \times 10^{-3} = 5.000 \times 10^{-5}\ mol$$

与 $C_6H_8O_6$ 反应的 $I_2$ 的物质的量为

$$n_2(I_2) = n_{总}(I_2) - n_1(I_2)$$

$$= 0.025\ 00 \times 20.00 \times 10^{-3} - 5.000 \times 10^{-5} = 0.000\ 450\ 0\ mol$$

$$C_6H_8O_6 \longrightarrow I_2$$

$$n(C_6H_8O_6) = n(I_2) = n_2(I_2) = 0.000\ 450\ 0\ mol$$

每毫升柠檬水果汁中抗坏血酸的质量为

$$m(C_6H_8O_6) = n(C_6H_8O_6)M(C_6H_8O_6) = \frac{0.000\ 450\ 0}{10} \times 176.1$$

$$= 0.007\ 926\ g$$

**6-22** 测定铜的分析方法为间接碘量法:

$$2Cu^{2+} + 4I^- =\!=\!= 2CuI + I_2$$

$$I_2 + 2S_2O_3^{2-} =\!=\!= 2I^- + S_4O_6^{2-}$$

用此方法分析铜矿样中铜的含量,为了使 1.00 mL 0.105 0 mol·$L^{-1}$ $Na_2S_2O_3$ 标准溶液能准确表示 1.00% 的 Cu,问应称取铜矿样多少克?

**解** 有关化学反应为

$$2Cu^{2+} + 4I^- =\!\!=\!\!= 2CuI + I_2$$
$$I_2 + 2S_2O_3^{2-} =\!\!=\!\!= 2I^- + S_4O_6^{2-}$$
$$2Cu^{2+} \longrightarrow I_2 \longrightarrow 2S_2O_3^{2-}$$

$n(Cu) = n(Na_2S_2O_3) = 0.1050 \times 1.00 \times 10^{-3} = 1.05 \times 10^{-4}$ mol

$m(Cu) = n(Cu) \cdot M(Cu) = 1.05 \times 10^{-4} \times 63.55 = 6.67 \times 10^{-3}$ g

应称取铜矿样质量为

$$m(试样) = \frac{m(Cu)}{1.00\%} = \frac{6.67 \times 10^{-3}}{1.00\%} = 0.667 \text{ g}$$

● 同步练习 ●

一、选择题

**1.** 在 $Fe + NaNO_2 + NaOH + H_2O \longrightarrow NaFeO_2 + NH_3$ 的反应中,氧化剂被还原的半反应是(    )。

A. $FeO_2^- + 2H_2O + 3e^- \longrightarrow Fe + 4OH^-$

B. $NO_2^- + 5H_2O + 6e^- \longrightarrow NH_3 + 7OH^-$

C. $FeO_2^- + 4H^+ + 3e^- \longrightarrow Fe + 2H_2O$

D. $NO_2^- + 7H^+ + 6e^- \longrightarrow NH_3 + 2H_2O$

**2.** 将反应 $KMnO_4 + HCl \longrightarrow Cl_2 + MnCl_2 + KCl + H_2O$ 配平后,方程式中 HCl 系数是(    )。

A. 8          B. 16          C. 18          D. 32

**3.** 将反应 $K_2Cr_2O_7 + HCl \longrightarrow KCl + CrCl_3 + Cl_2 + H_2O$ 完全配平后,方程式中 $Cl_2$ 系数是(    )。

A. 1          B. 2          C. 3          D. 4

**4.** 在 $K_2Cr_2O_7$ 与 $Fe^{2+}$ 的反应方程式中,$K_2Cr_2O_7$ 与 $Fe^{2+}$ 的计量数分别是(    )。

A. 1 和 6          B. 6 和 1          C. 1 和 3          D. 3 和 1

**5.** 在原电池中,下列描述正确的是(    )。

A. 电子从负极流入正极          B. 电子从正极流入负极
C. 负极发生了还原反应          D. 在负极有金属析出

**6.** 电对 $H^+|H_2$ 在下列溶液中电位最大的是( )。

A. 纯水　　　　　　　　B. $1.0\ mol\cdot L^{-1}\ HAc$

C. $1.0\ mol\cdot L^{-1}\ NaOH$　　D. $1.0\ mol\cdot L^{-1}\ HCl$

**7.** 电池反应 $3A^{2+}+2B\longrightarrow 3A+2B^{3+}$ 的 $E^{\ominus}=1.80\ V$，某浓度时电动势为 $E=1.60(V)$，该电池反应的 $\lg K^{\ominus}$ 值是( )。

A. $(3\times 1.80)/0.0592$　　B. $(6\times 1.80)/0.0592$

C. $(3\times 1.60)/0.0592$　　D. $(6\times 1.60)/0.0592$

**8.** 下列哪个氧化剂的氧化性不随 pH 变化？( )

A. $Cl_2$　　B. $KMnO_4$　　C. $PbO_2$　　D. $K_2Cr_2O_7$

**9.** 电极 $MnO_4^-+8H^++5e^-\rightleftharpoons Mn^{2+}+4H_2O$ 的 $\varphi^{\ominus}=1.51\ V$，当除 $H^+$ 外其他物质处于标准状态时，电极电势与 pH 的关系是( )。

A. $\varphi=\varphi^{\ominus}-0.094pH$　　B. $\varphi=\varphi^{\ominus}+0.094pH$

C. $\varphi=\varphi^{\ominus}-0.994pH$　　D. $\varphi=\varphi^{\ominus}+0.994pH$

**10.** 下列电对中，标准电极电势 $\varphi^{\ominus}$ 值最小的是( )。

A. $\varphi^{\ominus}(Ag^+|Ag)$　　B. $\varphi^{\ominus}(AgCl|Ag)$

C. $\varphi^{\ominus}(AgBr|Ag)$　　D. $\varphi^{\ominus}(AgI|Ag)$

**11.** 已知 $\varphi^{\ominus}(Ag^+|Ag)=0.799\ V$，$K_{sp}^{\ominus}(AgI)=8.9\times 10^{-17}$，则电对 $AgI+e^-\rightleftharpoons Ag+I^-$ 的 $\varphi^{\ominus}$ 为( )。

A. $0.151\ V$　　B. $-0.151\ V$　　C. $0.30\ V$　　D. $-0.30\ V$

**12.** 某一电池由以下两个半反应组成：

$$M\rightleftharpoons M^{2+}+2e^-$$

$$N^{2+}+2e^-\rightleftharpoons N$$

反应 $M+N^{2+}\rightleftharpoons M^{2+}+N$ 的平衡常数 $K^{\ominus}=1.0\times 10^6$，则该电池的标准电动势为( )。

A. $0.08\ V$　　B. $0.12\ V$　　C. $0.18\ V$　　D. $0.24\ V$

**13.** 以电对 $MnO_4^-|Mn^{2+}$ 与电对 $Fe^{3+}|Fe^{2+}$ 组成原电池，已知 $\varphi(MnO_4^-|Mn^{2+})>\varphi(Fe^{3+}|Fe^{2+})$，则反应产物是( )。

A. $MnO_4^-$ 和 $Fe^{2+}$　　B. $MnO_4^-$ 和 $Fe^{3+}$

C. $Mn^{2+}$ 和 $Fe^{2+}$　　D. $Mn^{2+}$ 和 $Fe^{3+}$

**14.** 已知 $\varphi^{\ominus}(Ag^+|Ag)=0.799\ V$。某原电池的两个半电池都由

AgNO₃ 溶液和银丝所组成,在一半电池中 $c(Ag^+) = 1.0\ mol \cdot L^{-1}$,而另一半电池中 $c(Ag^+) = 0.10\ mol \cdot L^{-1}$,将二者连通后,其电动势为(　　)。

  A. 0.00 V    B. 0.059 V    C. 0.799 V    D. 0.858 V

**15.** 已知:$\varphi^{\ominus}(MnO_4^- | Mn^{2+}) = 1.51\ V$,$\varphi^{\ominus}(MnO_4^- | MnO_2) = 1.679\ V$,$\varphi^{\ominus}(MnO_4^- | MnO_4^{2-}) = 0.564\ V$;则三电对中还原性由强到弱的顺序为(　　)。

  A. $MnO_4^{2-} > MnO_2 > Mn^{2+}$    B. $Mn^{2+} > MnO_4^{2-} > MnO_2$

  C. $Mn^{2+} > MnO_2 > MnO_4^{2-}$    D. $MnO_4^{2-} > Mn^{2+} > MnO_2$

**16.** 将氢电极($p(H_2) = 100\ kPa$)插入到纯水中,与标准氢电极组成原电池,则 $E$ 为(　　)。

  A. 0.414 V    B. $-0.414$ V    C. 0 V    D. 0.828 V

**17.** 已知:$\varphi^{\ominus}(A|V)\quad V(V)\xrightarrow{1.00}V(\text{IV})\xrightarrow{0.31}V(\text{III})\xrightarrow{-0.255}V(\text{II})$

  $\varphi^{\ominus}(Zn^{2+} | Zn) = -0.763\ V$;   $\varphi^{\ominus}(Sn^{4+} | Sn^{2+}) = 0.154\ V$

  $\varphi^{\ominus}(Fe^{3+} | Fe^{2+}) = 0.771\ V$;   $\varphi^{\ominus}(Fe^{2+} | Fe) = -0.44\ V$

欲将 $V(V)$ 只还原到 $V(\text{IV})$,下列还原剂最合适的是(　　)。

  A. Zn    B. $Fe^{2+}$    C. $Sn^{2+}$    D. Fe

**18.** 下列关于条件电势的叙述中正确的是(　　)。

  A. 条件电势是任意温度下的电极电势

  B. 条件电势是任意浓度下的电极电势

  C. 条件电势是电对氧化态和还原态浓度均等于 $1\ mol \cdot L^{-1}$ 时的电极电势

  D. 条件电势是在一定条件下,电对氧化态和还原态总浓度均为 $1\ mol \cdot L^{-1}$,校正了各种外界因素影响的实际电势

**19.** 某氧化还原指示剂,$\varphi^{\ominus}{}' = 0.84\ V$,对应的半反应为

$$In(Ox + 2e^-) \rightleftharpoons In(Red)$$

则其理论变色范围为(　　)。

  A. 0.87 V ~ 0.81 V    B. 0.74 V ~ 0.94 V

  C. 0.90 V ~ 0.78 V    D. 1.84 V ~ 0.16 V

**20.** 在氧化还原滴定中,下列对预处理的氧化剂的要求不正确的是

( )。

A. 反应速率快 B. 必须将欲测组分定量氧化

C. 过量氧化剂可以保留在溶液中 D. 反应具有选择性

**21.** 标定 $KMnO_4$ 的反应：$2MnO_4^- + 5C_2O_4^{2-} + 16H^+ \rightleftharpoons 2Mn^{2+} + 10CO_2 + 8H_2O$ 必须在下列哪个介质中进行？( )

A. 中性溶液 B. 稀盐酸 C. 稀硫酸 D. 醋酸

**22.** $KMnO_4$ 滴定时，需在酸性介质中进行，下列说法不正确的是( )。

A. 加入酸是为了增强 $KMnO_4$ 氧化性

B. 加入酸可以避免产生 $MnO_2$ 沉淀

C. 用 HCl 来做酸性介质

D. 应加 $H_2SO_4$ 来做酸性介质

**23.** 在 $KMnO_4$ 法测铁中，一般使用硫酸而不是盐酸来调节酸度，主要原因是( )。

A. 盐酸强度不足 B. 硫酸可以起催化作用

C. $Cl^-$ 可能与 $KMnO_4$ 反应 D. 以上均不对

**24.** $KMnO_4$ 与 $Na_2SO_3$ 溶液反应，在中性介质中 $KMnO_4$ 的还原产物是( )。

A. $Mn^{2+}$ B. $MnO_2$ C. $MnO_4^{2-}$ D. $Mn^{3+}$

**25.** 通常用来标定 $KMnO_4$ 标准溶液的物质是( )。

A. $Na_2CO_3$ B. $Na_2C_2O_4$ C. HCl D. $I_2$

**26.** $MnO_4^-$ 滴定 $C_2O_4^{2-}$ 时，开始反应进行缓慢，$MnO_4^-$ 不易褪色，但一旦有少量 $Mn^{2+}$ 生成，反应速度就迅速加快，这种现象称为( )。

A. 自动催化作用 B. 催化作用

C. 诱导反应 D. 分解作用

**27.** 用 $KMnO_4$ 法测定 $Ca^{2+}$ 含量，采用的是( )。

A. 直接滴定法 B. 间接滴定法 C. 返滴定法 D. 置换滴定法

**28.** 用 $KMnO_4$ 滴定 $Fe^{2+}$ 之前，加入几滴 $MnSO_4$ 是作为( )。

A. 催化剂 B. 诱导剂 C. 氧化剂 D. 配位剂

**29.** 碘量法中最主要的反应 $I_2 + 2S_2O_3^{2-} \rightleftharpoons 2I^- + S_4O_6^{2-}$，应在什么条件

下进行？（    ）

A. 碱性                       B. 强酸性

C. 中性或弱酸性               D. 加热

**30.** 碘量法作指示剂的是（    ）。

A. 酚酞        B. 甲基橙        C. 淀粉        D. 甲基红

**31.** 在氧化还原滴定中，配制 $I_2$ 标准溶液时（    ）。

A. 直接配制                   B. 应加入过量的 KI

C. 加入少量 HCl              D. 加入少量 NaOH

**32.** 下列哪个离子是用碘量法测定的？（    ）

A. $Fe^{2+}$        B. $Mn^{2+}$        C. $Cu^{2+}$        D. $Cr^{3+}$

**33.** 在氧化还原滴定中，碘量法滴定操作中，哪个描述不正确？（    ）

A. 在滴定过程中，应剧烈摇动滴定瓶，消除 $I_2$ 的吸附

B. 滴定应在弱酸性进行

C. 在滴定过程中，不能剧烈摇动滴定瓶，防止 $I_2$ 挥发

D. 滴定时应加入淀粉指示剂

**34.** 定量测定碘，可用下列哪种标准溶液进行标定？（    ）

A. $Na_2S$        B. $Na_2SO_3$        C. $Na_2SO_4$        D. $Na_2S_2O_3$

**35.** 碘量法测定铜的过程中，加入 KI 的作用是（    ）。

A. 氧化剂、络合剂、掩蔽剂         B. 沉淀剂、指示剂、催化剂

C. 还原剂、沉淀剂、络合剂         D. 缓冲剂、络合掩蔽剂、预处理剂

**36.** $Na_2S_2O_3$ 不能直接滴定强氧化剂，若要用 $Na_2S_2O_3$ 测定 $K_2Cr_2O_7$，应采用的滴定方式（    ）。

A. 直接滴定法                 B. 间接滴定法

C. 返滴定法                   D. 置换滴定法

**37.** 碘量法要求在中性或弱酸性介质中进行滴定，若酸度太高，将会（    ）。

A. 反应不定量                 B. $I_2$ 易挥发

C. 终点不明显                 D. $I^-$ 被氧化，$Na_2S_2O_3$ 被分解

**38.** 用 $K_2Cr_2O_7$ 滴定 $Fe^{2+}$ 时，加入 $H_2SO_4$-$H_3PO_4$ 混合酸的主要目的是（    ）。

A. 提高酸度,使滴定反应趋于完全

B. 提高计量点前 $Fe^{3+}/Fe^{2+}$ 电对的电位,使二苯胺磺酸钠不致提前变色

C. 降低计量点前 $Fe^{3+}/Fe^{2+}$ 电对的电位,使二苯胺磺酸钠在突跃范围内变色

D. 在有汞定铁中有利于形成 $Hg_2Cl_2$ 白色沉淀

## 二、填空题

**1.** 在反应 $CN^- + MnO_4^- + H_2O \longrightarrow CNO^- + MnO_2 + OH^-$ 中,被氧化的物质是_____,被还原的物质是_____。

**2.** 已知:$Pb^{2+} + 2e^- \rightleftharpoons Pb$　　$\varphi^\ominus = -0.126$ V
　　　　　$PbSO_4 + 2e^- \rightleftharpoons Pb + SO_4^{2-}$　　$\varphi^\ominus = -0.359$ V

将两电对组成原电池时,正极反应:_____;负极反应:_____。

**3.** 已知 $\varphi^\ominus(Cl_2|Cl^-) = 1.36$ V,$\varphi^\ominus(BrO_3^-|Br^-) = 1.52$ V,$\varphi^\ominus(I_2|I^-) = 0.54$ V,$\varphi^\ominus(Sn^{4+}|Sn^{2+}) = 0.154$ V,则在 $Cl_2$、$Cl^-$、$BrO_3^-$、$Br^-$、$I_2$、$I^-$、$Sn^{4+}$、$Sn^{2+}$ 各物质中最强的氧化剂是_____,最强的还原剂是_____。

**4.** 写出下列反应组成原电池的正负极的电对:$MnO_2 + 4HCl \rightleftharpoons MnCl_2 + Cl_2 + 2H_2O$,正极:_____;负极:_____。

**5.** 在反应 $5Fe^{2+} + MnO_4^- + 8H^+ \longrightarrow 5Fe^{3+} + Mn^{2+} + 4H_2O$ 中,被氧化的物质是_____,被还原的物质是_____。

**6.** 某电极与饱和甘汞电极 $[\varphi(Hg_2Cl_2|Hg) = 0.2415$ V$]$ 组成原电池,测得电动势 $E = 0.0987$ V,且已知该电极上发生还原反应,则该电极的 $\varphi =$ _____ V。

**7.** 标定 $Na_2S_2O_3$ 一般可选择_____作基准物,标定 $KMnO_4$ 标准溶液一般选用_____作基准物。

**8.** 在 $2Ag + 2HI \rightleftharpoons 2AgI + H_2$ 的反应中,氧化剂是_____,还原剂是_____。

**9.** 由 $2Ag + 2HI \rightleftharpoons 2AgI + H_2$ 反应组成的原电池,正极的电对是_____,负极的电对是_____。

**10.** 在 $M^{n+} + ne^- \rightleftharpoons M$ 电极反应中,加入 $M^{n+}$ 的沉淀剂,则可使电极电势数值变_____,同类型难溶盐的 $K_{sp}^\ominus$ 值愈小,其电极电势数值愈_____。

**11.** 在 FeCl₃ 溶液中加入 KI 溶液,有 _____ 析出,由此可推断出 $\varphi^{\ominus}$(Fe³⁺｜Fe²⁺) _____ 于 $\varphi^{\ominus}$(I₂｜I⁻)。

**12.** 已知 $\varphi^{\ominus}$(Fe³⁺｜Fe²⁺) > $\varphi^{\ominus}$(I₂｜I⁻),在 FeCl₃ 溶液中加入 KI 溶液,有 _____ 析出,离子反应方程是 _____ 。

**13.** 碘量法分析中所用的标准溶液为 I₂ 和 Na₂S₂O₃。配制 I₂ 液时,为了防止 I₂ 的挥发,通常需加入 _____ 使其生成 _____ 。

**14.** 用 Na₂C₂O₄ 标定 KMnO₄ 标准溶液时,选用的指示剂是 _____ ,最适宜的温度是 _____ 、酸度为 _____ ;开始滴定时的速度要 _____ (快或慢)。

**15.** 氧化还原滴定的突跃范围与 _____ 有关。两电对的电子转移数相等,化学计量点 $\varphi'_{sp}$ 位于突跃范围的 _____ ,若两对称电对的电子转移数 $n_1$ 与 $n_2$ 不相等,化学计量点 $\varphi'_{sp}$ 应偏向 _____ 。

**16.** 氧化还原滴定计量点附近的电势突跃的长短和 _____ 与两电对有关,它们相差愈 _____ ,电势突跃愈 _____ 。

**17.** KMnO₄ 在强酸性介质中被还原为 _____ ,中性或弱碱性介质中被还原为 _____ ,强碱性介质中被还原为 _____ 。

**18.** 直接碘量法采用的标准溶液是 _____ ,间接碘量法通常采用的标准溶液是 _____ 。

**19.** 氧化还原滴定曲线描述了随 _____ 的加入,溶液有关电对 _____ 的变化情况。

**20.** 氧化还原指示剂的变色点是 _____ ,298 K 时,其变色范围是 _____ 。

**21.** 在 KMnO₄ 法中,KMnO₄ 既是 _____ ,又是 _____ 。

**22.** 间接碘量法测 Cu²⁺ 含量时,滴定至近计量点时,加入 KSCN 的目的是 _____ 。

**23.** 在氧化还原滴定中,两电对的 $\Delta\varphi^{\ominus}{}' > 0.2$ V 时,才有 _____ ,当 $\Delta\varphi^{\ominus}{}' >$ _____ 时,才可用指示剂指示终点。

**24.** 氧化还原滴定用指示剂分为 _____ 指示剂、_____ 指示剂和 _____ 指示剂,后者 _____ 为指示剂。

**25.** 标定 KMnO₄ 溶液时,溶液温度应保持在 75～85 ℃,温度过高,会使 _____ 部分分解,酸度太低,会产生 _____ ,使反应及计量关系不准。在热的酸性溶液中 KMnO₄ 滴定过快,会使_____发生分解。

**26.** 滴定分析中,指示剂指示终点的一般原理是利用指示剂在_____附近发生_____指示终点的到达。酸碱指示剂是依据指示剂的_____的颜色不同,金属指示剂是依据_____的颜色不同,氧化还原指示剂则是依据指示剂的_____颜色不同。

**27.** 配制 KMnO₄ 标准溶液应采用_____法,配制过程中产生 MnO₂ 是溶液中_____在近中性条件下与_____反应的结果。

**28.** 碘量法是基于 I₂ 的_____及 I⁻ 的_____所建立的分析方法。直接碘量法用于测定_____,间接碘量法是利用 I⁻ 与_____作用生成_____,再用_____标准溶液进行滴定,用于测定_____。

**29.** 碘量法测铜时,由于 CuI 沉淀强烈吸附 I₂,使结果_____(偏高、偏低),所以在接近终点时需要加入 KSCN,加入 KSCN 的作用是_____。

### 三、判断题

**1.** 在用 KMnO₄ 标准溶液滴定时,待测溶液中应该加入 HCl 调整溶液酸度,以增强 KMnO₄ 的氧化性。    (    )

**2.** 间接碘量法滴定时,应在弱酸性或中性溶液中进行。    (    )

**3.** 在用 KMnO₄ 标准溶液滴定时,待测溶液中应该加入 H₂SO₄ 调整溶液酸度,以增强 KMnO₄ 的氧化性。    (    )

**4.** 间接碘量法滴定时,应在强酸性溶液中进行。    (    )

**5.** KMnO₄ 标准溶液应储存在棕色瓶中,放在暗处,以防分解。(    )

**6.** 氧化还原滴定中,用 KMnO₄ 做滴定剂进行滴定,可以不加指示剂。
    (    )

**7.** 在用 KMnO₄ 标准溶液滴定时,待测溶液中应该加入 HNO₃ 调整溶液酸度,以增强 KMnO₄ 的氧化性。    (    )

**8.** 间接碘量法滴定时,应在 pH > 10 的溶液中进行。    (    )

**9.** 用 Na₂C₂O₄ 基准物标定高锰酸钾溶液,应在温度大于 90 ℃ 下进行。    (    )

**10.** 间接碘量法滴定时,不应剧烈摇动滴定瓶。    (    )

**11.** 金属铁比铜活泼,Fe 可以置换 Cu²⁺,因而三氯化铁不能腐蚀金属铜。

    [已知:$\varphi^{\ominus}$(Fe²⁺ | Fe) = −0.44 V,$\varphi^{\ominus}$(Cu²⁺ | Cu) = 0.34 V,

$\varphi^{\ominus}$ (Fe$^{3+}$ | Fe$^{2+}$) = 0.77 V] (　　)

**12.** KMnO$_4$ 标准溶液应该用直接法进行配制。(　　)

**13.** 因为 Ca$^{2+}$ 没有氧化还原性,所以不能用 KMnO$_4$ 氧化还原滴定进行定量分析。(　　)

**14.** 在下列电池中(－) Ag | Ag$^+$(a) ‖ Ag$^+$(b) | Ag(＋),只有离子浓度 $a > b$ 时才能放电。(　　)

**15.** 碘量法就是以碘作为标准溶液的滴定方法。(　　)

**16.** 标定 KMnO$_4$ 溶液时,为使反应较快进行,可以加入 Mn$^{2+}$。(　　)

**17.** 间接碘量法测铜的反应中,加入过量 KI 是为了减少碘的挥发,同时防止 CuI 沉淀表面吸附 I$_2$。(　　)

**18.** 电极反应 Cu$^{2+}$ + 2e$^-$ ⇌ Cu,$\varphi^{\ominus}$ (Cu$^{2+}$ | Cu) = 0.337 V,则 2Cu$^{2+}$ + 4e$^-$ ⇌ 2Cu,$\varphi^{\ominus}$ (Cu$^{2+}$ | Cu) = 0.674 V。(　　)

**19.** 原电池两极上进行氧化还原反应。因此,总的原电池反应肯定是氧化还原反应。(　　)

**20.** 某电对标准电极电势是此电对与标准氢电极组成原电池的原电池电动势值。(　　)

**21.** 已知:Zn$^{2+}$ + 2e$^-$ ⇌ Zn,$\varphi^{\ominus}$ (Zn$^{2+}$ | Zn) = －0.763 V,则 Zn － 2e$^-$ ⇌ Zn$^{2+}$,$\varphi^{\ominus}$ (Zn$^{2+}$ | Zn) = ＋0.763 V。(　　)

**22.** 电动势 $E$(或电极电势 $\varphi$)的数值与电极反应(或半反应式)的写法无关,而平衡常数 $K^{\ominus}$ 的数值随半反应式的写法(化学计量数不同)而变。

(　　)

### 四、简答题

**1.** 氧化还原滴定中的 KMnO$_4$ 法中,为什么在滴定中要加入 H$_2$SO$_4$?可不可以加入 HCl 或 HNO$_3$,为什么?

**2.** 用离子-电子配平下列氧化还原反应(要求写出过程)。

$$MnO_4^- + Fe^{2+} + H^+ \longrightarrow Mn^{2+} + Fe^{3+} + H_2O$$

**3.** 用 Na$_2$C$_2$O$_4$ 标定 KMnO$_4$,滴定时温度需要控制在 75～85 ℃,酸度需要控制在 [H$^+$] = 0.5～1 mol·L$^{-1}$。试说明原因。

**4.** 用离子-电子配平下列氧化还原反应(要求写出过程,并填加必要成分):

$$MnO_4^- + H_2O_2 + H^+ \longrightarrow Mn^{2+} + H_2O + O_2$$

**5.** 氧化还原滴定过程中,为什么要进行预处理?

**6.** 在间接碘量法中,为什么要保证体系是弱酸性,酸度过高或过低会有怎样的影响?

**7.** 用离子-电子法配平下列氧化还原反应(要求写出过程,并填加必要成分):

$$I^- + IO_3^- + H^+ \longrightarrow I_2 + H_2O$$

**8.** 氧化还原滴定过程中,用 $KMnO_4$ 溶液滴定 $C_2O_4^{2-}$,为什么滴入 $KMnO_4$ 溶液褪色的速度先慢后快?

**9.** 用离子-电子法配平下列氧化还原反应(要求写出过程,并添加必要成分):

$$Cr_2O_7^{2-} + H^+ + Cl^- \longrightarrow Cr^{3+} + H_2O + Cl_2$$

**10.** 氧化还原滴定过程中,对预处理氧化还原剂有什么要求。

### 五、计算题

**1.** 若 $c(Cr_2O_7^{2-}) = c(Cr^{3+}) = 1.0 \text{ mol} \cdot L^{-1}$,下列反应能否用来制备氯气?

$$K_2Cr_2O_7 + 14HCl \longrightarrow 2CrCl_3 + 2KCl + 3Cl_2 + 7H_2O$$

(1) 盐酸浓度为 $1.0 \text{ mol} \cdot L^{-1}$;

(2) 盐酸浓度为 $12 \text{ mol} \cdot L^{-1}$(计算时取 $p(Cl_2) = 100 \text{ kPa}$)

(已知:$\varphi^{\ominus}(Cr_2O_7^{2-} \mid Cr^{3+}) = 1.33 \text{ V}; \varphi^{\ominus}(Cl_2 \mid Cl^-) = 1.36 \text{ V}$)

**2.** 已知电极反应的电极电势:$\varphi^{\ominus}(Ag^+ \mid Ag) = 0.799 \text{ V}; \varphi^{\ominus}(AgCl \mid Ag) = 0.222\ 3 \text{ V}$,计算 $K_{sp}^{\ominus}(AgCl)$。

**3.** 已知下列电极反应的电极电势 $\varphi^{\ominus}(Cu^+ \mid Cu) = 0.522 \text{ V}; \varphi^{\ominus}(CuI \mid Cu) = -0.188 \text{ V}$,计算 CuI 的溶度积常数。

**4.** 计算 298 K 下反应 $Sn + Pb^{2+} \longrightarrow Sn^{2+} + Pb$ 的平衡常数。若反应开始时,$[Pb^{2+}] = 2.0 \text{ mol} \cdot L^{-1}$,平衡时 $Pb^{2+}$ 和 $Sn^{2+}$ 的浓度各是多少?
($\varphi^{\ominus}(Pb^{2+} \mid Pb) = -0.126 \text{ V}; \varphi^{\ominus}(Sn^{2+} \mid Sn) = -0.136 \text{ V}$)

**5.** 用 25.00 mL $KMnO_4$ 溶液恰能氧化一定量的 $KHC_2O_4 \cdot H_2O$,而同量 $KHC_2O_4 \cdot H_2O$ 又恰能被 20.00 mL $0.200\ 0 \text{ mol} \cdot L^{-1}$ KOH 溶液中和,求

KMnO₄ 溶液的浓度。反应式为：

$$2MnO_4^- + 5C_2O_4^{2-} + 16H^+ = 2Mn^{2+} + 10CO_2 + 8H_2O$$

**6.** 通过计算说明反应 $MnO_2 + 4HCl \longrightarrow MnCl_2 + Cl_2 + 2H_2O$ 在 298 K 标准状况下能否向右进行？在 12 mol·L⁻¹ 的 HCl 中，上述反应能否发生？($\varphi^{\ominus}(MnO_2|Mn^{2+}) = 1.23$ V；$\varphi^{\ominus}(Cl_2|Cl^-) = 1.36$ V) 计算时 [Mn²⁺] 取 1.0 mol·L⁻¹；$p(Cl_2)$ 取 100 kPa。

**7.** 已知：$\varphi^{\ominus}(Ag^+|Ag) = 0.799$，$K_{sp}^{\ominus}(AgCl) = 1.8 \times 10^{-10}$；求 $\varphi^{\ominus}(AgCl|Ag)$。

**8.** 在一个半电池中，一根铂丝浸入到含有 0.85 mol·L⁻¹ Fe³⁺ 和 0.01 mol·L⁻¹ Fe²⁺ 的溶液中，另一半电池是金属 Cd 浸入 0.5 mol·L⁻¹ 的 Cd²⁺ 溶液。问：

(1) 写出电极反应；

(2) 计算该电池反应的平衡常数。

(已知：$\varphi^{\ominus}(Fe^{3+}|Fe^{2+}) = 0.771$ V；$\varphi^{\ominus}(Cd^{2+}|Cd) = -0.402$ V)

● **同步练习参考答案** ●

**一、选择题**

1. B  2. B  3. C  4. A  5. A  6. D  7. B  8. A  9. A  10. D  11. B
12. C  13. D  14. B  15. D  16. A  17. B  18. D  19. A  20. C  21. C
22. C  23. C  24. B  25. B  26. A  27. B  28. A  29. C  30. C  31. B
32. C  33. A  34. D  35. C  36. B  37. D  38. C

**二、填空题**

1. $CN^-$，$MnO_4^-$

2. $Pb^{2+} + 2e^- \rightleftharpoons Pb$，$Pb, PbSO_4^{2-} - 2e^- \rightleftharpoons PbSO_4$

3. $BrO_3^-$，$Sn^{2+}$

4. $MnO_2|Mn^{2+}$，$Cl_2|Cl^-$

5. $Fe^{2+}$，$MnO_4^-$

6. 0.340 2

7. $K_2Cr_2O_7$，$Na_2C_2O_4$

## 第6章  氧化还原平衡与氧化还原滴定

8. $H^+$,Ag

9. $H^+|H_2$,$AgI|Ag$

10. 小,小

11. $I_2$,大

12. $I_2 + 2Fe^{2+} \rightleftharpoons 2Fe^{3+} + 2I^-$

13. KI,$KI_3$

14. 自身指示剂,70～80 ℃,$c(H^+) \approx 0.5 \sim 1$ mol/L,慢

15. 两电对的条件电极电势之差,中点,$n$ 大的一边

16. 氧化剂,还原剂,大,大

17. $Mn^{2+}$,$MnO_2$,$MnO_4^{2-}$

18. $I_2$ 标准溶液,$Na_2S_2O_3$ 标准溶液

19. 滴定剂,电极电势

20. $\varphi^{\ominus\prime}(In_{Ox}|In_{Red})$,$\varphi^{\ominus\prime}(In_{Ox}|In_{Red}) \pm \dfrac{0.059\ 2}{n}$

21. 滴定剂,指示剂

22. 使 CuI 转化为 CuSCN

23. 滴定突跃,0.4 V

24. 氧化还原,显色(专属),自身,滴定剂

25. $H_2C_2O_4$,$MnO_2$,$MnO_4^-$

26. 化学计量点,颜色突变,酸型和碱型,MIn 和 In,In(Ox) 和 In(Red)

27. 间接,$KMnO_4$,还原性物质

28. 氧化性,还原性,低价硫化合物,被测组分,$I_2$,$Na_2S_2O_3$,能与 $I^-$ 定量反应生成 $I_2$ 的物质

29. 偏低,使 CuI 转化为 CuSCN

### 三、判断题

1. ×  2. √  3. √  4. ×  5. √  6. √  7. ×  8. ×  9. ×  10. √
11. ×  12. ×  13. ×  14. ×  15. ×  16. √  17. √  18. √  19. ×
20. ×  21. ×  22. √

### 四、简答题

1. 答:加入 $H_2SO_4$ 是为了保持溶液具有一定的酸度(一般 $c(H^+) \approx$

$0.5\sim1$ mol/L)。不能用 HCl 或 HNO₃,因为 HCl 中的 Cl⁻具有一定的还原性,在滴定过程中可能被 KMnO₄氧化;而 HNO₃具有氧化性,会氧化 Fe²⁺。

**2. 答:**
$$MnO_4^- + 8H^+ + 5e^- \Longrightarrow Mn^{2+} + 4H_2O \quad \times 1$$
$$(+) \qquad\qquad\qquad Fe^{2+} \Longrightarrow Fe^{3+} + e^- \quad \times 5$$

$$MnO_4^- + 5Fe^{2+} + 8H^+ \Longrightarrow Mn^{2+} + 5Fe^{3+} + 4H_2O$$

**3. 答:** 温度需要控制在 75～85 ℃,原因是温度过低,反应速率太小,对滴定不利;温度过高,可能会使草酸分解:
$$C_2O_4^{2-} + 2H^+ \xrightarrow{\triangle} CO + CO_2 + H_2O。$$

酸度需要控制在 $[H^+] = 0.5\sim1.0$ mol·L⁻¹,原因是酸度过低,KMnO₄的还原产物不一定完全是 Mn²⁺,可能会有生成 MnO₂的副反应发生。而酸度过高,H⁺浓度增加,反应 $C_2O_4^{2-} + 2H^+ \xrightarrow{\triangle} CO + CO_2 + H_2O$ 会加快。

**4. 答:**
$$MnO_4^- + 8H^+ + 5e^- \Longrightarrow Mn^{2+} + 4H_2O \qquad\qquad \times 2$$
$$(+) H_2O_2 \qquad\qquad \Longrightarrow O_2 + 2H^+ + 2e^- \quad \times 5$$

$$2MnO_4^- + 5H_2O_2 + 6H^+ \Longrightarrow 2Mn^{2+} + 5O_2 + 8H_2O$$

**5. 答:** 试样中待测组分可能以多种价态存在,如矿物中的铁有 FeO、Fe₂O₃、Fe₃O₄等形态。而被测组分在滴定前必须以一种价态存在,所以,在滴定前必须对试样进行预处理,使待测组分转变为某一特定的价态。

**6. 答:** 反应在中性或弱酸性中进行,原因是 pH 过高,I₂会发生歧化反应:
$$3I_2 + 6OH^- = IO_3^- + 5I^- + 3H_2O$$
而且,在碱性条件下,Na₂S₂O₃与 I₂会发生如下副反应:
$$S_2O_3^{2-} + 4I_2 + 10OH^- \longrightarrow 2SO_4^{2-} + 8I^- + 5H_2O$$
而在强酸性溶液中,Na₂S₂O₃会分解:
$$S_2O_3^{2-} + 2H^+ \longrightarrow SO_2\uparrow + S\downarrow + H_2O$$

I⁻易被溶解在溶液中的氧所氧化:

$$4I^- + 4H^+ + O_2 \longrightarrow 2I_2 + 2H_2O$$

**7. 答：**

$$2IO_3^- + 12H^+ + 10e^- \rightleftharpoons I_2 + 6H_2O$$
$$(+)\ 2I^- \rightleftharpoons I_2 + 2e^- \quad \times 5$$

$$\overline{\qquad\qquad\qquad\qquad\qquad\qquad\qquad\qquad\qquad\qquad}$$

$$2IO_3^- + 10I^- + 12H^+ \rightleftharpoons 6I_2 + 6H_2O$$

整理后，得

$$IO_3^- + 5I^- + 6H^+ \rightleftharpoons 3I_2 + 3H_2O$$

**8. 答：** $KMnO_4$ 溶液的红色褪色的速度先慢后快的原因在于 $Mn^{2+}$ 对滴定反应的催化作用，刚开始滴定时，由于 $Mn^{2+}$ 浓度很小，催化作用不明显，滴定反应速率较小，使得 $KMnO_4$ 溶液的红色褪色较慢，但是随着滴定反应的进行 $Mn^{2+}$ 浓度越来越大，催化作用使反应明显加快，$KMnO_4$ 溶液的红色褪色也加快。

**9. 答：**

$$Cr_2O_7^{2-} + 14H^+ + 6e^- \rightleftharpoons 2Cr^{3+} + 7H_2O$$
$$(+)\ 2Cl^- \rightleftharpoons Cl_2 + 2e^- \quad \times 3$$

$$\overline{\qquad\qquad\qquad\qquad\qquad\qquad\qquad\qquad\qquad\qquad}$$

$$Cr_2O_7^{2-} + 6Cl^- + 14H^+ \rightleftharpoons 2Cr^{3+} + 3Cl_2 + 7H_2O$$

**10. 答：** 预处理时所用的氧化剂或还原剂应满足下列条件：

(1) 必须将待测组分定量地氧化或还原为指定的形态或价态。

(2) 预氧化或预还原反应进行完全，速度快。

(3) 预氧化或预还原反应应具有好的选择性，以避免其他组分的干扰。

(4) 剩余的预氧化剂或预还原剂应易于除去。

**五、计算题**

**1. 解** （1）此时反应处于标准状态

正极（还原）反应：$Cr_2O_7^{2-} + 14H^+ + 6e^- \longrightarrow 2Cr^{3+} + 7H_2O$

负极（氧化）反应：$2Cl^- - 2e^- \longrightarrow Cl_2$

$$\varphi_+^{\ominus} = \varphi^{\ominus}(Cr_2O_7^{2-} \mid Cr^{3+}) = 1.33\ V$$

$$\varphi_-^{\ominus} = \varphi^{\ominus}(Cl_2 \mid Cl^-) = 1.36\ V$$

因为 $\varphi_+^{\ominus} < \varphi_-^{\ominus}$ (或 $E^{\ominus} = \varphi_+^{\ominus} - \varphi_-^{\ominus} = 1.33 - 1.36 = -0.03\text{ V} < 0$)
所以,在这种情况下,不能用该反应制备氯气。

(2) $c(\text{HCl}) = 12\text{ mol/L}, c(\text{H}^+) = c(\text{Cl}^-) = 12\text{ mol/L}$

正极(还原)反应:$\text{Cr}_2\text{O}_7^{2-} + 14\text{H}^+ + 6\text{e}^- \longrightarrow 2\text{Cr}^{3+} + 7\text{H}_2\text{O}$

负极(氧化)反应:$2\text{Cl}^- - 2\text{e}^- \longrightarrow \text{Cl}_2$

$$\varphi_+ = \varphi^{\ominus}(\text{Cr}_2\text{O}_7^{2-} \mid \text{Cr}^{3+}) + \frac{0.0592}{6}\lg\frac{[\text{Cr}_2\text{O}_7^{2-}]\cdot[\text{H}^+]^{14}}{[\text{Cr}^{3+}]^2}$$

$$= 1.33 + \frac{0.0592}{6}\lg(12)^{14} = 1.48\text{ V}$$

$$\varphi_- = \varphi^{\ominus}(\text{Cl}_2 \mid \text{Cl}^-) + \frac{0.0592}{2}\lg\frac{p(\text{Cl}_2)/p^{\ominus}}{[\text{Cl}^-]^2}$$

$$= 1.36 + \frac{0.0592}{2}\lg\frac{1}{(12)^2} = 1.30\text{ V}$$

因为 $\varphi_+ > \varphi_-$ (或 $E = \varphi_+ - \varphi_- = 1.48 - 1.30 = 0.18\text{ V} > 0$)
所以,在这种情况下,能用该反应制备氯气。

**2. 解**  $\varphi^{\ominus}(\text{AgCl} \mid \text{Ag}) = \varphi^{\ominus}(\text{Ag}^+ \mid \text{Ag}) + 0.0592\lg[\text{Ag}^+]$

当 $[\text{Cl}^-] = 1\text{ mol/L}$ 时,$[\text{Ag}^+] = \dfrac{K_{\text{sp}}^{\ominus}(\text{AgCl})}{[\text{Cl}^-]} = K_{\text{sp}}^{\ominus}(\text{AgCl})$

$\varphi^{\ominus}(\text{AgCl} \mid \text{Ag}) = \varphi^{\ominus}(\text{Ag}^+ \mid \text{Ag}) + 0.0592\lg K_{\text{sp}}^{\ominus}(\text{AgCl})$

$$\lg K_{\text{sp}}^{\ominus}(\text{AgCl}) = \frac{\varphi^{\ominus}(\text{AgCl} \mid \text{Ag}) - \varphi^{\ominus}(\text{Ag}^+ \mid \text{Ag})}{0.0592} = \frac{0.2223 - 0.799}{0.0592}$$

$$= -9.7416$$

$K_{\text{sp}}^{\ominus}(\text{AgCl}) = 1.81 \times 10^{-10}$

**3. 解**  本题与上题类似,解法相同。

$$\lg K_{\text{sp}}^{\ominus}(\text{CuI}) = \frac{\varphi^{\ominus}(\text{CuI} \mid \text{Cu}) - \varphi^{\ominus}(\text{Cu}^+ \mid \text{Cu})}{0.0592}$$

$$= \frac{-0.188 - 0.522}{0.0592} = -11.9932$$

$K_{\text{sp}}^{\ominus}(\text{CuI}) = 1.02 \times 10^{-12}$

**4. 解**  $\varphi_+^{\ominus} = \varphi^{\ominus}(\text{Pb}^{2+} \mid \text{Pb}) = -0.126\text{ V}$

$$\varphi_-^{\ominus} = \varphi^{\ominus}(\text{Sn}^{2+}|\text{Sn}) = -0.136 \text{ V}$$

$$\lg K^{\ominus} = \frac{nE^{\ominus}}{0.0592} = \frac{2\times[-0.126-(-0.136)]}{0.0592} = 0.338$$

$$K^{\ominus} = 2.18$$

设平衡时 $[\text{Sn}^{2+}] = x$ mol/L

|  | $\text{Pb}^{2+}$ | $+\text{Sn} \rightleftharpoons$ | $\text{Sn}^{2+}$ | $+\text{Pb}$ |
|---|---|---|---|---|
| 起始浓度/(mol/L) | 2.0 |  | 0 |  |
| 平衡浓度/(mol/L) | $2.0-x$ |  | $x$ |  |

$$\frac{x}{2.0-x} = 2.18, \quad x = 1.37$$

所以,平衡时 $[\text{Sn}^{2+}] = 1.37$ mol/L,$[\text{Pb}^{2+}] = 0.63$ mol/L

**5. 解** 根据反应计量方程可得

$$1\text{KHC}_2\text{O}_4 = \frac{2}{5}\text{KMnO}_4 = 1\text{KOH}$$

所以

$$n(\text{KOH}) = \frac{5}{2}n(\text{KMnO}_4)$$

由此可得 $c(\text{KOH}) \cdot V(\text{OH}) = \frac{5}{2}c(\text{KMnO}_4) \cdot V(\text{KMnO}_4)$

$$c(\text{KMnO}_4) = \frac{2}{5} \times \frac{c(\text{KOH}) \cdot V(\text{KOH})}{V(\text{KMnO}_4)}$$

$$= \frac{2 \times 0.2000 \times 20.00 \times 10^{-3}}{5 \times 25.00 \times 10^{-3}} = 0.06400 \text{ mol/L}$$

**6. 解** (1) 反应处于标准状态时

正极(还原)反应:$\text{MnO}_2 + 4\text{H}^+ + 2\text{e}^- \longrightarrow \text{Mn}^{2+} + 2\text{H}_2\text{O}$

负极(氧化)反应:$2\text{Cl}^- - 2\text{e}^- \longrightarrow \text{Cl}_2$

$$\varphi_+^{\ominus} = \varphi^{\ominus}(\text{MnO}_2|\text{Mn}^{2+}) = 1.23 \text{ V}$$

$$\varphi_-^{\ominus} = \varphi^{\ominus}(\text{Cl}_2|\text{Cl}^-) = 1.36 \text{ V}$$

因为 $\varphi_+^{\ominus} < \varphi_-^{\ominus}$(或 $E^{\ominus} = \varphi_+^{\ominus} - \varphi_-^{\ominus} = 1.23 - 1.36 = -0.13$ V $< 0$)

所以,在这种情况下,该反应不能向右进行。

(2) $c(\text{HCl}) = 12$ mol/L $\quad c(\text{H}^+) = c(\text{Cl}^-) = 12$ mol/L

正极(还原)反应:$\text{MnO}_2 + 4\text{H}^+ + 2\text{e}^- \longrightarrow \text{Mn}^{2+} + 2\text{H}_2\text{O}$

负极(氧化)反应:$Cl_2 + 2e^- \longrightarrow 2Cl^-$

$$\varphi_+ = \varphi^{\ominus}(MnO_2 \mid Mn^{2+}) + \frac{0.0592}{2}\lg\frac{[H^+]^4}{[Mn^{2+}]}$$

$$= 1.23 + \frac{0.0592}{2}\lg(12)^4 = 1.36 \text{ V}$$

$$\varphi_- = \varphi^{\ominus}(Cl_2 \mid Cl^-) + \frac{0.0592}{2}\lg\frac{p(Cl_2)/p^{\ominus}}{[Cl^-]^2}$$

$$= 1.36 + \frac{0.0592}{2}\lg\frac{1}{(12)^2} = 1.30 \text{ V}$$

因为$\varphi_+ > \varphi_-$(或 $E = \varphi_+ - \varphi_- = 1.36 - 1.30 = 0.06 \text{ V} > 0$)
所以,在这种情况下,该反应能向右进行。

**7. 解** $\varphi^{\ominus}(AgCl \mid Ag) = \varphi^{\ominus}(Ag^+ \mid Ag) + 0.0592 \lg[Ag^+]$

当$[Cl^-] = 1 \text{ mol/L}$时,$[Ag^+] = \dfrac{K_{sp}^{\ominus}(AgCl)}{[Cl^-]} = K_{sp}^{\ominus}(AgCl)$

$\varphi^{\ominus}(AgCl \mid Ag) = \varphi^{\ominus}(Ag^+ \mid Ag) + 0.0592 \lg K_{sp}^{\ominus}(AgCl) = 0.799 + 0.0592 \lg(1.8 \times 10^{-10}) = 0.222 \text{ V}$

**8. 解** (1)正极(还原)反应:$Fe^{3+} + e^- \longrightarrow Fe^{2+}$

负极(氧化)反应:$Cd \longrightarrow Cd^{2+} + 2e^-$

电池反应为:$2Fe^{3+} + Cd \rightleftharpoons 2Fe^{2+} + Cd^{2+}$

(2) $\lg K^{\ominus} = \dfrac{nE^{\ominus}}{0.0592} = \dfrac{2 \times [0.771 - (-0.402)]}{0.0592} = 39.63$

$$K^{\ominus} = 4.26 \times 10^{39}$$

# 第7章　原子结构

● 教学基本要求 ●

1.初步了解微观粒子的运动特征（量子化、波粒二象性和测不准原理）。

2.初步了解原子核外电子运动状态的描述（原子轨道、电子云及它们的角度分布图）。

3.会用四个量子数表示核外电子运动状态。

4.掌握鲍林近似能级图和多电子原子的能级。

5.了解多电子原子核外电子排布规律,掌握多电子原子核外电子排布式（电子结构式）,了解原子的电子层结构和周期律的关系。

6.了解主要原子参数及变化规律（原子半径、电离能、电负性）。

● 重点内容概要 ●

**1. 核外电子运动状态的特征**

核外电子运动状态具有量子化和波粒二象性的特征。氢原子光谱是线状光谱证实了核外电子运动的能量具有量子化特性,而电子的衍射实验证实了电子运动具有波动性。包括电子的微观粒子波粒二象性可以通过德布罗依关系式来描述：

$$\lambda = \frac{h}{m\gamma}$$

关系式左边表示粒子的波动性,右边表示粒子的粒子性,它们通过普朗克常数 $h$ 相联系。

微观粒子运动符合测不准原理,不能用经典力学来描述微观粒子的运动状态。

## 2. 波函数和薛定谔方程

波函数 $\Psi$ 是描述核外电子运动状态的函数,又称原子轨道。波函数的物理意义至今仍不明确,但微观粒子的所有性质必在波函数 $\Psi$ 上予以反映。描述微观粒子运动状态的基本方程是薛定谔方程,它是一个二阶偏微分方程:

$$\frac{\partial^2 \Psi}{\partial x^2} + \frac{\partial^2 \Psi}{\partial y^2} + \frac{\partial^2 \Psi}{\partial z^2} = -\frac{8\pi^2 m}{h^2}(E-V)\Psi$$

薛定谔方程可以转换成球坐标方程,包含角度部分和径向部分:

$$\Psi(r,\theta,\phi) = R(r)Y(\theta,\phi)$$

波函数绝对值的平方 $|\Psi|^2$ 表示空间某处单位体积电子出现的概率,也称概率密度,其图像称为电子云。

## 3. 四个量子数

解薛定谔方程需要确定 3 个量子数 $n,l,m$。三个量子数可以确定电子的运动状态,同时电子自身还做自旋运动。这样,由上述 3 个量子数加一个自旋量子数($m_s$)就可描绘出电子在原子核外区域出现概率的大小,以及它们的能量高低的情况。根据四个量子数的容许值关系,可以确定每一电子层中最多容纳的电子数。要完整描述电子运动状态,四个量子数缺一不可,它们所表示的意义及制约关系见表 7-1。

表 7-1　　　　量子数的可取值及其意义

| 名称 | 符号 | 可取值 | 意义 |
| --- | --- | --- | --- |
| 主量子数 | $n$ | 可取值 1,2,3,4,… 与电子层 K,L,M,N 相对应 | 确定电子能量的主要量子数,电子能量及其电子云离核平均距离随 $n$ 增大而增大 |
| 角量子数 | $l$ | 对应于每一个 $n$,$l$ 可取 0,1,2,…,$(n-1)$ | (1) 在多电子原子中与 $n$ 一起决定电子能级<br>(2) 表示电子云形状,与 $l$ 值等于 0,1,2,3 相对应的电子云形状为 s,p,d,f |
| 磁量子数 | $m$ | 对应于每一个 $l$,$m$ 可取 0,±1,±2,…,±$l$ | 表示原子轨道的空间取向:s 有一种,p 有三种,d 有五种,f 有七种 |
| 自旋量子数 | $m_s$ | 对应于每个原子轨道有 2 个值 $+\frac{1}{2},-\frac{1}{2}$。取值与 $n,l,m$ 无关 | 描述电子绕本身轴线的自旋特征 |

### 4. 原子轨道和电子云的角度分布图

薛定谔方程中的角度部分 $Y(\theta,\phi)$ 有两个变量,一般固定 $\phi$,以 $Y$ 对 $\theta$ 作图得到的剖面图称为原子轨道的角度分布图,以 $Y^2$ 对 $\theta$ 作图得到的剖面图称为电子云的角度分布图。

由于 $Y(\theta,\phi)$ 与主量子数 $n$、离核半径 $r$ 无关,因此只要 $l$、$m$ 值相同,它们的角度分布图的形状则相同。如 s 轨道是球形对称的,只有一种取向;p 轨道是哑铃形的,有三种取向;d 轨道是花瓣形的,有五种取向。原子轨道角度分布图胖些,并有"+"和"-"值,是根据 $Y$ 的数学表达式计算而来的,不是指带"+"或"-"电,它们在讨论原子轨道形成化学键时非常有用。电子云的角度分布图在空间的形状和取向与其原子轨道角度分布图相同,但电子云的角度分布图要瘦些,均为"+"值。

如果将电子云径向部分 $R^2(r)$ 与电子云的角度部分 $Y^2(\theta,\phi)$ 两者结合起来考虑,得到的图形即为电子云的实际图像。

### 5. 原子的能级和能级图

单电子体系如氢原子的能级完全由 $n$ 决定,多电子原子的能级由 $n$、$l$ 同时决定。一般可以用 $n+0.7l$ 来经验的判断能级的相对高低。能级组的划分可以粗略的由 $n+0.7l$ 的整数部分决定。

在多电子原子中,其他电子对某一选定电子的排斥作用,归结为有效核电荷的降低,削弱了核电荷对该电子的吸引力,这种作用称为屏蔽效应。外层电子对内层电子可以认为不产生屏蔽效应。由于有屏蔽效应的存在,会发生能级交错。

### 6. 核外电子排布的规则

能量最低原理决定了电子填充轨道的先后次序,泡利不相容原理决定了每个轨道容纳的电子数,洪特规则决定了等价轨道上电子的排布方式(应用时注意全空、半充满、全充满时的特例)。

绝大多数元素的基态原子核外电子排布都符合上述三个规则。电子排布依次顺序是:

1s 2s2p 3s3p 4s3d4p 5s4d5p 6s4f5d6p 7s5f6d7p⋯

### 7. 原子的电子层结构和元素周期系

能级组的划分是导致周期划分的本质原因。周期数 = 能级组数,因此可以确定每一周期最多可容纳的元素数目。价层电子数是导致族的划分的本质原因。族数 = 价层电子数 = 最高氧化值（ⅧB 族，只有 Ru、Os 可达 +8，第ⅠB 族有例外）。最后一个电子所填充的轨道是导致区的划分的本质原因。

周期表中的元素分为 16 个族，其中 8 个主族、8 个副族。周期表中的元素可分为 5 个区，它们是 s 区、p 区、d 区、ds 区和 f 区。

**8. 元素性质的周期性变化**

元素的有效核电荷、原子半径、电离能、电子亲和能、电负性等元素性质呈现周期性变化，是原子的电子层结构周期性变化所导致。

有效核电荷周期性变化规律是，同周期从左到右依次增加，增加的幅度依长、短周期有所不同，同族从上到下有效核电荷增加缓慢。

依原子的不同结合方式，原子半径可以分为金属半径、共价半径和范德华半径。其变化的大致规律与有效核电荷数变化规律相一致。第五周期和第六周期的几个副族元素原子半径由于出现"镧系收缩"，而使它们的半径极其接近，性质也极为相似。

影响电离能和电子亲和能大小的因素有：有效核电荷、原子半径和原子的电子构型。元素第一电离能的变化规律是同周期元素从左到右电离能逐渐增大（副族比较缓慢），同一主族元素从上到下电离能由大变小，而副族电离能变化不规则。电子亲和能在同一周期中，呈增大趋势。同一族自上而下呈减小趋势，但规律性并不强。

电负性可以全面衡量分子中原子得失电子的能力，变化规律是同一周期元素从左到右电负性逐渐增加，过渡元素的电负性变化不大。同一主族元素从上到下电负性逐渐减小，副族元素则从上到下电负性逐渐增强。稀有气体的电负性是同周期元素中最高的。电负性的大小可以粗略的衡量元素金属性和非金属性的强弱，一般而言，电负性越大，非金属性越强。

● **例题解析** ●

【例 1】 当主量子数 $n = 4$ 时，有几个能级？各个能级有几个轨道？最多能容纳多少电子？

**解** 决定轨道电子所处能级有两个量子数 $n$、$l$；决定一个原子轨道需要

三个量子数 $n$、$l$、$m$；在每个轨道中可以有两个自旋相反的电子。根据上述 $n$、$l$、$m$ 和 $m_s$ 相互有关的容许值，可决定 $n=4$ 时，该电子层有 4 个能级，相应每一个能级的轨道有 1、3、5、7 个，总共可容纳电子 32 个。关系见表 7-2。

表 7-2

| 主量子数($n$) | 容许角量子数($l$) | 相应能级符号 | 相应容许磁量子数 | 各能级轨道数 | 各能级可容纳电子数 | 共可容纳电子数 |
|---|---|---|---|---|---|---|
| 4 | 0 | 4s | 0 | 1 | 2 | 32 |
|  | 1 | 4p | +1, 0, -1 | 3 | 6 |  |
|  | 2 | 4d | +2, +1, 0, -1, -2 | 5 | 10 |  |
|  | 3 | 4f | +3, +2, +1, -1, -2, -3 | 7 | 14 |  |

【例 2】 原子中下列电子哪一个是可以存在的？
A：$n=2$，$l=2$，$m=0$，$m_s=+1/2$；
B：$n=3$，$l=0$，$m=0$，$m_s=-1/2$；
C：$n=4$，$l=2$，$m=1$，$m_s=+1$；
D：$n=5$，$l=1$，$m=-2$，$m_s=-1$。

**解** 明确 $n$、$l$、$m$ 三个量子数取值的相互制约关系是正确解题的关键，自旋量子数 $m_s$ 只能取 $+1/2$ 和 $-1/2$，$n$ 的取值是自然数 $1,2,3,\cdots$，最小为 1，$l$ 的取值受 $n$ 的限制，最大为 $(n-1)$，最小为 0，共 $n$ 种取值方式，$m$ 的取值受 $l$ 的限制，同一 $l$ 下可有 $2l+1$ 种取值，它们是 $\pm l, \pm(l-1), \cdots, 0$，因此，本题答案是 B。

【例 3】 用四个量子数表示氧外层电子。

**解** 本题考察对周期表的熟悉程度，应明确知道氧原子的核电荷数是 8，共 8 个电子。应掌握能级组的划分和原子轨道的能量的高低以及电子排布的三个规则。

根据氧原子电子排布规则，氧原子的电子结构是 $1s^2 2s^2 2p^4$，外层电子结构是 $2s^2 2p^4$，2s 轨道和 2p 轨道分别是

2s：$n=2$，$l=0$，$m=0$，一个轨道；
2p：$n=2$，$l=1$，$m=+1, 0, -1$，三个轨道。

然后按排布规则填入电子，尤其应注意满足泡利不相容原理和洪特规则。

$$2s^2: \begin{matrix} n=2 & l=0 & m=0 & m_s=+1/2 \\ n=2 & l=0 & m=0 & m_s=-1/2 \end{matrix}$$

$$2p^4: \begin{matrix} n=2 & l=1 & m=+1 & m_s=+1/2 \\ n=2 & l=1 & m=+1 & m_s=-1/2 \\ n=2 & l=1 & m=0 & m_s=+1/2 \\ n=2 & l=1 & m=-1 & m_s=+1/2 \end{matrix}$$

【例4】 23号元素钒的电子层结构为 $1s^2 2s^2 2p^6 3s^2 3p^6 3d^3 4s^2$,试应用斯莱特规则计算其 3d 和 4s 能级能量值。

**解** 钒原子中 4s 电子所受的有效核电荷为

$$Z^* = Z - \sigma = 23 - (0.35 \times 1 + 0.85 \times 11 + 1.00 \times 10) = 3.3$$

相应的能量值为

$$E_{4s} = -\frac{13.6 \times (Z-\sigma)^2}{4^2} = -\frac{13.6 \times 3.3^2}{4^2} = -9.26 \text{ eV}$$

钒原子中 3d 电子所受的有效核电荷为

$$Z^* = Z - \sigma = 23 - (0.35 \times 2 + 1.00 \times 18) = 4.3$$

相应的能量值为

$$E_{3d} = -\frac{13.6 \times (Z-\sigma)^2}{3^2} = -\frac{13.6 \times 4.3^2}{3^2} = -27.94 \text{ eV}$$

由计算可知在钒原子中,$E_{3d}$ 能级低于 $E_{4s}$,因此,根据近似能级图可得 23 号元素钒原子电子排列顺序为 $1s^2 2s^2 2p^6 3s^2 3p^6 4s^2 3d^3$,而按实际能级高低调整写成 $1s^2 2s^2 2p^6 3s^2 3p^6 3d^3 4s^2$。

【例5】 某元素有 6 个电子处于 $n=3, l=2$ 的能级上,推测该元素的原子序数,并根据洪特规则推测在 d 轨道上未成对的电子有几个。

**解** 根据题意,$n=3, l=2$ 代表 3d 轨道,根据近似能级图 3d 轨道在第四能级组出现,所以,该元素原子的电子排布顺序为 $1s^2 2s^2 2p^6 3s^2 3p^6 4s^2 3d^6$,可以推算排有 26 个电子,其原子序数为 26,查得此元素为 Fe。

d 轨道对应的角量子数 $l=2$,对应的磁量子数有 $0, \pm 1, \pm 2$,所以共有 5 个 d 轨道,根据洪特规则,在等价轨道上,电子分占轨道且自旋平行,所以 6 个电子共占 5 个轨道,其中一个轨道上的电子是成对的,4 个轨道上的电子是成单的:

| ↑↓ | ↑ | ↑ | ↑ | ↑ |

【例6】 某元素的原子序数为20,问:

(1) 它有几个电子层,每层电子数各为多少?

(2) 该元素在周期系中位于第几周期、第几族?主族还是副族?属于何区?

**解** 根据元素周期表推算20号元素是Ca,它的电子层结构为

$$1s^2 2s^2 2p^6 3s^2 3p^6 4s^2 \quad 或 \quad [Ar]4s^2$$

由此可得:

(1) 它有四个电子层:K层2个电子,L层8个电子,M层8个电子,N层2个电子;

(2) 该元素处在第四周期第二主族,属于s区。

更简洁的办法是根据价电子结构$4s^2$,$(n-1)$层为8电子结构,就可判断该元素所处的分区、周期和族。

【例7】 用原子结构说明:

(1) 同周期主族元素金属性、非金属性为什么变化较明显?

(2) 同周期过渡元素性质为什么变化较缓慢?

**解** (1) 以第三周期为例说明,从钠到氯随核电荷数的增加,电子依次增加在最外层,外层电子间的屏蔽效应较小,因此相邻主族元素间增加的有效核电荷数就较大,故从钠到氯有效核电荷显著增加,又因为主族元素原子半径递减得很快,所以有效核电荷$Z^*$和原子半径$r$的比值明显增加,因此从ⅠA到ⅦA各元素表现为失电子能力明显下降,得电子倾向明显加强,即同周期主族元素中金属性、非金属性发生显著变化。

(2) 以第四周期过渡元素为例,从21号元素钪到30号元素锌,其电子层结构差别在次外层d轨道。最外层电子数基本上保持2个,而次外层电子产生的屏蔽效应较最外层电子产生的屏蔽效应大,所以随核电荷的递增,相邻过渡元素间增加的有效核电荷数较小,故从钪到锌有效核电荷增加缓慢,又因为它们的半径变化也小,因此其有效核电荷$Z^*$和原子半径$r$的比值非常接近,说明其性质变化缓慢。

【例8】 甲元素是第三周期p区元素,其最低化合价为$-1$;乙元素是第四周期d区元素,最高化合价为$+4$,填表回答下列问题。

| 元素 | 外层电子构型 | 周期 | 族 | 金属或非金属 | 电负性相对高低 |
| --- | --- | --- | --- | --- | --- |

**解** 根据题意,甲元素处于周期表 p 区,可知它是主族元素,其最高正化合价 $=8-1=7$,故原子的外层电子构型为 $3s^2 3p^5$,所以甲元素为第三周期第 ⅦA 族非金属元素,应有较高的电负性。

同理可推测乙元素的外层电子构型为 $3d^2 4s^2$,为第四周期第 ⅣB 族金属元素,相应电负性较低。

上述结果列表如下:

| 元素 | 外层电子构型 | 周期 | 族 | 金属或非金属 | 电负性相对高低 |
| --- | --- | --- | --- | --- | --- |
| 甲 | $3s^2 3p^5$ | 3 | ⅦA | 非金属 | 较高 |
| 乙 | $3d^2 4s^2$ | 4 | ⅣB | 金属 | 较低 |

● **习题选解** ●

**7-1** 下列各组的电子运动状态是否存在?

(1) $n=2, l=2, m=0, m_s=+1/2$;

(2) $n=3, l=1, m=2, m_s=-1/2$;

(3) $n=4, l=1, m=0, m_s=+1/2$;

(4) $n=2, l=1, m=1, m_s=-1/2$。

**解** (3)和(4)是电子运动的正确表达方式。(1)中 $l$ 值不符合量子数取值规定,(2)中 $m$ 值不符合量子数取值规定。

**7-2** 填充下列各组合中的量子数:

(1) $n=?, l=2, m=0, m_s=+1/2$;

(2) $n=2, l=?, m=+1, m_s=-1/2$;

(3) $n=4, l=2, m=0, m_s=?$;

(4) $n=2, l=0, m=?, m_s=+1/2$。

**解** (1) $n \geqslant 3$ 的正整数;(2) $l=1$;(3) $m_s=+1/2$ 或 $m_s=-1/2$;(4) $m=0$。

**7-3** 当 $n=3$ 时,$l$、$m$ 有多少可能的值?分别用 $n$、$l$、$m$ 表示。

**解**

| 量子数 | $n$ | $l$ | $m$ |
|---|---|---|---|
| 数值 | 3 | 0 | 0 |
|  |  | 1 | +1、0、-1 |
|  |  | 2 | +2、+1、0、-1、-2 |

**7-4** 写出 Mn 元素 3d 轨道上电子的四个量子数。

**解** Mn：价电子构型 $3d^5 4s^2$

| 量子数 | $n$ | $l$ | $m$ | $m_s$ |
|---|---|---|---|---|
| 数值 | 3 | 2 | +2 | +1/2 |
|  |  |  | +1 | +1/2 |
|  |  |  | 0 | +1/2 |
|  |  |  | -1 | +1/2 |
|  |  |  | -2 | +1/2 |

**7-5** 在某元素原子的某一电子层中,角量子数为 1 的能级中有几个原子轨道?画出处于该能级下电子可能的电子云形状。

**解** 角量子数为 1 的能级中有 3 个原子轨道,分别为 $p_x$、$p_y$、$p_z$,处于该能级下电子可能的电子云形状见教材图 7-9。

**7-6** 下列元素的原子核外电子排布都是错误的,它们分别违背了核外电子排布规律中的哪一条?请加以改正。

(1) C 原子的轨道表示式写成 ↑↓ | ↑↓ | ↑↓ |　|　| ,违背了_____,应改为_____。

(2) Ca 原子的电子排布式写成 $1s^2 2s^2 2p^6 3s^2 3p^6 3d^2$,违背了_____,应改为_____。

(3) N 原子的轨道表示式写成 ↑↑ | ↑↓ |　| ↑ | ↑ | ,违背了_____,应改为_____。

**解** (1) 违背了洪特规则,改为

1s　2s　　2p
↑↓ | ↑↓ | ↑ | ↑ |　|

(2) 违背了能量最低原理,改为 $1s^2 2s^2 2p^6 3s^2 3p^6 4s^2$。

(3) 违背了泡利不相容原理,改为

1s　2s　　2p
↑↓ | ↑↓ | ↑ | ↑ | ↑ |

**7-7** 某元素原子的电子排布式是 $1s^2 2s^2 2p^6 3s^2 3p^6 3d^{10} 4s^1$,说明这个元素的原子核外有多少个电子层? 每个电子层有多少个轨道? 有多少个电子?

**解** 从元素原子的电子排布式可以得出,该元素最大量子数是4,所以原子核外的电子层数是4,分别称为K层、L层、M层和N层,其中K层有1个轨道2个电子,L层有4个轨道8个电子,M层有9个轨道18个电子,N层有16个轨道,这些轨道没有填满,只有1个电子。

**7-8** 写出 $_{33}$As 的电子排布式,并画出最外层电子的原子轨道的角度分布图。

**解** $1s^2 2s^2 2p^6 3s^2 3p^6 3d^{10} 4s^2 4p^3$,最外层电子的原子轨道是s轨道和p轨道。其角度分布图见教材图7-8。

**7-9** 已知下列元素原子的最外电子层结构(价电子结构)为

$$3s^2 ; 4s^2 4p^3 ; 3d^5 4s^1 ; 3s^2 3p^5$$

它们各属于第几周期? 第几族? 处于哪一个区?

**解**

| 最外电子层结构 | 周期 | 族 | 区 |
|---|---|---|---|
| $3s^2$ | 3 | ⅡA | s |
| $4s^2 4p^3$ | 4 | ⅤA | p |
| $3d^5 4s^1$ | 4 | ⅥB | d |
| $3s^2 3p^5$ | 3 | ⅦA | p |

**7-10** 第四周期元素,其原子失去3个电子,在3d轨道内半充满,试推断该元素的原子序数,并指出该元素的名称。

**解** 3d轨道半充满指的是3d轨道上有5个电子,即 $3d^5$。因为原子是按照由外到内的次序失去电子的,所以原子的价电子分布为 $3d^6 4s^2$,它是26号元素铁(Fe)。

**7-11** 写出下列离子的外层电子分布式,并指出成单电子数。

$$Mn^{2+}, Cd^{2+}, Fe^{2+}, Ag^+, Cu^{2+}$$

**解**

| 离子 | 外层电子分布式 | 成单电子数 |
|---|---|---|
| $Mn^{2+}$ | $3d^5$ | 5 |
| $Cd^{2+}$ | $4d^{10}$ | 0 |
| $Fe^{2+}$ | $3d^6$ | 4 |
| $Ag^+$ | $4d^{10}$ | 0 |
| $Cu^{2+}$ | $3d^9$ | 1 |

**7**-**12** 试回答下列问题：

(1) 主、副族元素的电子层结构有什么特点？
(2) 周期表中 s、p、d、ds 区元素的电子层结构各有什么特点？
(3) 具有下列电子层结构的元素位于周期表的哪个区？
$ns^2$，$ns^2np^2$，$(n-1)d^5ns^2$，$(n-1)d^{10}ns^2$

**解** (1) 在主族元素中，电子最后填充在最外层的 s 轨道或 p 轨道上，最外层电子数在 1～8，其族数等于原子最外层上的电子数。

在副族元素中，电子最后填充次外层的 d 轨道，次外层电子数在 8～18，除第 Ⅷ 族之外，大多数元素的族数等于 $(n-1)$d 轨道和 $n$s 轨道的电子数之和。

(2) s 区 —— 最外层只有 1～2 个 s 电子，次外层没有 d 电子(H 无次外层)，最后填入电子的亚层为最外层的 s 亚层，价电子构型为 $ns^{1\sim2}$，包括 ⅠA 和 ⅡA。

p 区 —— 最外层除了 2 个 s 电子之外，还有 1～6 个 p 电子(He 无 p 电子)，最后填入电子的亚层为最外层的 p 亚层，价电子构型为 $ns^2np^{1\sim6}$，包括 ⅢA～ⅧA(0 族)。

d 区 —— 最外层只有 2 个(个别为 1 个，Pd 无)s 电子，次外层有 1～10 个 d 电子，最后填入电子的亚层一般为次外层的 d 亚层，价电子构型为 $(n-1)d^{1\sim10}ns^{1\sim2}$，包括 ⅢB～ⅦB、Ⅷ(Ⅷ 族)。

ds 区 —— 最外层只有 1～2 个 s 电子，次外层有 10 个 d 电子，最后填入电子的亚层一般为次外层的 d 亚层，价电子构型为 $(n-1)d^{10}ns^{1\sim2}$，包括 ⅠB～ⅡB。

(3) $ns^2$：s 区；$ns^2np^2$：p 区；$(n-1)d^5ns^2$：d 区；$(n-1)d^{10}ns^2$：ds 区。

**7**-**13** 填写下表中的空白。

| 原子序数 | 外层电子构型 | 未成对电子数目 | 周期 | 族 | 所属区 |
|---|---|---|---|---|---|
| 16 | | | | | |
| 18 | | | | | |
| 24 | | | | | |
| 29 | | | | | |
| 48 | | | | | |

**解**

| 原子序数 | 外层电子构型 | 未成对电子数目 | 周期 | 族 | 所属区 |
|---|---|---|---|---|---|
| 16 | $3s^2 3p^4$ | 2 | 3 | VIA | p |
| 18 | $3s^2 3p^6$ | 0 | 3 | 0 | p |
| 24 | $3d^5 4s^1$ | 6 | 4 | VIB | d |
| 29 | $3d^{10} 4s^1$ | 1 | 4 | IB | ds |
| 48 | $4d^{10} 5s^2$ | 0 | 5 | IIB | ds |

**7-14** 外层电子构型满足下列条件之一的是哪一族或哪一种元素?

(1) 具有 2 个 p 电子。

(2) 量子数为 $n=4$ 和 $l=0$ 的电子有 2 个, 量子数为 $n=3$ 和 $l=2$ 的电子有 6 个。

(3) 3d 为全充满、4s 为半充满的元素。

**解** (1) 第 VIA 族元素。(2) Fe 元素。(3) Cu 元素。

**7-15** 已知某元素 R 属于第四周期, 它有 6 个成单电子, 其中只有一个成单电子的电子云呈球形对称。

(1) 写出 R 的电子层结构, 指出原子序数。

(2) 写出各成单电子的量子数。

(3) 推测 R 和氧化合时最高氧化数的分子式。

(4) 指出 R 在周期表中的位置(指明区、族、周期)

**解** (1) R 的电子层结构为 $1s^2 2s^2 2p^6 3s^2 3p^6 3d^5 4s^1$, 原子序数为 24。

(2) $3d^5 4s^1$:

$n=3, l=2, m=+2, m_s=+1/2;$

$n=3, l=2, m=+1, m_s=+1/2;$

$n=3, l=2, m=0, m_s=+1/2;$

$n=3, l=2, m=-1, m_s=+1/2;$

$n=3, l=2, m=-2, m_s=+1/2;$

$n=4, l=0, m=0, m_s=+1/2。$

(3) R 和氧化合时最高氧化数的分子式: $CrO_5$。

(4) 位于周期表中第四周期, 第 VIB 族, d 区。

**7-16** 若元素最外层仅有一个电子, 它的量子数为 $n=4$、$l=0$、$m=0$、$m_s=+1/2$。问:

(1) 符合上述条件的元素有几个？原子序数各是多少？

(2) 写出相应元素原子的电子层结构，并指出其在周期表中的位置（指明区、族、周期）、最高氧化数、金属还是非金属。

(3) 画出这些元素原子最外层电子的电子云角度分布图。

**解** (1) 符合上述条件的元素有三个，分别是 K、Cr、Cu。原子序数分别是 19、24、29。

(2) $19K:1s^2 2s^2 2p^6 3s^2 3p^6 4s^1$，处于周期表中第四周期，第 I A 族，s 区，最高氧化数：+1，金属

$24Cr:1s^2 2s^2 2p^6 3s^2 3p^6 3d^5 4s^1$，处于周期表中第四周期，第 VI B 族，d 区，最高氧化数：+6，金属

$29Cr:1s^2 2s^2 2p^6 3s^2 3p^6 3d^{10} 4s^1$，处于周期表中第四周期，第 I B 族，ds 区，最高氧化数：+3，金属。

(3) 这些元素原子最外层电子的电子云角度分布图见教材图 7-9。

**7-17** 判断下列各对原子或离子中哪个半径大，并说明理由。

(1) H 和 He；(2) Ba 和 Sr；(3) Sc 和 Ca；(4) Cu 和 Ni；(5) Zr 和 Hf；(6) K 和 Ag；(7) $Na^+$ 和 $Al^{3+}$；(8) $Fe^{2+}$ 和 $Fe^{3+}$。

**解** (1) H < He。H 是供价半径，He 是范德华半径。

(2) Ba > Sr。同一主族由上至下，原子的有效核荷电数和电子层数都增加，但电子层数的增加因素占主导地位，随着电子层数的增加，原子核对外层电子的吸引力减弱，原子半径明显增大。

(3) Sc < Ca。在同一周期的长周期中，从 d 区元素开始，电子填充到次外层（d 轨道），在次外层增加电子的屏蔽作用明显比在最外层增加电子的屏蔽作用要大，有效核电荷增加缓慢，原子半径减小也随之缓慢。

(4) Cu > Ni。在同一周期的长周期中，由于 d 区元素有效核电荷增加缓慢，原子半径减小也随之缓慢。当次外层全充满后（ds 区），电子填充在最外层，原子半径反而会略有增大。在同一周期的长周期中，从 d 区元素开始，电子填充到次外层（d 轨道），在次外层增加电子的屏蔽作用明显比在最外层增加电子的屏蔽作用要大，有效核电荷增加缓慢，原子半径减小也随之缓慢。

(5) Zr ≈ Hf。由于"镧系收缩"，镧系以后的元素如铪（Hf）、钽（Ta）、钨（W）等原子半径都相应减小，致使它们的半径与第五周期的同族元素锆（Zr）、铌（Nb）、钼（Mo）非常接近。

(6)K＞Ag。原子半径的大小主要取决于原子的有效核电荷和核外电子层数。在同一周期中,随着有效核电荷的增加,原子半径变化的趋势是减小的。同族元素由上至下,由于电子层数的增加,原子半径变化的总趋势是增大的,但副族元素的原子半径变化不明显。

(7)$Na^+$＞$Al^{3+}$。离子半径的大小受核电荷和核外电子数的影响较大,同一周期中,自左至右,金属的离子半径随所带电荷的增加而减小。

(8)$Fe^{2+}$＞$Fe^{3+}$。同一元素的正离子半径要小于原子半径;同一元素形成多种氧化态时,离子带正电荷越多,离子半径越小。

**7-18** 有A,B,C,D四种元素,其价层电子数依次为1,2,6,7,其电子层数依次减少一层,已知$D^-$的电子层结构与Ar原子的相同,A和B的次外层各只有8个电子,C次外层有18个电子。试判断这四种元素:

(1)电负性由小到大的顺序;

(2)金属性由弱到强的顺序。

**解** $D^-$的电子层结构与Ar原子的相同,价层电子数为7,D应为Cl。Cl在第三周期,由于电子层数依次减少一层,相应的A,B,C三元素分别位于第六周期、第五周期和第四周期。C次外层有18个电子,全充满,外层6个电子,应为第四周期第六主族元素Se。A和B的次外层各只有8个电子,应为第一主族和第二主族元素Cs和Sr。

根据上述元素在周期表中的位置,电负性由小到大的顺序为A＜B＜C＜D。

金属性由弱到强的顺序为D、C、B、A。

**7-19** 不参看周期表,试推测下列每一对原子中哪一个原子具有较高的第一电离能和较大的电负性?

(1)19和29号元素原子;

(2)37和55号元素原子。

**解** 根据电子排布式,可以推算元素在元素周期表的位置,从而可以推测它们的第一电离能和电负性值的相对大小。

(1)19号元素位于第四周期第ⅠA族,29号元素位于第四周期第ⅠB族,29号元素的第一电离能和电负性均大于19号元素。

(2)37号元素位于第五周期第ⅠA族,55号元素位于第六周期第ⅠA族,37号元素的第一电离能和电负性均大于55号元素。

**7-20** 试解释以下事实:

(1) Na 的第一电离能小于 Mg,第二电离能则大于 Mg。

(2) Cl 的电子亲和能比 F 小。

(3) 从混合物中分离 V 与 Nb 容易,而分离 Nb 和 Ta 难。

**解** (1) Na 的价电子排布为 $3s^1$,Mg 的价电子排布为 $3s^2$,3s 只有一个轨道,填充 2 个电子为全满的稳定结构,失去 1 个电子需要更多能量,所以 Na 的第一电离能小于 Mg。当失去 1 个电子后,$Na^+$ 的最外层填充 8 个电子为稳定结构,而 $Mg^+$ 的 $3s^1$ 尚未达到稳定结构,所以失去第 2 个电子,Na 比 Mg 需要更多能量,所以 Na 的第二电离能小于 Mg。

(2) 由于 F 原子的半径小,进入的电子会受到原有电子较强的排斥,用于克服电子排斥所消耗的能量相对多些。

(3) V 与 Nb 未受镧系收缩的影响,两者的原子半径、离子半径及化学性质均有明显差别,V 是活泼金属,Nb 是不活泼金属,从而混合物中分离 V 与 Nb 容易。由于镧系收缩,原子半径相应缩小,致使第六周期的 Ta 与第五周期的同族元素 Nb 非常接近,性质也因此非常相似,在自然界中常共生在一起,并且难以分离。

● 同步练习 ●

一、判断题

**1.** 微观粒子的质量越小,运动速度越快,波动性就表现得越明显。 ( )

**2.** 因为氢原子只有一个电子,所以它只有一条原子轨道。 ( )

**3.** 因为在 s 轨道中可以填充两个自旋方向相反的电子,所以 s 轨道必有两个不同的伸展方向,它们分别指向正和负。 ( )

**4.** 不同磁量子数 $m$ 表示不同的原子轨道,因此它们所具有的能量也不相同。 ( )

**5.** 随着原子序数的增加,$n$、$l$ 相同的原子轨道的能量也随之不断增加。 ( )

**6.** 描述原子核外电子运动状态的波函数 $\Psi$ 需要用四个量子数来确定。 ( )

**7.** $n=5,l=1$ 的原子轨道可表示为 5p 轨道,它共有 3 种空间伸展方向,

最多可容纳 6 个电子。 (    )

**8.** 电离能大的元素,其电子亲和能也大。 (    )

**9.** 电负性反映了化合态原子吸引电子能力的大小。 (    )

**10.** 一个元素的原子,核外电子层数与元素在周期表中所处的周期数相等;最外层电子数与该元素在周期表中所处的族数相等。 (    )

二、选择题

**1.** 薛定谔方程中,波函数 $\Psi$ 描述的是(    )。
  A. 原子轨迹           B. 概率密度
  C. 核外电子的运动轨迹   D. 核外电子的空间运动状态

**2.** 下面几种描述核外电子运动的说法中,较正确的是(    )。
  A. 电子绕原子核做圆周运动
  B. 电子在离核一定距离的球面上运动
  C. 电子在核外一定的空间范围内运动
  D. 现在还不可能正确描述核外电子运动

**3.** 电子云示意图中的小黑点(    )。
  A. 表示电子
  B. 表示电子在该处出现
  C. 其疏密表示电子出现的概率大小
  D. 其疏密表示电子出现的概率密度大小

**4.** 所谓原子轨道是指(    )。
  A. 一定的电子云      B. 核外电子出现的概率
  C. 一定的波函数      D. 某个径向分布函数

**5.** 决定原子轨道的量子数是(    )。
  A. $n$    B. $l$    C. $n,l$    D. $n,l,m$

**6.** 3d 轨道的磁量子数可能有(    )。
  A. 1,2,3    B. 0,1,2    C. 0,±1    D. 0,±1,±2

**7.** 下列哪一组数值是原子序数 19 的元素的价电子的四个量子数(依次为 $n,l,m,m_s$)(    )。
  A. 1,0,0,+1/2       B. 2,1,0,+1/2
  C. 3,2,1,+1/2       D. 4,0,0,+1/2

**8.** 某原子中的 5 个电子,分别具有如下所列的量子数,其中对应于能量最高的电子的量子数是(　　)。

A. $n=2, l=1, m=1, m_s=-1/2$

B. $n=2, l=1, m=0, m_s=-1/2$

C. $n=3, l=1, m=1, m_s=+1/2$

D. $n=3, l=2, m=-2, m_s=-1/2$

**9.** 对原子中的电子来说,下列成套量子数中不可能存在的是(　　)。

A. $3,1,1,-1/2$　　　　B. $2,1,-1,+1/2$

C. $3,3,0,+1/2$　　　　D. $4,3,-3,-1/2$

**10.** 若将氮原子的电子排布式写成 $1s^2 2s^2 2p_x^2 2p_y^1$,它违背(　　)。

A. 能量守恒原理　　　　B. 泡利不相容原理

C. 能量最低原理　　　　D. 洪特规则

**11.** 39 号元素钇的电子排布应是下列各组中的哪一组(　　)。

A. $1s^2 2s^2 2p^6 3s^2 3p^6 3d^{10} 4s^2 4p^6 4d^1 5s^2$

B. $1s^2 2s^2 2p^6 3s^2 3p^6 3d^{10} 4s^2 4p^6 5s^2 5p^1$

C. $1s^2 2s^2 2p^6 3s^2 3p^6 3d^{10} 4s^2 4p^6 4f^1 5s^2$

D. $1s^2 2s^2 2p^6 3s^2 3p^6 3d^{10} 4s^2 4p^6 5s^2 5d^1$

**12.** $Fe^{3+}$ 的外层电子排布式为(　　)。

A. $3d^3 4s^1$　　B. $3d^3 4s^0$　　C. $3s^2 3p^6 3d^5$　　D. $3s^2 3p^6 3d^4 4s^2$

**13.** $_{24}Cr^{3+}$ 的未成对电子数为(　　)。

A. 2　　　　B. 3　　　　C. 4　　　　D. 5

**14.** 下列元素的电负性大小次序正确的是(　　)。

A. $S<N<O<F$　　　　B. $S<O<N<F$

C. $Na<Ca<Mg<Al$　　D. $Hg<Cd<Zn$

**15.** 元素性质的周期性变化决定于(　　)。

A. 原子中核电荷数的变化　　B. 原子中价电子数目的变化

C. 原子半径的周期性变化　　D. 原子中电子分布的周期性

### 三、填空题

**1.** 原子序数为 24 的元素,其基态原子核外电子排布为_____,这是因为遵循了_____。基态原子中有_____个成单电子,最外层价电子的主量子数为_____,次外层上价电子的磁量子数分别为_____,自旋量子数为_____。

**2.** 某金属元素的最高氧化数为＋5,原子的最外层电子数为2,原子半径是同族元素中最小的,则该元素的价电子构型为_____,属于_____区元素,原子序数为_____。该元素氧化数为＋3的阳离子的价电子排布式为_____,属于_____电子构型的离子。

**3.** $M^{3+}$ 的3d轨道上有6个电子,则M原子基态时核外电子排布是_____,M属于第_____周期第_____族_____区元素,原子序数为_____。

**4.** 下列气态原子在基态时,未成对电子的数目分别是:$_{13}$Al_____,$_{16}$S_____,$_{21}$Sc_____,$_{24}$Cr_____,$_{77}$Ir_____。

**5.** 一般来说,一个原子的电负性大小取决于_____,其规律为_____。

● 同步练习参考答案 ●

一、判断题

1. √  2. ×  3. ×  4. ×  5. ×  6. ×  7. √  8. ×  9. √  10. ×

二、选择题

1. D  2. C  3. D  4. C  5. D  6. D  7. D  8. D  9. C  10. D  11. A  12. C  13. B  14. A、C  15. A

三、填空题

1. [Ar]$3d^5 4s^1$；洪特规则的特例；6;4;0,±1,±2;＋$\frac{1}{2}$(或－$\frac{1}{2}$)

2. $3d^3 4s^2$；d;23;$3s^2 3p^6 3d^2$；9～17

3. [Ar]$3d^7 4s^2$；四;Ⅷ;d;27

4. 1;2;1;6;3

5. 该原子在分子中吸引电子的能力；同一周期从左至右,电负性值递增;同族元素从上到下,元素电负性值递减;过渡元素的电负性值无明显规律。

# 第8章　化学键和分子结构

## ● 教学基本要求 ●

本章内容可以划分为离子键理论、价键理论和分子之间作用力三个部分。

**1. 离子键理论**

（1）了解离子键的特征、离子键的强度、离子的电子构型、离子半径及离子半径的变化规律；

（2）了解三种典型的 AB 型离子晶体的结构特征和正负离子半径比对离子晶体结构的影响；

（3）了解离子极化及离子极化对晶体结构和物质性质的影响。

**2. 价键理论**

（1）了解价键理论及共价键的特征、共价键的键型、键参数；

（2）了解杂化轨道理论，会用杂化轨道理论说明分子的空间构型；

（3）初步了解分子轨道理论，熟悉同核双原子分子的分子轨道能级图及电子排布，会用分子轨道理论说明同核双原子分子的稳定性和磁性。

**3. 分子间力、氢键和分子晶体**

（1）了解分子的极性和分子的变形性，了解分子间力，会用分子间力说明物质的熔点、沸点；

（2）了解氢键的形成和特点，了解氢键对物质性质的影响。

## ● 重点内容概要 ●

**1. 离子键的特征**

化学上把紧密相邻的两个或多个原子（离子）之间的强烈的相互吸引称

为化学键。不同元素原子间有不同的结合方式。电负性差别大的元素原子之间相互结合力称为离子键。

离子键的本质：正负离子吸引形成的库仑引力。

离子键的特点：无方向性和饱和性。

离子键的强度：由正负离子电荷和离子半径决定。

离子键的特征：由离子电荷、离子半径和离子的电子构型决定。

**2. 离子晶体**

离子键结合形成的离子化合物主要以离子晶体形式存在，离子电荷、离子半径和离子的电子构型影响离子晶体类型。离子晶体的配位数主要是由正负离子半径比决定。原则是尽量使正负离子紧密接触。在立方晶系中，配位数为4(ZnS型)的 $r_+/r_-$ 是 $0.225 \sim 0.414$；配位数为6(NaCl型)的 $r_+/r_-$ 是 $0.414 \sim 0.732$；配位数为8(CsCl型)的 $r_+/r_-$ 是 $0.732 \sim 1.00$。

**3. 离子的极化**

离子所带电荷对异号离子变形性的影响称为极化。一般对正离子考虑极化作用，极化的能力由离子电荷、离子半径和离子的电子构型决定。电荷越大，半径越小，极化能力越强。电子构型是影响极化的重要因素，其极化能力顺序如下：

外层具有18、18+2和2个电子构型 > 外层具有9～17个电子构型 > 外层具有8个电子构型

对负离子一般只考虑变形性，离子的半径愈大，变形性愈大。

离子极化对离子晶体构型和性质有很大的影响，可以使化学键中离子键成分降低，共价键成分升高；晶体类型向配位数小的方向转变，化合物的熔、沸点降低；晶体在水中溶解度降低；离子晶体的颜色加深。

**4. 共价键和价键理论**

电负性相同或电负性差别不大的非金属元素原子形成分子时的结合力称为共价键。共价键结合力的本质是电性的(但不纯粹是静电的)。共价键的结合力是原子核对共用电子对形成的负电区域的吸引力。

价键理论可以简单地解释共价键的形成。其基本要点是，(1) 两原子接近时，自旋方向相反的未成对的价电子可以配对，形成共价键；(2) 形成共价键时原子轨道总是尽最大程度重叠使系统能量最低。

由要点(1)可以得知共价键具有饱和性，由要点(2)可以得知共价键具

有方向性。

由于原子轨道在空间有不同的伸展方向,波函数也有正、负之分,其重叠类型如下:

$$原子轨道重叠\begin{cases}有效重叠:同相位重叠\\无效重叠\begin{cases}负重叠:异相位重叠\\零重叠:有效重叠与负重叠完全抵消\end{cases}\end{cases}$$

依原子轨道重叠的方向不同,共价键可分成 σ 键和 π 键。其中 σ 键可以单独存在于原子共价键中,而 π 键不能单独存在,只能与 σ 键共存于具有双键或叁键的分子中。

表征共价键的键参数是键能、键长和键角,其中键能是以能量标志化学键强弱的物理量,而键长和键角可以确定分子的几何构型。

**5. 杂化轨道理论**

杂化轨道理论是用来解释共价分子空间构型的。其要点是:

(1) 同一原子中能量相近的几个原子轨道可以通过叠加混杂,形成成键能力更强的新轨道,即杂化轨道;

(2) 原子轨道杂化时,一般使对电子激发到空轨道而成单个电子,其所需的能量完全可用成键时放出的能量予以补偿;

(3) 一定数目的原子轨道,杂化后可得相同数目的杂化轨道。但杂化后的新轨道完全消除了原来原子轨道之间的明显差别,这些新轨道的能量是等同的。

杂化轨道类型与分子空间构型的关系见表 8-1。

**表 8-1    杂化轨道类型与分子空间构型的关系**

| 杂化类型 | 等性杂化 ||| 不等性 $sp^3$ 杂化 ||
|---|---|---|---|---|---|
| | sp | $sp^2$ | $sp^3$ | 一对孤对电子 三对键对电子 | 二对孤对电子 二对键对电子 |
| 杂化轨道成分 | $\frac{1}{2}s, \frac{1}{2}p$ | $\frac{1}{3}s, \frac{2}{3}p$ | $\frac{1}{4}s, \frac{3}{4}p$ | | |
| 空间构型 | 直线形 | 平面三角形 | 正四面体 | 三角锥形 | V 形 |
| 键角 | 180° | 120° | 109.5° | | |
| 分子类型 | $AB_2$ | $AB_3$ | $AB_4$ | $AB_3$ | $AB_2$ |
| 实例 | $BeCl_2$ $HgCl_2$ | $BF_3$ $BCl_3$ | $CH_4$ $SiCl_4$ | $NH_3$ $NF_3$ | $H_2O$ $H_2S$ |
| 分子形成过程 | 激发 —— 杂化 —— 重叠成键 ||| 杂化 —— 重叠成键 ||

**6. 分子轨道理论**

分子轨道理论把分子作为一个整体来考虑,认为分子中各原子的电子在整个分子范围内运动,其运动状态可以用波函数 $\Psi$ 来描述,称为分子轨道。分子轨道由原子轨道线性结合而成,分子轨道的数目等于组成分子的各原子的原子轨道数目之和。组成的分子轨道符合能量相近原理、最大重叠原理和对称性匹配原理。原子轨道线性相加得到成键分子轨道,线性相减得到反键分子轨道,成键分子轨道的能量低于原来的原子轨道能量,而反键分子轨道的能量高于原来的原子轨道能量,非键分子轨道的能量等于原来的原子轨道能量。分子中所有电子在分子轨道中的排布遵从原子轨道中电子排布的规则,即能量最低原理、泡利不相容原理和洪特规则。

利用分子轨道理论可以说明分子成键情况、键的强弱(分子的稳定性)和分子的磁性。价键理论和分子轨道理论的对比应用见表 8-2。

表 8-2　　价键理论与分子轨道理论的评价及应用

| | 价键理论(杂化轨道理论) | 分子轨道理论 |
| --- | --- | --- |
| **优点** | 简明直观,价键概念突出,在描述分子的几何构型方面有独到之处 | 把分子中原子轨道线性组合为分子轨道,使分子具有整体性,把成键条件放宽,应用范围比较宽 |
| **缺点** | 把共价键的形成局限在相邻原子之间的自旋相反的两个电子的配对成键,应用范围比较狭窄 | 计算方法复杂,在描述分子的几何构型方面不够直观 |
| **应用** | 解释分子的形成,说明分子的空间构型 | 解释分子的形成、结构及稳定性;预言分子或离子的存在,说明分子的磁性 |

**7. 分子间作用力**

共价分子中正负电荷的中心的相对位置决定了整个分子的极性。其极性的大小可以用偶极矩这个物理量来描述。

$$\mu = q \times d$$

偶极矩不等于零的分子称为极性分子,等于零的分子称为非极性分子。分子的极性和共价键的极性并不统一,极性键的分子由于对称性的关系常常是非极性分子。无论是极性分子还是非极性分子,当它们相互靠近时都会产生分子间作用力。分子间作用力有三种,通常情况下,以色散力为主。分子间作用力无方向性和饱和性。 分子间作用力的种类及产生原因见表 8-3。

表 8-3　　　　　三种分子间作用力及其产生

| 分子的极性 | 分子间作用力的种类 | 产生原因 |
|---|---|---|
| 非极性分子之间 | 色散力 | 瞬时偶极 |
| 极性分子和非极性分子之间 | 色散力、诱导力 | 瞬时偶极、诱导偶极 |
| 极性分子之间 | 色散力、诱导力、取向力 | 瞬时偶极、诱导偶极、固有偶极 |

分子间作用力主要影响分子晶体物质的物理性质,根据分子间作用力的大小,可以比较某些物质熔、沸点的高低,溶解度的差异等。

当氢原子与电负性大、半径小的原子(F、O、N)以共价键结合时,会产生氢键,氢键的键能大于分子间力,氢键具有方向性和饱和性。氢键广泛地存在于水、无机酸和醇、胺、羧酸等有机物中,可分为分子间氢键和分子内氢键。氢键的存在影响物质的熔、沸点、密度、黏度等性质。分子间氢键的形成使熔、沸点升高,使冰的密度比水小,使某些溶液的黏度增大,而分子内氢键的形成可以使熔、沸点降低。

**8. 晶体类型和性质**

不同化学键形成的晶体有不同的性质,其特征和性质见表 8-4。

表 8-4　　　　　四种类型晶体的性质特征

| 晶体类型 | | 离子晶体 | 原子晶体 | 分子晶体 | | 金属晶体 |
|---|---|---|---|---|---|---|
| 结点上的粒子 | | 正、负离子 | 原子 | 极性分子 | 非极性分子 | 原子 |
| 性质特征 | 作用力 | 离子键 | 共价键 | 范德华力、氢键 | 色散力 | 金属键 |
| | 硬度 | 高 | 很高 | 低 | 很低 | 范围宽 |
| | 机械性能 | 脆 | 不太脆 | 软 | 很软 | 范围宽 |
| | 导电导热性 | 熔融时导电 | 非导体或半导体 | 固液态不导电,水溶液导电 | 非导体 | 良导体 |
| | 溶解性 | 易溶于极性溶剂 | 不溶 | 易溶于极性溶剂 | 易溶于非极性溶剂 | 不溶 |
| | 实例 | NaCl、MgO | 金刚石、SiC | HCl、$NH_3$ | $CO_2$、$H_2$ | W、Ag、K |
| | 应用 | 耐火材料、电解质 | 高硬度材料、半导体 | 低温材料、溶剂、绝缘材料 | | 合金、导电材料 |

● 例题解析 ●

**【例1】** 根据下表中元素的电负性：

| 元素 | Ca | F | S | O | C | H | P | Cl | Mg | As |
|---|---|---|---|---|---|---|---|---|---|---|
| 电负性 | 1.0 | 4.0 | 2.5 | 3.5 | 2.5 | 2.1 | 2.1 | 3.0 | 1.2 | 2.0 |

试判断下列物质中的化学键，哪些是离子键，哪些是共价键？

$CaF_2$，$SO_2$，$CH_4$，$PCl_3$，$MgO$，$AsH_3$，$Cl_2$，$HCl$

**解** 利用电负性数据定性判断化学键的类型时，通常认为成键元素电负性之差 $\Delta x > 1.7$ 时，其间的化学键为离子键；电负性之差 $\Delta x < 1.7$ 时，其间的化学键为共价键。

$CaF_2$ 中，成键元素的电负性差 $\Delta x$ 为

$$\Delta x = 4.0 - 1.0 = 3.0, \Delta x > 1.7$$

所以，$CaF_2$ 中化学键为离子键。

$SO_2$ 中，成键元素的电负性差 $\Delta x$ 为

$$\Delta x = 3.5 - 2.5 = 1.0, \Delta x < 1.7$$

所以，$SO_2$ 中化学键为共价键。

用同样的方法，可判断分子中化学键的类型，其结果见下表。

| 物质 | $CaF_2$ | $SO_2$ | $CH_4$ | $PCl_3$ | $MgO$ | $AsH_3$ | $Cl_2$ | $HCl$ |
|---|---|---|---|---|---|---|---|---|
| $\Delta x$ | 3.0 | 1.0 | 0.4 | 0.9 | 2.3 | 0.1 | 0 | 0.9 |
| 键型 | 离子键 | 共价键 | 共价键 | 共价键 | 离子键 | 共价键 | 共价键 | 共价键 |

**【例2】** 若离子晶体的晶胞为立方体，正离子 A 处于立方体的每一个顶点和每个面的面心，负离子 B 处于立方体的中心及每条棱的中点，该离子晶体的化学式是什么？属于立方晶系哪种晶格？

**解** 离子化合物的化学式即是晶体中正负离子数目的最简比。晶胞能够代表整个晶体，因此只计算出晶胞中正负离子数目就可以确定化学式。对于立方体来说，顶点是 8 个立方体共用，面是两个立方体共用，棱是四个立方体共用。所以，正离子 A 的数目：$8 \times \dfrac{1}{8} + 6 \times \dfrac{1}{2} = 4$；负离子 B 的数目：$1 + 12 \times \dfrac{1}{4} = 4$。

因此,该离子晶体的化学式是 AB,6∶6 配位(NaCl 型),面心立方晶格。

【例3】 下面列出了第四周期某些元素氯化物的熔点、沸点,试利用离子极化观点解释:

(1)KCl、CaCl$_2$ 的熔点、沸点高于 GeCl$_4$;

(2)ZnCl$_2$ 的熔点、沸点低于 CaCl$_2$;

(3)FeCl$_3$ 的熔点、沸点低于 FeCl$_2$。

| 氯化物 | KCl | CaCl$_2$ | FeCl$_2$ | ZnCl$_2$ | FeCl$_3$ | GeCl$_4$ |
| --- | --- | --- | --- | --- | --- | --- |
| 熔点 /℃ | 770 | 782 | 672 | 215 | 282 | −49.5 |
| 沸点 /℃ | 1 500 | 1 600 | 700 | 756 | 315 | 86.5 |
| 阳离子半径 /nm | 13.3 | 9.9 | 7.6 | 7.4 | 6.4 | 5.3 |

**解** (1)K$^+$、Ca$^{2+}$ 的离子半径较大,且是惰性气体构型,极化力小,它们与 Cl$^-$ 以离子键结合,故 KCl、CaCl$_2$ 的熔、沸点较高。而 GeCl$_4$ 中的 Ge$^{4+}$ 电荷高,且为 18 电子构型,极化力强,使 GeCl$_4$ 成为共价化合物,故熔、沸点就低。

(2)Zn$^{2+}$ 的离子半径小,且为 18 电子构型,所以极化力较强,致使 ZnCl$_2$ 的化学键有较多的共价键成分。因此,ZnCl$_2$ 的熔、沸点较 CaCl$_2$ 低。

(3)Fe$^{3+}$、Fe$^{2+}$ 的电子构型相似,但因 Fe$^{3+}$ 的电荷高,半径小,因此极化能力较强,所以 FeCl$_3$ 比 FeCl$_2$ 化学键的共价成分多,故其熔、沸点更低些。

由此可见,阳离子电荷越高,半径越小,或是 18 电子构型或 9～17 电子构型,极化能力便越强,化学键便由离子键向共价键逐渐过渡,相应熔、沸点也会逐渐降低。

【例4】 CH$_4$ 和 NH$_3$ 分子中心原子都采取 sp$^3$ 杂化,但二者的分子构型不同,为什么?

**解** CH$_4$ 中 C 采取 sp$^3$ 等性杂化,所以是正四面体构型。NH$_3$ 中 N 采取 sp$^3$ 不等性杂化。因有一孤对电子,三个 σ 键,所以为三角锥形。

【例5】 分别指出下列各组化合物中,哪个化合物的价键极性最大?哪个的价键极性最小?

(1)NaCl、MgCl$_2$、AlCl$_3$、SiCl$_4$、PCl$_5$;

(2)LiF、NaF、KF、RbF、CsF;

(3)HF、HCl、HBr、HI。

**解** 根据两成键原子的电负性差值越大,所形成的化学键的极性越大,可得到下面结果:

(1) Na、Mg、Al、Si、P 为同一周期主族元素,随着原子序数的增加,原子半径减小,它们的电负性依次递增,与 Cl 的电负性差值依次减小。因此 NaCl 的价键极性最大,$PCl_5$ 的最小。

(2) Li、Na、K、Rb、Cs 为同一主族金属元素,其电负性依次减小,与 F 元素的电负性差值依次增大。因此 CsF 的价键极性最大,LiF 的价键极性最小。

(3) F、Cl、Br、I 为同一主族非金属元素,其电负性依次减小,与 H 的电负性差值依次减小。因此 HF 的化学键极性最大,HI 的化学键极性最小。

**【例6】** 实验证明 $N_2$ 的键能大于 $N_2^+$ 的键能,而 $O_2$ 的键能却小于 $O_2^+$ 的键能,试用分子轨道理论解释之。

**解** 键能和键级都可以用来表示键的牢固程度。对于由同种原子所形成的键来说,键能的大小与键级的高低成正比。键级的高低可利用分子轨道理论求出。

$N_2$ 分子的分子轨道表示式为

$$[KK(\sigma_{2s})^2(\sigma_{2s}^*)^2(\pi_{2p})^4(\sigma_{2p})^2]$$

其键级为 $\dfrac{8-2}{2}=3$,两个 N 原子间有一个 σ 键和两个 π 键。

$N_2^+$ 的分子轨道表示式为

$$[KK(\sigma_{2s})^2(\sigma_{2s}^*)^2(\pi_{2p})^4(\sigma_{2p})^1]$$

其键级为 $\dfrac{7-2}{2}=2.5$,两个 N 原子间有两个 π 键和一个单电子 σ 键。

由 $N_2$ 和 $N_2^+$ 键级可以看出,$N_2$ 的稳定性应比 $N_2^+$ 强,要破坏 $N_2$ 中 N—N 键需要消耗的能量比破坏 $N_2^+$ 中的 N—N 键需要消耗的能量要多,即 $N_2$ 的键能大于 $N_2^+$ 的键能。

同理,$O_2$ 分子的分子轨道表示式为

$$[KK(\sigma_{2s})^2(\sigma_{2s}^*)^2(\sigma_{2p_x})^2(\pi_{2p_y})^2(\pi_{2p_z})^2(\pi_{2p_y}^*)^1(\pi_{2p_z}^*)^1]$$

其键级为 $\dfrac{8-4}{2}=2$。

在 $O_2$ 中,两个 O 原子之间有一个 σ 键和两个三电子 π 键。

$O_2^+$ 离子的分子轨道表示式为

$$[KK(\sigma_{2s})^2(\sigma_{2s}^*)^2(\sigma_{2p_x})^2(\pi_{2p_y})^2(\pi_{2p_z})^2(\pi_{2p_y}^*)^1]$$

其键级为 $\frac{8-3}{2} = 2.5$。

在 $O_2^+$ 中,两个 O 之间有一个 σ 键、一个 π 键和一个三电子 π 键。

由 $O_2$、$O_2^+$ 的键级可知,$O_2$ 的稳定性比 $O_2^+$ 弱,要破坏 $O_2$ 中 O—O 键需要消耗的能量比破坏 $O_2^+$ 中的 O—O 键的能量少,即 $O_2$ 的键能应比 $O_2^+$ 的键能小。

**【例 7】** 与下列物质的沸点相比较,一氧化氮的沸点应如何?

(1) $N_2O$ 的沸点为 $-88.48$ ℃;

(2) $N_2$ 和 $O_2$ 的沸点的平均值为 $-189.39$ ℃。

**解** 影响共价型物质沸点的主要因素有三个:其一是相对分子质量的大小,对于构型相同或相似的共价型物质来说,通常是相对分子质量大的沸点高,相对分子质量小的沸点低。原因是相对分子质量越大,其中的电子数就越多,分子体积越大,核对外层电子的吸引力就愈弱,分子间就愈容易产生较强的诱导力和色散力;反之,分子间诱导力和色散力就较弱。其二是分子的极性,在相对分子质量相差不大的情况下,通常是极性共价型物质的沸点高于非极性共价型物质的沸点,强极性共价型物质的沸点高于弱极性共价型物质的沸点。第三是氢键,在其他条件相似的情况下,分子间能产生氢键的共价型物质的沸点较高,分子间不产生氢键的共价型物质的沸点较低。

以上三种因素同样会影响共价型物质的熔点,这一规律也反映在共价型物质熔点的高低上。

由于 NO 的相对分子质量比 $N_2O$ 的相对分子质量小,虽然它们不属于同一构型的物质,但仍可推知 NO 的沸点应低于 $N_2O$ 的沸点。

由于 NO 为极性分子,$N_2$、$O_2$ 为非极性分子,虽然 NO 的相对分子质量与 $N_2$、$O_2$ 的平均相对分子质量相等,NO 的沸点却不会等于 $N_2$、$O_2$ 沸点的平均值,即高于 $-189.39$ ℃

● **习题选解** ●

**8-1** 根据晶体的构型与半径比的关系,判断下列晶体类型:

BeO   NaBr   RbI   CsBr   AgCl

**解** 判断立方晶体的类型一般遵循着下列原则:当 $r_+/r_-$ 处于 $0.225\sim 0.414$ 时,是 4 配位(ZnS 型);当 $r_+/r_-$ 处于 $0.414\sim 0.732$ 时,是 6 配位(NaCl 型);当 $r_+/r_-$ 处于 $0.732\sim 1.00$ 时,是 8 配位(CsCl 型)。根据上述规则,BeO、NaBr、RbI、CsBr、AgCl 的晶体类型见下表:

| 晶体 | BeO | NaBr | RbI | CsBr |
|---|---|---|---|---|
| $r_+$/pm | 35 | 97 | 147 | 167 |
| $r_-$/pm | 132 | 196 | 220 | 196 |
| $r_+/r_-$ | 0.265 | 0.495 | 0.668 | 0.852 |
| 晶体类型 | ZnS 型 | NaCl 型 | NaCl 型 | CsCl 型 |

**8-2** 为什么下列 AgF、AgCl、AgBr、AgI 溶解度依次减小,颜色逐渐加深?

**答** 在 AgF、AgCl、AgBr、AgI 晶体中,$Ag^+$ 外层具有 18 电子结构,极化能力强,而阴离子 $F^-$、$Cl^-$、$Br^-$ 和 $I^-$ 半径依次增大,变形性也依次增大。极化的结果使形成的化合物由离子型逐渐向共价型过渡,导致离子晶体颜色的逐渐加深。

**8-3** 根据离子极化的观点,比较下列物质熔点的高低:
(1)$BeCl_2$,$CaCl_2$  (2)$AlCl_3$,$NaCl$  (3)$ZnCl_2$,$CaCl_2$  (4)$FeCl_3$,$FeCl_2$

**解** (1)$Be^{2+}$ 和 $Ca^{2+}$ 的电荷一样,但 $Be^{2+}$ 的半径要小于 $Ca^{2+}$,而且是 2 电子结构,极化力较强,$BeCl_2$ 分子共价键成分较多(实际上已成为一个共价型分子),所以 $BeCl_2$ 熔点要低于 $CaCl_2$。

(2)$Na^+$ 和 $Al^{3+}$ 半径相差不大,但 $Al^{3+}$ 带有 3 个正电荷,$Al^{3+}$ 极化能力大大强于 $Na^+$,$AlCl_3$ 有较多的共价键成分(实际上已成为一个共价型分子),所以,$AlCl_3$ 熔点要低于 $NaCl$。

(3)$Zn^{2+}$ 和 $Ca^{2+}$ 的半径相似,所带电荷一样,但 $Zn^{2+}$ 是 18+2 电子构型,极化力明显强于 $Ca^{2+}$ 的 8 电子构型,所以 $ZnCl_2$ 分子中,共价键的成分较多,所以其熔点低于 $CaCl_2$。

(4)$Fe^{3+}$ 和 $Fe^{2+}$ 的电子构型相似,但因 $Fe^{3+}$ 的电荷高,半径小,因此极化能力较强。所以 $FeCl_3$ 比 $FeCl_2$ 化学键的共价成分多,故其熔、沸点更低些。

**8-4** 已知无水亚铜和铜的卤化物颜色如下:

| CuF | CuCl | CuBr | CuI |
|---|---|---|---|
| 红色 | 无色 | 无色 | 无色 |
| CuF$_2$ | CuCl$_2$ | CuBr$_2$ | Cu$_2$I |
| 无色 | 黄棕 | 棕黑 | 不存在 |

试解释颜色变化和 CuI$_2$ 不存在的原因。

**解** (1) Cu$^+$ 为 d$^{10}$ 构型,不发生 d—d 跃迁,所以 Cu(Ⅰ) 的化合物一般是白色或无色的。但由于在 CuF 中,存在电荷转移,所以产生了电荷迁移光谱,氟化亚铜就显示了红色。

(2) Cu(Ⅱ) 为 d$^9$ 构型,它的化合物或配合物常因 Cu$^{2+}$ 可发生 d—d 跃迁而呈现颜色。Cu$^{2+}$ 是 (9—17)e 构型,极化力和变形性大,而阴离子 F$^-$、Cl$^-$、Br$^-$ 半径依次增大,变形性也依次增大。极化的结果使形成的化合物由离子型逐渐向共价过渡,导致离子晶体颜色的逐渐加深。由于 $\varphi^\ominus$(Cu$^{2+}$/CuI) > $\varphi^\ominus$(I$_2$/I$^-$),Cu$^{2+}$ 可氧化 I$^-$,所以不存在 CuI$_2$。

**8-5** 已知 NO$_2$、CO$_2$、SO$_2$ 的键角分别为 132°、180°、120°,判断它们中心离子轨道的杂化类型。

**解** 键角与中心原子的杂化类型有关,因此可以根据杂化类型判断键角的大小,也可以根据键角数据推测杂化类型。这三个分子的中心原子成键时 s 和 p 轨道进行杂化,主要有三种类型:sp、sp$^2$ 和 sp$^3$。在等性杂化中,相应的键角分别为 180°、120° 和 109.5°;在不等性杂化中,由于孤对电子的排斥作用,使键角变小。所以,根据键角可以判断出 NO$_2$、CO$_2$、SO$_2$ 分子中的中心原子分别采取的是 sp$^2$ 杂化、sp 杂化和 sp$^2$ 杂化。

**8-6** NH$_3$、H$_2$O 的键角为什么比 CH$_4$ 小? CO$_2$ 的键角为何是 180°?

**解** NH$_3$、H$_2$O 采取的是不等性 sp$^3$ 杂化,CH$_4$ 采取的是等性 sp$^3$ 杂化。不等性 sp$^3$ 杂化有一对或两对孤对电子,孤电子对和成键电子之间会有排斥作用,因此,孤电子对的存在影响了原有的四面体排布,使键角较正常四面体夹角 (109.5°) 小,分别是 107.3°(NH$_3$) 和 104.5°(H$_2$O)。

CO$_2$ 采取 sp 杂化,分子中的 3 个原子成一直线,碳原子居中,所以 CO$_2$ 的键角是 180°。

**8-7** 在 BCl$_3$ 和 NCl$_3$ 分子中,为什么中心离子的氧化数和配体数都相同,但构型不同?

**解** $BCl_3$ 是 $sp^2$ 杂化,空间构型为正三角形;$NCl_3$ 是不等性 $sp^3$ 杂化,空间构型为三角锥形。这就是在 $BCl_3$ 和 $NCl_3$ 分子中,虽然中心离子的氧化数和配体数都相同,但构型不同的原因。

**8-8** 试判断下列分子的极性,并加以说明:

CO、NO、$CS_2$(直线形)、$PCl_3$(三角锥形)、$SiF_4$(正四面体形)、$BCl_3$(平面三角形)、$H_2S$(角折或 V 形)。

**解** CO 和 NO 是异核双原子分子,极性共价键,分子正负电荷中心不重合,是极性分子。$PCl_3$ 有三个极性键,采取不等性 $sp^3$ 杂化,分子正负电荷中心不重合,是极性分子。同理,$H_2S$ 是极性分子。

$CS_2$ 有两个极性键,但采取 sp 杂化,直线形分子,分子正负电荷中心重合,是非极性分子。同理,采取 $sp^3$ 杂化的 $SiF_4$ 分子、$sp^2$ 杂化的 $BCl_3$ 分子均是正负电荷中心重合,为非极性分子。

**8-9** 解释氮分子具有反磁性,而氧分子具有顺磁性。

**答** $N_2$ 的分子轨道表达式为 $[(\sigma_{1s})^2(\sigma_{1s}^*)^2(\sigma_{2s})^2(\sigma_{2s}^*)^2(\pi_{2py})^2(\pi_{2pz})^2(\sigma_{2px})^2]$,单电子数 $n$ 为 0,$\mu = 0$,具有反磁性。

$O_2$ 的分子轨道表达式为 $[(\sigma_{1s})^2(\sigma_{1s}^*)^2(\sigma_{2s})^2(\sigma_{2s}^*)^2(\sigma_{2px})^2(\pi_{2py})^2(\pi_{2pz})^2(\pi_{2py}^*)^1(\pi_{2pz}^*)^1]$,单电子数 $n$ 为 2,$\mu \neq 0$,具有顺磁性。

**8-10** 写出下列分子(离子)的分子轨道表示式,计算它们的键级,预测分子的稳定性,并判断分子的顺磁性和反磁性。

(1) $B_2$    (2) $Li_2$    (3) $O_2^{2-}$    (4) $N_2^+$    (5) $Ne_2^+$

**解** (1)$B_2$ 的分子轨道表示式是:

$$B_2[KK(\sigma_{2s})^2(\sigma_{2s}^*)^2(\pi_{2py})^1(\pi_{2pz})^1]$$

键级:$\dfrac{6-4}{2} = 1$;稳定;顺磁性。

(2)$Li_2$ 的分子轨道表示式是:

$$Li_2[KK(\sigma_{2s})^2]$$

键级:$\dfrac{4-2}{2} = 1$;稳定;反磁性。

(3)$O_2^{2-}$ 的分子轨道表示式是:

$$O_2^{2-}[KK(\sigma_{2s})^2(\sigma_{2s}^*)^2(\sigma_{2p_x})^2(\pi_{2p_y})^2(\pi_{2p_z})^2(\pi_{2p_y}^*)^2(\pi_{2p_z}^*)^2]$$

键级:$\frac{10-8}{2}=1$;稳定;反磁性。

(4)$N_2^+$的分子轨道表示式是:
$$N_2^+[KK(\sigma_{2s})^2(\sigma_{2s}^*)^2(\pi_{2p_y})^2(\pi_{2p_z})^2(\sigma_{2p_x})^1]$$

键级:$\frac{9-4}{2}=2.5$;稳定;顺磁性。

(5)$Ne_2^+$的分子轨道表示式是:
$$Ne_2^+[KK(\sigma_{2s})^2(\sigma_{2s}^*)^2(\sigma_{2p_x})^2(\pi_{2p_y})^2(\pi_{2p_z})^2(\pi_{2p_y}^*)^2(\pi_{2p_z}^*)^2(\sigma_{2p_x}^*)^1]$$

键级:$\frac{10-9}{2}=0.5$;稳定;顺磁性。

**8-11** 将下列分子(离子)按其稳定性由大到小排列,并说明理由。
$$O_2^{2+}、O_2^+、O_2、O_2^-、O_2^{2-}$$

**答** 稳定性:$O_2^{2+}>O_2^+>O_2>O_2^->O_2^{2-}$

根据分子轨道理论,它们的键级分别为 3、2.5、2、1.5、1,所以它们的稳定性按上述次序依次变化。

**8-12** 判断下列每组物质中不同物质分子之间存在着何种成分的分子间力(取向力、诱导力、色散力和氢键)。

(1)苯和四氯化碳　　(2)氮气和水　　(3)HBr气体　　(4)甲醇和水
(5)硫化氢和水　　(6)$CO_2$ 和 $H_2O$　　(7)$NH_3$ 和 $H_2O$

**解** 先判断分子极性,后判断分子间作用力。

(1)苯和四氯化碳都是非极性分子,其分子间作用力只存在色散力。

(2)氮气是非极性分子,水是极性分子,其分子间作用力有色散力和诱导力。

(3)HBr气体分子是极性分子,分子间作用力有色散力、诱导力和取向力。

(4)甲醇和水均是极性分子,分子间作用力有色散力、诱导力和取向力,此外,还存在氢键。

(5)硫化氢和水是极性分子,分子间作用力有色散力、诱导力和取向力。

(6)$CO_2$ 是非极性分子,$H_2O$ 是极性分子,其分子间作用力有色散力和诱导力。

(7)$NH_3$ 和 $H_2O$ 均是极性分子,分子间作用力有色散力、诱导力和取向力,此外,还存在氢键。

**8-13** 用分子间力说明下列事实:
(1) 常温下氟、氯是气体,溴是液体,碘是固体。
(2) HCl、HBr、HI 的熔沸点随相对分子质量的增大而升高。
(3) 稀有气体 He、Ne、Ar、Kr、Xe 的沸点随相对分子质量的增大而升高。

**解** (1) 氟、氯、溴、碘都是非极性分子,分子之间只存在色散力,分子越大,变形性越大,色散力越大,所以常温下氟、氯是气体,溴是液体,碘是固体。

(2) HCl、HBr、HI 都是极性分子,分子之间存在色散力、诱导力、取向力,三种作用力中,色散力是主要的,分子越大,变形性越大,色散力越大,所以 HCl、HBr、HI 的熔沸点随相对分子质量的增大而升高。

(3) 稀有气体 He、Ne、Ar、Kr、Xe 都是非极性分子,分子之间只存在色散力,分子越大,变形性越大,色散力越大,所以稀有气体 He、Ne、Ar、Kr、Xe 的沸点随相对分子质量的增大而升高。

**8-14** 下列说法是否正确,举例说明为什么?
(1) 非极性分子中只有非极性键;
(2) 相对分子质量越大的分子,其分子间力越大;
(3) HBr 的分子间力较 HI 的小,故 HBr 没有 HI 稳定(容易分解);
(4) 氢键是一种特殊的分子间力,仅存在于分子之间;
(5) HCl 溶于水生成 H$^+$ 和 Cl$^-$,所以 HCl 是以离子键结合的。

**解** (1) 不正确。例如 $CO_2$ 虽有两个极性键,但采取 sp 杂化,直线形分子,分子正负电荷中心重合,是非极性分子。

(2) 不正确。例如,$CO_2$ 和 $H_2O$ 的相对分子质量分别为 44 和 18,但 $H_2O$ 分子间的作用力远远大于 $CO_2$ 分子间的作用力,因为 $H_2O$ 分子间的取向力特别大,此外,$H_2O$ 分子间还有作用力更强的氢键。实际上,只有色散力和诱导力才与分子的相对分子质量有关。

(3) 不正确。分子间力的大小决定分子熔、沸点,与化学键的稳定性没有关系。

(4) 不正确。氢键还可存在于分子内,见教材图 8-44。

(5) 不正确。

**8-15** 为什么 $H_2O$ 的沸点远高于 $H_2S$,而 $CH_4$ 的沸点却低于 $SiH_4$?

**答** $H_2S$ 分子间只有分子间作用力,而 $H_2O$ 分子间除有分子间作用力外,还存在氢键,所以熔沸点反常高。

$CH_4$ 和 $SiH_4$ 都是非极性分子,分子之间只存在色散力,分子越大,变形性越大,色散力越大,所以 $CH_4$ 的沸点低于 $SiH_4$。

**8-16** 预测下列各组物质熔、沸点的高低,并说明理由。

(1) 乙醇和二甲醚　　(2) 乙醇和丙三醇　　(3) HF 和 HCl

**解** 熔、沸点的高低主要从相对分子质量、分子极性、有无氢键等方面来判断。

(1) 乙醇分子的极性大于二甲醚且有氢键,所以乙醇熔、沸点要高于二甲醚。

(2) 乙醇和丙三醇结构类似,但丙三醇相对分子质量较大,并可以多形成氢键,分子间作用力要大于乙醇,所以,熔、沸点较高。

(3) HF 和 HCl 均为极性分子,HCl 相对分子质量略高,但 HF 分子中有较强的氢键,所以,其熔、沸点较高。

**8-17** 试解释下列现象:

(1) 为什么 $CO_2$ 和 $SiO_2$ 的物理性质相差很远?

(2) 卫生球(萘,$C_{10}H_8$)的气味很大,这与结构有什么关系?

(3) 为什么 NaCl 和 AgCl 的阳离子都是 +1 价($Na^+$、$Ag^+$),但 NaCl 易溶于水,AgCl 不溶于水?

**解** (1) 因为 $CO_2$ 是分子晶体,$SiO_2$ 是原子晶体,所以 $CO_2$ 和 $SiO_2$ 的物理性质相差很远。

(2) 萘是由两个苯环共用两个碳原子并联而成。萘与苯相似,也具有平面结构,即两个苯环在同一平面上。萘具有芳香性。萘的化学性质与苯相似。

(3) 尽管 NaCl 和 AgCl 二者中 Na 和 Ag 的氧化数相同,但离子构型不同,$Na^+$ 是 8 电子构型,极化力较弱,而 $Ag^+$ 是 18 电子构型,有较强的极化力,所以 NaCl 以离子键为主,而 AgCl 以共价键为主。因此,NaCl 易溶于水,AgCl 不溶于水。

**8-18** 填写下表

| 物质 | 晶格结点上的微粒 | 质点间作用力 | 晶体类型 | 熔点高低 |
|---|---|---|---|---|
| NaCl | | | | |
| $N_2$ | | | | |
| $SiO_2$ | | | | |
| $H_2O$ | | | | |
| MgO | | | | |

**解**

| 物质 | 晶格结点上的微粒 | 质点间作用力 | 晶体类型 | 熔点高低 |
|---|---|---|---|---|
| NaCl | 离子 | 离子键 | 离子晶体 | 较高 |
| $N_2$ | 分子 | 分子间作用力 | 分子晶体 | 低 |
| $SiO_2$ | 原子 | 共价键 | 原子晶体 | 高 |
| $H_2O$ | 分子 | 分子间作用力、氢键 | 分子晶体 | 低 |
| MgO | 离子 | 离子键 | 离子晶体 | 较高 |

**8-19** 某化合物的分子组成是 XY, 已知 X、Y 的原子序数为 32、17, 回答下列问题:

(1) X、Y 元素的电负性为 2.02 和 2.83, 判断 X 与 Y 之间化学键的极性。

(2) 判断该化合物的空间结构、杂化类型和分子的极性。

(3) 该化合物在常温下为液体,问该化合物分子间作用力是什么?

(4) 该化合物与 $SiCl_4$ 比较,熔、沸点哪个高?

**解** (1) X:Ge; Y:Cl。

(2) 该化合物的空间结构:正四面体;杂化类型:$sp^3$;非极性分子。

(3) 该化合物 $GeCl_4$ 为非极性分子,分子间作用力是色散力。

(4) 该化合物 $GeCl_4$ 与 $SiCl_4$ 比较, $GeCl_4$ 的熔、沸点高。

**8-20** 现有 $x$、$y$、$z$ 三种元素, 原子序数分别为 6、38、80:

(1) 试分别写出它们的电子构型, 并指出它们在周期表中的位置。

(2) $x$、$y$ 与 Cl 形成的氯化物的熔点哪个高? 为什么?

(3) $x$、$z$ 与 S 形成的硫化物的溶解度哪个大? 为什么?

(4) $x$ 与 Cl 形成的氯化物的偶极矩为零, 试用杂化轨道理论说明。

**解** (1) 电子构型:

$x$：C：$1s^2 2s^2 2p^2$，处于周期表中第二周期，第ⅣA，p区。

$y$：Sr：$1s^2 2s^2 2p^6 3s^2 3p^6 3d^{10} 4s^2 4p^6 5s^2$，处于周期表中第五周期，第ⅡA，s区。

$z$：Hg：$1s^2 2s^2 2p^6 3s^2 3p^6 3d^{10} 4s^2 4p^6 4d^{10} 4f^{14} 5s^2 5p^6 5d^{10} 6s^2$，处于周期表中第六周期，第ⅡB，ds区。

(2) $x$、$y$ 与 Cl 形成的氯化物分别为 $CCl_4$、$SrCl_2$。$SrCl_2$ 的熔点高。因为 $CCl_4$ 是分子晶体，$SrCl_2$ 是离子晶体。

(3) $y$、$z$ 与 S 形成的硫化物分别为 SrS 和 HgS。SrS 的溶解度大。因为 $S^{2-}$ 的半径比较大，因此变形性较大，在与 $Hg^{2+}$ 结合时，由于离子相互极化作用，使 Hg—S 键显共价性，造成 HgS 难溶于水。

(4) x 与 Cl 形成的氯化物为 $CCl_4$，由于 C 采用 $sp^3$ 杂化，$CCl_4$ 的空间构型为正四面体，空间构型对称，所以偶极矩为零。

● 同步练习 ●

一、选择题

**1.** 下列说法中不正确的是（　　）。

A. σ 键的一对成键电子的电子密度分布对键轴方向呈圆柱形对称

B. π 键电子云分布是对通过键轴的平面呈镜面对称

C. σ 键比 π 键活泼性高，易参与化学反应

D. 成键电子的原子轨道重叠程度越大，所形成的共价键越牢固

**2.** 关于原子轨道的说法正确的是（　　）。

A. 凡中心原子采取 $sp^3$ 杂化轨道成键的分子，其几何构型都是正四面体

B. $CH_4$ 分子中的 $sp^3$ 杂化轨道是由 4 个 H 原子的 1s 轨道和 C 原子的 2p 轨道混合起来而形成的

C. $sp^3$ 杂化轨道是由同一原子中能量相近的 s 轨道和 p 轨道混合起来形成的一组能量相等的新轨道

D. 凡 $AB_3$ 型的共价化合物，其中心原子 A 均采用 $sp^3$ 杂化轨道成键

**3.** 下列化合物中氢键最强的是（　　）。

A. $CH_3OH$　　　B. HF　　　C. $H_2O$　　　D. $NH_3$

**4.** $I_2$ 的 $CCl_4$ 溶液中分子间主要存在的作用力是（　　）。

A. 色散力 B. 取向力
C. 取向力、诱导力、色散力 D. 氢键、诱导力、色散力

**5.** 下列分子中偶极矩为零的是( )。
A. $NF_3$ B. $NO_2$ C. $PCl_3$ D. $BCl_3$

**6.** 加热熔化时需要打开共价键的物质是( )。
A. $MgCl_2$ B. $CO_2(s)$ C. $SiO_2$ D. $H_2O$

**7.** 关于共价键的说法，下述说法正确的是( )。
A. 一般来说 σ 键键能小于 π 键键能
B. 原子形成共价键的数目等于基态原子的未成对电子数
C. 相同原子间的双键键能是单键键能的两倍
D. 所有不同原子间的键至少具有弱极性

**8.** 下列各物质分子其中心原子以 $sp^2$ 杂化的是( )。
A. $PBr_3$ B. $CH_4$ C. $BF_3$ D. $H_2O$

**9.** 用价键法和分子轨道法处理 $O_2$ 分子结构，其结果是( )。
A. 键能不同 B. 磁性不同 C. 极性不同 D. 结果不同

**10.** 下列关于化学键正确的说法是( )。
A. 原子与原子之间的作用
B. 分子之间的一种相互作用
C. 相邻原子之间的强烈相互作用
D. 非直接相邻的原子之间的相互作用

**11.** 下列说法正确的是( )。
A. 极性分子间仅存在取向力
B. 取向力只存在于极性分子之间
C. HF、HCl、HBr、HI 熔、沸点依次升高
D. 色散力仅存在于非极性分子间

**12.** 下列物质中键级最小的是( )。
A. $O_2$ B. $N_2$ C. $F_2$ D. $O_2^+$

**13.** 下列离子中，属于 9～17 电子构型的是( )。
A. $S^{2-}$ B. $Sn^{2+}$ C. $Cr^{3+}$ D. $Pb^{2+}$

**14.** 下列氯化物熔点高低次序错误的是( )。
A. $LiCl < NaCl$ B. $BeCl_2 < MgCl_2$

C. $KCl < RbCl$  D. $ZnCl_2 < BaCl_2$

**15.** 下列各组化合物在水中溶解度大小的顺序中正确的是（   ）。
A. $AgF < AgBr$  B. $CaF_2 > CaCl_2$
C. $HgCl_2 < HgI_2$  D. $CuCl < NaCl$

**16.** 下列说法正确的是（   ）。
A. 非极性分子内的化学键总是非极性键
B. 取向力仅存在于极性分子之间
C. 凡是有氢原子的物质的物质分子间一定存在氢键
D. 色散力仅存在于非极性分子之间

## 二、填空题

**1.** 共价键形成的主要条件是_____和_____。

**2.** 共价键的强度一般用_____和_____表示。

**3.** 在核间距相等时，σ 键稳定性比 π 键稳定性_____，故 π 电子比 σ 电子_____。

**4.** 氢键键能和分子间力的数量级相近，它与一般分子间力的不同点是具有_____和_____。

**5.** 共价键具有饱和性的原因是_____，共价键具有方向性的原因是_____。

**6.** 原子轨道组成分子轨道的原则是：_____，_____，_____。

**7.** 下列物质的变化主要需打破或克服什么结合力？
    冰熔化_____    单质硅熔化_____

**8.** 等性 $sp^2$、$sp^3$ 杂化轨道的夹角分别为_____、_____。

**9.** 分子的磁性主要是由_____所引起的。由极性键组成的多原子分子的极性是由_____决定的。

**10.** 2s 与 2s 原子轨道可组成两个分子轨道，用符号_____和_____表示，分别称_____和_____轨道。

## 三、简答题

**1.** 氧分子及其离子的 O—O 核间距(pm) 如下：

| $O_2^+$ | $O_2$ | $O_2^-$ | $O_2^{2-}$ |
|---|---|---|---|
| 112 | 121 | 130 | 148 |

(1) 试用分子轨道理论解释它们的核间距为什么依次增大?

(2) 指出它们是否都有顺磁性并比较顺磁性的强弱;

(3) 列出它们的键级并比较它们的稳定性。

**2.** 以 $NH_3$ 分子为例,说明不等性杂化的特点。

**3.** 用 VB 法和 MO 法说明 $O_2$ 的分子结构。

**4.** "色散作用只存在于非极性分子之间","取向作用只存在于极性分子之间",这两句话是否正确?为什么?

**5.** 对下列物质的熔点规律给以解释:

| 化学式 | 熔点 /℃ | 化学式 | 熔点 /℃ |
| --- | --- | --- | --- |
| NaCl | 801 | NaF | 991 |
| $MgCl_2$ | 708 | $MgF_2$ | 1 396 |
| $AlCl_3$ | 193 | $AlF_3$ | 1 040 |
| $SiCl_4$ | −70 | $SiF_4$ | −90 |
| $PCl_3$ | −91 | $PF_5$ | −94 |
| $SCl_2$ | −78 | $SF_6$ | −56 |
| $Cl_2$ | −101 | $F_2$ | −220 |

**6.** 解释下列两组问题:

(1) 第三周期钠和铝的卤化物中,NaCl 的熔点为 801 ℃,而 $AlCl_3$ 在 193 ℃ 就升华了,为什么?

(2) NaCl 和 CuCl 二者中 Na 和 Cu 的氧化数相同,离子半径相差无几,但为什么 NaCl 的溶解度远大于 CuCl?

● 同步练习参考答案 ●

一、选择题

**1.** C **2.** C **3.** B **4.** A **5.** D **6.** C **7.** D **8.** C **9.** B **10.** C **11.** B **12.** C **13.** C **14.** C **15.** D **16.** B

二、填空题

**1.** 成键两原子中有自旋相反的单电子;成键两原子的原子轨道能最大程度重叠

**2.** 键能;键级

**3.** 大;活泼

**4.** 饱和性;方向性

**5.** 一个原子有几个未成对电子就只可和几个自旋相反的电子配对成键;为满足最大重叠,成键电子的轨道只有沿着轨道伸展的方向进行重叠才能成键(除 s 轨道),所以共价键具有方向性

**6.** 对称性匹配原则;最大重叠原则;能量近似原则

**7.** 氢键;共价键

**8.** 120°;109°28′

**9.** 分子中未成对电子产生的磁场;分子的空间构型

**10.** $\sigma_{2s}$,$\sigma_{2s}^*$;成键,反键

### 三、简答题

**1. 答** 上述分子或离子的电子构型分别是：

$O_2^+[KK(\sigma_{2s})^2(\sigma_{2s}^*)^2(\sigma_{2p_x})^2(\pi_{2p_y})^2(\pi_{2p_z})^2(\pi_{2p_y}^*)^1]$

$O_2[KK(\sigma_{2s})^2(\sigma_{2s}^*)^2(\sigma_{2p_x})^2(\pi_{2p_y})^2(\pi_{2p_z})^2(\pi_{2p_y}^*)^1(\pi_{2p_z}^*)^1]$

$O_2^-[KK(\sigma_{2s})^2(\sigma_{2s}^*)^2(\sigma_{2p_x})^2(\pi_{2p_y})^2(\pi_{2p_z})^2(\pi_{2p_y}^*)^2(\pi_{2p_z}^*)^1]$

$O_2^{2-}[KK(\sigma_{2s})^2(\sigma_{2s}^*)^2(\sigma_{2p_x})^2(\pi_{2p_y})^2(\pi_{2p_z})^2(\pi_{2p_y}^*)^2(\pi_{2p_z}^*)^2]$

键级：$O_2^+$:2.5;$O_2$:2;$O_2^-$:1.5;$O_2^{2-}$:1

成单电子数：$O_2^+$:1;$O_2$:2;$O_2^-$:1;$O_2^{2-}$:0

(1) 由于键级从 $O_2^+$ 到 $O_2^{2-}$ 依次降低，键强度依次减弱,所以核间距依次增加。

(2) $O_2^{2-}$ 无顺磁性,其他三个都有顺磁性,且 $O_2 > O_2^+ = O_2^-$。

(3) 稳定性从 $O_2^+$ 到 $O_2^{2-}$ 依次降低。

**2. 答** $NH_3$ 分子中心原子 N 与 H 成键时采取 $sp^3$ 不等性杂化,即由于一条杂化轨道被孤对电子占据,因而所形成的杂化轨道中含的 s 成分就不完全一样。被孤对电子占据的那条 $sp^3$ 杂化轨道 s 成分就大,这种不完全等同的杂化轨道的形成过程即不等性杂化。

**3. 答** 按 VB 法,O 原子有两个成单电子,两个 O 原子组成 $O_2$ 分子时,各自提供一个自旋相反的电子形成一个 $\sigma$ 键。同时,另外的一个成单电子则按肩并肩的方式重叠形成一个 $\pi$ 键,因此 VB 法不能解释 $O_2$ 分子的磁性。按 MO 法,$O_2$ 分子的电子排布为：$KK(\sigma_{2s})^2(\sigma_{2s}^*)^2(\sigma_{2p})^2(\pi_{2p})^4(\pi_{2p}^*)^2$,由 $(\sigma_{2p})^2$

电子形成一个 σ 键,由 $(\pi_{2p})^4(\pi_{2p}^*)^2$ 电子形成两个三电子 π 键,由于分子中存在成单电子,所以 $O_2$ 具有磁性。

**4.答** "色散作用只存在于非极性分子之间"不正确。色散作用是由瞬时偶极产生,瞬时偶极在所有分子中都存在。所以色散作用在所有分子之间都存在。

"取向作用只存在于极性分子之间"正确。取向作用是由固有偶极产生,固有偶极只存在极性分子之间。

**5.答** 由 NaCl 到 $SiCl_4$,由于离子极化作用依次增强,所以由典型的离子型晶体过渡到典型的共价化合物 $SiCl_4$,它们的熔点依次降低;$PCl_3$ 和 $SCl_2$ 是共价化合物,其相对分子质量低于 $SiCl_4$,因此,两物质的熔点均低于 $SiCl_4$;相比上述共价分子,$Cl_2$ 为非极性分子,所以,$Cl_2$ 的熔点最低。

NaF、$MgF_2$、$AlF_3$ 为离子型化合物,熔点较高,从离子极化来说,$Al^{3+}$ 的极化力要强于 $Mg^{2+}$,所以,$AlF_3$ 的熔点略低于 $MgF_2$;NaF、$MgF_2$ 比较的是晶格能;$SiF_4$、$PF_5$、$SF_6$ 均为共价型化合物,熔点较低;$F_2$ 为非极性分子,相对分子质量又小,熔点更低。

**6.答** 这是由于离子极化导致的键型和晶型的过渡,从而造成物理性质发生变化。

(1) 在 NaCl 和 $AlCl_3$ 晶体中,由于正离子的半径和电荷不同,因此,两者的极化力不同,$Na^+ < Al^{3+}$。对 NaCl 来说以离子键为主,而 $AlCl_3$,由于极化程度大,键型发生了过渡而以共价键为主,NaCl 为离子晶体,而 $AlCl_3$ 已属分子晶体。所以,NaCl 晶体有较高的熔点,而 $AlCl_3$ 晶体却很易升华。

(2) 尽管 NaCl 和 CuCl 二者中 Na 和 Cu 的氧化数相同,离子半径相近,但离子构型不同,$Na^+$ 是 8 电子构型,极化力较弱,而 $Cu^+$ 是 18 电子构型,有较强的极化力,所以 NaCl 以离子键为主,而 CuCl 以共价键为主。因此,NaCl 的溶解度远大于 CuCl。

# 第9章　配位平衡与配位滴定法

● 教学基本要求 ●

1. 了解配合物的基本概念,掌握配合物的组成和命名。
2. 掌握配合物的价键理论,并能运用该理论解释中心离子杂化轨道类型与配合物空间构型的关系,内轨配键、外轨配键与配离子稳定的关系。
3. 掌握配合物在水中的离解平衡及有关计算。
4. 了解 EDTA 的性质及 EDTA 与金属离子的反应情况,掌握 EDTA 的酸效应及酸效应系数,理解金属离子的副反应及副反应系数。
5. 掌握条件稳定常数及配位滴定 pH 范围的控制、最低和最高 pH 的确定;熟悉配位滴定曲线;理解滴定突跃及影响因素,掌握金属指示剂的作用原理及配位滴定对金属指示剂的要求,了解指示剂的封闭和僵化现象,了解常见金属指示剂的适用对象及适用的 pH 范围。
6. 掌握单组分含量测定的直接滴定法、间接滴定法、返滴定法、置换滴定法。掌握用控制酸度法分别滴定混合物中各组分含量的条件及方法,了解用掩蔽方法消除干扰的方法。

● 重点内容概要 ●

**1. 配合物的基本概念**

配合物的命名服从无机化合物命名的一般原则。有关命名的规则请参阅教材。在配合物的命名中特别需要注意的是,有的原子团使用有机物官能团的名称,如 —OH(羟基)、—CO—(羰基)、—NO$_2$(硝基)等,尽管在配合物中作为配体的是氢氧根离子(OH$^-$)、一氧化碳分子(CO)。

**2. 配位化合物中的化学键**

配位化合物的化学键理论主要有价键理论、晶体场理论、配位场理论,本章要求掌握价键理论。

价键理论的基本要点是:

(1) 配合物的内界中配位体与中心离(原)子之间的化学键为配位键,配位键的形成必须具备两个条件:一是中心离子必须提供与配位数相同的空轨道,二是配体必须具有可以给出的孤对电子。

(2) 中心离子用能量相近的轨道进行杂化,配位体的孤对电子进入杂化后的空轨道形成一定数目的配位键。杂化轨道的类型决定了配合物的空间构型和磁性。见表 9-1。

表 9-1　　　杂化轨道与配合物空间构型的关系

| 配位数 | 杂化轨道类型 | 空间构型 | 配位键类型 | 实例 |
| --- | --- | --- | --- | --- |
| 2 | $sp$ | 直线形 | 外轨 | $[Ag(CN)_2]^-$ |
| 4 | $sp^3$ | 四面体 | 外轨 | $[Co(SCN)_4]^{2-}$ |
|   | $dsp^2$ | 平面正方形 | 内轨 | $[Ni(CN)_4]^{2-}$ |
| 6 | $sp^3d^2$ | 正八面体 | 外轨 | $[FeF_6]^{3-}$ |
|   | $d^2sp^3$ | 正八面体 | 内轨 | $[Fe(CN)_6]^{3-}$ |

(3) 由于中心离子(或原子)用不同能级(但能量相近)的空轨道进行杂化,形成的配合物分为内轨型配合物和外轨型配合物。它们的成键特征及性质比较见表 9-2。

表 9-2　　内轨型和外轨型配合物成键特征及性质比较

| 配合物类型 | 成键特征 | 稳定性 | 磁性比较 |
| --- | --- | --- | --- |
| 外轨型配合物 | 主量子数相同的空轨道,即用外层 d 轨道参与成键($ns, np, nd$) | 同一中心离子配位数相同的内轨型配合物比外轨型配合物稳定。[因为外层 d 轨道能量比($n-1$)d 轨道能量高] | 当中心离子 d 电子数大于 4 时,形成外轨型配合物,其磁性与中心离子相同。形成内轨型配合物时,其磁性与中心离子不同(变小) |
| 内轨型配合物 | 主量子数不同的空轨道,即用内层 d 轨道参与成键[($n-1$)d, $ns, np$] | | |

**3. 配位化合物在水溶液中的稳定性**

配离子(或中性配合物)在溶液中类似于弱电解质在溶液中,存在着解离平衡,其平衡常数称为配离子的不稳定常数($K_{\text{不稳}}^{\ominus}$)或解离常数($K_{\text{d}}^{\ominus}$)

$$Ag(NH_3)_2^+ \rightleftharpoons Ag^+ + 2NH_3$$

$$K_{\text{不稳}}^{\ominus}(K_{\text{d}}^{\ominus}) = \frac{[Ag^+][NH_3]^2}{[Ag(NH_3)_2^+]}$$

配离子的稳定常数(或形成常数)则以 $K_{\text{稳}}^{\ominus}$(或 $K_{\text{f}}^{\ominus}$)表示

$$Ag^+ + 2NH_3 \rightleftharpoons Ag(NH_3)_2^+$$

$$K_{\text{稳}}^{\ominus}(K_{\text{f}}^{\ominus}) = \frac{[Ag(NH_3)_2^+]}{[Ag^+][NH_3]^2}$$

稳定常数 $K_{\text{稳}}^{\ominus}$ 与不稳定常数 $K_{\text{不稳}}^{\ominus}$ 互为倒数关系

$$K_{\text{稳}}^{\ominus} = \frac{1}{K_{\text{不稳}}^{\ominus}}$$

对配位数数目相同的配离子,例如都是 $AB_2$ 型,$K_{\text{不稳}}^{\ominus}$ 愈大,则配离子愈不稳定。

**4. 配位滴定法**

(1) EDTA 的性质及其配合物的特点

EDTA 是一个四元酸,通常用 $H_4Y$ 表示,在酸性溶液中,EDTA 存在六级离解平衡,有 $H_6Y^{2+}$、$H_5Y^+$、$H_4Y$、$H_3Y^-$、$H_2Y^{2-}$、$HY^{3-}$ 和 $Y^{4-}$ 七种存在型体。EDTA 与金属离子形成的配合物的螯合比一般为 1:1,金属离子与 EDTA 之间的配位反应简写为

$$M + Y \rightleftharpoons MY$$

将各组分的电荷略去,配合物 MY 的稳定常数为

$$K^{\ominus}(MY) = \frac{[MY]}{[M][Y]}$$

(2) 影响金属 EDTA 配合物稳定性的因素

① 主反应和副反应

在配位滴定中,除了存在 EDTA 与金属离子的主反应外,还存在许多副反应。所有存在于配位滴定中的化学反应,可用下式表示。

```
     M^{n+}            Y^{4-}                MY        主反应
   OH  ↙↘ L⁻       H⁺ ↙↘ N         ↙↘  OH⁻
M(OH)    ML      HY³⁻    NY      MHY    MOHY   副反应
M(OH)ₙ   MLₘ     H₆Y²⁺
羟基配位效应 辅助配位效应  酸效应  干扰离子效应   混合配位效应
```

② EDTA 的酸效应及酸效应系数

在 EDTA 的七种型体中，只有 $Y^{4-}$ 可以与金属离子 M 进行配位，而 $Y^{4-}$ 是一种碱，其浓度受 $H^+$ 的影响，配位能力随着 $H^+$ 浓度的增加而降低，这种现象叫酸效应。酸效应系数 $\alpha_{Y(H)}$ 是用以衡量酸效应大小的一个参数，表示在一定的酸度下，未参加主反应的 EDTA 的总浓度与配位体系中 EDTA 的平衡浓度的比，即

$$\alpha_{Y(H)} = \frac{c_{Y'}}{[Y]} = \frac{[Y]+[HY]+[H_2Y]+\cdots+[H_6Y]}{[Y]}$$

$$= 1 + \frac{[HY]}{[Y]} + \frac{[H_2Y]}{[Y]} + \cdots + \frac{[H_6Y]}{[Y]}$$

$$= 1 + \frac{[H^+]}{K_{a6}^{\ominus}} + \frac{[H^+]^2}{K_{a6}^{\ominus}K_{a5}^{\ominus}} + \cdots + \frac{[H^+]^6}{K_{a6}^{\ominus}K_{a5}^{\ominus}K_{a4}^{\ominus}K_{a3}^{\ominus}K_{a2}^{\ominus}K_{a1}^{\ominus}}$$

③ 金属离子的配位效应及配位效应系数

如果滴定体系中存在 EDTA 以外的其他配位剂(L)，则由于共存配位剂 L 与金属离子的配位反应而使主反应能力降低，这种现象叫配位效应。配位效应的大小常用配位效应系数 $\alpha_{M(L)}$ 衡量。

如果不考虑金属离子的水解副反应，则

$$\alpha_M = \alpha_{M(L)} = \frac{c_{M'}}{[M]} = \frac{[M]+[ML]+[ML_2]+\cdots+[ML_n]}{[M]}$$

$$= 1 + \beta_1^{\ominus}[L] + \beta_2^{\ominus}[L]^2 + \cdots + \beta_n^{\ominus}[L]^n$$

如果考虑金属离子的水解副反应，则

$$\alpha_M = \frac{c_{M'}}{[M]} = \frac{[M]+[ML]+[ML_2]+\cdots+[ML_n]}{[M]} +$$

$$\frac{[M]+[M(OH)]+[M(OH)_2]+\cdots+[M(OH)_n]}{[M]} - \frac{[M]}{[M]}$$

$$= \alpha_{M(L)} + \alpha_{M(OH)} - 1$$

不难证明

$$\alpha_{M(OH)} = 1 + [OH^-]\beta_1^\ominus + [OH^-]^2\beta_2^\ominus + \cdots + [OH^-]^n\beta_n^\ominus$$

④ EDTA 配合物的条件稳定常数

在一定条件下，$\alpha_M$ 和 $\alpha_{Y(H)}$ 的值为定值，所以 $K_{MY'}^\ominus$ 在一定条件下是一常数，称为配合物的条件稳定常数。

$$K_{MY'}^\ominus = \frac{c_{MY'}}{c_{M'}c_{Y'}} \approx \frac{[MY]}{c_{M'}c_{Y'}} = \frac{[MY]}{[M]\alpha_M[Y]\alpha_Y} = K_{MY}^\ominus \frac{1}{\alpha_M\alpha_Y}$$

将上式两边取对数，得

$$\lg K_{MY'}^\ominus = \lg K_{MY}^\ominus - \lg \alpha_M - \lg \alpha_Y$$

如果配位滴定体系中仅考虑酸效应与配位效应，则

$$\lg K_{MY'}^\ominus = \lg K_{MY}^\ominus - \lg \alpha_{M(L)} - \lg \alpha_{Y(H)}$$

如果配位滴定体系中仅考虑酸效应，则

$$\lg K_{MY'}^\ominus = \lg K_{MY}^\ominus - \lg \alpha_{Y(H)}$$

由此可见，应用条件稳定常数比应用稳定常数能更准确地判断金属离子和 EDTA 的配位情况，在选择配位滴定的最佳酸度范围时，$K_{MY'}^\ominus$ 有着重要的意义。

（3）配位滴定曲线

① 依据配位滴定曲线，可以判断滴定突跃的长短。配位滴定中，为提高分析结果的准确度和可靠性，需要确立一个合适的 pH 范围，以获得突跃尽可能长的滴定过程。影响滴定突跃的有 $c_M$ 与 $K_{MY'}^\ominus$ 两个因素。

② EDTA 准确直接滴定单一金属离子的条件：$c_M K_{MY'}^\ominus \geqslant 10^6$。

③ 酸效应曲线和配位滴定中酸度的控制。

i. 配位滴定的最高酸度和酸效应曲线

滴定金属离子的最低 pH（滴定所允许的最高酸度），可以用以下的方法确定。设滴定体系只存在酸效应，不存在其他副反应，则

$$\lg K_{MY'}^\ominus = \lg K_{MY}^\ominus - \lg \alpha_{Y(H)} \geqslant 8$$

得

$$\lg \alpha_{Y(H)} \leqslant \lg K_{MY}^\ominus - 8$$

求得 $\lg \alpha_{Y(H)}$，查相关的表，就可得到准确滴定金属离子的最低 pH。以金属离子的 $\lg K_{MY}^\ominus$ 为横坐标，pH 为纵坐标，所得到的曲线即为 EDTA 的酸效应曲线。

ii. 配位滴定中的最低酸度(最高 pH)

在没有辅助配位剂存在时,准确滴定某一金属离子的最低允许酸度通常可粗略地由一定浓度的金属离子形成氢氧化物沉淀时的 pH 估算。

iii. 缓冲溶液的作用

配位滴定中,通常要加入缓冲溶液来控制 pH。

(4) 金属指示剂的性质和作用原理

金属指示剂是一些有机配位剂,可与金属离子形成有色配合物,其颜色与游离的指示剂的颜色不同,因而它能指示滴定过程中金属离子浓度的变化情况。现以铬黑 T 为例说明其原理。

M-铬黑 T + EDTA $\rightleftharpoons$ M-EDTA + 铬黑 T
(酒红色)                                  (蓝色)

许多金属指示剂不仅具有配位剂的性质,而且本身常是多元弱酸或多元弱碱,能随溶液 pH 变化而显示不同的颜色。因此使用金属指示剂,必须注意选用合适的 pH 范围。

(5) 配位滴定的方式和应用

① 单组分含量的测定

当溶液中只有一种待测金属离子或溶液中共存离子对测定无影响时,采用配位滴定方式测定某金属离子的含量,一般可以用直接滴定法、间接滴定法、返滴定法、置换滴定法。

② 混合物中各组分含量的测定

判断干扰的依据:

$$\frac{c_M K_{MY'}^{\ominus}}{c_N K_{NY'}^{\ominus}} \geqslant 10^5$$

$$\lg c_M K_{MY'}^{\ominus} - \lg c_N K_{NY'}^{\ominus} \geqslant 5$$

若计算结果满足上式,则说明在混合液中测定 M 离子时 N 离子的存在不会产生干扰,在 M 离子本身满足 $\lg c_M K_{MY'}^{\ominus} \geqslant 6$ 的条件下,就可不经分离,通过控制适当的 pH 条件用配位滴定法直接测出混合液中 M 离子的含量。若不能满足上式要求,则需采用掩蔽或分离的方法去除干扰,才能测得混合液中 M 离子的含量。

● 例题解析 ●

【例 1】 配合物基本概念中的典型习题

1. 指出下列配合物的中心离子(或原子)、配位体、配位数、配离子电荷及名称(列表表示)。

| 配合物 | 中心离子或原子 | 配位体 | 配位数 | 配离子电荷 | 配离子名称 |
|---|---|---|---|---|---|
| $[Cu(NH_3)_4]SO_4$ | $Cu^{2+}$ | $NH_3$ | 4 | +2 | 四氨合铜(Ⅱ)配离子 |
| $[Cu(en)_2]SO_4$ | $Cu^{2+}$ | en | 4 | +2 | 二(乙二胺)合铜(Ⅱ)配离子 |
| $[PtCl_2(OH)_2(NH_3)_2]$ | $Pt^{4+}$ | $Cl^-$ $OH^-$ $NH_3$ | 6 | 0 | 二氯·二羟·二氨合铂(Ⅳ) |
| $[Ni(CO)_4]$ | Ni | CO | 4 | 0 | 四羰合镍 |

2. 写出下列配合物的化学式,并指出其内界、外界以及单基、多基配体:
(1) 氯化二氯·三氨·水合钴(Ⅲ)　　(2) EDTA 合钙(Ⅱ)酸钠
(3) 三羟·水·乙二胺合铬(Ⅲ)　　(4) 六氯合铂(Ⅳ)酸钾

| 序号 | 化学式 | 内界 | 外界 | 配体单基 | 配体多基 |
|---|---|---|---|---|---|
| (1) | $[CoCl_2(NH_3)_3H_2O]Cl$ | $[CoCl_2(NH_3)_3H_2O]^+$ | $Cl^-$ | $Cl^-$ $NH_3$ $H_2O$ | |
| (2) | $Na_2[CaY]$ $Na_2[CaEDTA]$ | $[CaY]^{2-}$ | $Na^+$ | | EDTA |
| (3) | $[Cr(OH)_3H_2O(en)]$ | $[Cr(OH)_3H_2O(en)]$ | — | $OH^-$ $H_2O$ | en |
| (4) | $K_2[PtCl_6]$ | $[PtCl_6]^{2-}$ | $K^+$ | $Cl^-$ | |

在这一类题目中必须注意:

(1) 中心离子(或原子)的配位数应等于配位原子个数之和。根据配位体提供的配位原子数可以分为单基配体和多基配体。例如:乙二胺(en)为双基配体,$OX^-$(草酸根)为双基配体(一个配体分别提供 2 个配位原子),乙二胺四乙酸及其钠盐(EDTA,$Y^{4-}$)为六基配体(一个配体提供 6 个配位原子)。因此,$[CoCl(NH_3)(en)_2]Cl_2$ 中 $Co^{3+}$ 的配位数应为 6 而不是 4。

$[CaY]^{2-}$ 中 $Ca^{2+}$ 的配位数也是 6。而 $Cl^-$、$NH_3$、$H_2O$ 等配体通常只能提供一个配位原子参与配位，就属于单基配体。此外，在配合物 $[CoCl_2(NH_3)_3H_2O]Cl$ 中，不要以为与 $Co^{3+}$ 配位的配体有 $Cl^-$、$NH_3$、$H_2O$ 三种配体就误认为 $Cl^-$、$NH_3$、$H_2O$ 是多基配体。单基配体与多基配体主要根据一个配体提供几个配位原子进行判断，而不是根据一个中心离子有几种配体判断。

(2) 配离子的电荷数等于中心离子和所有配体电荷的代数和。例如：$[Fe(CN)_5(CO)]^{3-}$ 的电荷是 $+2+5\times(-1)+1\times 0 = -3$。

**【例 2】** 有关价键理论应用的典型习题

下面是两个锰配合物的磁矩测定值：

(1) $[Mn(CN)_6]^{4-}$　　$\mu = 1.8$ B.M.

(2) $[Mn(SCN)_6]^{4-}$　　$\mu = 6.1$ B.M.

试按价键理论判断配离子的成键轨道、电子分布和空间构型，并指出哪个属于内轨型，哪个属于外轨型？

**解**　(1) $[Mn(CN)_6]^{4-}$，$\mu = \sqrt{n(n+2)} = 1.8$ B.M.，根据磁矩计算出 $n = 1$，说明配离子中有一个未成对电子。而对于 Mn 原子及 $Mn^{2+}$ 来说，它们的外电子层结构为

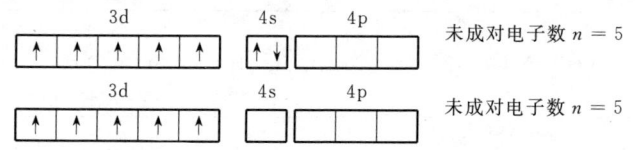

　　　　3d　　　　4s　　4p
　　[↑][↑][↑][↑][↑]　[↑↓]　[　][　][　]　未成对电子数 $n = 5$

　　　　3d　　　　4s　　4p
　　[↑][↑][↑][↑][↑]　[　]　[　][　][　]　未成对电子数 $n = 5$

需说明的是 Mn 原子失电子是先失去 4s 轨道上的电子。根据未成对电子数的变化情况，可以推知，在 $CN^-$ 的作用下，$Mn^{2+}$ 的 3d 轨道上有两个未成对电子与另两个未成对电子以自旋相反的方式两两配对，这样 3d 轨道上还有一个未成对电子，空出的两个 3d 轨道和一个 4s 空轨道、三个 4p 空轨道采取 $d^2sp^3$ 杂化，形成六个 $d^2sp^3$ 杂化轨道来接受 6 个配体 $CN^-$ 提供的孤对电子。

其外电子层结构（电子分布）为

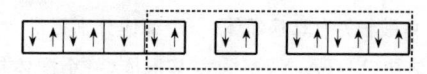

　　[↓↑][↓↑][↑]　[↓↑]　[↓↑][↓↑][↓↑]

所以，$[Mn(CN)_6]^{4-}$ 成键轨道为：六个 $d^2sp^3$ 杂化轨道，空间构型为八面体，

属内轨型配合物。

(2) 通过以上类似的分析,可推知 $[Mn(SCN)_6]^{4-}$
$$\mu = \sqrt{n(n+2)} = 6.1 \text{ B.M.} \qquad n = 5$$
其电子分布为

| 3d | 4s | 4p | 4d |
|---|---|---|---|
| ↑ ↑ ↑ ↑ ↑ | ↑↓ | ↑↓ ↑↓ ↑↓ | ↑↓ ↑↓ ↑↓ |

成键轨道为六个 $sp^3d^2$ 杂化轨道,空间构型为八面体,属外轨型。

注意,配离子的电子分布应包括两部分:

① 中心离子 d 轨道上的电子;

② 中心离子杂化轨道上所接受的配位原子的孤对电子。

而成键轨道则是指中心离子提供的杂化轨道。

**[例3]** 配离子溶液中有关离子浓度计算的典型习题

在这一类习题的解题过程中应注意:

(1) 不要忘记有关方次。

例如:
$$Cu^{2+} + 4NH_3 \rightleftharpoons [Cu(NH_3)_4]^{2+}$$

$$K_{稳}^{\ominus} = \frac{[Cu(NH_3)_4^{2+}]}{[Cu^{2+}][NH_3]^4}$$

而不是

$$K_{稳}^{\ominus} = \frac{[Cu(NH_3)_4^{2+}]}{[Cu^{2+}][NH_3]}$$

(2) 看清题所给的常数是 $K_{稳}^{\ominus}$ 还是 $K_{不稳}^{\ominus}$。

(3) 注意未知数的假设,未知数的正确假设有利于正确解答,否则,有可能导致有关方程式难以解答。这方面的例子还可见配位平衡移动的例题。

当 $S_2O_3^{2-}$ 的浓度为多大时,溶液中 99% 的 $Ag^+$ 将转化为 $Ag(S_2O_3)_2^{3-}$。(已知 $K_{稳}^{\ominus} = 2.9 \times 10^{13}$)

**解**
| | $Ag^+$ | $+$ | $2S_2O_3^{2-}$ | $\rightleftharpoons$ | $Ag(S_2O_3)_2^{3-}$ |
|---|---|---|---|---|---|
| 起始浓度 /(mol·L$^{-1}$) | $x$ | | $y$ | | 0 |
| 转化浓度 /(mol·L$^{-1}$) | $-0.99x$ | | $(-0.99x) \times 2$ | | $0.99x$ |
| 平衡浓度 /(mol·L$^{-1}$) | $0.01x$ | | $y - 1.98x$ | | $0.99x$ |

$$\frac{[Ag(S_2O_3)_2^{3-}]}{[Ag^+][S_2O_3^{2-}]^2} = K_{稳}^{\ominus}$$

$$\frac{0.99x}{0.01x(y-1.98x)^2} = 2.9 \times 10^{13}$$

$$y - 1.98x = 1.8 \times 10^{-6}, \quad x \gg 1.8 \times 10^{-6}$$

所以 $y = 1.8 \times 10^{-6} + 1.98x \approx 1.98x$

$$\frac{[S_2O_3^{2-}]_{初}}{[Ag^+]_{初}} = \frac{y}{x} = \frac{1.98x}{x} = 1.98 \approx 2.0$$

当 $S_2O_3^{2-}$ 的起始浓度为 $Ag^+$ 起始浓度的 2 倍时，99% 的 $Ag^+$ 将转化为 $Ag(S_2O_3)_2^{3-}$。

水溶液体系的平衡类型总结：

从前面的学习我们知道，水溶液体系的平衡类型有电离平衡、沉淀溶解平衡、氧化还原平衡、配位平衡，这四种类型的平衡以化学平衡为总纲，服从化学平衡常数定律及化学移动规则，但是在不同的平衡体系中有各自不同的表现方式及特点。表 9-3 对这四种平衡体系进行了总结。

当一个水溶液体系中存在几种不同的反应类型，而且这几个不同的反应中有同一个物质参与时，这几种不同的平衡就有密切的相互关系，而这些平衡的焦点是体系中有关物质的浓度(图 9-1)。

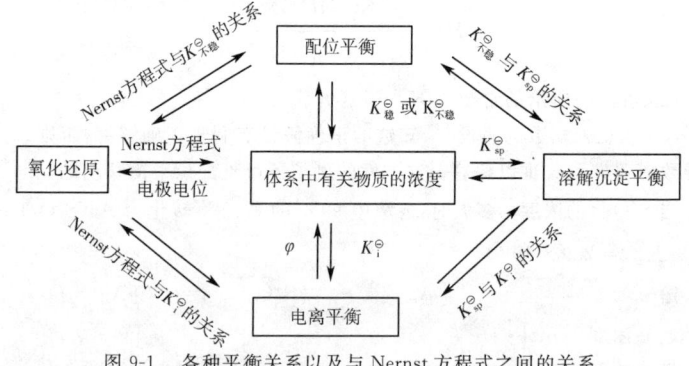

图 9-1　各种平衡关系以及与 Nernst 方程式之间的关系
(图中 $K_i^{\ominus}$ 表示弱酸或弱碱的离解常数)

表 9-3　化学平衡类型一览表

| 平衡类型反应式（例） | 浓度与常数的关系（浓度对平衡的影响） |
|---|---|
| 电离平衡<br>$HAc \rightleftharpoons H^+ + Ac^-$ | $K_a^\ominus = \dfrac{[H^+][Ac^-]}{[HAc]}$　浓度影响电离平衡 |
| 沉淀溶解平衡<br>$Ca_3(PO_4)_2(s) \rightleftharpoons 3Ca^{2+} + 2PO_4^{3-}$ | $K_{sp,Ca_3(PO_4)_2}^\ominus = [Ca^{2+}]^3[PO_4^{3-}]^2$<br>$(Q > K_{sp}^\ominus$，有沉淀；$Q = K_{sp}^\ominus$，饱和；$Q < K_{sp}^\ominus$，沉淀溶解） |
| 配位平衡<br>$Ag(NH_3)_2^+ \rightleftharpoons Ag^+ + 2NH_3$ | $K_{\text{不稳}}^\ominus = \dfrac{[Ag^+][NH_3]^2}{[Ag(NH_3)_2^+]}$，$K_{\text{不稳}}^\ominus = \dfrac{1}{K_{\text{稳}}^\ominus}$（浓度影响配合物生成或解离） |
| 氧化还原平衡<br>$H_3AsO_4 + 2H^+ + 2I^- \rightleftharpoons H_3AsO_3 + I_2 + H_2O$ | $\lg K^\ominus = \dfrac{nE^\ominus}{0.059} = \dfrac{n(\varphi_{\text{氧}}^\ominus - \varphi_{\text{还}}^\ominus)}{0.059}$　$K^\ominus = \dfrac{[H_3AsO_3]}{[H_3AsO_4][H^+]^2}$<br>电极反应与电极电位<br>$H_3AsO_4 + 2H^+ + 2e^- \rightleftharpoons H_3AsO_3 + H_2O$<br>$\varphi_{H_3AsO_4/H_3AsO_3} = \varphi_{H_3AsO_4/H_3AsO_3}^\ominus + \dfrac{0.059}{2}\lg\dfrac{[H_3AsO_4][H^+]^2}{[H_3AsO_3]}$<br>$2I^- - 2e^- \rightleftharpoons I_2$　$\varphi_{I_2/I^-} = \varphi_{I_2/I^-}^\ominus + \dfrac{0.059}{2}\lg\dfrac{1}{[I^-]^2}$<br>（浓度影响电极电位，从而影响反应是否进行及方向） |
| 化学平衡<br>气体反应　$mA(g) + nB(g) \rightleftharpoons pC(g) + qD(g)$<br>溶液中反应　$mA(aq) + nB(aq) \rightleftharpoons pC(aq) + qD(aq)$ | $K^\ominus = \dfrac{(p_C/p^\ominus)^p \cdot (p_D/p^\ominus)^q}{(p_A/p^\ominus)^m \cdot (p_B/p^\ominus)^n}$<br>$K^\ominus = \dfrac{[C]^p \cdot [D]^q}{[A]^m \cdot [B]^n}$　（影响平衡移动） |

所以，当一个水溶液体系中存在几种不同类型的反应时，可以用各种平衡常数及 Nernst 方程为桥梁找到相关物质的浓度进行综合运算，下面举出不同类型的反应，对这个问题做进一步说明。

**【例4】** 配位平衡与沉淀溶解平衡相互关系的典型习题

(1) 在 1.0 L 0.1 mol·L$^{-1}$ AgNO$_3$ 溶液中加入 0.1 mol KCl，生成 AgCl 沉淀。若要使 AgCl 沉淀恰好溶解，问溶液中 NH$_3$ 的浓度至少为多少？

(2) 在上述已溶解 AgCl 沉淀的溶液中，加入 0.1 mol KI。问能否产生沉淀？如能生成沉淀则至少需加入多少 KCN 才能使 AgI 沉淀恰好溶解？
（假设在加入各试剂时溶液的体积不变）

**解** (1) 沉淀溶于氨水形成 [Ag(NH$_3$)$_2$]$^+$，达到平衡时，[Ag$^+$] 必须同时满足下列两个平衡关系式：

$$AgCl \rightleftharpoons Ag^+ + Cl^-$$

$$K_1 = [Ag^+][Cl^-] = K_{sp}^{\ominus}(AgCl)$$

$$Ag^+ + 2NH_3 \rightleftharpoons [Ag(NH_3)_2]^+$$

$$K_2 = \frac{[Ag(NH_3)_2^+]}{[Ag^+][NH_3]^2} = K_{稳}^{\ominus} = \frac{1}{K_{不稳}^{\ominus}(Ag(NH_3)_2^+)}$$

两式相加即得 AgCl 溶于氨水的反应式：

$$AgCl + 2NH_3 \rightleftharpoons [Ag(NH_3)_2]^+ + Cl^-$$

$$K^{\ominus} = K_1^{\ominus} \cdot K_2^{\ominus} = \frac{K_{sp}^{\ominus}(AgCl)}{K_{不稳}^{\ominus}(Ag(NH_3)_2^+)}$$

要使 AgCl 完全溶解，则 Ag$^+$ 应基本上全部转化为 [Ag(NH$_3$)$_2$]$^+$。因此可以假定溶液中 [Ag(NH$_3$)$_2^+$] = [Cl$^-$] = 0.10 mol·L$^{-1}$，代入上式得

$$K^{\ominus} = \frac{[Ag(NH_3)_2^+][Cl^-]}{[NH_3]^2} = \frac{0.10 \times 0.10}{[NH_3]^2} = \frac{K_{sp}^{\ominus}(AgCl)}{K_{不稳}^{\ominus}(Ag(NH_3)_2^+)}$$

$$= \frac{1.8 \times 10^{-10}}{8.91 \times 10^{-8}} = 2.0 \times 10^{-3}$$

解得

$$[NH_3] = 2.2 \text{ mol·L}^{-1}$$

考虑到生成 0.10 mol·L$^{-1}$ [Ag(NH$_3$)$_2$]$^+$ 还需要 0.20 mol·L$^{-1}$ NH$_3$。
则开始时溶液中 NH$_3$ 的总浓度至少应在 2.4 mol·L$^{-1}$ 以上，才能使 AgCl 沉

淀完全溶解。

(2) AgCl 溶解后,溶液中 [NH$_3$] 为 2.2 mol·L$^{-1}$,则 [Ag$^+$] 应为

$$\frac{[Ag^+][NH_3]^2}{[Ag(NH_3)_2^+]} = \frac{[Ag^+] \times 2.2^2}{0.1} = 8.91 \times 10^{-8}$$

$$[Ag^+] = 1.8 \times 10^{-9} \text{ mol·L}^{-1}$$

溶液中加入 0.10 mol KI 时,[I$^-$] = 0.10 mol·L$^{-1}$,则

$$[Ag^+][I^-] = 1.8 \times 10^{-9} \times 0.10 = 1.8 \times 10^{-10} > K_{sp}^{\ominus}(AgI)$$

所以有 AgI 沉淀生成。

假定生成的 0.10 mol·L$^{-1}$ AgI 溶于 KCN,形成 [Ag(CN)$_2$]$^-$,达到平衡后:

$$[Ag^+][I^-] = K_{sp}^{\ominus}(AgI), \quad \frac{[Ag^+][CN^-]^2}{[Ag(CN)_2^-]} = K_{不稳}^{\ominus}(Ag(CN)_2^-)$$

同样按照解(1)的方法,可求得溶液中 [CN$^-$] 为 0.000 31 mol·L$^{-1}$。则每升溶液中加入的 KCN 至少应为 (0.2 + 0.000 31) mol,才能使 AgI 溶解。

上面所述,实际上是配位平衡与沉淀平衡组成的多重平衡关系。在生产实际和科学实验中有广泛的应用。例如摄影胶片上未感光的 AgBr 乳胶,应用 Na$_2$S$_2$O$_3$ 溶液来溶解而不宜用氨水;含有 [Ag(S$_2$O$_3$)$_2$]$^{3-}$ 的废定影液,或者含有 [Ag(CN)$_2$]$^-$ 的废电镀液,可以用转化为 Ag$_2$S 沉淀的方法来富集和回收银。

【例 5】 两种配离子平衡之间相互关系的典型习题

试求下列配离子转化反应的平衡常数,并讨论之。

$$[Ag(NH_3)_2]^+ + 2CN^- \rightleftharpoons [Ag(CN)_2]^- + 2NH_3$$

**解** 求解转化反应的平衡常数有两种方法:① 多重平衡规则法;② 添加成分法。

通过计算所得转化反应平衡常数 $K^{\ominus}$ 值的大小,可判断平衡转化的方向及程度。一般平衡总是向生成配离子稳定性较大的方向转化。

$$[Ag(NH_3)_2]^+ + 2CN^- \rightleftharpoons [Ag(CN)_2]^- + 2NH_3$$

其平衡常数表达式为

$$K^{\ominus} = \frac{[Ag(CN)_2^-][NH_3]^2}{[Ag(NH_3)_2^+][CN^-]^2}$$

$$= \frac{[Ag(CN)_2^-][NH_3]^2}{[Ag(NH_3)_2^+][CN^-]^2} \cdot \frac{[Ag^+]}{[Ag^+]}$$

$$= \frac{[Ag^+][NH_3]^2}{[Ag(NH_3)_2^+]} \cdot \frac{[Ag(CN)_2^-]}{[Ag^+][CN^-]^2}$$

$$= \frac{K_{\text{不稳}}^{\ominus}(Ag(NH_3)_2^+)}{K_{\text{不稳}}^{\ominus}(Ag(CN)_2^-)} = \frac{8.91 \times 10^{-8}}{7.9 \times 10^{-22}} = 1.1 \times 10^{14}$$

采用多重平衡规则法也可得到同样的结果。

该转化反应的 $K^{\ominus}$ 值很大,表明转化为更稳定的配离子的程度很高。

**【例 6】** 配位平衡和氧化还原平衡相互关系的典型习题

已知:$\varphi^{\ominus}(Hg^{2+} | Hg) = 0.85 \text{ V}$,$K_{\text{稳}}^{\ominus}(Hg(CN)_4^{2-}) = 2.5 \times 10^{41}$

求算:$\varphi^{\ominus}(Hg(CN)_4^{2-} | Hg)$

**解** 本例可有几种不同求解方法:

**解法 1** 由平衡

$$[Hg(CN)_4]^{2-} \rightleftharpoons Hg^{2+} + 4CN^-$$

可得

$$K_{\text{不稳}}^{\ominus}(Hg(CN)_4^{2-}) = \frac{[Hg^{2+}][CN^-]^4}{[Hg(CN)_4^{2-}]}$$

$$[Hg^{2+}] = K_{\text{不稳}}^{\ominus}(Hg(CN)_4^{2-}) \cdot \frac{[Hg(CN)_4^{2-}]}{[CN^-]^4}$$

当 $[Hg(CN)_4^{2-}]$ 和 $[CN^-]$ 均为 $1 \text{ mol} \cdot L^{-1}$ 时,得

$$[Hg^{2+}] = K_{\text{不稳}}^{\ominus}(Hg(CN)_4^{2-})$$

代入电对 $Hg^{2+} | Hg$ 的电极电位表达式,得

$$\varphi(\mathrm{Hg^{2+}}\mid \mathrm{Hg}) = \varphi^{\ominus}(\mathrm{Hg^{2+}}\mid \mathrm{Hg}) + \frac{0.059}{2}\lg[\mathrm{Hg^{2+}}]$$

$$= \varphi^{\ominus}(\mathrm{Hg^{2+}}\mid \mathrm{Hg}) + \frac{0.059}{2}\lg K_{\text{不稳}}^{\ominus}(\mathrm{Hg(CN)}_4^{2-})$$

此电极电位就是电对$[\mathrm{Hg(CN)}_4]^{2-}\mid \mathrm{Hg}$的标准电极电位，即

$$\varphi^{\ominus}(\mathrm{Hg(CN)}_4^{2-}\mid \mathrm{Hg}) = \varphi^{\ominus}(\mathrm{Hg^{2+}}\mid \mathrm{Hg}) + \frac{0.059}{2}\lg K_{\text{不稳}}^{\ominus}(\mathrm{Hg(CN)}_4^{2-})$$

$$= 0.85 + \frac{0.059}{2}\lg(4.0\times 10^{-42})$$

$$= -0.37\ \mathrm{V}$$

**解法 2** $[\mathrm{Hg(CN)}_4]^{2-}$在溶液中存在下列平衡

$$\mathrm{Hg^{2+}} + 4\mathrm{CN^-} \rightleftharpoons [\mathrm{Hg(CN)}_4]^{2-}$$

将上述平衡两边各加上一个金属 Hg，则得

$$\mathrm{Hg^{2+}} + 4\mathrm{CN^-} + \mathrm{Hg} \rightleftharpoons [\mathrm{Hg(CN)}_4]^{2-} + \mathrm{Hg}$$

此反应分解为两个电对组成的原电池：

$$(-)\mathrm{Hg}\mid [\mathrm{Hg(CN)}_4]^{2-}\ \|\ \mathrm{Hg^{2+}}\mid \mathrm{Hg}(+)$$

正极反应为　　　$\mathrm{Hg^{2+}} + 2\mathrm{e^-} \rightleftharpoons \mathrm{Hg}$

负极反应为　　　$\mathrm{Hg} + 4\mathrm{CN^-} - 2\mathrm{e^-} \rightleftharpoons [\mathrm{Hg(CN)}_4]^{2-}$

电池反应为　　　$\mathrm{Hg^{2+}} + 4\mathrm{CN^-} \rightleftharpoons [\mathrm{Hg(CN)}_4]^{2-} \quad K^{\ominus} = K_{\text{稳}}^{\ominus}$

按自发电池反应的平衡常数为

$$\lg K^{\ominus} = \frac{n(\varphi_+^{\ominus} - \varphi_-^{\ominus})}{0.059}$$

$$\lg(2.5\times 10^{41}) = \frac{2(0.85 - \varphi_-^{\ominus})}{0.059}$$

解得　　　$\varphi_-^{\ominus} = \varphi^{\ominus}(\mathrm{Hg(CN)}_4^{2-}\mid \mathrm{Hg}) = -0.37\ \mathrm{V}$

上述两种方法所得结果相同，表明只要基本概念清楚，可以通过不同途径达到同样的求解结果。

由上例结果可见，金属离子形成配离子后，氧化能力降低，金属的还原性增强。例如：

$$\begin{array}{l}
Ag^+ + e^- \rightleftharpoons Ag \qquad \varphi^{\ominus} = 0.799\ V \\
[Ag(NH_3)_2]^+ + e^- \rightleftharpoons Ag + 2NH_3 \qquad \varphi^{\ominus} = 0.373\ V \\
K_{不稳}(Ag(NH_3)_2^+) = 8.91 \times 10^{-8} \\
[Ag(S_2O_3)_2]^{3-} + e^- \rightleftharpoons Ag + 2S_2O_3^{2-} \qquad \varphi^{\ominus} = 0.01\ V \\
K_{不稳}(Ag(S_2O_3)_2^{3-}) = 3.47 \times 10^{-14} \\
[Ag(CN)_2]^- + e^- \rightleftharpoons Ag + 2CN^- \qquad \varphi^{\ominus} = -0.30\ V \\
K_{不稳}(Ag(CN)_2^-) = 7.9 \times 10^{-22}
\end{array}$$

(左侧: 金属的还原能力增强 ↓；右侧: 金属离子氧化能力减弱 ↓)

可见，$Ag^+$ 形成的配离子越稳定，相应的标准电极电位越小，金属 Ag 失去电子的倾向也越大。

如果同一种金属具有两种氧化态，则当它们分别与同一配体组成配位数相同的配合物时，其电极电位也将有所改变。

**【例 7】** 配位平衡与酸碱平衡相互关系的典型习题

计算下列反应的平衡常数：

$$[Cu(NH_3)_4]^{2+} + 4H^+ \rightleftharpoons Cu^{2+} + 4NH_4^+$$

若 $[Cu(NH_3)_4]^{2+}$ 和 $H^+$ 的起始浓度分别为 $0.10\ mol \cdot L^{-1}$ 和 $1.0\ mol \cdot L^{-1}$，求反应达平衡时 $[Cu(NH_3)_4]^{2+}$ 的浓度。

（已知 $K_{稳}^{\ominus}([Cu(NH_3)_4]^{2+}) = 2.09 \times 10^{13}$，$K_{不稳}^{\ominus}(NH_3 \cdot H_2O) = 1.74 \times 10^{-5}$）

**解** 计算下述反应的平衡常数有两种方法：(1) 添加成分法；(2) 多重平衡规则法，下面采用第一种方法，第二种方法读者可自己练习。

$$[Cu(NH_3)_4]^{2+} + 4H^+ \rightleftharpoons Cu^{2+} + 4NH_4^+$$

$$K^{\ominus} = \frac{[Cu^{2+}][NH_4^+]^4}{[Cu(NH_3)_4^{2+}][H^+]^4}$$

$$= \frac{[Cu^{2+}][NH_3]^4[NH_4^+]^4[OH^-]^4}{[Cu(NH_3)_4^{2+}][NH_3]^4[OH^-]^4[H^+]^4}$$

$$= \frac{(K^{\ominus}(NH_3 \cdot H_2O))^4}{K_{稳}^{\ominus}([Cu(NH_3)_4]^{2+}) \cdot (K_w^{\ominus})^4} = \frac{(1.74 \times 10^{-5})^4}{2.09 \times 10^{13} \times (10^{-14})^4}$$

$$= 4.39 \times 10^{23}$$

设反应达平衡时,留在溶液中的$[Cu(NH_3)_4]^{2+}$为$x$ mol·L$^{-1}$。

$$[Cu(NH_3)_4]^{2+} + 4H^+ \rightleftharpoons Cu^{2+} + 4NH_4^+$$

| | | | | |
|---|---|---|---|---|
| 起始浓度 | 0.10 | 1.0 | | |
| 转化浓度 | $-(0.10-x)$ | $-4(0.10-x)$ | $0.10-x$ | $4(0.10-x)$ |
| 平衡浓度 | $x$ | $0.60+4x$ | $0.10-x$ | $4(0.10-x)$ |

$$K^\ominus = \frac{[4(0.10-x)]^4(0.10-x)}{x(0.60+4x)^4} = 4.39 \times 10^{23}$$

$K$值较大,平衡时遗留在溶液中的$[Cu(NH_3)_4]^{2+}$很少,即$x$很小。所以$0.10-x \approx 0.10$。

$$0.60+4x \approx 0.60$$

$$\frac{0.40^4 \times 0.10}{x \cdot (0.60)^4} = 4.39 \times 10^{23}$$

$$x = 4.5 \times 10^{-26} \text{ mol·L}^{-1}$$

反应达平衡时遗留在溶液中的$[Cu(NH_3)_4]^{2+}$为$4.5 \times 10^{-26}$ mol·L$^{-1}$。

说明用酸促进$[Cu(NH_3)_4]^{2+}$离解,反应相当完全。

**【例8】** 沉淀溶解平衡、配位平衡与氧化-还原反应相互关系的典型习题

已知下列原电池:Cu｜Cu$^{2+}$(1 mol·L$^{-1}$)‖Ag$^+$(1 mol·L$^{-1}$)｜Ag

(1) 先向右半电池加入足量$Na_2CrO_4$,使$[CrO_4^{2-}] = 1.00$ mol·L$^{-1}$,求原电池电动势$E_1$。

(假定$Na_2CrO_4$的加入不改变溶液体积。已知$Ag_2CrO_4$的$K_{sp}^\ominus$为$1.1 \times 10^{-12}$)

(2) 然后向左半电池中通入过量$NH_3$,游离$[NH_3] = 1.00$ mol·L$^{-1}$,求此时原电池的电动势$E_2$。

(假定$NH_3$的通入也不改变溶液的体积。已知$K_{不稳}^\ominus([Cu(NH_3)_4]^{2+}) = 4.79 \times 10^{-14}$)

(3) 用原电池符号表示经(1)、(2)处理后的新原电池,并标出正、负极。

(4) 写出新原电池的电极反应和电池反应,计算新原电池的平衡常数$K^\ominus$。

**解** (1) 根据题意在右半电池中加入足量的$Na_2CrO_4$后有难溶物

Ag$_2$CrO$_4$ 生成,导致体系中 Ag$^+$ 浓度变化,从而使右半电池电极电位发生变化,进而使原电池电动势改变(要求解的)。

化学反应: $2Ag^+ + CrO_4^{2-} \rightleftharpoons Ag_2CrO_4(s)$

导致电极组成发生改变:从 Ag$^+$ | Ag 变为 Ag$_2$CrO$_4$ | Ag

其电极反应为 $Ag_2CrO_4 + 2e^- \rightleftharpoons 2Ag + CrO_4^{2-}$

相应的电极电位为

$$\varphi(Ag_2CrO_4 | Ag) = \varphi(Ag^+ | Ag) = \varphi^{\ominus}(Ag^+ | Ag) + 0.059 \lg[Ag^+]$$

$$= \varphi^{\ominus}(Ag^+ | Ag) + 0.059 \lg \sqrt{\frac{K_{sp}^{\ominus}(Ag_2CrO_4)}{[CrO_4^{2-}]}}$$

$$= \varphi^{\ominus}(Ag^+ | Ag) + \frac{0.059}{2} \lg \frac{K_{sp}^{\ominus}(Ag_2CrO_4)}{[CrO_4^{2-}]}$$

当 $[CrO_4^{2-}] = 1\ mol \cdot L^{-1}$ 时,$\varphi(Ag_2CrO_4 | Ag) = \varphi^{\ominus}(Ag_2CrO_4 | Ag)$

$$\varphi^{\ominus}(Ag_2CrO_4 | Ag) = \varphi^{\ominus}(Ag^+ | Ag) + \frac{0.059}{2} \lg \frac{K_{sp}^{\ominus}(Ag_2CrO_4)}{1}$$

$$= 0.799 + \frac{0.059}{2} \lg(1.1 \times 10^{-12}) = 0.446\ V$$

左半电池中 Cu$^{2+}$ 浓度为 1 mol·L$^{-1}$,所以其电对 Cu$^{2+}$ | Cu 的电极电位应为标准电极电位:$\varphi(Cu^{2+} | Cu) = \varphi^{\ominus}(Cu^{2+} | Cu)$

原电池电动势:

$$E_1 = \varphi_+ - \varphi_- = \varphi^{\ominus}(Ag_2CrO_4 | Ag) - \varphi^{\ominus}(Cu^{2+} | Cu)$$

$$= 0.446 - 0.345 = 0.101\ V$$

(2)向左半电池中通入过量 NH$_3$ 后,根据 $K_{不稳}^{\ominus}([Cu(NH_3)_4]^{2+})$ 可知,Cu$^{2+}$ 与 NH$_3$ 反应生成[Cu(NH$_3$)$_4$]$^{2+}$,使溶液中 Cu$^{2+}$ 浓度发生变化,而导致左半电池电极电位变化,进而使原电池电动势改变。

化学反应: $Cu^{2+} + 4NH_3 \rightleftharpoons [Cu(NH_3)_4]^{2+}$

导致电极组成从 Cu$^{2+}$ | Cu 变为[Cu(NH$_3$)$_4$]$^{2+}$ | Cu。

其电极反应为 $[Cu(NH_3)_4]^{2+} + 2e^- \rightleftharpoons Cu + 4NH_3$

相应的电极电位为

$$\varphi([Cu(NH_3)_4]^{2+} | Cu) = \varphi(Cu^{2+} | Cu) = \varphi^{\ominus}(Cu^{2+} | Cu) + \frac{0.059}{2} \lg[Cu^{2+}]$$

$$= \varphi^{\ominus}(Cu^{2+}|Cu) + \frac{0.059}{2}\lg\frac{K^{\ominus}_{\text{不稳}}([Cu(NH_3)_4]^{2+})[Cu(NH_3)_4^{2+}]}{[NH_3]^4}$$

由于$NH_3$过量,所以可以认为生成$[Cu(NH_3)_4]^{2+}$浓度等于开始给的$Cu^{2+}$浓度。

$$[Cu(NH_3)_4^{2+}]_{\text{平}} = [Cu^{2+}]_{\text{始}} = 1 \text{ mol} \cdot L^{-1}$$

又$[NH_3] = 1 \text{ mol} \cdot L^{-1}$,这样

$$\varphi[Cu(NH_3)_4]^{2+}|Cu) = \varphi^{\ominus}(Cu^{2+}|Cu) + \frac{0.059}{2}\lg\frac{K^{\ominus}_{\text{不稳}} \times 1}{1^4}$$

$$= \varphi^{\ominus}(Cu^{2+}|Cu) + \frac{0.059}{2}\lg K^{\ominus}_{\text{不稳}}$$

$$= 0.345 + \frac{0.059}{2}\lg(4.79 \times 10^{-14}) = -0.048 \text{ V}$$

原电池电动势$E_2$:

$$E_2 = \varphi_+ - \varphi_- = \varphi^{\ominus}(Ag_2CrO_4|Ag) - \varphi^{\ominus}([Cu(NH_3)_4]^{2+})|Cu)$$

$$= 0.446 - (-0.048) = 0.494 \text{ V}$$

(3)根据$\varphi$值的大小可确定正、负极。这样新原电池的符号为

$(-)Cu|[Cu(NH_3)_4]^{2+}(1 \text{ mol} \cdot L^{-1}), NH_3(1 \text{ mol} \cdot L^{-1}) \| $
$CrO_4^{2-}(1 \text{ mol} \cdot L^{-1})|Ag_2CrO_4(s)|Ag(+)$

(4)电极反应:

负极:$Cu + 4NH_3 \rightleftharpoons [Cu(NH_3)_4]^{2+} + 2e^-$

正极:$Ag_2CrO_4 + 2e^- \rightleftharpoons 2Ag + CrO_4^{2-}$

电池反应:

$$Cu + 4NH_3 + Ag_2CrO_4 \rightleftharpoons 2Ag + [Cu(NH_3)_4]^{2+} + CrO_4^{2-}$$

$$\lg K^{\ominus} = \frac{nE^{\ominus}}{0.059} = \frac{n(\varphi_+^{\ominus} - \varphi_-^{\ominus})}{0.059}$$

$$= \frac{2(\varphi^{\ominus}(Ag_2CrO_4|Ag) - \varphi^{\ominus}([Cu(NH_3)_4]^{2+}|Cu))}{0.059}$$

$$= \frac{2 \times [0.446 - (-0.048)]}{0.059} = 16.7458$$

$$K^{\ominus} = 5.57 \times 10^{16}$$

通过以上计算类型,我们可以看到在一个比较复杂的反应体系中,熟练地运用多重平衡规则(或其他方法)对具体问题进行分析,准确地找出相关离子的浓度,问题就可以迎刃而解。

【例9】 配位滴定法的典型习题

1. 计算在 pH = 5.00 时,MgY 的条件稳定常数。此时,镁能否用 EDTA 进行滴定?

**解** 由相关表得到 $K^{\ominus}(MgY) = 8.69$

pH = 5.00 时, $\lg \alpha_{Y(H)} = 6.45$

将以上数值代入式 $\lg K^{\ominus}(MgY') = \lg K^{\ominus}(MgY) - \lg \alpha_{Y(H)}$,得 pH = 5.00 时

$$\lg K^{\ominus}(MgY') = 8.69 - 6.45 = 2.24 < 8$$

由此可见,pH = 5.00 时,EDTA 溶液不能准确地滴定 $Mg^{2+}$。

2. 计算用 $0.010\ 0\ mol \cdot L^{-1}$ 的 EDTA 标准溶液滴定同浓度的 $Cu^{2+}$ 溶液的适宜 pH。

**解** $\lg \alpha_{Y(H)} \leqslant \lg(cK^{\ominus}(CuY)) - 6 = \lg K^{\ominus}(CuY) - 8 = 18.80 - 8 = 10.80$,查表可知 $pH \geqslant 2.90$。

最高 pH 由 $Cu(OH)_2$ 的 $K^{\ominus}_{sp}$ 求得:

$$[OH^-] = \sqrt{\frac{K^{\ominus}_{sp}}{c(Cu^{2+})}} = \sqrt{\frac{2.2 \times 10^{-20}}{0.01}} = 1.5 \times 10^{-9}$$

则 $pOH = 8.83, pH = 5.17$

滴定时,适宜的 pH 范围为 2.90 ~ 5.17。

3. 若配制 EDTA 溶液的水中含有 $Ca^{2+}$,下列情况对测定结果有何影响?

(1) 用 $CaCO_3$ 作基准物质,以二甲酚橙为指示剂,滴定溶液中的 $Zn^{2+}$;

(2) 用金属锌作基准物质,用铬黑 T 作指示剂标定 EDTA,滴定溶液中的 $Ca^{2+}$;

(3) 用金属锌作基准物质,用二甲酚橙为指示剂标定 EDTA,滴定溶液中的 $Ca^{2+}$。

**解** (1) 因为标定时 EDTA 溶液中的钙参加了配位反应,而用二甲酚橙滴定 $Zn^{2+}$ 时,在 pH = 5 左右,EDTA 溶液中的钙不与 EDTA 反应,因此滴定 $Zn^{2+}$ 时,EDTA 消耗体积减少,结果偏低。

(2) 因为铬黑 T 作指示剂，$Zn^{2+}$、$Ca^{2+}$ 都与 EDTA 完全反应，所以原来与 $Ca^{2+}$ 配合的 EDTA 不会游离出来再和 $Zn^{2+}$ 配合，所以没有影响。

(3) 因为标定时在 pH = 5 左右，钙未参加配合，而测定 $Ca^{2+}$ 时，EDTA 不仅要和被测的 $Ca^{2+}$ 配合，还要和原存在于 EDTA 溶液中的 $Ca^{2+}$ 配合，所以消耗的 EDTA 体积增大，结果偏大。

4. 称取含 $Fe_2O_3$ 和 $Al_2O_3$ 的试样 0.208 6 g。溶解后，在 pH = 2.0 时，以磺基水杨酸为指示剂，加热至 50 ℃ 左右，以 0.020 36 mol·$L^{-1}$ 的 EDTA 标准溶液滴定至红色消失，消耗 EDTA 标准溶液 15.20 mL。然后再加入上述 EDTA 标准溶液 25.00 mL，加热煮沸，调节 pH = 4.5，以 PAN 为指示剂，趁热用 0.020 12 mol·$L^{-1}$ 的 $Cu^{2+}$ 标准溶液返滴定，用去 $Cu^{2+}$ 标准溶液 8.16 mL。计算试样中 $Fe_2O_3$ 和 $Al_2O_3$ 的百分含量。

**解** pH = 2.0 时，EDTA 只滴定 $Fe^{3+}$，设消耗 EDTA 的体积为 $V_1$，每个 $Fe_2O_3$ 中有 2 个 Fe，则

$$w(Fe_2O_3) = \frac{c(\text{EDTA})V_1(\text{EDTA}) \times 10^{-3} \times \frac{1}{2}M(Fe_2O_3)}{m_{试样}} \times 100\%$$

$$= \frac{0.020\ 36 \times 15.20 \times 10^{-3} \times \frac{159.69}{2}}{0.208\ 6} \times 100\% = 11.84\%$$

在 pH = 4.5 时，EDTA 只滴定 $Al^{3+}$，因为 $Al^{3+}$ 与 EDTA 反应慢，需返滴定。每个 $Al_2O_3$ 中有 2 个 Al，则

$$w(Al_2O_3) = \frac{[c(\text{EDTA})V(\text{EDTA}) - c(\text{Cu})V(\text{Cu})] \times 10^{-3} \times \frac{1}{2}M(Al_2O_3)}{m_{试样}} \times 100\%$$

$$= \frac{(0.020\ 36 \times 25.00 - 0.020\ 12 \times 8.16) \times 10^{-3} \times \frac{101.96}{2}}{0.208\ 6} \times 100\%$$

$$= 8.43\%$$

● **习题选解** ●

9-1 无水 $CrCl_3$ 和氨作用能形成两种配合物 A 和 B，组成分别为 $CrCl_3 \cdot 6NH_3$ 和 $CrCl_3 \cdot 5NH_3$。加入 $AgNO_3$，A 溶液中几乎全部的氯沉淀为

AgCl,而 B 溶液中只有 2/3 的氯沉淀出来。加入 NaOH 并加热,两种溶液均无氨味。试写出这两种配合物的化学式并命名。

**解** A:[Cr(NH$_3$)$_6$]Cl$_3$   三氯化六氨合铬(Ⅲ)

B:[CrCl(NH$_3$)$_5$]Cl$_2$  二氯化一氯·五氨合铬(Ⅲ)

**9-2** 指出下列配合物的中心离子、配体、配位数、配离子电荷数和配合物名称。

K$_2$[HgI$_4$], [CrCl$_2$(H$_2$O)$_4$]Cl, [Co(NH$_3$)$_2$(en)$_2$](NO$_3$)$_2$

Fe$_3$[Fe(CN)$_6$]$_2$, K[Co(NO$_2$)$_4$(NH$_3$)$_2$], [Fe(CO)$_5$]

**解**

|  | 中心离子 | 配体 | 配位数 | 配离子电荷数 | 配合物名称 |
| --- | --- | --- | --- | --- | --- |
| K$_2$[HgI$_4$] | Hg$^{2+}$ | I$^-$ | 4 | $-2$ | 四碘合汞(Ⅱ)酸钾 |
| [CrCl$_2$(H$_2$O)$_4$]Cl | Cr$^{3+}$ | Cl$^-$,H$_2$O | 6 | $+1$ | 氯化二氯·四水合铬(Ⅲ) |
| [Co(NH$_3$)$_2$(en)$_2$](NO$_3$)$_2$ | Co$^{2+}$ | NH$_3$,en | 6 | $+2$ | 硝酸二氨·二(乙二胺)合钴(Ⅱ) |
| Fe$_3$[Fe(CN)$_6$]$_2$ | Fe$^{3+}$ | CN$^-$ | 6 | $-3$ | 六氰合铁(Ⅲ)酸亚铁 |
| K[Co(NO$_2$)$_4$(NH$_3$)$_2$] | Co$^{3+}$ | NO$_2^-$,NH$_3$ | 6 | $-1$ | 四硝基·二氨合钴(Ⅲ)酸钾 |
| [Fe(CO)$_5$] | Fe | CO | 5 | 0 | 五羰基合铁 |

**9-3** 试用价键理论说明下列配离子的类型、空间结构和磁性。

(1)[CoF$_6$]$^{3-}$ 和[Co(CN)$_6$]$^{3-}$;  (2)[Ni(NH$_3$)$_4$]$^{2+}$ 和[Ni(CN)$_4$]$^{2-}$。

**解** (1)[CoF$_6$]$^{3-}$ 和[Co(CN)$_6$]$^{3-}$

[CoF$_6$]$^{3-}$   F$^-$ 为弱场配体高自旋   sp$^3$d$^2$ 杂化   正八面体型   顺磁性

[Co(CN)$_6$]$^{3-}$  CN$^-$ 为强场配体低自旋  d$^2$sp$^3$ 杂化  正八面体型  抗磁性

(2)[Ni(NH$_3$)$_4$]$^{2+}$ 和[Ni(CN)$_4$]$^{2-}$

[Ni(NH$_3$)$_4$]$^{2+}$   NH$_3$ 为中场强度配体高自旋  sp$^3$ 杂化   正四面体型   顺磁性

[Ni(CN)$_4$]$^{2-}$   CN$^-$ 为强场配体低自旋   dsp$^2$ 杂化  平面正方形   抗磁性

**9-4** 将 0.10 mol·L$^{-1}$ ZnCl$_2$ 溶液与 1.0 mol·L$^{-1}$ NH$_3$ 溶液等体积混合,求此溶液中[Zn(NH$_3$)$_4$]$^{2+}$ 和 Zn$^{2+}$ 的浓度。

**解** 查得 $K_f^{\ominus}$([Zn(NH$_3$)$_4$]$^{2+}$) = 2.87 × 10$^9$

设平衡时,$[Zn^{2+}] = x$ mol·L$^{-1}$

$$Zn^{2+} + 4NH_3 \rightleftharpoons [Zn(NH_3)_4]^{2+}$$

初始浓度/(mol·L$^{-1}$)　　0.05　　　0.5　　　　　0

变化浓度/(mol·L$^{-1}$) $-(0.05-x)$ $-4(0.05-x)$ $0.05-x$

平衡浓度/(mol·L$^{-1}$)　 $x$　$0.5-4(0.05-x)\approx 0.3$　$0.05-x\approx 0.05$

$$K_f^{\ominus} = \frac{[Zn(NH_3)_4^{2+}]}{[Zn^{2+}][NH_3]^4} = \frac{0.05}{x\times 0.3^4} = 2.87\times 10^9$$

$[Zn(NH_3)_4^{2+}] = 0.05$ mol·L$^{-1}$

$$[Zn^{2+}] = x = \frac{0.05}{2.87\times 10^9 \times 0.3^4} = 2.15\times 10^{-9} \text{ mol·L}^{-1}$$

**9-5** 在 100 mL 0.05 mol·L$^{-1}$ [Ag(NH$_3$)$_2$]$^+$ 溶液中加入 1 mL 1 mol·L$^{-1}$ NaCl 溶液,溶液中 NH$_3$ 的浓度至少需多大才能阻止 AgCl 沉淀生成?

**解**　查得 $K_f^{\ominus}([Ag(NH_3)_2]^+) = 1.12\times 10^7$,$K_{sp}^{\ominus}(AgCl) = 1.8\times 10^{-10}$

$$[Ag(NH_3)_2]^+ \rightleftharpoons Ag^+ + 2NH_3 \quad ①$$
$$Ag^+ + Cl^- = AgCl\downarrow \quad ②$$

① + ②　　　$[Ag(NH_3)_2]^+ + Cl^- \rightleftharpoons AgCl\downarrow + 2NH_3$

平衡浓度/(mol·L$^{-1}$)　　0.05　　　0.01　　　　　　[NH$_3$]

$$K_j^{\ominus} = \frac{[NH_3]^2}{[Cl^-][Ag(NH_3)_2^+]} = \frac{1}{K_f^{\ominus}\cdot K_{sp}^{\ominus}} = \frac{1}{1.12\times 10^7 \times 1.8\times 10^{-10}}$$

$$[NH_3] = \sqrt{\frac{0.05\times 0.01}{1.12\times 10^7 \times 1.8\times 10^{-10}}} = 0.50 \text{ mol·L}^{-1}$$

**9-6** 计算 AgCl 在 0.1 mol·L$^{-1}$ 氨水中的溶解度。

**解**　查得 $K_f^{\ominus}([Ag(NH_3)_2]^+) = 1.12\times 10^7$,$K_{sp}^{\ominus}(AgCl) = 1.8\times 10^{-10}$

设 AgCl 的溶解度为 $s$ mol·L$^{-1}$,则

$$AgCl + 2NH_3 \rightleftharpoons Ag(NH_3)_2^+ + Cl^-$$

平衡浓度/(mol·L$^{-1}$) $0.1-2s$　　　 $s$　　　　 $s$

$$K_j^{\ominus} = \frac{[Cl^-][Ag(NH_3)_2^+]}{[NH_3]^2} = K_f^{\ominus}\cdot K_{sp}^{\ominus}$$

$$= 1.12 \times 10^7 \times 1.8 \times 10^{-10} = 2.02 \times 10^{-3}$$

$$\frac{s^2}{(0.1-2s)^2} = 2.02 \times 10^{-3}$$

$$s = 4.1 \times 10^{-3} \text{ mol} \cdot \text{L}^{-1}$$

**9-7** 在 100 mL 0.15 mol·L$^{-1}$[Ag(CN)$_2$]$^-$ 溶液中加入 50 mL 0.1 mol·L$^{-1}$KI 溶液,是否有 AgI 沉淀生成?在上述溶液中再加入 50 mL 0.2 mol·L$^{-1}$KCN 溶液,又是否会产生 AgI 沉淀?

**解** 查得 $K_f^{\ominus}$([Ag(CN)$_2$]$^-$) = 1.26 × 10$^{21}$, $K_{sp}^{\ominus}$(AgI) = 8.3 × 10$^{-17}$

① $c$([Ag(CN)$_2$]$^-$) = 0.1 mol·L$^{-1}$    $c$(I$^-$) = 0.033 mol·L$^{-1}$

$$[\text{Ag(CN)}_2]^- \rightleftharpoons \text{Ag}^+ + 2\text{CN}^-$$

初始浓度 /(mol·L$^{-1}$)    0.1

平衡浓度 /(mol·L$^{-1}$)    0.1 − $x$    $x$    2$x$

$$K_f^{\ominus} = \frac{[\text{Ag(CN)}_2^-]}{[\text{Ag}^+][\text{CN}^-]^2} = \frac{0.1-x}{x \cdot (2x)^2} = 1.26 \times 10^{21}$$

$x = 2.71 \times 10^{-8}$ mol·L$^{-1}$

$Q = 2.71 \times 10^{-8} \times 0.033 = 8.94 \times 10^{-10} > K_{sp}^{\ominus}$(AgI) = 8.3 × 10$^{-17}$

有沉淀产生。

② $c$(Ag(CN)$_2^-$) = 0.075 mol·L$^{-1}$    $c$(I$^-$) = 0.025 mol·L$^{-1}$

$$[\text{Ag(CN)}_2]^- \rightleftharpoons \text{Ag}^+ + 2\text{CN}^-$$

初始浓度(mol·L)$^{-1}$ 0.075        0.05

平衡浓度(mol·L)$^{-1}$ 0.075 − $x$    $x$    0.05 + 2$x$

$$K_f^{\ominus} = \frac{0.075-x}{x(0.05+2x)^2} = 1.26 \times 10^{21}$$

$x = 2.38 \times 10^{-20}$ mol·L$^{-1}$

$Q = 2.38 \times 10^{-20} \times 0.025 = 5.952 \times 10^{-22} < K_{sp}^{\ominus}$(AgI)

无沉淀生成。

**9-8** 0.08 mol·L$^{-1}$AgNO$_3$ 溶解在 1 L Na$_2$S$_2$O$_3$ 溶液中形成 [Ag(S$_2$O$_3$)$_2$]$^{3-}$,过量的 S$_2$O$_3^{2-}$ 浓度为 0.2 mol·L$^{-1}$。欲得到卤化银沉淀,所需 I$^-$ 和 Cl$^-$ 的浓度各为多少?

**解** 查得 $K_f^{\ominus}([Ag(S_2O_3)_2]^{3-}) = 2.9 \times 10^{13}$,$K_{sp}^{\ominus}(AgCl) = 1.77 \times 10^{-10}$,$K_{sp}^{\ominus}(AgI) = 8.51 \times 10^{-17}$

设平衡时溶液中 $Ag^+$ 浓度为 $x$ mol·L$^{-1}$,则

$$Ag^+ + 2S_2O_3^{2-} \rightleftharpoons [Ag(S_2O_3)_2]^{3-}$$
$$x \quad 0.2+2x \quad 0.08-x$$

$0.2 + 2x \approx 0.2$,$0.08 - x \approx 0.08$

$$K_f^{\ominus} = \frac{[Ag(S_2O_3)_2^{3-}]}{[Ag^+][S_2O_3^{2-}]^2} = \frac{0.08}{x(0.2)^2} = 2.9 \times 10^{13}$$

$x = [Ag^+] = 6.9 \times 10^{-14}$ mol·L$^{-1}$

生成 AgI 沉淀需要 $c(I^-)$ 的最低浓度为

$$[I^-] = \frac{K_{sp}^{\ominus}}{[Ag^+]} = \frac{8.51 \times 10^{-17}}{6.9 \times 10^{-14}} = 1.23 \times 10^{-3} \text{ mol·L}^{-1}$$

故能生成 AgI 沉淀。

生成 AgCl 沉淀需要 $c(Cl^-)$ 的最低浓度为

$$[Cl^-] = \frac{K_{sp}^{\ominus}}{[Ag^+]} = \frac{1.77 \times 10^{-10}}{6.9 \times 10^{-14}} = 2.56 \times 10^3 \text{ mol·L}^{-1}$$

故不能生成 AgCl 沉淀。

**9-9** 50 mL 0.1 mol·L$^{-1}$ AgNO$_3$ 溶液与等量的 6 mol·L$^{-1}$ 氨水混合后,向此溶液中加入 0.119 g KBr 固体,有无 AgBr 沉淀析出?如欲阻止 AgBr 析出,原混合溶液中氨的初始浓度至少应为多少?

**解** 查得 $K_f^{\ominus}([Ag(NH_3)_2]^+) = 1.12 \times 10^7$,$K_{sp}^{\ominus}(AgBr) = 4.1 \times 10^{-13}$

设平衡时溶液中 $Ag^+$ 浓度为 $x$ mol·L$^{-1}$,则

$$Ag^+ + 2NH_3 \rightleftharpoons [Ag(NH_3)_2]^+$$

| | | | |
|---|---|---|---|
| 初始浓度/(mol·L$^{-1}$) | 0.05 | 3 | |
| 变化浓度/(mol·L$^{-1}$) | $-(0.05-x)$ | $-2(0.05-x)$ | $0.05-x$ |
| 平衡浓度/(mol·L$^{-1}$) | $x$ | $3-2(0.05-x)$ | $0.05-x$ |

$3 - 2(0.05 - x) \approx 2.9$,$0.05 - x \approx 0.05$

$$K_f^{\ominus} = \frac{[Ag(NH_3)_2^+]}{[Ag^+][NH_3]^2} = \frac{0.05}{x(2.9)^2} = 1.12 \times 10^7$$

$x = 5.31 \times 10^{-10}$ mol·L$^{-1}$

$[Br^-] = \dfrac{0.119}{119 \times 0.1} = 0.01$ mol·L$^{-1}$

$Q = [Ag^+][Br^-] = 5.31 \times 10^{-12} > K_{sp}^{\ominus}(AgBr) = 4.1 \times 10^{-13}$

故有 AgBr 生成。

要阻止生成 AgBr 沉淀则有

$$[Ag^+][Br^-] < K_{sp}^{\ominus}(AgBr)$$

$$[Ag^+] < \dfrac{K_{sp}^{\ominus}(AgBr)}{0.01} = 4.1 \times 10^{-11} \text{ mol·L}^{-1}$$

由 $K_f^{\ominus} = \dfrac{[Ag(NH_3)_2^+]}{[NH_3]^2[Ag^+]}$ 可得：$[NH_3] = \sqrt{\dfrac{[Ag(NH_3)_2^+]}{K_f^{\ominus}[Ag^+]}}$

所以 $[NH_3] = \sqrt{\dfrac{0.05}{1.12 \times 10^7 \times 4.1 \times 10^{-11}}} = 10.4$ mol·L$^{-1}$

$c(NH_3) = 10.4 + 0.1 = 10.5$ mol·L$^{-1}$

**9-10** 分别计算 Zn(OH)$_2$ 溶于氨水生成 [Zn(NH$_3$)$_4$]$^{2+}$ 和 [Zn(OH)$_4$]$^{2-}$ 时的平衡常数。若溶液中 NH$_3$ 和 NH$_4^+$ 的浓度均为 0.1 mol·L$^{-1}$，则 Zn(OH)$_2$ 溶于该溶液中主要生成哪一种配离子？（[Zn(OH)$_4$]$^{2-}$ 的不稳定常数为 $2.19 \times 10^{-18}$）

**解** 查得 $K_f^{\ominus}([Zn(NH_3)_4]^{2+}) = 2.9 \times 10^9$，$K^{\ominus}(NH_3 \cdot H_2O) = 1.77 \times 10^{-5}$，$K_{sp}^{\ominus}(Zn(OH)_2) = 1.2 \times 10^{-17}$

Zn(OH)$_2$ + 4NH$_3$ $\rightleftharpoons$ [Zn(NH$_3$)$_4$]$^{2+}$ + 2OH$^-$    ①

Zn(OH)$_2$ + 2NH$_3$·H$_2$O $\rightleftharpoons$ [Zn(OH)$_4$]$^{2-}$ + 2NH$_4^+$    ②

$$K_1^{\ominus} = \dfrac{[Zn(NH_3)_4^{2+}][OH^-]^2}{[NH_3]^4} = K_f^{\ominus} K_{sp}^{\ominus}$$

$$= 2.9 \times 10^9 \times 1.2 \times 10^{-17} = 3.48 \times 10^{-8}$$

$$K_2^{\ominus} = \dfrac{[Zn(OH)_4^{2-}][NH_4^+]^2}{[NH_3]^2} = K_f^{\ominus} K_{sp}^{\ominus} K_b^{\ominus 2}$$

$$= 4.6 \times 10^{17} \times 1.2 \times 10^{-17} \times (1.77 \times 10^{-5})^2$$
$$= 1.73 \times 10^{-9}$$
$$K_1^{\ominus} > K_2^{\ominus}$$

故主要生成$[Zn(NH_3)_4]^{2+}$。当$c(NH_3) = c(NH_4^+) = 0.1 \text{ mol} \cdot L^{-1}$时

$$c(OH^-) = K_b^{\ominus} \frac{[NH_3]}{[NH_4^+]} = 1.77 \times 10^{-5} \text{ mol} \cdot L^{-1}$$

$$\frac{[Zn(NH_3)_4^{2+}] \times (1.77 \times 10^{-5})^2}{0.1^4} = 3.48 \times 10^{-8}$$

$$[Zn(NH_3)_4^{2+}] = 1.11 \times 10^{-2} \text{ mol} \cdot L^{-1}$$

$$\frac{[Zn(OH)_4^{2-}] \times 0.1^2}{0.1^2} = 1.73 \times 10^{-9}$$

$$[Zn(OH)_4^{2-}] = 1.73 \times 10^{-9} \text{ mol} \cdot L^{-1}$$

故主要生成$[Zn(NH_3)_4]^{2+}$。

**9-11** 将含有$0.2 \text{ mol} \cdot L^{-1} NH_3$和$1.0 \text{ mol} \cdot L^{-1} NH_4^+$的缓冲溶液与$0.02 \text{ mol} \cdot L^{-1} [Cu(NH_3)_4]^{2+}$溶液等体积混合,有无$Cu(OH)_2$沉淀生成? (已知$K_{sp}^{\ominus}(Cu(OH)_2) = 2.2 \times 10^{-20}$, $K_f^{\ominus}[Cu(NH_3)_4]^{2+} = 2.1 \times 10^{13}$)

**解** 混合后, $c(NH_3) = 0.1 \text{ mol} \cdot L^{-1}$, $c(NH_4^+) = 0.5 \text{ mol} \cdot L^{-1}$, $c([Cu(NH_3)_4]^{2+}) = 0.01 \text{ mol} \cdot L^{-1}$

设平衡时溶液中$Cu^{2+}$浓度为$x \text{ mol} \cdot L^{-1}$,则

$$Cu^{2+} + 4NH_3 \rightleftharpoons [Cu(NH_3)_4]^{2+}$$

初始浓度$/(\text{mol} \cdot L^{-1})$            0.1           0.01

平衡浓度$/(\text{mol} \cdot L^{-1})$ $x$    $0.1 + 4x$    $0.01 - x$

$0.1 + 4x \approx 0.1$, $0.01 - x \approx 0.01$

$$K_f^{\ominus} = \frac{[Cu(NH_3)_4^{2+}]}{[Cu^{2+}][NH_3]^4} = \frac{0.01}{x \cdot (0.1)^4} = 2.1 \times 10^{13}$$

$$x = [Cu^{2+}] = 4.76 \times 10^{-12} \text{ mol} \cdot L^{-1}$$

$$[OH^-] = K_b^{\ominus} \frac{[NH_3]}{[NH_4^+]} = 1.77 \times 10^{-5} \times \frac{0.1}{0.5} = 3.54 \times 10^{-6} \text{ mol} \cdot L^{-1}$$

$$Q = 4.76 \times 10^{-12} \times (3.54 \times 10^{-6})^2 = 5.96 \times 10^{-23} < K_{sp}^{\ominus}$$

无沉淀产生。

**9-12** 写出下列反应的方程式并计算平衡常数。

(1) AgI 溶于 KCN 溶液中；

(2) AgBr 微溶于氨水中，溶液酸化后又析出沉淀（两个反应）。

**解** (1) $\quad AgI + 2CN^- \rightleftharpoons [Ag(CN)_2]^- + I^-$

$$K^{\ominus} = \frac{[Ag(CN)_2^-][I^-]}{[CN^-]^2} = K_f^{\ominus}(Ag(CN)_2^-) \cdot K_{sp}^{\ominus}(AgI)$$

$$= 1.26 \times 10^{21} \times 8.3 \times 10^{-17} = 1.04 \times 10^5$$

(2) AgBr 微溶于氨水中

$$AgBr + 2NH_3 \rightleftharpoons [Ag(NH_3)_2]^+ + Br^-$$

$$K^{\ominus} = \frac{[Ag(NH_3)_2^+][Br^-]}{[NH_3]^2} = K_f^{\ominus}(Ag(NH_3)_2^+) \cdot K_{sp}^{\ominus}(AgBr)$$

$$= 1.12 \times 10^7 \times 4.1 \times 10^{-13} = 4.59 \times 10^{-6}$$

溶液酸化后又析出沉淀

$$[Ag(NH_3)_2]^+ + Br^- + 2H^+ \rightleftharpoons AgBr + 2NH_4^+$$

用多重平衡规则计算该反应的标准平衡常数，该反应可将下面四个反应按 $(a - b + c \times 2 - d \times 2)$ 的方法运算得到。

a. $[Ag(NH_3)_2]^+ \rightleftharpoons Ag^+ + 2NH_3$

b. $AgBr \rightleftharpoons Ag^+ + Br^-$

c. $NH_3 + H_2O \rightleftharpoons NH_4^+ + OH^-$

d. $H_2O \rightleftharpoons H^+ + OH^-$

所以，该反应的平衡常数为

$$K^{\ominus} = \frac{[NH_4^+]^2}{[Ag(NH_3)_2^+][Br^-][H^+]^2} = \frac{[K_b^{\ominus}(NH_3)]^2}{K_f^{\ominus}(Ag(NH_3)_2^+) K_{sp}^{\ominus}(AgBr)(K_w^{\ominus})^2}$$

$$= \frac{(1.8 \times 10^{-5})^2}{1.12 \times 10^7 \times 4.1 \times 10^{-13} \times (10^{-14})^2} = 7.06 \times 10^{23}$$

**9-13** 下列化合物中,哪些可作为有效的螯合剂?

(1) HO—OH ;

(2) $H_2N-(CH_2)_3-NH_2$ ;

(3) $(CH_3)_2N-NH_2$ ;

(4) $H_3C-\underset{\underset{COOH}{|}}{CH}-OH$ ;

(5) 
 ;

(6) $H_2N(CH_2)_4COOH$。

**解** (2)、(4)、(5)、(6)。

**9-14** 计算 pH = 7.0 时 EDTA 的酸效应系数 $\alpha_{Y(H)}$,此时 $Y^{4-}$ 占 EDTA 总浓度的百分数是多少?

**解** 已知 EDTA 的各级离解常数 $K_{a1}^{\ominus} \sim K_{a6}^{\ominus}$ 分别为 $10^{-0.9}$、$10^{-1.60}$、$10^{-2.00}$、$10^{-2.67}$、$10^{-6.16}$、$10^{-10.26}$,故各级质子化常数 $\beta_1^H \sim \beta_6^H$ 分别为 $10^{10.26}$、$10^{16.42}$、$10^{19.09}$、$10^{21.09}$、$10^{22.69}$、$10^{23.59}$。

pH = 7.00 时

$$\alpha_{Y(H)} = 1 + [H^+]\beta_1^H + [H^+]^2\beta_2^H + [H^+]^3\beta_3^H + [H^+]^4\beta_4^H +$$
$$[H^+]^5\beta_5^H + [H^+]^6\beta_6^H$$
$$= 1 + 10^{10.26-7.00} + 10^{16.42-14.00} + 10^{19.09-21.00} +$$
$$10^{21.09-28.00} + 10^{22.69-35.00} + 10^{23.59-42.00}$$
$$= 1 + 10^{3.26} + 10^{2.42} + 10^{-1.91} + 10^{-6.91} + 10^{-12.31} + 10^{-18.41}$$
$$= 10^{3.32}$$

$$\alpha_{Y(H)} = \frac{[Y']}{[Y]}, \quad 则 \quad \frac{[Y]}{[Y']} = \frac{1}{\alpha_{Y(H)}} = 10^{-3.32} = 0.05\%$$

**9-15** 在 $0.01 \text{ mol} \cdot L^{-1} Zn^{2+}$ 溶液中,用浓的 NaOH 溶液和氨水调节 pH 至 12.0,且使氨浓度为 $0.01 \text{ mol} \cdot L^{-1}$(不考虑溶液体积的变化),此时游离 $Zn^{2+}$ 的浓度为多少?

**解** $[Zn(NH_3)_4]^{2+}$ 的 $\beta_1^{\ominus} \sim \beta_4^{\ominus}$ 分别为 $10^{2.27}$、$10^{4.61}$、$10^{7.01}$、$10^{9.06}$。

$$\alpha_{[Zn(NH_3)_4^{2+}]} = 1 + [NH_3]\beta_1^{\ominus} + [NH_3]^2\beta_2^{\ominus} + [NH_3]^3\beta_3^{\ominus} + [NH_3]^4\beta_4^{\ominus}$$
$$= 1 + 10^{2.27-2.00} + 10^{4.61-4.00} + 10^{7.01-6.00} + 10^{9.06-8.00}$$

$$= 10^{1.46}$$

已知:pH = 12 时,$\lg\alpha_{[Zn(OH)_4]^{2-}} = 8.5$

$$\alpha_{Zn} = \alpha_{[Zn(NH_3)_4]^{2+}} + \alpha_{[Zn(OH)_4]^{2-}} = 10^{1.46} + 10^{8.5} \approx 10^{8.5}$$

游离的 $Zn^{2+}$ 的浓度

$$[Zn^{2+}] = \frac{[Zn^{2+}{}']}{\alpha_{Zn}} = \frac{0.01}{10^{8.5}} = 3.2 \times 10^{-11} \text{ mol} \cdot L^{-1}$$

**9-16** pH = 6.0 的溶液中含有 0.1 mol·L$^{-1}$ 的游离酒石酸根(Tart),计算此时的 $\lg K^{\ominus}([CdY']^{2-})$。若 $Cd^{2+}$ 的浓度为 0.01 mol·L$^{-1}$,能否用 EDTA 标准溶液准确滴定?(已知 $Cd^{2+}$-Tart 的 $\lg\beta_1 = 2.8$)

**解** pH = 6.0 时,$\lg\alpha_{Y(H)} = 4.65$  $\lg K^{\ominus}(CdY) = 16.46$

$$\alpha_{Cd(T)} = 1 + [Tart]\beta_1^{\ominus} = 1 + 0.1 \times 10^{2.8} \approx 10^{1.8}$$

$$\lg K^{\ominus}(CdY') = \lg K^{\ominus}(CdY) - \lg\alpha_{Y(H)} - \lg\alpha_{Cd(T)}$$
$$= 16.46 - 4.65 - 1.8 = 10.01 > 8$$

$$\lg[cK^{\ominus}(CdY')] = 8.01 > 6$$

故能用 EDTA 标准溶液准确滴定。

**9-17** pH = 4.0 时,能否用 EDTA 准确滴定 0.01 mol·L$^{-1}$ Fe$^{2+}$? pH = 6.0、8.0 时又如何?

**解** $\lg K^{\ominus}(FeY) = 14.32$

pH = 4.0 时,$\lg\alpha_{Y(H)} = 8.44$

pH = 6.0 时,$\lg\alpha_{Y(H)} = 4.65$

pH = 8.0 时,$\lg\alpha_{Y(H)} = 2.27$

pH = 4.0 时,$\lg K^{\ominus}(FeY') = 14.32 - 8.44 = 5.88 < 8$

不能准确滴定。

pH = 6.0 时,$\lg K^{\ominus}(FeY') = 14.32 - 4.65 = 9.67 > 8$

pH = 8.0 时,$\lg K^{\ominus}(FeY') = 14.32 - 2.27 = 12.05 > 8$

Fe$^{2+}$ 滴定允许的最低 pH 为

$$\lg\alpha_{Y(H)} = 14.32 - 8 = 6.32, \quad pH = 5.1$$

滴定允许的最高 pH 为

$$[OH^-] = \sqrt{\frac{K_{sp}^{\ominus}}{[Fe^{2+}]}} = \sqrt{\frac{1.0 \times 10^{-15}}{0.1}} = 1 \times 10^{-7}, \quad pH = 7.0$$

因此，pH = 6.0 时能准确滴定，pH = 8.0 时不能准确滴定。

**9-18** 若配制 EDTA 溶液的水中含有 $Ca^{2+}$、$Mg^{2+}$，在 pH = 5～6 时，以二甲酚橙做指示剂，用 $Zn^{2+}$ 标定该 EDTA 溶液，其标定结果是偏高还是偏低？若以此 EDTA 溶液测定 $Ca^{2+}$、$Mg^{2+}$，所得结果又如何？

**解** （1）pH = 5～6 时，$Ca^{2+}$、$Mg^{2+}$ 不干扰滴定，这时用 $Zn^{2+}$ 标准溶液标定 EDTA 得到的浓度为准确浓度。

（2）测定 $Ca^{2+}$、$Mg^{2+}$ 的总量，一般控制溶液的 pH = 10，此时，EDTA 标准溶液中的 $Ca^{2+}$ 和 $Mg^{2+}$ 会消耗部分 EDTA，使滴定结果偏高。

**9-19** 含 $0.01\ mol·L^{-1}\ Pb^{2+}$、$0.01\ mol·L^{-1}\ Ca^{2+}$ 的溶液中，能否用 $0.01\ mol·L^{-1}$ EDTA 准确滴定 $Pb^{2+}$？若可以，应在什么 pH 下滴定而 $Ca^{2+}$ 不干扰？

**解** $\lg K^{\ominus}(PbY^{2-}) = 18.04$，$\lg K^{\ominus}(CaY^{2-}) = 10.69$

两离子浓度相同，且 $\Delta \lg K^{\ominus}_{MY} = 18.04 - 10.69 = 7.35 > 5$。所以，在用 $0.01\ mol·L^{-1}$ EDTA 滴定 $Pb^{2+}$ 时，可以用控制酸度的方法消除 $Ca^{2+}$ 的干扰而得到准确的结果。

可用 $0.01\ mol·L^{-1}$ EDTA 准确滴定 $Pb^{2+}$

$$\lg \alpha_{Y(H)} = \lg K^{\ominus}(PbY^{2-}) - 8 = 18.04 - 8 = 10.04$$

查表可得最小 pH：pH = 3.3

$$K^{\ominus}_{sp}(Pb(OH)_2) = [Pb^{2+}][OH^-]^2 = 1.2 \times 10^{-15}$$

$$[OH^-] = \sqrt{\frac{K^{\ominus}_{sp}}{[Pb^{2+}]}} = 3.46 \times 10^{-7}\ mol·L^{-1}$$

$$pH = 14 - pOH = 7.54$$

即滴定溶液的 pH 为 3.3～7.54。

**9-20** 用返滴定法测定 $Al^{3+}$ 的含量时，首先在 pH = 3 左右加入过量的 EDTA 并加热，使 $Al^{3+}$ 完全配位。试问为何选择此 pH？

**解** 酸度不高时，$Al^{3+}$ 水解生成一系列多核、多羟基配合物，即使酸度提高至 EDTA 滴定 $Al^{3+}$ 的最高酸度 pH = 4，仍不可避免水解，$Al^{3+}$ 的多羟基配体与 EDTA 反应缓慢，$Al^{3+}$ 对二甲酚橙等指示剂有封闭作用，因此不能直接滴定。在 pH = 3 时，酸度较大，$Al^{3+}$ 不水解，但 EDTA 过量较多，$Al^{3+}$ 与 EDTA 配位完全。

设 $[Al^{3+}] = 0.01 \text{ mol} \cdot L^{-1}$,则

$$[OH^-] = \sqrt[3]{\frac{K_{sp}^{\ominus}}{[Al^{3+}]}} = \sqrt[3]{\frac{2 \times 10^{-33}}{0.01}} = 5.85 \times 10^{-11} \text{ mol} \cdot L^{-1}$$

$$pH = 3.77$$

因此,为防止 $Al^{3+}$ 发生水解选择 pH = 3 左右比较合适。

**9-21** 量取含 $Bi^{3+}$、$Pb^{2+}$、$Cd^{2+}$ 的试液 25.00 mL,以二甲酚橙为指示剂,在 pH = 1.0 时用 0.020 15 mol·$L^{-1}$ EDTA 溶液滴定,用去 20.28 mL。调节 pH 至 5.5,用此 EDTA 滴定时又消耗 28.86 mL。加入邻二氮菲,破坏 $[CdY]^{2-}$,释放出的 EDTA 用 0.012 02 mol·$L^{-1}$ $Pb^{2+}$ 溶液滴定,用去 18.05 mL。计算溶液中的 $Bi^{3+}$、$Pb^{2+}$、$Cd^{2+}$ 的浓度。

**解** 由表 9-12 查得:
$\lg K^{\ominus}(BiY^-) = 27.94 \quad \lg K^{\ominus}(PbY^{2-}) = 18.04 \quad \lg K^{\ominus}(CdY^{2-}) = 16.46$
由表 9-14 查得:pH = 1.0 时 $\lg \alpha_{Y(H)} = 18.01$
$\qquad\qquad\qquad$ pH = 5.5 时 $\lg \alpha_{Y(H)} = 5.69$

由 $\lg K^{\ominus}(MY') > 8$ 知,pH = 1.0 时只测定 $Bi^{3+}$,pH = 5.5 时可测定 $Pb^{2+}$、$Cd^{2+}$;而由 $CdY^{2-}$ 释放出来的 EDTA 消耗 $Pb^{2+}$ 量相当于 $Cd^{2+}$ 的量,则有

$$c(Bi^{3+}) = \frac{c(EDTA)V(EDTA)}{V(Bi^{3+})} = \frac{0.020\ 15 \times 20.28}{25.00} = 0.016\ 34 \text{ mol} \cdot L^{-1}$$

$$c(Cd^{2+}) = \frac{c(Pb^{2+})V(Pb^{2+})}{V(Cd^{2+})} = \frac{0.012\ 02 \times 18.05}{25.00} = 0.008\ 678 \text{ mol} \cdot L^{-1}$$

$$c(Pb^{2+}) = \frac{[c(EDTA)V(EDTA) - c(Pb^{2+})V(Pb^{2+})]}{V(Pb^{2+})} = 0.014\ 58 \text{ mol} \cdot L^{-1}$$

**9-22** 在 25.00 mL 含 $Ni^{2+}$、$Zn^{2+}$ 的溶液中加入 50.00 mL 0.015 00 mol·$L^{-1}$ EDTA 溶液,用 0.010 00 mol·$L^{-1}$ $Mg^{2+}$ 返滴定过量的 EDTA,用去 17.52 mL,然后加入二巯基丙醇解蔽 $Zn^{2+}$,释放出 EDTA,再用去 22.00 mL $Mg^{2+}$ 溶液滴定。计算原试液中 $Ni^{2+}$、$Zn^{2+}$ 的浓度。

**解** 由表 9-12 查得:
$\qquad\qquad \lg K^{\ominus}(NiY^{2-}) = 18.62, \quad \lg K^{\ominus}(ZnY^{2-}) = 16.50$
所以,第一步返滴定是测出两离子的总量,第二步解蔽后滴定的 $Zn^{2+}$。先根

据解蔽后的滴定计算 $Zn^{2+}$ 的浓度：

$$c(Zn^{2+}) \times 25.00 = c(EDTA) \times V(EDTA) = c(Mg^{2+}) \times 22.00$$

$$c(Zn^{2+}) = \frac{0.010\ 00 \times 22.00}{25.00} = 0.008\ 800\ mol \cdot L^{-1}$$

再根据第一步返滴定计算 $Ni^{2+}$ 的浓度：

$$[c(Zn^{2+}) + c(Ni^{2+})] \times 25.00 + c(Mg^{2+}) \times 17.52 = c(EDTA) \times 50.00$$

$$c(Ni^{2+}) = \frac{0.015\ 00 \times 50.00 - 0.010\ 00 \times 17.52 - 0.008\ 80 \times 25.00}{25.00}$$

$$= 0.014\ 19\ mol \cdot L^{-1}$$

**9-23** 间接法测定 $SO_4^{2-}$ 时，称取 3.000 g 试样溶解后，稀释至 250.00 mL。在 25.00 mL 试液中加入 25.00 mL 0.050 mol·$L^{-1}$ $BaCl_2$ 溶液，过滤 $BaSO_4$ 沉淀后，滴定剩余 $Ba^{2+}$ 用去 29.15 mL 0.020 02 mol·$L^{-1}$ EDTA。试计算 $SO_4^{2-}$ 的质量分数。

**解** 因为 $Ba^{2+}$ 与 $SO_4^{2-}$ 及 EDTA 的反应都是 1∶1 的反应，所以

$$n(Ba^{2+}) = n(SO_4^{2-}) + n(EDTA)$$

$$n(SO_4^{2-}) = n(Ba^{2+}) - n(EDTA)$$

$$w(SO_4^{2-}) = \frac{[n(Ba^{2+}) - n(EDTA)] \times M(SO_4^{2-})}{m_s/10} \times 100\%$$

$$= \frac{[c(Ba^{2+}) \times V(Ba^{2+}) - c(EDTA) \times V(EDTA)] \times M(SO_4^{2-})}{m_s/10} \times 100\%$$

$$w(SO_4^{2-}) = \frac{[(0.050\ 00 \times 25.00 - 0.020\ 02 \times 29.15) \times 10^{-3} \times 96.06]}{3.000/10} \times 100\%$$

$$= 21.33\%$$

**9-24** 称取硫酸镁样品 0.250 0 g，以适当方式溶解后，以 0.021 55 mol·$L^{-1}$ EDTA 标准溶液滴定，用去 24.90 mL，计算 EDTA 溶液对 $MgSO_4 \cdot 7H_2O$ 的滴定度及样品中 $MgSO_4$ 的质量分数。

**解** 根据滴定反应的计量关系可得

$$n(MgSO_4 \cdot 7H_2O) = n(EDTA)$$

$$\frac{m(MgSO_4 \cdot 7H_2O)}{M(MgSO_4 \cdot 7H_2O)} = c(EDTA) \times V(EDTA)$$

$$m(MgSO_4 \cdot 7H_2O) = c(EDTA) \times V(EDTA) \times M(MgSO_4 \cdot 7H_2O)$$

当 $V(\text{EDTA}) = 1$ mL 时，$m(\text{MgSO}_4 \cdot 7\text{H}_2\text{O}) = T(\text{MgSO}_4 \cdot 7\text{H}_2\text{O} | \text{EDTA})$，所以

$$T(\text{MgSO}_4 \cdot 7\text{H}_2\text{O} | \text{EDTA}) = 0.02155 \times 246.47 \times 10^{-3}$$
$$= 0.005311 \text{ g} \cdot \text{mL}^{-1}$$

$$w(\text{MgSO}_4) = \frac{0.02155 \times 24.90 \times 10^{-3} \times 120.4}{0.2500} \times 100\% = 25.84\%$$

**9-25** 分析铜、锌、镁合金时，称取试样 0.5000 g 溶解后稀释至 200.00 mL。取 25.00 mL 调至 pH = 6，用 PAN 作指示剂，用 0.03080 mol·L$^{-1}$ EDTA 溶液滴定，用去 30.30 mL。另取 25.00 mL 试液，调至 pH = 10，加入 KCN 掩蔽铜、锌，用同浓度 EDTA 滴定，用去 3.40 mL，然后滴加甲醛解蔽剂，再用该 EDTA 溶液滴定，用去 8.85 mL。计算试样中铜、锌、镁的质量分数。

**解** 由表 9-12 查得：

$$\lg K^{\ominus}(\text{ZnY}^{2-}) = 16.50$$
$$\lg K^{\ominus}(\text{MgY}^{2-}) = 8.7$$
$$\lg K^{\ominus}(\text{CuY}^{2-}) = 18.80$$

由表 9-14 查得：

pH = 6 时，$\lg \alpha_{\text{Y(H)}} = 4.65$

pH = 10.0 时，$\lg \alpha_{\text{Y(H)}} = 0.45$

由准确滴定的判据可知 pH = 6 时，可滴定 $\text{Cu}^{2+}$ 和 $\text{Zn}^{2+}$，消耗 EDTA 体积为 30.30 mL，pH = 10.0 时，加 KCN 掩蔽 $\text{Cu}^{2+}$ 和 $\text{Zn}^{2+}$，则滴定 $\text{Mg}^{2+}$ 消耗 3.40 mL EDTA，甲醛解蔽后，用去 EDTA 的体积 8.85 mL 为滴定 $\text{Zn}^{2+}$ 所消耗的量，则有

$$w(\text{M}) = \frac{c(\text{EDTA})V(\text{EDTA}) \times M}{m_s \times \left(\dfrac{25.00}{200.0}\right)} \times 100\% \quad (m_s \text{ 表示试样的质量})$$

$$w(\text{Mg}^{2+}) = \frac{0.03080 \times 3.40 \times 24.30 \times 10^{-3}}{\dfrac{1}{8} \times 0.5000} \times 100\% = 4.07\%$$

$$w(\text{Zn}^{2+}) = \frac{0.03080 \times 8.85 \times 65.39 \times 10^{-3}}{\dfrac{1}{8} \times 0.5000} \times 100\% = 28.52\%$$

$$w(\text{Cu}^{2+}) = \frac{0.030\ 80 \times (30.30 - 8.85) \times 63.35 \times 10^{-3}}{\frac{1}{8} \times 0.500\ 0} \times 100\%$$

$$= 66.96\%$$

**9-27** 欲测定 $\text{Pb}^{2+}$、$\text{Al}^{3+}$ 和 $\text{Mg}^{2+}$ 溶液中的 $\text{Pb}^{2+}$ 含量,问共存的其他两种离子有无干扰? 如何去除干扰? 试拟出测定 $\text{Pb}^{2+}$ 的简要方案?

**解** 由表 9-12 查得:

$$\lg K^{\ominus}(\text{AlY}) = 16.3, \quad \lg K^{\ominus}(\text{PbY}^{2-}) = 18.04$$

$$\Delta \lg K = 18.04 - 16.3 = 1.74$$

不可控制酸度消除 $\text{Al}^{3+}$ 的干扰,可采用配位掩蔽法消除 $\text{Al}^{3+}$ 的干扰:

$$\lg K^{\ominus}(\text{MgY}) = 8.69, \quad \Delta \lg K = 18.04 - 8.69 = 9.35 > 5$$

可控制酸度消除 $\text{Mg}^{2+}$ 的干扰:用 NaAc-HAc 或六次甲基四胺的缓冲溶液控制体系的 pH = 4~5,加入过量的 $\text{NH}_4\text{F}$ 掩蔽 $\text{Al}^{3+}$,以二甲酚橙为指示剂,用 EDTA 滴定 $\text{Pb}^{2+}$,溶液颜色从紫红变为黄色即为终点。

**9-27** 称取 0.100 0 g 纯 $\text{CaCO}_3$ 溶解后,用容量瓶配成 100 mL 溶液,吸取 25 mL,pH > 12 时用钙指示剂指示终点,用 EDTA 标准溶液滴定,用去 22.70 mL,试计算:(1)EDTA 的浓度($\text{mol} \cdot \text{L}^{-1}$);(2)每毫升 EDTA 溶液相当于 FeO、$\text{Fe}_2\text{O}_3$ 的克数。

**解** 
$$n(\text{CaCO}_3) = n(\text{EDTA})$$

$$\frac{m(\text{CaCO}_3) \times \frac{25}{100}}{M(\text{CaCO}_3)} = c(\text{EDTA}) \cdot V(\text{EDTA})$$

$$c(\text{EDTA}) = \frac{m(\text{CaCO}_3) \times \frac{25}{100}}{M(\text{CaCO}_3) \cdot V(\text{EDTA})} = \frac{0.100\ 0 \times \frac{25}{100}}{100.09 \times 22.70 \times 10^{-3}}$$

$$= 0.011\ 00\ \text{mol} \cdot \text{L}^{-1}$$

$$T(\text{FeO} \mid \text{EDTA}) = c(\text{EDTA}) \times 10^{-3} \times M(\text{FeO})$$

$$= 0.011\ 00 \times 10^{-3} \times 71.85$$

$$= 7.90 \times 10^{-4}\ \text{g} \cdot \text{mL}^{-1}$$

$$T(\text{Fe}_2\text{O}_3 \mid \text{EDTA}) = \frac{1}{2} \times c(\text{EDTA}) \times 10^{-3} \times M(\text{Fe}_2\text{O}_3)$$

$$= \frac{1}{2} \times 0.011\ 00 \times 10^{-3} \times 159.7$$

$$= 8.784 \times 10^{-4} \text{ g} \cdot \text{mL}^{-1}$$

**9-28** 称取 1.682 0 g 氧化铝试样,溶解后,移入 250 mL 容量瓶中,稀释至刻度。吸取 25.00 mL,加入 $T(\text{Al}_2\text{O}_3 \mid \text{EDTA}) = 1.605 \text{ mg} \cdot \text{mL}^{-1}$ 的 EDTA 标准溶液 10.00 mL,以二甲酚橙为指示剂,用 $\text{Zn}(\text{Ac})_2$ 标准溶液进行返滴定至终点(红紫色),消耗 $\text{Zn}(\text{Ac})_2$ 标准溶液 13.2 mL。已知 1 mL $\text{Zn}(\text{Ac})_2$ 溶液相当于 0.681 2 mL EDTA 溶液,求试样中 $\text{Al}_2\text{O}_3$ 的含量。

**解**  $m(\text{Al}_2\text{O}_3) = [V(\text{EDTA}) - V(\text{Zn}(\text{Ac})_2)]T(\text{Al}_2\text{O}_3 \mid \text{EDTA})$
$$= (10.00 - 0.681\ 2 \times 13.2) \times 1.605$$
$$= 1.618\ 1 \text{ mg}$$

$\text{Al}_2\text{O}_3$ 的质量分数

$$w(\text{Al}_2\text{O}_3) = \frac{m(\text{Al}_2\text{O}_3) \times 10^{-3} \times 10}{m_{试样}} \times 100\% = \frac{1.618\ 1 \times 10^{-3} \times 10}{1.682\ 0}$$
$$= 0.96\%$$

**9-29** 用配位滴定法测定氯化锌的含量,称取 0.250 0 g 试样,溶于水后,在 pH = 5~6 时,用二甲酚橙作指示剂,用 0.010 24 mol·L⁻¹ EDTA 标准溶液滴定,用去 17.16 mL,计算试样中氯化锌的质量分数。

**解**  $n(\text{ZnCl}_2) = n(\text{EDTA}) = 0.010\ 24 \times 17.16 \times 10^{-3} \text{ mol}$

$$w(\text{ZnCl}_2) = \frac{n(\text{ZnCl}_2)M(\text{ZnCl}_2)}{m_{试样}} \times 100\%$$

$$= \frac{0.010\ 24 \times 17.16 \times 10^{-3} \times 136.3}{0.250\ 0} \times 100\% = 9.58\%$$

**9-30** 称取 0.800 g 黏土试样,用碱熔融后分离除去 $\text{SiO}_2$,配成 250 mL 溶液,吸取 100 mL,在 pH = 2~2.5 的热溶液中,用磺基水杨酸为指示剂,用 0.020 00 mol·L⁻¹ EDTA 溶液滴定 $\text{Fe}^{3+}$,用去 EDTA 7.20 mL,滴定 $\text{Fe}^{3+}$ 后的溶液在 pH = 3 时加入过量的 EDTA,煮沸后再调至 pH = 5~6,用 PAN 作指示剂,用硫酸铜标准溶液(每毫升含纯的 $\text{CuSO}_4 \cdot 5\text{H}_2\text{O}$ 0.005 g)滴定至溶液呈紫红色。再加入 $\text{NH}_4\text{F}$ 煮沸后,又用 $\text{CuSO}_4$ 标准溶液滴定,用去 $\text{CuSO}_4$ 25.20 mL,计算黏土中 $\text{Fe}_2\text{O}_3$ 和 $\text{Al}_2\text{O}_3$ 质量分数。

**解**  $n(\text{CuSO}_4 \cdot 5\text{H}_2\text{O}) = \dfrac{m}{M} = \dfrac{0.005 \times 25.20}{249.69} = 5.046 \times 10^{-4} \text{ mol}$

$$n(\text{Al}_2\text{O}_3) = \frac{1}{2} n(\text{CuSO}_4 \cdot 5\text{H}_2\text{O}) = \frac{1}{2} \times 5.046 \times 10^{-4}$$

$$= 0.2523 \times 10^{-3} \text{ mol}$$

$$m(\text{Al}_2\text{O}_3) = M \cdot n = 101.96 \times 2.523 \times 10^{-4} = 0.0257$$

$$w(\text{Al}_2\text{O}_3) = \frac{0.0257 \times \dfrac{250}{100}}{0.800} \times 100\% = 8.04\%$$

EDTA $\sim$ Fe $\sim \dfrac{1}{2}$Fe$_2$O$_3$

$$n(\text{Fe}_2\text{O}_3) = \frac{1}{2} n(\text{EDTA}) = \frac{1}{2} \times 0.02000 \times 7.20 \times 10^{-3} = 7.20 \times 10^{-5} \text{ mol}$$

$$w(\text{Fe}_2\text{O}_3) = \frac{7.20 \times 10^{-5} \times 159.7 \times \dfrac{250}{100}}{0.800} \times 100\% = 3.59\%$$

**9-31** 称取锡青铜(含 Sn、Cu、Zn 和 Pb)试样 0.2034 g 处理成溶液,加入过量的EDTA标准溶液,使其中所有重金属离子均形成稳定的EDTA配合物。过量的 EDTA 在 pH = 5～6 的条件下,以二甲酚橙为指示剂,用 Zn(Ac)$_2$ 标准溶液进行回滴。然后在上述溶液中加入少许固体 NH$_4$F,使SnY转化为更稳定的[SnF$_6$]$^{2-}$,同时释放出一定量的EDTA,最后用[Zn$^{2+}$] = 0.01103 mol·L$^{-1}$ 的 Zn(Ac)$_2$ 标准溶液滴定 EDTA,消耗Zn(Ac)$_2$ 标准溶液 20.08 mL。计算该铜合金中锡的含量。

**解** 根据反应的计量关系可知:

$$n(\text{Sn}) = n(\text{Zn}^{2+})$$

$$\frac{m_s \times w(\text{Sn})}{M(\text{Sn})} = c(\text{Zn}^{2+}) \cdot V(\text{Zn}^{2+})$$

$$w(\text{Sn}) = \frac{c(\text{Zn}^{2+}) \cdot V(\text{Zn}^{2+}) \cdot M(\text{Sn})}{m_s} \times 100\%$$

$$= \frac{0.01103 \times 20.08 \times 10^{-3} \times 118.7}{0.2034} = 12.93\%$$

**9-32** 试拟定用 EDTA 测定 Bi$^{3+}$、Al$^{3+}$、Pb$^{2+}$ 含量的简要方案。

**答** 控制溶液 pH = 1.0,以二甲酚橙(XO)或 PAN 为指示剂,用 EDTA 滴定 Bi$^{3+}$,溶液颜色从紫红变为黄色为终点。然后,调 pH ≈ 3.0,加入定量的过量的 EDTA 标准溶液,煮沸后,再调溶液 pH ≈ 5～6,以 PAN 为指示剂,用标准 CuSO$_4$ 溶液滴定过量的 EDTA,溶液颜色从紫红变为绿色为终点。

再加入过量的 $NH_4F$,使 $AlY$ 转化为 $[AlF_6]^{3-}$,同时释放出一定量的 EDTA,最后用 $CuSO_4$ 标准溶液滴定 EDTA。

## ● 同步练习 ●

### 一、选择题

**1.** 下列关于价键理论对配合物的说法中,正确的是( )。
  A. 任何中心离子与任何配位体都能形成内轨型配合物
  B. 任何中心离子与任何配位体都能形成外轨型配合物
  C. 中心离子用于形成配位键的原子轨道是经过杂化的等价空轨道
  D. 以 $sp^3d^2$ 和 $d^2sp^3$ 杂化轨道成键的配合物具有不同的空间构型

**2.** 中心离子以 $dsp^2$ 杂化轨道成键而形成的配合物,其空间构型为( )。
  A. 平面正方形          B. 直线形
  C. 正四面体            D. 正八面体

**3.** 配合物 $[CoCl(NH_3)(en)_2]Cl_2$ 中,中心离子的电荷数和配位数各为( )。
  A. +2,4               B. +2,6
  C. +3,6               D. +3,4

**4.** 已知 $[Ni(NH_3)_4]^{2+}$ 的磁矩 $\mu$ = 2.82 B.M.,则配离子的成键轨道和空间构型为( )。
  A. $dsp^2$,平面正方形        B. $dsp^2$,正四面体
  C. $sp^3$,正四面体           D. $sp^3$,平面正方形

**5.** 某金属与其离子溶液组成电极,若溶液中金属离子生成配合物后,其电极电势值( )。
  A. 变小        B. 变大        C. 不变        D. 难以确定

**6.** 配合物 $[Co(en)(NH_3)_2Cl_2]Cl$ 的名称是( )。
  A. 氯化 二氯·二氨·乙二胺 合 钴(Ⅲ)
  B. 氯化 乙二胺·二氯·二氨 合 钴(Ⅲ)
  C. 氯化 二氨·二氯·乙二胺 合 钴(Ⅲ)
  D. 氯化 二氨·乙二胺·二氯 合 钴(Ⅲ)

**7.** 四异硫氰酸根·二氨合钴(Ⅲ)酸铵的化学式是( )。

A. $(NH_4)_2[Co(SCN)_4(NH_3)_2]$  B. $(NH_4)_2[Co(NH_3)_2(SCN)_4]$
C. $NH_4[Co(NCS)_4(NH_3)_2]$  D. $NH_4[Co(NH_3)_2(NCS)_4]$

**8.** EDTA与金属离子配位时,一分子EDTA可提供的配位原子数是( )。

A. 2  B. 4  C. 6  D. 8

**9.** $\lg K_{CaY}^{\ominus} = 10.69$,当pH = 9.0时,$\lg \alpha_{Y(H)} = 1.29$,则 $\lg K_{CaY'}^{\ominus}$ 等于( )。

A. 9.40  B. -9.40  C. 10.69  D. 11.98

**10.** 用EDTA直接滴定有色金属离子M时,滴定终点时所呈现的颜色是( )。

A. 游离指示剂的颜色  B. EDTA-M配合物的颜色
C. 指示剂-M配合物的颜色  D. 上述A+B的混合色

**11.** 金属指示剂与金属离子形成的配合物的稳定性应满足( )。

A. 比金属离子和EDTA配合物的稳定性小
B. 与金属离子和EDTA配合物的稳定性相同
C. 比金属离子和EDTA配合物的稳定性大
D. 指示剂与金属离子不形成配合物

**12.** 配位滴定中,金属指示剂的封闭是因为( )。

A. 金属离子或杂质离子与指示剂稳定性太高
B. 指示剂被氧化
C. 金属离子不与指示剂作用
D. 金属离子不与EDTA作用

**13.** 欲用EDTA测定试液中的阴离子,宜采用( )。

A. 直接滴定  B. 间接滴定  C. 返滴定  D. 置换滴定

**14.** 用EDTA测定 $Cu^{2+}$、$Zn^{2+}$、$Al^{3+}$ 中的 $Al^{3+}$,最合适的滴定方式是( )。

A. 直接滴定  B. 间接滴定  C. 返滴定  D. 置换滴定

**15.** 用EDTA滴定 $Bi^{3+}$ 时,可用于掩蔽 $Fe^{3+}$ 的掩蔽剂是( )。

A. 三乙醇胺  B. KCN  C. 草酸  D. 抗坏血酸

**16.** 当用EDTA为标准溶液滴定金属离子时,若不加缓冲溶液,则随着滴定的进行,溶液的 pH 将( )。

A. 不变 B. 随被测金属离子的价态改变而改变
C. 降低 D. 升高

**17.** EDTA 与无色金属离子生成的配合物颜色是( )。

A. 颜色加深 B. 无色 C. 紫红色 D. 纯蓝色

**18.** 在 $Ca^{2+}$、$Mg^{2+}$ 的混合溶液中,用 EDTA 法测定 $Ca^{2+}$ 时,要消除 $Mg^{2+}$ 的干扰,宜用( )。

A. 沉淀掩蔽法 B. 配位掩蔽法
C. 氧化还原掩蔽法 D. 离子交换掩蔽法

**19.** 金属离子与 EDTA 形成螯合物时,其螯合比一般为( )。

A. 1∶2 B. 2∶1 C. 1∶1 D. 2∶2

**20.** EDTA 酸效应系数表示为( )。

A. $[Y]/[Y]_总$ B. $[Y]_总/[Y]$
C. $[H^+]/[Y]_总$ D. $[Y]_总/[H^+]$

**21.** 0.01 mol/L 的金属离子能够用 EDTA 直接滴定的最大 $\lg\alpha_{Y(H)}$ 是( )。

A. $\lg\alpha_{Y(H)} \leqslant \lg K_{MY}^{\ominus} - 8$ B. $\lg\alpha_{Y(H)} \geqslant \lg K_{MY}^{\ominus} - 8$
C. $\lg\alpha_{Y(H)} \leqslant \lg K_{MY}^{\ominus} - 6$ D. $\lg\alpha_{Y(H)} \geqslant \lg K_{MY}^{\ominus} - 6$

**22.** 测量硬度时,如用 EDTA 法测定 $Ca^{2+}$,若要消除 $Mg^{2+}$ 的影响,应采用( )。

A. 控制酸度法 B. 配位掩蔽法
C. 氧化还原掩蔽法 D. 沉淀掩蔽法

**23.** EDTA 配位滴定法中,下列有关 EDTA 酸效应的说法正确的是( )。

A. 配合物的酸效应使络合物的稳定性增大
B. 酸效应系数越小,同一配合物在该条件下越稳定
C. 反应的 pH 越大,EDTA 的酸效应系数就越大
D. EDTA 的酸效应系数越大,滴定曲线的 pM 突跃越宽

**24.** 对金属指示剂叙述错误的是( )。

A. 指示剂本身颜色与其生成的配合物颜色应显著不同

B. 指示剂应在一适宜 pH 范围内使用

C. MIn 的稳定性要大于 MY 的稳定性

D. 指示剂与金属离子的显色反应有良好的可逆性

**25.** 某溶液中含 $Ca^{2+}$、$Mg^{2+}$ 及少量 $Al^{3+}$、$Fe^{3+}$，现加入三乙醇胺，并调节溶液 pH = 10，以铬黑 T 为指示剂，用 EDTA 滴定，此时得到的是（　　）。

　　A. $Ca^{2+}$ 的含量　　　　　　B. $Ca^{2+}$、$Mg^{2+}$ 的总量

　　C. $Mg^{2+}$ 的含量　　　　　　D. $Ca^{2+}$、$Mg^{2+}$、$Al^{3+}$、$Fe^{3+}$ 的总量

**26.** EDTA 的酸效应曲线是指（　　）。

　　A. pH-$\alpha_{Y(H)}$ 曲线　　　　　B. pH-pM 曲线

　　C. pH-lg$K_{MY'}^{\ominus}$ 曲线　　　　D. pH-lg$\alpha_{Y(H)}$ 曲线

**27.** 在 $Ca^{2+}$、$Mg^{2+}$、$Al^{3+}$、$Fe^{3+}$ 的混合溶液中，用 EDTA 滴定 $Ca^{2+}$、$Mg^{2+}$，要消除 $Al^{3+}$、$Fe^{3+}$ 的干扰，最有效可靠的方法是（　　）。

　　A. 沉淀掩蔽法　　　　　　B. 配位掩蔽法

　　C. 氧化还原掩蔽法　　　　D. 离子交换掩蔽法

**28.** 在 EDTA 配位滴定中，pM 突跃范围的大小取决于（　　）。

　　A. 配合物的条件稳定常数 $K_{MY'}^{\ominus}$ 及被滴定物质 M 的浓度

　　B. 滴定的顺序

　　C. 要求的误差范围

　　D. 指示剂的用量

**29.** EDTA 与金属离子刚好能生成稳定的配合物时溶液的酸度称为（　　）。

　　A. 最佳酸度　　B. 最高酸度　　C. 适宜酸度　　D. 最低酸度

**30.** $Al^{3+}$ 和 $Fe^{3+}$ 对铬黑 T 有（　　）。

　　A. 氧化作用　　B. 沉淀作用　　C. 封闭作用　　D. 还原作用

**31.** 林邦（Ringbom）曲线即 EDTA 酸效应曲线不能回答的问题是（　　）。

　　A. 进行各金属离子滴定时的最低 pH

　　B. 在一定 pH 范围内滴定某种金属离子时，哪些离子可能有干扰

　　C. 控制溶液的酸度，有可能在同一溶液中连续测定几种离子

　　D. 准确测定各离子时溶液的最低酸度

**32.** 由于EDTA在水溶液中溶解度小,在滴定分析中使用它的二钠盐,此二钠盐的表示式为( )。

A. $Na_2H_4Y \cdot 2H_2O$  B. $Na_2H_2Y_2$

C. $Na_2HY_4 \cdot 2H_2O$  D. $Na_2H_2Y \cdot 2H_2O$

**33.** 测水的硬度时,采用EDTA滴定水中的$Ca^{2+}$、$Mg^{2+}$,由于水中有少量的$Al^{3+}$干扰滴定,需加入下面哪个掩蔽剂?( )

A. 氟化物   B. 三乙醇胺   C. 氰化物   D. 硫氢化钾

## 二、填空题

**1.** 配合物的磁矩与分子中的未成对电子数($n$)之间的近似定量关系是_____ B.M.。

**2.** 27号元素钴的元素符号是_____,+3价离子的价电子构型是_____,单电子数目为_____,它与$CN^-$形成的配位数为6的配合物磁矩为0 B.M.,由此可以推得钴离子采用_____杂化轨道成键,配离子的空间构型是_____。

**3.** 配合物[$Co(NO_2)_3(NH_3)_3$]中配离子的电荷应为_____,配离子的空间构型为_____,配位原子为_____,中心离子的配位数为_____。

**4.** 若中心离子采用$sp^3$和$dsp^2$杂化轨道与配体成键,则中心离子的配位数均为_____,形成的配合物类型分别为_____和_____,配离子的空间构型分别为_____和_____。

**5.** $K_4[Fe(CN)_6]$是内轨型,其单电子数为_____,杂化轨道类型为_____,空间构型为_____;$[Fe(H_2O)_6]Cl_3$是外轨型,其单电子数为_____,杂化轨道类型为_____,空间构型为_____。

**6.** EDTA的化学名称为_____,共有_____个配位原子,通常它与金属离子形成配合物的配位比为_____,在水溶液中有_____种存在形式。

**7.** 通过加热、加有机溶剂等方法可消除金属指示剂的_____现象。

**8.** 用EDTA滴定$Ca^{2+}$、$Mg^{2+}$总量时,以_____作指示剂,溶液的pH必须控制在_____;滴定$Ca^{2+}$时,以_____作指示剂,溶液的pH则应控制在_____。

## 三、判断题

1. 配合物均由含配离子的内界和简单外界离子组合成。（　）
2. 在配离子中，中心离子的配位数等于每个中心离子所拥有的配位体的数目。（　）
3. 配体的配位原子数等于配位数。（　）
4. 配离子的电荷数等于中心离子的电荷数。（　）
5. 以 $d^2sp^3$ 和 $sp^3d^2$ 杂化轨道成键的配离子具有相同的空间构型。（　）
6. 配位数为 4 的配合物的空间构型不全是正四面体。（　）
7. 同一中心离子相同配位数的配离子，内轨型的磁矩不大于外轨型。（　）
8. 配离子的不同空间构型，是中心原子采用不同类型杂化轨道与配体结合的结果。（　）
9. 配位数相同时，对某中心离子所形成的内轨型配合物比其外轨型配合物要稳定。（　）
10. 配合物中心离子杂化轨道的主量子数必须是相同的。（　）
11. 螯合物的稳定性大于一般配合物。（　）
12. 具有顺磁性的物质，其原子或分子都有或多或少的单电子。（　）
13. 用 EDTA 作重金属的解毒剂是因为其可以降低金属离子的浓度。（　）
14. $\varphi(Zn^{2+}/Zn)$ 电对加入氨水后，其电极电势下降。（　）
15. 由于 EDTA 分子中含有氨氮和羧氧两种配位能力强的配位原子，所以它能和许多金属离子形成环状结构的配合物，且稳定性较高。（　）
16. 在 $Fe^{3+}$ 溶液中加入 $F^-$ 后，$Fe^{3+}$ 的氧化性降低。（　）
17. 配位滴定中酸效应的产生是由于溶液酸度降低，使得金属离子浓度降低，进而降低了 MY 的稳定性。（　）
18. 酸效应曲线是某酸的各种型体在不同 pH 时的分布曲线。（　）
19. EDTA 是配位滴定常用的基准物质。（　）
20. $\alpha_{Y(H)}$ 的值随 pH 的减小而增大。（　）
21. 若两种金属离子所形成配合物的 $K_f^\ominus$ 值相差不大，同样可以用控制

酸度的办法达到分别滴定的目的。　　　　　　　　　　　　　　（　）

22. 配位滴定中,酸效应系数 $\lg\alpha_{Y(H)}$ 越大,配合物的稳定性越大。
　　　　　　　　　　　　　　　　　　　　　　　　　　　　（　）

23. 在 EDTA 直接滴定法中,终点能体现的颜色是金属指示剂与待测金属离子形成的配合物的颜色。　　　　　　　　　　　　　　（　）

24. 配位滴定法使用的金属指示剂与待测离子形成的配合物 MIn 的稳定性越高,对准确测定越有利。　　　　　　　　　　　　　　（　）

25. 用 EDTA 法测定某金属离子时,酸度越低,$\lg K'(MY)$ 越大,对准确滴定越有利。　　　　　　　　　　　　　　　　　　　　　　（　）

## 四、问答题

**1.** 何谓副反应系数?何谓条件稳定常数?它们之间有何关系?

**2.** 指示剂的封闭现象是什么?怎样消除封闭?

**3.** 金属指示剂应具备什么条件?

**4.** 确定滴定最高酸度和最低酸度的根据是什么?

**5.** 配位滴定法中为什么要用缓冲溶液调节溶液的 pH?

## 五、计算题

**1.** 已知反应 $AgBr(s) + Br^- \rightleftharpoons [AgBr_2]^-$

(1) 计算该反应的平衡常数 $K^\ominus$;

(2) 200 mL 2.0 mol·L$^{-1}$ HBr 最多可以溶解多少摩尔固体 AgBr? 已知,$K_{sp}^\ominus(AgBr) = 5.0 \times 10^{-13}$, $K_{稳}^\ominus(AgBr_2^-) = 2.1 \times 10^7$

**2.** 已知电位图如下:

$$\varphi_A^\ominus \quad Cu^{2+} \xrightarrow{0.17\ V} Cu^+ \xrightarrow{0.52\ V} Cu$$

$$K_{稳}^\ominus([CuCl_2]^-) = 3.2 \times 10^5$$

(1) 在下列电位图上标出电位值 $\varphi_A^\ominus$

$Cu^{2+}$ ——[$CuCl_2^-$]——$Cu$

(2) 分别计算 $Cu^+$、$[CuCl_2]^-$ 歧化反应的平衡常数,并指出反应可能进行的方向。

**3.** 取含 $Fe^{3+}$ 和 $Al^{3+}$ 的试液 50.00 mL,加缓冲溶液调节 pH = 1.8,加入

磺基水杨酸作指示剂,用 0.020 45 mol·L$^{-1}$ 的 EDTA 溶液滴定到红色刚好消失时,用去 EDTA29.54 mL,然后将 50.00 mL 上述 EDTA 溶液加入溶液中,加入 15 mL 乙酸-乙酸钠缓冲溶液调节 pH 到 4.0 左右,煮沸 5 min,趁热加入 PAN 指示剂,以 0.020 00 mol·L$^{-1}$ 的硫酸铜标准溶液反滴定过量的 EDTA,用去 24.50 mL。计算试液中 Fe$^{3+}$ 和 Al$^{3+}$ 的浓度。

(已知:lg $K^{\ominus}$(FeY) = 25.1,lg$K^{\ominus}$(AlY) = 16.3)

## ● 同步练习参考答案 ●

**一、选择题**

1. C  2. A  3. C  4. C  5. A  6. A  7. C  8. C  9. A  10. A  11. A
12. A  13. B  14. D  15. D  16. C  17. B  18. A  19. C  20. B  21. A
22. D  23. C  24. C  25. B  26. D  27. B  28. A  29. B  30. C  31. D
32. D  33. B

**二、填空题**

1. $\mu = [n(n+2)]^{1/2}$

2. Co,3d$^6$,4,d$^2$sp$^3$,正八面体

3. +3,八面体,N,6

4. 4,外轨型、内轨型、正四面体、平面正方形

5. 0,d$^2$sp$^3$,正八面体,5,sp$^3$d$^2$,正八面体

6. 乙二胺四乙酸;6;1∶1;7

7. 僵化

8. 铬黑 T、10 左右、钙指示剂、12 以上

**三、判断题**

1. ×  2. ×  3. √  4. ×  5. √  6. √  7. √  8. √  9. √  10. ×
11. √  12. √  13. √  14. √  15. √  16. √  17. √  18. √  19. ×
20. √  21. ×  22. ×  23. ×  24. ×  25. ×

**四、问答题**

1. 答:将被测离子 M 与滴定剂 Y 之间的反应作为主反应,其他伴随的副反应对主反应影响的程度为副反应系数(如酸效应系数、配位效应系数、共存离子效应系数等);条件稳定常数为在一定条件下将各种副反应对金属离子

-EDTA 配合物的影响同时考虑时,配合物的实际稳定常数,它表示了在一定条件下有副反应发生时主反应进行的程度。$\lg K'_{MY} = \lg K_{MY} - \lg \alpha_M - \lg \alpha_Y + \lg \alpha_{MY}$。

**2. 答**:当 $K_{MIn}^{\ominus} > K_{MY}^{\ominus}$ 时,滴定终点不变色或变色不敏锐的现象为封闭现象。若被测物质产生封闭为永久封闭,需更换指示剂;若干扰离子产生封闭,可加入掩蔽剂消除干扰。

**3. 答**:(1) 指示剂本身为配合剂,且 $In^-$ 与 MIn 之间颜色要显著不同;(2) 显色反应敏锐,且有良好的可逆性;(3) 显色反应的稳定性要适当(要有一定的稳定性 $K_{MIn}^{\ominus} \geq 10^4$,否则终点提前;稳定性不能太高,$K_{MY}^{\ominus}/K_{MIn}^{\ominus} \geq 10^2$)。

**4. 答**:根据金属离子产生水解时的 pH 来控制滴定金属离子被滴定的最低酸度;根据 $\lg c K_{MY}^{\ominus'} \geq 6$,计算金属离子能被滴定的最高酸度。

**5. 答**:在配位滴定过程中,随着配合物的生成,不断有 $H^+$ 释放出来,因此溶液的酸度不断增大,不仅降低了配合物的实际稳定性($\lg K_{MY'}^{\ominus}$ 减小),使滴定突跃减小,同时也可能改变指示剂变色的适宜酸度,导致很大的误差,甚至无法滴定。因此,在配位滴定中,通常要加入缓冲溶液来控制 pH。

### 五、计算题

**1. 解** (1) $K^{\ominus} = \dfrac{c([AgBr_2]^-)}{c(Br^-)} = K_{sp}^{\ominus}(AgBr) \cdot K_f^{\ominus}([AgBr_2]^-) = 5.0 \times 10^{-13} \times 2.1 \times 10^7 = 1.05 \times 10^{-5}$

(2) 设 AgBr 的溶解度为 $s$ mol·L$^{-1}$,则

$$AgBr + Br^- \rightleftharpoons [AgBr_2]^-$$

起始浓度/(mol·L$^{-1}$)　　　2.0　　　　0

平衡浓度/(mol·L$^{-1}$)　2.0 − s　　　s

$$K^{\ominus} = \dfrac{c([AgBr_2]^-)}{c(Br^-)} = \dfrac{s}{2.0-s} = 1.05 \times 10^{-5}$$

$$s = 2.1 \times 10^{-5} \text{ mol·L}^{-1}$$

所以,最多可以溶解 AgBr 固体的物质的量为

$$n = 4.2 \times 10^{-6} \times 200 \times 10^{-3} = 4.2 \times 10^{-6} \text{ mol}$$

**2. 解** (1) $\varphi^{\ominus}(Cu^{2+}|[CuCl_2]^-) = \varphi^{\ominus}(Cu^{2+}|Cu^+) + 0.0592 \lg \dfrac{[Cu^{2+}]}{[Cu^+]}$

$$= \varphi^{\ominus}(\text{Cu}^{2+}|\text{Cu}^+) + 0.059\ 2\ \lg\frac{[\text{Cu}^{2+}]\cdot K_f^{\ominus}([\text{CuCl}_2]^-)\cdot[\text{Cl}^-]^2}{[\text{CuCl}_2^-]}$$

$$= \varphi^{\ominus}(\text{Cu}^{2+}|\text{Cu}^+) + 0.059\ 2\ \lg K_f^{\ominus}([\text{CuCl}_2]^-)$$

$$= 0.17 + 0.059\ 2\ \lg(3.2\times 10^5) = 0.496\text{ V}$$

$$\varphi^{\ominus}([\text{CuCl}_2]^-|\text{Cu}) = \varphi^{\ominus}(\text{Cu}^+|\text{Cu}) + 0.059\ 2\ \lg[\text{Cu}^+]$$

$$= \varphi^{\ominus}(\text{Cu}^+|\text{Cu}) + 0.059\ 2\ \lg\frac{[\text{CuCl}_2^-]}{K_f^{\ominus}([\text{CuCl}_2]^-)\cdot[\text{Cl}^-]^2}$$

$$= \varphi^{\ominus}(\text{Cu}^+|\text{Cu}) + 0.059\ 2\ \lg\frac{1}{K_f^{\ominus}([\text{CuCl}_2]^-)}$$

$$= 0.52 + 0.059\ 2\ \lg\frac{1}{3.2\times 10^5} = 0.194\text{ V}$$

(2) $2\text{Cu}^+ \rightleftharpoons \text{Cu}^{2+} + \text{Cu}$

$\varphi_+^{\ominus} = \varphi^{\ominus}(\text{Cu}^+|\text{Cu}) = 0.52\text{ V}$

$\varphi_-^{\ominus} = \varphi^{\ominus}(\text{Cu}^{2+}|\text{Cu}^+) = 0.17\text{ V}$

因为 $\varphi_+ > \varphi_-$(或 $E^{\ominus} = \varphi_+^{\ominus} - \varphi_-^{\ominus} = 0.52 - 0.17 = 0.35\text{V} > 0$)
所以在这种情况下该反应向右进行。

$$\lg K^{\ominus} = \frac{nE^{\ominus}}{0.059\ 2} = \frac{1\times(0.52-0.17)}{0.059\ 2} = 5.91$$

$$K^{\ominus} = 8.13\times 10^5$$

$2[\text{CuCl}_2]^- \rightleftharpoons \text{Cu}^{2+} + \text{Cu} + 4\text{Cl}^-$

$\varphi_+^{\ominus} = \varphi^{\ominus}([\text{CuCl}_2]^-|\text{Cu}) = 0.194\text{ V}$

$\varphi_-^{\ominus} = \varphi^{\ominus}(\text{Cu}^{2+}|[\text{CuCl}_2]^-) = 0.496\text{ V}$

因为 $\varphi_+^{\ominus} < \varphi_-^{\ominus}$(或 $E^{\ominus} = \varphi_+^{\ominus} - \varphi_-^{\ominus} = 0.194 - 0.496 = -0.302\text{ V} < 0$)
所以在这种情况下该反应不能向右进行。

$$\lg K^{\ominus} = \frac{nE^{\ominus}}{0.059\ 2} = \frac{1\times(0.194-0.496)}{0.059\ 2} = -5.10$$

$$K^{\ominus} = 7.94\times 10^{-6}$$

**3. 解**  pH = 1.8 时只测定 $\text{Fe}^{3+}$,测 $\text{Al}^{3+}$ 需采用返滴定法:

$$c(\text{Fe}^{3+}) = \frac{c(\text{EDTA})V(\text{EDTA})}{V_{\text{sol}}} = \frac{0.020\ 45\times 29.54}{50.00}$$

$$= 0.012\ 08\ \text{mol} \cdot \text{L}^{-1}$$

$$c(\text{Al}^{3+}) = \frac{c(\text{EDTA})V(\text{EDTA}) - c(\text{Cu}^{2+})V(\text{Cu}^{2+})}{V_{\text{sol}}}$$

$$= \frac{0.020\ 45 \times 50.00 \times 10^{-3} - 0.020\ 00 \times 24.50 \times 10^{-3}}{50.00 \times 10^{-3}}$$

$$= 0.010\ 65\ \text{mol} \cdot \text{L}^{-1}$$

# 第10章　s区元素

● **教学基本要求** ●

1. 了解 s 区元素的物理、化学性质周期性变化的特点。
2. 了解碱金属和碱土金属单质的化学性质。
3. 了解常见化合物的性质及应用。
4. 了解 ROH 规则和对角线规则。

● **重点内容概要** ●

**1. s 区元素的基本特征**

s 区元素在周期表中位于 ⅠA、ⅡA 族，分别称为碱金属和碱土金属元素，其价电子构型为 $ns^1$、$ns^2$。化学性质表现为：

在周期表中碱金属元素的第一电离能和电负性最低，碱金属元素只有 +1 氧化态。与同周期的元素比较，碱金属原子体积最大，只有一个成键电子，在固体中原子间的引力较小，所以它们的熔点、沸点、硬度、升华热都很低。碱金属元素在化合时，多以形成离子键为特征，但在某些情况下也显共价性。

与碱金属元素比较，碱土金属具有较低的第一电离能和电负性。碱土金属的金属活泼性不如碱金属。比较它们的标准电极电势数值，也可以得到同样的结论。在这两族元素中，它们的原子半径和核电荷都由上而下逐渐增大，在这里，原子半径的影响是主要的，核对外层电子的引力逐渐减弱，失去电子的倾向逐渐增大，所以它们的金属活泼性由上而下逐渐增强。同时，氢氧化物的碱性和碳酸盐的热稳定性逐渐增强。

## 2. s 区元素的主要反应

(1) 钠的主要化学反应

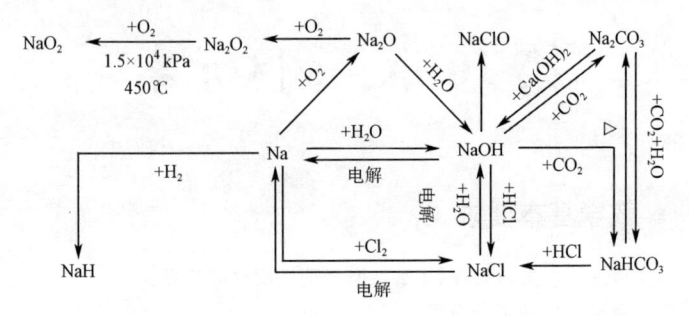

$NaO_2 \xleftarrow[450℃]{+O_2, 1.5×10^4 kPa} Na_2O_2 \xleftarrow{+O_2} Na_2O$ ... NaClO ... $Na_2CO_3$

Na $\xrightarrow{+H_2}$ NaH

Na ⇌ NaOH (电解、+H₂O、+Cl₂、+HCl、+CO₂、+CO₂+H₂O)

NaCl, NaHCO₃

(2) 钙的主要化学反应

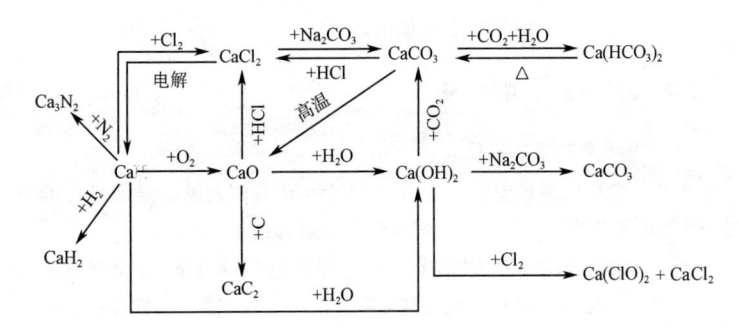

$CaCl_2 \xleftarrow[电解]{+Cl_2} Ca \xrightarrow{+Na_2CO_3/+HCl} CaCO_3 \xrightarrow{+CO_2+H_2O}_{\triangle} Ca(HCO_3)_2$

$Ca_3N_2 \xleftarrow{+N_2} Ca \xrightarrow{+O_2} CaO \xrightarrow{+H_2O} Ca(OH)_2 \xrightarrow{+Na_2CO_3} CaCO_3$

$CaH_2 \xleftarrow{+H_2} Ca$

CaO $\xrightarrow{+C}$ CaC₂ $\xrightarrow{+H_2O}$ ...

Ca(OH)₂ $\xrightarrow{+Cl_2}$ Ca(ClO)₂ + CaCl₂

(3) 钡的主要化学反应

$BaSO_4 \xrightarrow[加热]{+C} BaS \xrightarrow{+Na_2CO_3} BaCO_3 \xrightarrow{高温} BaO \xrightarrow{O_2} BaO_2$

BaS $\xrightarrow{+HCl}$ BaCl₂·2H₂O $\xrightarrow{+AgNO_3}$ Ba(NO₃)₂

BaCO₃ $\xrightarrow{HNO_3}$ Ba(NO₃)₂

BaO $\xrightarrow{+Mg}$ Ba

BaO $\xrightarrow{+H_2O}$ Ba(OH)₂·3H₂O

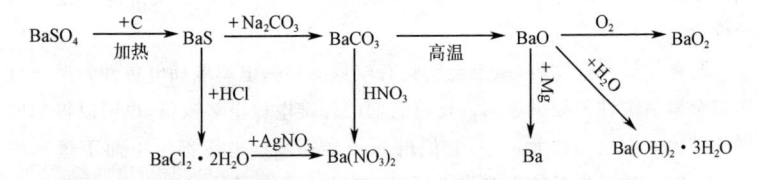

## 3. ROH 规则和对角线规则

(1) ROH 规则

含氧酸和氢氧化物的通式：R—O—H

R—O—H → R⁺ + OH⁻    碱式离解，R—O—H 称为氢氧化物。

R—O—H → RO⁻ + H⁺　　酸式离解,R—O—H 称为含氧酸。

离解方式由离子势($\phi$)决定。

$$\phi = \frac{Z}{r}$$

式中,$Z$ 是 $R$ 离子的电荷;$r$ 是 $R$ 的离子半径,pm。

$\sqrt{\phi}<0.22$　　ROH 呈碱性

$0.22<\sqrt{\phi}<0.32$　ROH 呈两性

$\sqrt{\phi}>0.32$　　ROH 呈酸性

离子势($\phi$)越小,ROH 的碱性越强;离子势($\phi$)越大,ROH 的酸性越强。这就是 ROH 规则,R 表示主族元素。

用 $\phi$ 的大小来判断氢氧化物的酸碱性只是一个经验规则,有一定的局限性。

(2)对角线规则

ⅠA 族的 Li 与 ⅡA 族的 Mg,ⅡA 族的 Be 与 ⅢA 族的 Al,ⅢA 族的 B 与 ⅥA 族的 Si,这三对元素在周期表中处于对角线位置。

Li　Be　B　C
Na　Mg　Al　Si

相应的两元素及其化合物的性质有许多相似之处,这种相似性称为对角线规则。

对角线规则是从有关元素及其化合物的许多性质中总结出来的经验规律。对此可以用离子极化的观点加以粗略地说明。

● 例题解析 ●

【例 1】 商品 NaOH 中为什么常含有杂质 $Na_2CO_3$？怎样用最简便的方法加以检验？如何除去它？

解　　$2NaOH + CO_2(空气中) = Na_2CO_3 + H_2O$

取试样少量,加入几滴 $BaCl_2$ 溶液,若有白色沉淀生成,证明其中含有杂质 $Na_2CO_3$。先配制 NaOH 的饱和溶液,$Na_2CO_3$ 因不溶于饱和的 NaOH 溶液而先沉淀析出,静置,过滤即可除去。

【例 2】 为什么 $Na_2O_2$ 可用作漂白剂？在防毒面具中可用作供氧剂？

写出有关的反应方程式。

**解** 　　　$Na_2O_2 + 2H_2O \Longrightarrow H_2O_2 + 2NaOH$
　　　　　　$2H_2O_2 \Longrightarrow 2H_2O + O_2 \uparrow$（做漂白剂）
　　　　　$2Na_2O_2 + 2CO_2 \Longrightarrow 2Na_2CO_3 + O_2 \uparrow$（做供氧剂）

【例3】 为什么不能用水,也不能用 $CO_2$ 来扑灭镁的燃烧？提出一种扑灭镁燃烧的方法。

**解** 　　　$Mg + 2H_2O \Longrightarrow Mg(OH)_2 \downarrow + H_2 \uparrow$
　　　　　　$2Mg + CO_2 \Longrightarrow 2MgO + C$

反应生成的 $H_2$ 或 C 可继续燃烧生成 $H_2O$ 或 $CO_2$，这样恶性循环,使火势更大。

若镁着火,可用 $CCl_4$、沙、土等灭火。

【例4】 Na 溶于液态 $NH_3$ 时有何现象发生？请予以解释。

**解** 钠溶于纯的无水液氨中得到深蓝色的溶液,原因在于形成了钠的氨合物和氨合电子,反应如下：

$$Na(s) \Longrightarrow Na^+(am) + e^-(am)$$

其中,"am"代表氨；$e^-$(am) 为氨合电子。

【例5】 有 5 个试剂瓶,分别装有白色粉末固体,它们可能是 $MgCO_3$、$BaCO_3$、无水 $Na_2CO_3$、无水 $CaCl_2$ 和无水 $Na_2SO_4$,试鉴别之。

**解** 在 5 个试剂瓶中各取少量试样放在试管中,加水,观察溶解情况。可以分为两组,第 1 组能溶解,它们是无水 $Na_2CO_3$、无水 $CaCl_2$ 和无水 $Na_2SO_4$；第 2 组不能溶解,它们是 $MgCO_3$ 和 $BaCO_3$。

用 pH 试纸测定第 1 组溶液的 pH,显较强碱性的是 $Na_2CO_3$,再在剩余的两溶液中加 $Na_2SO_4$ 溶液,能生成沉淀的是 $CaCl_2$。

用适量 HCl 将第 2 组的两个固体溶解,再加入足量 NaOH,生成沉淀的是 $MgCO_3$,另一个是 $BaCO_3$。

【例6】 能否用 $NaNO_3$ 和 KCl 进行复分解反应制取 $KNO_3$? 为什么？说明理由。

**答** 能。利用溶解度随温度的降低,NaCl 变化不大,而 $KNO_3$ 显著减小的特点,将 $NaNO_3$ 与 KCl 的混合物配成高温下的饱和水溶液,然后迅速冷却,$KNO_3$ 因溶解度迅速减小而大部分成固体析出。

【例7】 简要说明 Li 和 Mg 之间的"对角线关系"。

**答** 对角线规则指在周期表的二、三周期中,某一元素的性质和它左上方或右下方的元素性质相似。Li 和 Mg 之间符合这样的关系,是由它们原子半径、离子电荷相差不大、有相近的离子势力决定的。Li 和 Mg 之间相似的性质表现为:与氧反应都生成普通氧化物而不生成过氧化物;都可生成氢化物;都可与氮化合;碳酸盐及磷酸盐难溶于水;氢氧化物都是中强碱,且溶于水,溶解度小。

【例 8】 试根据碱金属和碱土金属的电子层构型说明它们化学活泼性的递变规律。

**答** 最外层电子排布分别为 $ns^1$ 和 $ns^2$,属 s 区,原子半径从上至下依次增大,电离能和电负性依同样次序减小,因此,它们的金属活泼性也从上至下依次增强。

【例 9】 为什么元素铍与其他非金属成键时,化学键带有较大的共价性,而其他碱土元素与非金属所成的键则带有较大的离子性?

**答** 碱土金属离子的电荷数为 +2,电荷数较高,铍离子的离子半径很小,故其极化作用很大,在与其他非金属元素成键时,其化学键有很大的共价成分,所以铍的化合物具有较大的共价性。而其他碱土金属离子的离子半径较大,极化作用较小,故显示较大的离子性。

【例 10】 碱土金属的熔点比碱金属的高,硬度比碱金属的大。试说明其原因。

**答** 由于每个碱土金属原子中有两个价电子,而每个碱金属原子中只有一个价电子,致使碱土金属的金属键比碱金属的强,所以碱土金属比相应周期的碱金属具有较高的熔点和较大的硬度。

● **习题选解** ●

10-1 目前工业上有哪些制氢的方法?写出有关反应方程式。

**答** 工业上主要有两种制氢的方法:

(1) 由天然气或煤制氢

工业上制氢最常用的是以天然气(主要成分 $CH_4$)或煤为原料。用水蒸气通过炽热的煤层或同天然气作用就可获得氢气,反应如下:

$$C(s) + H_2O(g) \xrightarrow{1\ 273\ K} \underbrace{CO(g) + H_2(g)}_{\text{水煤气}} \qquad \Delta_r H_m^\ominus = 131.4 \text{ kJ} \cdot \text{mol}^{-1}$$

$$CH_4(g) + H_2O(g) \xrightleftharpoons[\text{催化剂}]{1\,073 \sim 1\,173\,K} CO(g) + 3H_2(g) \qquad \Delta_r H_m^\ominus = 42.7\,kJ \cdot mol^{-1}$$

(2) 电解水制氢

电解 15%~20% NaOH 或 KOH 溶液,在阴极上放出氢气,而在阳极上放出氧气:

阴极　$2H^+ + 2e^- \longrightarrow H_2 \uparrow$

阳极　$4OH^- - 4e^- \longrightarrow 2H_2O + O_2 \uparrow$

**10-2**　试比较下列两组氢化物的热稳定性、还原性和酸性。

(1) $CH_4, NH_3, H_2O, HF$;　　　(2) $H_2O, H_2S, H_2Se, H_2Te$。

**答**　热稳定性

(1) $CH_4 < NH_3 < H_2O < HF$　(2) $H_2O > H_2S > H_2Se > H_2Te$

还原性

(1) $CH_4 > NH_3 > H_2O > HF$　(2) $H_2O < H_2S < H_2Se < H_2Te$

酸性

(1) $CH_4 < NH_3 < H_2O < HF$　(2) $H_2O < H_2S < H_2Se < H_2Te$

**10-3**　1 kg $CaH_2$ 与水作用产生的氢气是 1 kg 锌与稀硫酸作用产生氢气的几倍?

**答**　$CaH_2$ 与水作用和锌与稀硫酸作用的反应方程式分别为:

$$CaH_2 + 2H_2O \longrightarrow Ca(OH)_2 + 2H_2 \uparrow$$

$$Zn + H_2SO_4 \longrightarrow ZnSO_4 + H_2 \uparrow$$

1 kg $CaH_2$ 完全反应产生氢气的"物质的量"为:

$$n(H_2) = 2n(CaH_2) = 2 \times \frac{1\,000}{42}\,mol$$

1 kg 锌完全反应产生氢气的"物质的量"为:

$$n(H_2) = n(Zn) = \frac{1\,000}{65}\,mol$$

所以,$CaH_2$ 产生的氢气是锌产生的氢气的倍数为:

$$\frac{2 \times \dfrac{1\,000}{42}}{\dfrac{1\,000}{65}} = \frac{2 \times 65}{42} \approx 3$$

**10-4** 写出氢化铝锂和硼氢化钠的主要化学性质和用途。

**答** 氢化铝锂和硼氢化钠都具有较强的还原性,它们的用途就是依据这一性质,被用作无机和有机合成中的还原剂。

**10-5** 过氧化氢在酸性介质中分别与 $KMnO_4$ 和 $Cl_2$ 反应,在这两个反应中,根据标准电极电势来判断何者是氧化剂,写出反应方程式。

**答** 过氧化氢在酸性介质中与 $KMnO_4$ 和 $Cl_2$ 反应的方程式为:

$$5H_2O_2 + 2KMnO_4 + 3H_2SO_4 \longrightarrow 2MnSO_4 + 5O_2 + K_2SO_4 + 8H_2O$$
$$H_2O_2 + Cl_2 \longrightarrow 2HCl + O_2$$

酸性条件下相关电对的标准电极电势如下:

$$\varphi^{\ominus}(MnO_4^-|Mn^{2+}) = 1.491 \text{ V}; \varphi^{\ominus}(Cl_2|Cl^-) = 1.358 \text{ V};$$
$$\varphi^{\ominus}(O_2|H_2O_2) = 0.682 \text{ V}$$

根据标准电极电势可知,$KMnO_4$ 和 $Cl_2$ 作为氧化剂,在标准状态下都能将 $H_2O_2$ 氧化。

**10-6** 完成下列反应方程式:

(1) $AsH_3 \xrightarrow{\text{缺氧}}$    (2) $2HI + 2Fe^{3+} \longrightarrow$

(3) $NaH \xrightarrow{\triangle}$    (4) $KH + NH_3 \longrightarrow$

(5) $BaH_2 + H_2O \longrightarrow$    (6) $CaH_2 + TiO_2 \longrightarrow$

(7) $B_2H_6 + O_2 \longrightarrow$    (8) $NaBH_4 + BF_3 \longrightarrow$

**答** (1) $2AsH_3 \xrightarrow{\text{缺氧}} 2As + 3H_2 \uparrow$

(2) $2HI + 2Fe^{3+} \longrightarrow 2Fe^{2+} + I_2 + 2H^+$

(3) $2NaH \xrightarrow{\triangle} 2Na + H_2 \uparrow$

(4) $KH + NH_3 \longrightarrow KNH_2 + H_2 \uparrow$

(5) $BaH_2 + 2H_2O \longrightarrow Ba(OH)_2 + 2H_2 \uparrow$

(6) $CaH_2 + TiO_2 \longrightarrow Ti + CaO + H_2O$

(7) $B_2H_6 + 3O_2 \longrightarrow B_2O_3 + 3H_2O$

(8) $3NaBH_4 + BF_3 \longrightarrow 2B_2H_6 + 3NaF$

**10-7** 以重晶石为原料,如何制备 $BaCl_2$、$BaCO_3$、$BaO$ 和 $BaO_2$?写出有关的化学反应方程式。

**答** 重晶石的主要成分是硫酸钡,它是制备其他钡类化合物的原料,第

1步反应为:

$$BaSO_4 + 4C \xrightarrow{1\ 273\ K} BaS + 4CO\uparrow$$

得到的可溶性的 BaS 可用于制备钡的各种化合物。

(1) $BaCl_2$   $BaS + 2HCl \longrightarrow BaCl_2 + H_2S\uparrow$

(2) $BaCO_3$   $BaS + CO_2 + H_2O \longrightarrow BaCO_3 + H_2S\uparrow$

(3) $BaO$   $BaCO_3 \xrightarrow{\triangle} BaO + CO_2\uparrow$

(4) $BaO_2$   $2BaO + O_2 \xrightarrow{\triangle} 2BaO_2$

**10-8** 写出 $Na_2O_2$ 分别与 $H_2O$、$NaCrO_2$、$CO_2$、$Cr_2O_3$、$H_2SO_4$(稀)反应的方程式。

**答** $Na_2O_2 + 2H_2O \longrightarrow 2NaOH + H_2O_2$

$3Na_2O_2 + 2NaCrO_2 \longrightarrow 2Na_2CrO_4 + 2Na_2O$

$2Na_2O_2 + 2CO_2 \longrightarrow 2Na_2CO_3 + O_2\uparrow$

$3Na_2O_2 + Cr_2O_3 \longrightarrow 2Na_2CrO_4 + Na_2O$

$Na_2O_2 + H_2SO_4(稀) \longrightarrow Na_2SO_4 + H_2O_2$

**10-9** 含 $Ca^{2+}$、$Mg^{2+}$ 和 $SO_4^{2-}$ 的粗食盐如何精制成纯的食盐?以反应式表示。

**答** 将粗食盐配制成溶液,然后用以下的三步进行精制:

(1) 加 $BaCl_2$ 除去 $SO_4^{2-}$

$$Ba^{2+} + SO_4^{2-} \longrightarrow BaSO_4\downarrow$$

(2) 加 $Na_2CO_3$ 除去 $Ca^{2+}$、$Mg^{2+}$ 和 $Ba^{2+}$

$$M^{2+} + CO_3^{2-} \longrightarrow MCO_3\downarrow \quad (M^{2+} = Ca^{2+}、Mg^{2+} \text{和} Ba^{2+})$$

(3) 加 HCl 除去过量的 $Na_2CO_3$

$$Na_2CO_3 + 2HCl \longrightarrow 2NaCl + CO_2\uparrow + H_2O$$

**10-10** 试利用铍、镁化合物性质的不同鉴别下列各组物质:

(1) $Be(OH)_2$ 和 $Mg(OH)_2$;

(2) $BeCO_3$ 和 $MgCO_3$;

(3) $BeF_2$ 和 $MgF_2$。

**答** 这三组化合物的鉴别都可利用 $Be(OH)_2$ 是两性氢氧化物、$Mg(OH)_2$ 是碱性氢氧化物这一性质差异进行。以 NaOH 溶液作为鉴别试剂,取少量试样,分别放入 NaOH 溶液中,溶解变成溶液的是铍化合物,不溶的是镁化合物。

**10-11** 以氢氧化钙为原料,如何制备下列物质? 以反应方程式表示。

(1)漂白粉;(2)氢氧化钠;(3)氨;(4)氢氧化镁。

**答** (1)漂白粉

$$2Ca(OH)_2 + 2Cl_2 \xrightarrow{40\ ℃以下} Ca(ClO)_2 + CaCl_2 \cdot H_2O + H_2O$$

(2)氢氧化钠  $Ca(OH)_2 + Na_2CO_3 \longrightarrow 2NaOH + CaCO_3 \downarrow$

(3)氨  $Ca(OH)_2 + (NH_4)_2SO_4 \longrightarrow 2NH_3 \uparrow + CaSO_4 + 2H_2O$

(4)氢氧化镁  $Ca(OH)_2 + MgCO_3 \longrightarrow Mg(OH)_2 \downarrow + CaCO_3 \downarrow$

**10-12** 写出下列物质的化学式:

光卤石  明矾  重晶石  天青石  白云石  方解石  苏打

石膏  萤石  芒硝  元明粉  泻盐

**答**  光卤石  $KCl \cdot MgCl_2 \cdot 6H_2O$    明矾  $KAl(SO_4)_2 \cdot 12H_2O$

重晶石  $BaSO_4$    天青石  $SrSO_4$

白云石  $CaCO_3 + MgCO_3$    方解石  $CaCO_3$

苏打  $Na_2CO_3$    石膏  $CaSO_4 \cdot 2H_2O$

萤石  $CaF_2$    芒硝  $Na_2SO_4 \cdot 10H_2O$

元明粉  $Na_2SO_4$    泻盐  $MgSO_4 \cdot 7H_2O$

**10-13** 如何鉴别下列物质?

(1)$Na_2CO_3$、$NaHCO_3$ 和 NaOH;(2)CaO、$Ca(OH)_2$ 和 $CaSO_4$。

**答** (1)加 HCl,无气体放出的是 NaOH;有气体放出的是 $Na_2CO_3$ 和 $NaHCO_3$。然后再加入少量 $CaCl_2$,有沉淀的是 $Na_2CO_3$,无沉淀的是 $NaHCO_3$。

(2)加 HCl,不溶解的是 $CaSO_4$,溶解的是 CaO 和 $Ca(OH)_2$,然后再加水,大量放热的是 CaO。

**10-14** 已知 $Mg(OH)_2$ 的 $K_{sp}^{\ominus} = 1.8 \times 10^{-11}$,$NH_3 \cdot H_2O$ 的 $K_b^{\ominus} = 1.8 \times 10^{-5}$,计算反应:

$$Mg(OH)_2 + 2NH_4^+ \rightleftharpoons Mg^{2+} + 2NH_3 \cdot H_2O$$

的平衡常数 $K^{\ominus}$,讨论 $Mg(OH)_2$ 在氨盐溶液中的溶解性。

**答** $$K^{\ominus} = \frac{K_{sp}^{\ominus}(Mg(OH)_2)}{[K_b^{\ominus}(NH_3)]^2} = \frac{1.8 \times 10^{-11}}{(1.8 \times 10^{-5})^2} \approx 0.056$$

平衡常数不大,说明 $Mg(OH)_2$ 在氨盐溶液中的溶解度较小。

**10-15** 往 $BaCl_2$ 和 $CaCl_2$ 的水溶液中分别依次加入:(1)碳酸铵;(2)醋酸;(3)铬酸钾,各有何现象发生?写出反应方程式。

**答** 1. $BaCl_2$ 水溶液

(1)加碳酸铵　有白色沉淀生成
$$BaCl_2 + (NH_4)_2CO_3 \Longleftrightarrow BaCO_3 \downarrow + 2NH_4Cl$$

(2)加醋酸　无明显现象

(3)加铬酸钾　有黄色沉淀生成
$$BaCl_2 + K_2CrO_4 \Longleftrightarrow BaCrO_4 \downarrow + 2KCl$$

2. $CaCl_2$ 水溶液

(1)加碳酸铵　有白色沉淀生成
$$CaCl_2 + (NH_4)_2CO_3 \Longleftrightarrow CaCO_3 \downarrow + 2NH_4Cl$$

(2)加醋酸　无明显现象

(3)加铬酸钾　有黄色沉淀生成
$$CaCl_2 + K_2CrO_4 \Longleftrightarrow CaCrO_4 \downarrow + 2KCl$$

● **同步练习** ●

一、判断题

1. 碱金属或碱土金属的原子电离势都是自上而下降低,但它们生成 $M^+$ 或 $M^{2+}$ 的标准电极电势并不是自上而下减小的。　　　　　　　　　(　)

2. Na 在蒸气状态下可以形成双原子分子,而 Be 在蒸气状态下仅能形成单原子分子。　　　　　　　　　　　　　　　　　　　　　(　)

3. 除 LiOH 外,所有碱金属氢氧化物可加热到熔化,甚至蒸发而不分解。　　　　　　　　　　　　　　　　　　　　　　　　　　(　)

4. 在空气中燃烧 Ca 或 Mg,燃烧的产物遇水可生成氨。　　　　(　)

5. 碱土金属的碳酸盐和硫酸盐在中性水溶液中的溶解度都是自上而下减小。　　　　　　　　　　　　　　　　　　　　　　　　　(　)

二、选择题

1. 下列金属中最软的是(　　)。

A. Li　　　　　B. Na　　　　　C. Cs　　　　　D. Be

**2.** 与同族元素相比,有关铍的下列性质中描述不正确的是(　　)。
A. 有高熔点　　　　　　　B. 有最大密度
C. 有最小的原子半径　　　D. 硬度最大

**3.** 下列方法中适合制备金属铯的是(　　)。
A. 熔融盐电解法　　　　　B. 热还原法
C. 金属置换法　　　　　　D. 热分解法

**4.** 金属锂应存放在(　　)。
A. 水中　　　B. 煤油中　　　C. 石蜡中　　　D. 液氨中

**5.** 碱金属在过量的空气中燃烧时,生成(　　)。
A. 都是普通的氧化物 $M_2O$　　　B. 钠、钾是过氧化物 $M_2O_2$
C. 钾、铷、铯是超氧化物 $MO_2$　　D. 铷、铯是臭氧化物 $MO_3$

**6.** 下列物质中碱性最强的是(　　)。
A. LiOH　　B. $Mg(OH)_2$　　C. $Be(OH)_2$　　D. $Ca(OH)_2$

**7.** 下列物质中溶解度最小的是(　　)。
A. $Be(OH)_2$　　B. $Ca(OH)_2$　　C. $Sr(OH)_2$　　D. $Ba(OH)_2$

**8.** 芒硝和元明粉的化学式分别为(　　)。
A. $Na_2SO_4 \cdot 10H_2O, Na_2SO_4$　　B. $CaSO_4 \cdot 2H_2O, Na_2SO_4 \cdot 10H_2O$
C. $Na_2S, Na_2S_2O_3 \cdot 5H_2O$　　D. $NaNO_3, Na_2SO_4$

**9.** 下列碳酸盐的热稳定性顺序正确的是(　　)。
A. $BeCO_3 > MgCO_3 > CaCO_3 > SrCO_3 > BaCO_3$
B. $BaCO_3 < CaCO_3 < K_2CO_3$
C. $Li_2CO_3 > NaHCO_3 > Na_2CO_3$
D. $BaCO_3 > SrCO_3 > CaCO_3 > MgCO_3 > BeCO_3$

**10.** 加热无水 $Na_2CO_3$ 固体至熔化前,它(　　)。
A. 放出 $CO_2$　　　　　　B. 不发生化学变化
C. 放出 $O_2$　　　　　　D. 生成 $NaHCO_3$

### 三、填空题

**1.** 由于钠和钾的氧化物_____,所以ⅠA族元素称为碱金属。因为钙、锶和钡的氧化物_____,故ⅡA族元素称为碱土金属。

**2.** 锂的电离势大而标准电极电势在金属中最小,其原因是_____。

**3.** 当K、Rb和Cs固体在某些高频率的光照射下会放出电子,这种现象叫作_____。它们可用于_____。

**4.** 氨合电子和碱金属氨合阳离子是_____生成的,所以溶液有_____,因为_____,故溶液是_____。

### 四、综合题

有一固体混合物 A,加入水以后部分溶解,得溶液 B 和不溶物 C。往 B 溶液中加入澄清的石灰水出现白色沉淀 D,D 可溶于稀 HCl 或 HAc,放出可使石灰水变浑浊的气体 E。溶液 B 的焰色反应为黄色。不溶物 C 可溶于稀盐酸得溶液 F,F 可以使酸化的 $KMnO_4$ 溶液褪色,F 可使淀粉-KI 溶液变蓝。在盛有 F 的试管中加入少量 $MnO_2$ 可产生气体 G,G 使带有余烬的火柴复燃。在 F 中加入 $Na_2SO_4$ 溶液,可产生不溶于硝酸的沉淀 H,F 的焰色反应为黄绿色。问 A、B、C、D、E、F、G、H 各是什么?写出有关的离子反应式。

### ● 同步练习参考答案 ●

### 一、判断题

**1.** ✓  **2.** ✓  **3.** ✓  **4.** ✗  **5.** ✗

### 二、选择题

**1.** C  **2.** B  **3.** A  **4.** C  **5.** C  **6.** D  **7.** A  **8.** A  **9.** D  **10.** B

### 三、填空题

**1.** 溶于水呈强碱性;在性质上介于碱性和土性之间

**2.** $Li^+$ 半径小,水合能大

**3.** 光电效应;光电池的制造等

**4.** 碱金属与液氨反应;导电性;溶液中含有大量的溶剂合离子和电子;顺磁性的

### 四、综合题

A:$Na_2CO_3 + BaO_2$   B:$Na_2CO_3$   C:$BaO_2$   D:$CaCO_3$

E:$CO_2$   F:$H_2O_2 + Ba^{2+}$   G:$O_2$   H:$BaSO_4$;

$Na^+$;黄色;$Ba^{2+}$;黄绿色(反应式略)

# 第11章　p区元素

● **教学基本要求** ●

1. 了解卤素单质、卤化物、卤素含氧酸(及其盐)的性质。
2. 了解臭氧和过氧化氢的结构和性质、硫的含氧酸(及其盐)的性质。
3. 了解磷的单质,氮、磷的含氧酸(及其盐),砷、锑、铋的重要化合物的性质。
4. 了解碳的单质及碳酸盐的性质,硅、锡、铅的重要化合物的性质。
5. 了解乙硼烷、硼酸和硼砂的结构和性质,铝及重要化合物的性质。
6. 了解稀有气体的性质和用途、存在和分离以及稀有气体的化合物。
7. 了解p区元素的化合物一些性质的递变规律。

● **重点内容概要** ●

**1. p区元素概述**

(1) p区元素外层电子构型和成键特征

p区元素的价层电子构型为:$ns^2np^{1-6}$。$ns$、$np$电子均可参与成键,呈多种氧化值,随着价层$np$电子数的增多,失电子趋势减弱,逐渐变为共用电子,甚至得电子。因此,p区非金属元素除有正氧化值外,还有负氧化值。p区元素氧化值差数常为2。例如,ⅦA族元素除氟外可表现出+1、+3、+5、+7;锡、铅常见+2、+4,而碳除+2、+4外,还有-2、-4等。ⅢA～ⅤA族同族元素自上往下低氧化值化合物的稳定性增强,这是惰性电子对效应的影响造成的。

(2) 惰性电子对效应

过渡元素的ⅡB族以及它右边的p区元素,$ns^2$电子对参与成键能力随$n$增加而迅速下降的现象称为惰性电子对效应。惰性电子对效应主要表现

在 $6s^2$ 电子对上,可以用来说明 Tl(Ⅲ)、Pb(Ⅳ)、Bi(Ⅴ)的强氧化性;Hg(Ⅰ)以二聚体存在。

(3) p 区元素的氢化物

p 区元素的氢化物的酸性决定于负离子的电荷与半径比,比值越大,酸性越弱。

(4) p 区元素的氧化物及其水合物

p 区元素的氧化物按组成可以分为金属和非金属氧化物;按键型可以分为离子型和共价型氧化物;按性质可以分为酸性、碱性、两性氧化物。一般,同族同类氧化物酸碱性自上而下酸性减弱,碱性增强。如:$P_4O_6$ 酸性氧化物;$Sb_2O_3$ 两性氧化物;$Bi_2O_3$ 碱性氧化物。

p 区元素氧化物水合物的酸碱性符合 ROH 规则。如

$HClO < HClO_2 < HClO_3 < HClO_4$

$HClO > HBrO > HIO$

$H_2SO_4 > H_2SO_3 > HNO_3 > HNO_2$

$Sn(OH)_2 < Sn(OH)_4$

$Sn(OH)_4 > Pb(OH)_4$

(5) p 区元素含氧酸盐的热稳定性

p 区元素含氧酸盐的热稳定性与正离子的极化力有关,正离子的极化力越大,含氧酸盐的热稳定性越小。如:

| $Na_2CO_3$ | $BaCO_3$ | $MgCO_3$ | $FeCO_3$ | $CdCO_3$ | $Ag_2CO_3$ |
| --- | --- | --- | --- | --- | --- |
| 1 800 ℃ | 1 360 ℃ | 540 ℃ | 280 ℃ | 345 ℃ | 275 ℃ |

(6) p 区元素含氧酸(盐)的几个称呼

在学习 p 区元素含氧酸(盐)时,经常会遇到几个专用字,如:"焦""代"等,它们都有独特的含义。

① "焦"酸(盐)

由两分子酸脱去一分子水,得到的缩合酸称为焦酸,相应的盐称为焦酸盐。如:焦硫酸、焦磷酸、焦亚硫酸钠等(若成酸元素是金属元素,通常用"重"表示,如重铬酸钾)。

② "代"酸(盐)

含氧酸(盐)的酸根中的氧被其他元素取代的产物,以硫代酸(盐)居多。

如：硫代硫酸钠($Na_2S_2O_3$)、硫代锡酸钠($Na_2SnS_3$)。代酸稳定性较低，一般以盐的形式存在。代酸盐在酸性条件下分解。

③"(多)聚"酸盐

由 $n$ 分子酸($n \geqslant 3$)脱去($n-1$)分子水，得到的缩合酸称为(多)聚酸，相应的盐称为(多)聚酸盐。如：格氏盐(多聚磷酸钠)、链状多聚硅酸盐$[(SiO_3)_n^{2n-}]$等。

④"原"酸

在ⅣA族元素形成酸时，若羟基数目与成酸元素的氧化数相同，这样的酸称为原酸。如：原硅酸$[H_4SiO_4]$、原碳酸$[H_4CO_4]$等。此外，原子半径较大的碲和碘也能形成原酸。原酸一般不稳定，易脱水。

⑤"偏"酸(盐)和"(多)聚偏"酸(盐)

原酸脱去一定数目水分子后得到的酸称为"偏"酸，相应的盐称为"偏"酸(盐)。如：偏硅酸($H_2SiO_3$)、偏高碘酸($HIO_4$)、偏铋酸钠($NaBiO_3$)等。

"(多)聚"酸脱去一分子水，生成的环状多聚酸称为(多)聚偏酸，如三聚偏磷酸$[(HPO_3)_3]$，多聚偏酸也可以看成是单酸脱去二分子水后形成的。

⑥"连"酸(盐)

硫的含氧酸盐可以形成连酸盐，连酸盐的酸根是由多硫化物的阴离子$(S)_n^{2-}$($n \geqslant 2$)两端的硫各取代一个酸根中的氧，把两个酸根连起来，形成连酸盐。如：连四硫酸钠($Na_2S_4O_6$)、连二亚硫酸钠($Na_2S_2O_4$)。

**2. 卤素的含氧酸及盐**

卤素有四种类型的含氧酸，它们分别是氧化数为$+1$的次卤酸($HXO$)、氧化数为$+3$的亚卤酸($HXO_2$)、氧化数为$+5$的卤酸($HXO_3$)和氧化数为$+7$的高卤酸($HXO_4$)。卤素含氧酸的热稳定性较低，在这四种类型的含氧酸中，热稳定性随氧化数的增加而增加。盐的热稳定性比相应的酸高。这四种类型的含氧酸在酸性介质中都具有强氧化性，但$HXO_4$的氧化性较弱。卤素的含氧酸根中卤素原子采用$sp^3$杂化轨道成键，$HXO$、$HXO_2$和$HXO_3$中卤素原子上的孤对电子数分别为3、2和1，$HXO_4$没有孤对电子。对于碘来说，$HIO_4$称为偏高碘酸，高碘酸的分子式为$H_5IO_6$，具有正八面体结构。重要的卤素含氧酸及其盐反应有：

$$Cl_2 + 2NaOH \longrightarrow NaClO + NaCl + H_2O$$

$$2Cl_2 + 2Ca(OH)_2 \xrightarrow{40\ ℃以下} Ca(ClO)_2 + CaCl_2 \cdot H_2O + H_2O$$

$$Ca(ClO)_2 + CaCl_2 \cdot Ca(OH)_2 \cdot H_2O + 2CO_2 \longrightarrow$$
$$2CaCO_3 + CaCl_2 + 2HClO + H_2O$$

$$NaClO + 2HCl \longrightarrow Cl_2 \uparrow + NaCl + H_2O$$

$$4KClO_3 \longrightarrow 3KClO_4 + KCl \quad (>400\ ℃)$$

$$2KClO_3 \longrightarrow 3O_2 \uparrow + 2KCl \quad (200\ ℃, MnO_2\ 做催化剂)$$

$$3CO_3^{2-} + 3Br_2 \longrightarrow 5Br^- + BrO_3^- + 3CO_2 \uparrow$$

$$5Br^- + BrO_3^- + 6H^+ \longrightarrow 3Br_2 + 3H_2O$$

$$5H_5IO_6 + 2Mn^{2+} \longrightarrow 2MnO_4^- + 5IO_3^- + 7H_2O + 11H^+$$

### 3. 臭氧和过氧化氢

(1) $O_3$ 和 $H_2O_2$ 的结构

$O_3$：中心 O 用 $sp^2$ 杂化轨道与另外两个 O 的 2p 轨道重叠形成两个 $\sigma$ 键，键角为 117°。中心 O 剩下的一个 2p 轨道与另外两个 O 的 2p 轨道(每一个 O 提供一个单电子 2p 轨道)重叠形成一个 $\pi_3^4$ 离域 $\pi$ 键。

$H_2O_2$：每一个 O 都用不等性 $sp^3$ 杂化轨道成键(与 $H_2O$ 相同,相当于 $H_2O$ 的一个 H 被 OH 取代)。

(2) $O_3$ 和 $H_2O_2$ 的主要性质

$O_3$ 的性质：

① 不稳定性

$$3O_2 \xrightleftharpoons[加热或催化]{紫外线} 2O_3$$

② 强氧化性

$$O_3 + 2H^+ + 2e^- \rightleftharpoons O_2 + H_2O \qquad \varphi_A^\ominus = 2.075\ V$$

$$O_3 + H_2O + 2e^- \rightleftharpoons O_2 + 2OH^- \qquad \varphi_B^\ominus = 1.247\ V$$

$$O_3 + 2I^- + 2H^+ \longrightarrow I_2 + O_2 + H_2O$$

$H_2O_2$ 的性质：

① 弱酸性

$$H_2O_2 \rightleftharpoons HO_2^- + H^+ \qquad K_1^\ominus = 2.0 \times 10^{-12}, K_2^\ominus \approx 10^{-25}$$

$$H_2O_2 + Ba(OH)_2 \longrightarrow BaO_2 + 2H_2O$$

② 不稳定性

$$2H_2O_2 \longrightarrow O_2\uparrow + 2H_2O$$

③ 氧化还原性

$$\varphi_A^{\ominus} \quad O_2 \xrightarrow{0.694\ 5\ V} H_2O_2 \xrightarrow{1.763\ V} H_2O$$

$$HO_2^- + H_2O \Longrightarrow 3OH^- \quad \varphi_A^{\ominus} = 0.867\ V$$

$$H_2O_2 + 2Fe^{2+} + 2H^+ \longrightarrow 2Fe^{3+} + 2H_2O$$

$$3H_2O_2 + 2[Cr(OH)_4]^- + 2OH^- \longrightarrow 2CrO_4^{2-} + 8H_2O$$

$$4H_2O_2 + \underset{(黑)}{PbS} \longrightarrow \underset{(白)}{PbSO_4} + 4H_2O$$

$$5H_2O_2 + 2MnO_4^- + 6H^+ \longrightarrow 2Mn^{2+} + 5O_2\uparrow + 8H_2O$$

**4. 硫的氧化物、含氧酸及其盐**

(1) 二氧化硫、亚硫酸及其盐

$SO_2$ 的 S 以 $sp^2$ 杂化轨道成键,分子呈"V"形,键角约为 $120°$,分子中除了两个 σ 键,还有一个 $\pi_3^4$ 离域 π 键。$SO_2$ 是无色、有强烈刺激性气味的气体,易溶于水,溶于水后形成亚硫酸。亚硫酸($H_2SO_3$)是二元中强酸,它只能以稀溶液的形式存在于水溶液中,亚硫酸盐的稳定性比亚硫酸高,有固体盐存在,亚硫酸盐常用于漂白。它的漂白机理与次氯酸盐不同,次氯酸盐是将有色化合物氧化,而亚硫酸盐是 $SO_2$ 与有色化合物生成加合物,因此,用亚硫酸盐漂白首要生成 $SO_2$,而且,这个过程往往是可逆的。亚硫酸中的 S 是 $+4$ 价,因此亚硫酸具有氧化性和还原性。

$$\varphi_A^{\ominus}(SO_4^{2-}|H_2SO_3) = 0.157\ 6\ V$$

$$\varphi_B^{\ominus}(SO_4^{2-}|SO_3^{2-}) = -0.936\ 2\ V$$

$$\varphi_A^{\ominus}(H_2SO_3|S) = 0.450\ V$$

从标准电极电位看,亚硫酸(盐)的氧化能力较弱,还原能力较强,尤其是在碱性条件下。

(2) 三氧化硫、硫酸及其盐

气态 $SO_3$ 分子中 S 采用 $sp^2$ 杂化轨道成键,分子呈平面正三角形,分子中除了三个 σ 键,还有一个 $\pi_4^6$ 离域 π 键。固态三氧化硫常见的有两种晶体:γ 型晶体和 β 型晶体,前者为三聚分子($SO_3$)$_3$ 的分子晶体,后者为 $SO_3$ 聚合形成的螺旋式长链高分子。

$H_2SO_4$ 的 S 以 $sp^3$ 杂化轨道成键,分子中除存在 $\sigma$ 键外,还存在氧和硫间的(p-d)π反馈配键,(p-d)π反馈配键是由 S 提供空轨道(3d 轨道),O 提供电子对(2p 电子对)形成的配位键。

(3)硫的其他含氧酸及其盐

① 硫代硫酸及其盐

硫代硫酸($H_2S_2O_3$)中 S 的氧化数为 $+2$ 价,它极不稳定(分解为 S$+$ $SO_2+H_2O$),至今尚未制得纯品。硫代硫酸盐较稳定,最常用的是硫代硫酸钠($Na_2S_2O_3 \cdot 5H_2O$),常称为海波或硫代硫酸钠。硫代硫酸钠主要有三个性质:

i. 易溶于水,水溶液遇酸分解
$$S_2O_3^{2-} + 2H^+ \longrightarrow S\downarrow + SO_2\uparrow + H_2O$$

ii. 还原性
$$2S_2O_3^{2-} + I_2 \longrightarrow S_4O_6^{2-} + 2I^-$$

iii. 配位性
$$AgBr + 2S_2O_3^{2-} \longrightarrow [Ag(S_2O_3)_2]^{3-} + Br^-$$

② 焦硫酸及其盐

冷却发烟硫酸时析出焦硫酸晶体,$H_2S_2O_7$ 为无色晶体,吸水性、腐蚀性比 $H_2SO_4$ 更强。焦硫酸盐常用作熔融剂:
$$Al_2O_3 + 3K_2S_2O_7 \longrightarrow Al_2(SO_4)_3 + 3K_2SO_4$$
$$TiO_2 + K_2S_2O_7 \longrightarrow TiOSO_4 + K_2SO_4$$

③ 过硫酸及其盐

过硫酸可以看成磺酸基($-SO_3H$)取代过氧化氢($H-O-O-H$)中的氢后形成的,取代一个氢称为过一硫酸,取代两个氢称为过二硫酸。过硫酸不稳定,水溶液中易分解成硫酸和过氧化氢,过硫酸盐的稳定性虽然比过硫酸高,但是也易分解:
$$2K_2S_2O_8 \longrightarrow 2SO_3 + 2K_2SO_4 + O_2\uparrow$$

过二硫酸盐主要表现出强氧化性:
$$\varphi_A^\ominus(S_2O_8^{2-}|SO_4^{2-}) = 1.94 \text{ V}$$
$$2Mn^{2+} + 5S_2O_8^{2-} + 8H_2O \longrightarrow 2MnO_4^- + 10SO_4^{2-} + 16H^+$$

(该反应需要 $Ag^+$ 做催化剂)

④ 连二亚硫酸及其盐

连二亚硫酸($H_2S_2O_4$)不稳定,在水中分解成单质硫和亚硫酸:

$$2S_2O_4^{2-} + 4H^+ + H_2O \longrightarrow S + 3H_2SO_3$$

连二亚硫酸盐是强还原剂,常用于除去溶液中的氧:

$$\varphi_B^\ominus(SO_3|S_2O_4^{2-}) = -1.12 \text{ V}$$

$$Na_2S_2O_4 + O_2 + H_2O \longrightarrow NaHSO_3 + NaHSO_4$$

**5. 氮的含氧酸及盐**

氮有两种含氧酸:硝酸和亚硝酸,它们的性质比较如下:

酸性:$HNO_3 > HNO_2$,硝酸是强酸,亚硝酸是弱酸。

氧化性:$HNO_2 > HNO_3$,这从酸性条件下的标准电位可以看出:

$$\varphi^\ominus(HNO_2|NO) = 1.04 \text{ V}$$

$$\varphi^\ominus(NO_3^-|NO) = 0.96 \text{ V}$$

热稳定性:$HNO_3 > HNO_2$,$HNO_2$ 极易分解:

$$2HNO_2 \longrightarrow H_2O + N_2O_3(蓝色) \longrightarrow H_2O + NO\uparrow + NO_2\uparrow$$

盐的热稳定性比相应的酸高。活泼金属的亚硝酸盐的热稳定性很高。硝酸与非金属单质反应的产物是非金属元素的高价含氧酸:

$$HNO_3 + 非金属单质 \longrightarrow 相应高价酸 + NO\uparrow$$

硝酸与金属单质反应的产物较复杂:

$$HNO_3 + 金属单质 \longrightarrow 金属最高价态化合物 + 低价氮化合物$$
$$(+4,+2,+1,0,-3)$$

一般,$HNO_3$ 越稀,金属越活泼,$HNO_3$ 还原产物的氧化值越低。

硝酸盐的热分解反应的产物与金属的活泼性有关:

$$K \sim Mg:2NaNO_3 \xrightarrow{\triangle} 2NaNO_2 + O_2\uparrow$$

$$Mg \sim Cu:2Pb(NO_3)_2 \xrightarrow{\triangle} 2PbO + 4NO_2\uparrow + O_2\uparrow$$

$$Cu\ 以后:2AgNO_3 \xrightarrow{\triangle} 2Ag + 2NO_2\uparrow + O_2\uparrow$$

**6. 磷的单质、氧化物、含氧酸及盐**

磷有三种同素异形体:白磷、红磷和黑磷。白磷是 $P_4$ 的分子晶体,化学性质活泼,空气中自燃,溶于非极性溶剂。红磷较稳定,400 ℃ 以上燃烧,不溶于有机溶剂。黑磷也称为金属磷,属于原子晶体。

$$\text{黑磷} \xleftarrow{\text{高温高压}} \text{白磷} \xrightarrow{\text{隔绝空气 400 ℃}} \text{红磷}$$

磷有两种氧化物:三氧化二磷和五氧化二磷,它们的分子式分别是 $P_4O_6$ 和 $P_4O_{10}$。$P_4O_6$ 是白色易挥发的蜡状晶体,溶于水生成亚磷酸;$P_4O_{10}$ 是白色雪花状晶体,溶于水生成磷酸,具有强吸水性。它们都易溶于有机溶剂。

磷的含氧酸主要有:

氧化数为 +1 的次磷酸($H_3PO_2$),它是一元中强酸,性质主要表现为强还原性。

氧化数为 +3 的亚磷酸($H_3PO_3$),它是二元中强酸,它在酸性和碱性介质中都有强还原性。

氧化数为 +5 的含氧酸种类较多,主要有磷酸($H_3PO_4$)、焦磷酸($H_4P_2O_7$)、多(聚)磷酸($H_{n+2}P_nO_{3n+1}$)和多(聚)偏磷酸$[(HPO_3)_n]$。氧化数为 +5 的含氧酸的氧化性都较弱。

**7. 砷、锑和铋的重要化合物**

主要有三种类型的化合物:氧化物及水合物、硫化物和盐类。

(1) 砷、锑、铋的氧化物及水合物

对于砷、锑、铋的氧化物及水合物,主要学习两个重要性质:酸碱性和氧化还原性。

物质的酸碱性表明了该物质与碱(酸)的反应情况,酸性物质易与碱反应,碱性物质易与酸反应,而两性物质既能与酸反应也能与碱反应。如:$As_2O_3$ 易在碱性溶液中反应生成 $AsO_3^{3-}$ 而溶解,而在酸性溶液中很难溶解。

(2) 砷、锑、铋的硫化物

对于砷、锑、铋硫化物,主要了解它们的溶解性。与相应的氧化物类似,$As_2S_3$ 显两性偏酸性,$Sb_2S_3$ 显两性,$Bi_2S_3$ 显碱性。因此它们与酸碱的反应与相应的氧化物是相同的。如:

$$As_2S_3 + 6NaOH \longrightarrow Na_3AsO_3 + Na_3AsS_3 + 3H_2O$$

酸性和两性的硫化物还能与碱金属的硫化物反应生成相应的硫代酸盐,$MS_3^{3-}$ 或 $MS_4^{3-}$,硫代酸盐在酸性介质中很不稳定,立即分解为相应的不溶硫化物并放出硫化氢气体,如:

$$2AsS_3^{3-} + 6H^+ \longrightarrow 2H_3AsS_3 \longrightarrow As_2S_3\downarrow + 3H_2S\uparrow$$

$$2AsS_4^{3-} + 6H^+ \longrightarrow 2H_3AsS_4 \longrightarrow As_2S_5\downarrow + 3H_2S\uparrow$$

(3) 砷、锑、铋的盐

砷、锑、铋的盐类有两种形式,即阴离子盐($MO_3^{3-}$,$MO_4^{3-}$)及阳离子盐($M^{3+}$,$M^{5+}$)。对砷和锑来说,主要形成 $MO_3^{3-}$ 类型的盐,只有少数的卤化物及硫化物能形成 As(+V)和 Sb(+V)盐。铋主要形成 $Bi^{3+}$ 类型的盐。对于砷、锑、铋的盐,主要了解它们的水解性和氧化还原性。其中重要的反应有:

$$AsCl_3 + 3H_2O \longrightarrow H_3AsO_3 + 3HCl$$

$$MCl_3 + H_2O \longrightarrow MOCl\downarrow + 2HCl \quad (M=Sb、Bi)$$

$$2Mn^{2+} + 5NaBiO_3(s) + 14H^+ \longrightarrow 2MnO_4^- + 5Bi^{3+} + 5Na^+ + 7H_2O$$

$$H_3AsO_4 + 2H^+ + 2I^- \rightleftharpoons H_3AsO_3 + I_2 + H_2O$$

最后一个反应是讨论氧化还原反应方向的典型例题。

**8. 碳及碳和硅的重要化合物**

(1)碳的单质

主要了解碳的三种同素异形体的结构。

(2)碳的重要化合物

主要有 CO、$CO_2$ 和碳酸盐,对于 CO,要了解它的还原性和配位性。CO 具有较强的还原性,能还原许多金属氧化物,在金属冶炼中起着非常重要的作用。CO 具有很强的配位性,CO 的配合物称为羰基化合物。CO 不但能与金属离子配位,还能与一些金属单质直接反应生成羰基化合物,如:$Ni(CO)_4$。对于碳酸盐,要了解碳酸盐的溶解性、水解性和热稳定性。注意:对难溶碳酸盐来说,其相应的酸式盐比正盐的溶解度大;对易溶碳酸盐来说,它们相应的酸式碳酸盐的溶解度却相对较小。后者可能与负离子中的氢键有关。

(3)硅的重要化合物

硅是丰度仅次于氧的元素,它的化合物种类繁多,数目巨大。主要了解下列几个化合物的特点:石英、石英玻璃、硅酸、硅溶胶、硅凝胶、硅胶、可溶性硅酸盐、水玻璃、天然硅酸盐、天然硅铝酸盐、分子筛、硅的卤化物和氢化物。

### 9. 锡和铅的重要化合物

与砷、锑、铋类似,主要有三种类型的化合物:氧化物及水合物、硫化物和盐类。

(1) 锡和铅的氧化物和氢氧化物

锡和铅的氧化物和氢氧化物主要了解它们的酸碱性。锡和铅的氧化物和相应的氢氧化物都是两性的,其中高氧化值的 $MO_2$ 和 $M(OH)_4$ 以酸性为主,低氧化值的 $MO$ 和 $M(OH)_2$ 以碱性为主。用 ROH 规则可以得到酸碱性的递变规律。

鲜红色的 $Pb_3O_4$(铅丹)是铅的另外一种氧化物。它可以看成是氧化铅和二氧化铅的"混合氧化物"($2PbO \cdot PbO_2$)。由于惰性电子对效应,$Pb(\text{IV})$ 具有强氧化性,所以,$PbO_2$、$Pb_3O_4$ 都是强氧化剂。锡和铅的氧化物有两个重要反应:

$$Pb_3O_4 + 4HNO_3 \longrightarrow 2Pb(NO_3)_2 + PbO_2 \downarrow + 2H_2O$$

$$2Mn^{2+} + 5PbO_2 + 4H^+ \longrightarrow 2MnO_4^- + 5Pb^{2+} + 2H_2O$$

(2) 锡和铅的硫化物

锡和铅的硫化物有 $SnS$、$SnS_2$ 和 $PbS$,$SnS$ 和 $PbS$ 呈碱性,不与碱性的碱金属硫化物(或硫化铵)反应,$SnS_2$ 呈酸性,能与碱金属硫化物(或硫化铵)反应生成硫代锡酸盐,$SnS$ 具有还原性,能与具有氧化性的多硫化物反应,也生成硫代锡酸盐。与其他的硫代酸盐一样,硫代锡酸盐不稳定,遇酸分解。

$$SnS_2 + S^{2-} \longrightarrow SnS_3^{2-}$$

$$SnS + S_2^{2-} \longrightarrow SnS_3^{2-}$$

$$SnS_3^{2-} + 2H^+ \longrightarrow SnS_2 \downarrow + H_2S \uparrow$$

长时间放置的碱金属硫化物(或硫化铵),$S^{2-}$ 被氧化为单质硫,单质硫再与 $S^{2-}$ 反应生成多硫化物,所以,$SnS$ 能溶于长时间放置的碱金属硫化物(或硫化铵)中。

$PbS$ 可以直接被 $H_2O_2$ 氧化为 $PbSO_4$:

$$PbS + 4H_2O_2 \longrightarrow PbSO_4 + 4H_2O$$

(3) 锡和铅的盐

对于锡和铅的盐,主要了解氧化还原性和水解性,重要反应有:

$$2Bi^{3+} + 6OH^- + 3[Sn(OH)_4]^{2-} \longrightarrow 2Bi \downarrow + 3[Sn(OH)_6]^{2-}$$

$$Sn^{2+} + Cl^- + H_2O \longrightarrow Sn(OH)Cl \downarrow + H^+$$
$$SnO_3^{2-} + 2H_2O \longrightarrow Sn(OH)_2 \downarrow + 2OH^-$$
$$PbO_2 + 4HCl \longrightarrow Cl_2 + PbCl_2 + 2H_2O$$
$$PbI_2 + 2KI(浓) \longrightarrow K_2[PbI_4]$$
$$PbSO_4 + 2OAc^- \longrightarrow Pb(OAc)_2 + SO_4^{2-}$$

**10. 乙硼烷、硼酸和硼砂**

硼的价电子构型为 $2s^2 2p^1$，其价电子数小于价层轨道数，硼被称为缺电子元素，对于它的化合物，由于成键电子对数小于价层轨道数，所以，称为缺电子化合物。缺电子化合物因有空的价电子轨道，能接受电子对，易形成聚合分子(如 $Al_2Cl_6$)和配合物(如 $H[BF_4]$)。乙硼烷的结构、硼酸在水溶液中与众不同的电离方式以及硼砂的结构都与此有关。

(1)乙硼烷的结构

乙硼烷的结构要点：

a. B 原子采用 $sp^3$ 杂化轨道成键；

b. 三中心两电子键(氢桥)。

(2)硼酸

硼酸在水溶液中按下式电离：

$$H_3BO_3 + H_2O \rightleftharpoons [B(OH)_4]^- + H^+, \quad K_a^\ominus = 5.75 \times 10^{-10}$$

从离解方程式可知，$H_3BO_3$ 是一个极弱一元酸，在硼酸溶液中加入邻位多元醇(如乙二醇、甘油、甘露醇等)，能使它的酸性增强，$K_a^\ominus \approx 10^{-5}$，可以直接用碱标准溶液滴定。固体硼酸是片状晶体，有氢键。

(3)硼砂

硼砂是四硼酸钠的俗称，它的化学式通常写为 $Na_2B_4O_7 \cdot 10H_2O$，硼砂阴离子实际上是 $[B_4O_5(OH)_4]^{2-}$，所以，严格地说，化学式应写为 $Na_2B_4O_5(OH)_4 \cdot 8H_2O$。

硼砂易溶于水，水溶液因 $[B_4O_5(OH)_4]^{2-}$ 水解而呈碱性：

$$[B_4O_5(OH)_4]^{2-} + 5H_2O \rightleftharpoons 4H_3BO_3 + 2OH^- \rightleftharpoons 2H_3BO_3 + 2[B(OH)_4]^-$$

由于硼酸的酸性极弱，硼砂根有较强的碱性，可以与强酸进行定量反应，因此硼砂常用作酸标准溶液的基准物。硼砂水溶液含有等量的 $H_3BO_3$ 和 $[B(OH)_4]^-$，常用于配制缓冲溶液。

● 例题解析 ●

**【例1】** 实验表明,$BF_3$ 的 B—F 键长比 $[BF_4]^-$ 的短,试说明其原因。

**解** 虽然两分子(离子)中的化学键都是 B—F 键,但成键方式不同。$BF_3$ 中 B 采用 $sp^2$ 杂化,三个杂化轨道与三个 F 原子形成三个 $\sigma$ 键,还有一个大 $\pi$ 键 $\pi_4^6$ 存在,所以,$BF_3$ 中的 B—F 键具有一定的双键性质。而 $[BF_4]^-$ 中 B 采用 $sp^3$ 杂化,四个杂化轨道与四个 F 原子形成四个 $\sigma$ 键,纯粹是单键,相同原子间的化学键,一般双键比单键短。

**【例2】** 有一白色固体 A,加入油状无色液体 B,可得紫黑色固体 C;C 微溶于水,加入 A 后,C 的溶解度增大,得一棕色溶液 D。将 D 分成两份,一份中加入一种无色溶液 E,另一份通入气体 F,都褪成无色透明溶液。E 溶液遇酸则有淡黄色沉淀,将气体 F 通入溶液 E,在所得的溶液中加入 $BaCl_2$ 溶液,则生成白色沉淀,后者难溶于 $HNO_3$。问:A~F 各代何种物质?

**解** 这是一个推断题,这类习题要掌握的知识点是物质的性质和它在反应中的现象。根据题意可知:

A. 可溶性碘化物(KI 或 NaI); B. 浓 $H_2SO_4$; C. $I_2$; D. $KI_3$;
E. 硫代硫酸盐溶液; F. $Cl_2$。

**【例3】** 从海水中提取溴时,首先在 110 ℃下通氯气于 pH3.5 的海水中置换出单质溴:

$$2Br^- + Cl_2 \longrightarrow Br_2 + 2Cl^- \tag{1}$$

然后用空气把 $Br_2$ 吹出,并用 $Na_2CO_3$ 溶液吸收,即得较浓的 NaBr 和 $NaBrO_3$ 溶液:

$$3CO_3^{2-} + 3Br_2 \longrightarrow 5Br^- + BrO_3^- + 3CO_2 \uparrow \tag{2}$$

最后,用硫酸将溶液酸化,单质溴即从溶液中游离出来:

$$5Br^- + BrO_3^- + 6H^+ \longrightarrow 3Br_2 + 3H_2O \tag{3}$$

反应(2)和反应(3)的方向恰好相反,试从理论上对此加以说明。

**解** 可以根据下列电极电势图进行解释:

$$\varphi_B^{\ominus}/V \quad BrO_3^- \xrightarrow{0.52} Br_2 \xrightarrow{1.08} Br^-$$

$$\varphi_A^{\ominus}/V \quad BrO_3^- \xrightarrow{1.52} Br_2 \xrightarrow{1.08} Br^-$$

在碱性溶液中 $\varphi_{右}^{\ominus} > \varphi_{左}^{\ominus}$，故歧化反应(2)可以发生。而在酸性溶液中 $\varphi_{右}^{\ominus} < \varphi_{左}^{\ominus}$，故反应(3)可以发生。显然，这是利用调节酸度来改变氧化还原反应的方向。

**【例 4】** 试说明为什么ⅢA～ⅤA族同族元素自上往下低氧化值化合物的稳定性增强，高氧化值化合物的稳定性减弱。

**解** 这是由于 $ns^2$ 电子随 $n$ 的增大，越来越难参与成键，这种现象称为惰性电子对效应。惰性电子对效应主要表现在第六周期($n=6$)，如 Tl(Ⅲ)、Pb(Ⅳ)、Bi(Ⅴ)的化合物都有极强的氧化性。

**【例 5】** 试说明为什么 SnS 不溶于刚配制的碱金属硫化物溶液中，但能溶于经过长时间放置的碱金属硫化物中？

**解** SnS 是一个具有还原性的碱性硫化物，而碱金属硫化物是一个碱性物质，两者不起反应，所以 SnS 不溶于刚配制的碱金属硫化物溶液中。但是，经过长时间放置的碱金属硫化物中，有少量 $S^{2-}$ 被氧化为单质 S，它与碱金属硫化物反应生成多硫离子(如 $S_2^{2-}$)，多硫离子具有氧化性，可以将 SnS 氧化，生成硫代酸盐而溶解，反应方程式为：

$$SnS + S_2^{2-} \longrightarrow SnS_3^{2-}$$

## ● 习题选解 ●

**11-1** 用反应式表示下列反应：

(1) 氯水逐滴加入 KBr 溶液中；

(2) 氯气通入热的石灰乳中；

(3) 用 $HClO_3$ 处理 $I_2$。

**答** (1) $Cl_2 + 2Br^- \longrightarrow Br_2 + 2Cl^-$

(2) $2Cl_2 + 2Ca(OH)_2 \longrightarrow Ca(ClO)_2 + CaCl_2 \cdot H_2O + H_2O$

(3) $2HClO_3 + I_2 \longrightarrow 2HIO_3 + Cl_2 \uparrow$

**11-2** 完成下列反应方程式：

(1) $Cl_2 + KOH(冷) \longrightarrow$     (2) $Cl_2 + KOH(热) \longrightarrow$

(3) $HCl + KMnO_4 \longrightarrow$     (4) $KClO_3 \xrightarrow{\triangle}$

(5) $KClO_3 + HCl \longrightarrow$     (6) $KI + I_2 \longrightarrow$

(7) $I_2 + H_2O_2 \longrightarrow$     (8) $HF + SiO_2 \longrightarrow$

**答** (1)$Cl_2+2KOH(冷)\longrightarrow KClO+KCl+H_2O$

(2)$3Cl_2+6KOH(热)\longrightarrow KClO_3+5KCl+3H_2O$

(3)$16HCl+2KMnO_4\longrightarrow 2MnCl_2+2KCl+5Cl_2\uparrow+8H_2O$

(4)$4KClO_3\xrightarrow{\triangle}3KClO_4+KCl$

(5)$KClO_3+6HCl\longrightarrow 3Cl_2\uparrow+KCl+3H_2O$

(6)$KI+I_2\longrightarrow KI_3$

(7)$I_2+5H_2O_2\longrightarrow 2HIO_3+4H_2O$

(8)$4HF+SiO_2\longrightarrow SiF_4\uparrow+2H_2O$

**11-3** 下列各对物质在酸性溶液中能否共存？为什么？

(1) $FeCl_3$ 与 $Br_2$ 水； (2) $FeCl_3$ 与 KI 溶液；

(3) NaBr 与 $NaBrO_3$ 溶液； (4) KI 与 $KIO_3$ 溶液。

**答** (1)能

(2)不能 $2FeCl_3+2KI\longrightarrow 2KCl+2FeCl_2+I_2\downarrow$

(3)不能 $5NaBr+NaBrO_3+3H_2SO_4\longrightarrow 3Br_2+3H_2O+3Na_2SO_4$

(4)不能 $5KI+KIO_3+3H_2SO_4\longrightarrow 3I_2\downarrow+3H_2O+3K_2SO_4$

**11-4** 根据 ROH 规则,分别比较下列各组化合物酸性的相对强弱：

(1) $HClO、HClO_2、HClO_3、HClO_4$；

(2) $H_3PO_4、H_2SO_4、HClO_4$；

(3) HClO、HBrO、HIO。

**答** (1)$HClO<HClO_2<HClO_3<HClO_4$

(2)$H_3PO_4<H_2SO_4<HClO_4$

(3)$HClO>HBrO>HIO$

**11-5** 某物质水溶液 A 既有氧化性又有还原性,试根据实验判断 A 是什么溶液。

(1) 向此溶液加入碱时生成盐；

(2) 将(1)所得溶液酸化,加入适量 $KMnO_4$，$KMnO_4$ 褪色；

(3) 在(2)所得溶液中加入 $BaCl_2$ 得白色沉淀。

**答** A 是 $SO_2$ 的水溶液。

**11-6** 一种无色透明的盐 A 溶于水,在水溶液中加入稀 HCl 有刺激性气味的气体 B 产生,同时有淡黄色沉淀 C 析出,若通 $Cl_2$ 于 A 溶液中并加入可溶性钡盐,则生成白色沉淀 D。问 A、B、C、D 各为何物?并写出有关反应式。

**答** A. 硫代硫酸盐; B. $SO_2$; C. S; D. $BaSO_4$。

$$S_2O_3^{2-} + 2H^+ \longrightarrow SO_2\uparrow + S\downarrow + H_2O$$

$$S_2O_3^{2-} + 4Cl_2 + 5H_2O \longrightarrow 2SO_4^{2-} + 8Cl^- + 10H^+$$

$$SO_4^{2-} + Ba^{2+} \longrightarrow BaSO_4\downarrow$$

**11-7** 有一白色固体 A,加入油状无色液体 B,可得紫黑色固体 C;C 微溶于水,加入 A 后,C 的溶解度增大,得一棕色溶液 D。将 D 分成两份,一份中加入一种无色溶液 E,另一份通入气体 F,都褪色成无色透明溶液;E 溶液遇酸则有淡黄色沉淀生成,将气体 F 通入溶液 E,在所得的溶液中加入 $BaCl_2$,溶液有白色沉淀,后者难溶于 $HNO_3$。问:A~F 各代表何种物质?

**答** A. 可溶性碘化物(KI 或 NaI); B. 浓 $H_2SO_4$; C. $I_2$; D. $KI_3$; E. 硫代硫酸盐溶液; F. $Cl_2$。

**11-8** 用一简便方法将下列五种固体加以区别,并写出有关反应式。

$Na_2S$　　$Na_2S_2$　　$Na_2SO_3$　　$Na_2SO_4$　　$Na_2S_2O_3$

**答** 将这五种物质配制成溶液,滴加盐酸就可以区别:

$$S^{2-} + 2H^+ \longrightarrow H_2S\uparrow$$

$$S_2^{2-} + 2H^+ \longrightarrow H_2S\uparrow + S\downarrow$$

$$SO_3^{2-} + 2H^+ \longrightarrow SO_2\uparrow + H_2O$$

$$SO_4^{2-} + 2H^+ \longrightarrow 无现象$$

$$S_2O_3^{2-} + 2H^+ \longrightarrow SO_2\uparrow + S\downarrow + H_2O$$

**11-9** 完成并配平下列反应方程式(尽可能写出离子反应方程式):

(1) $H_2O_2 + KI + H_2SO_4 \longrightarrow$ 　　(2) $H_2O_2 + KMnO_4 + H_2SO_4 \longrightarrow$

(3) $H_2S + FeCl_3 \longrightarrow$ 　　(4) $Na_2S_2O_3 + I_2 \longrightarrow$

(5) $Na_2S_2O_3 + H_2O \xrightarrow{AgNO_3}$ 　　(6) $Al_2O_3 + K_2Cr_2O_7 \xrightarrow{共熔}$

(7) $Na_2S_2O_8 + MnSO_4 + H_2O \xrightarrow{Ag^+}$ 　　(8) $AgBr + Na_2S_2O_3 \longrightarrow$

**答** (1) $H_2O_2 + 2I^- + 2H^+ \longrightarrow 2H_2O + I_2\downarrow$

(2) $5H_2O_2 + 2MnO_4^- + 6H^+ \longrightarrow 2Mn^{2+} + 5O_2\uparrow + 8H_2O$

(3) $H_2S + 2Fe^{3+} \longrightarrow S\downarrow + 2Fe^{2+} + 2H^+$

(4) $2S_2O_3^{2-} + I_2 \longrightarrow S_4O_6^{2-} + 2I^-$

(5) 这个反应是 $S_2O_3^{2-}$ 的鉴定反应。在过量 $Ag^+$ 存在时,白色沉淀 $Ag_2S_2O_3$ 在溶液中很快分解,经历黄色、棕色,最后变为黑色的 $Ag_2S$,这个过程可以用下列两反应表示:

$$Na_2S_2O_3 + 2AgNO_3 \longrightarrow Ag_2S_2O_3 \downarrow + 2NaNO_3$$
$$Ag_2S_2O_3 + H_2O \longrightarrow Ag_2S \downarrow + H_2SO_4$$

总反应为: $Na_2S_2O_3 + H_2O + 2AgNO_3 \longrightarrow Ag_2S \downarrow + H_2SO_4 + 2NaNO_3$

(6) $Al_2O_3 + 3K_2S_2O_7 \xrightarrow{\text{共熔}} Al_2(SO_4)_3 + 3K_2SO_4$

(7) $5S_2O_8^{2-} + 2Mn^{2+} + 8H_2O \xrightarrow{Ag^+} 2MnO_4^- + 10SO_4^{2-} + 16H^+$

(8) $AgBr + 2S_2O_3^{2-} \longrightarrow [Ag(S_2O_3)_2]^{3-} + Br^-$

**11-10** 要使氨气干燥,应将其通过下列哪种干燥剂?

(1)浓 $H_2SO_4$; (2) $CaCl_2$; (3) $P_2O_5$; (4) $NaOH(s)$。

**答** (4) $NaOH(s)$。

**11-11** 写出下列各铵盐、硝酸盐热分解的反应方程式:

(1)铵盐:$NH_4Cl$、$(NH_4)_2SO_4$、$(NH_4)_2Cr_2O_7$;

(2)硝酸盐:$KNO_3$、$Cu(NO_3)_2$、$AgNO_3$。

**答** (1) $NH_4Cl \xrightarrow{\triangle} NH_3\uparrow + HCl\uparrow$ (遇冷又结合成 $NH_4Cl$)

$(NH_4)_2SO_4 \xrightarrow{\triangle} NH_3\uparrow + NH_4HSO_4$

$NH_4HSO_4 \xrightarrow{\triangle} NH_3\uparrow + H_2SO_4$

$(NH_4)_2Cr_2O_7 \xrightarrow{\triangle} N_2\uparrow + Cr_2O_3 + 4H_2O\uparrow$

(2) $2KNO_3 \xrightarrow{\triangle} 2KNO_2 + O_2\uparrow$

$2Cu(NO_3)_2 \xrightarrow{\triangle} 2CuO + 4NO_2\uparrow + O_2\uparrow$

$2AgNO_3 \xrightarrow{\triangle} 2Ag\downarrow + 2NO_2\uparrow + O_2\uparrow$

**11-12** 写出下列反应的方程式:

(1) 亚硝酸盐在酸性溶液中分别被 $MnO_4^-$、$Cr_2O_7^{2-}$ 氧化成硝酸盐,其中 $MnO_4^-$、$Cr_2O_7^{2-}$ 分别被还原成 $Mn^{2+}$、$Cr^{3+}$;

(2) 亚硝酸盐在酸性溶液中被还原成 NO;

(3) 亚硝酸与氨水反应产生 $N_2$。

**答** (1) $5NO_2^- + 2MnO_4^- + 6H^+ \longrightarrow 5NO_3^- + 2Mn^{2+} + 3H_2O$

$3NO_2^- + Cr_2O_7^{2-} + 8H^+ \longrightarrow 3NO_3^- + 2Cr^{3+} + 4H_2O$

(2) $NO_2^- + Fe^{2+} + 2H^+ \longrightarrow NO\uparrow + Fe^{3+} + H_2O$

$2NO_2^- + 2I^- + 4H^+ \longrightarrow 2NO\uparrow + I_2\downarrow + 2H_2O$

(3) $NH_3 + HNO_2 \xrightarrow{\Delta} N_2\uparrow + 2H_2O$

**11-13** 完成并配平下列反应方程式：

(1) $S + HNO_3$ (浓) $\longrightarrow$      (2) $Zn + HNO_3$ (极稀) $\longrightarrow$

(3) $AsO_3^{3-} + H_2S + H^+ \longrightarrow$      (4) $AsO_4^{3-} + H^+ + I^- \longrightarrow$

(5) $NaBiO_3 + Mn^{2+} + H^+ \longrightarrow$      (6) $Sb_2S_3 + S^{2-} \longrightarrow$

**答** (1) $S + 2HNO_3$ (浓) $\longrightarrow H_2SO_4 + 2NO\uparrow$

(2) $4Zn + 10HNO_3$ (极稀) $\longrightarrow 4Zn(NO_3)_2 + NH_4NO_3 + 3H_2O$

(3) $2AsO_3^{3-} + 3H_2S + 6H^+ \longrightarrow As_2S_3 + 6H_2O$ （该反应要有足量的酸存在下才能进行）

(4) $AsO_4^{3-} + 2H^+ + 2I^- \longrightarrow AsO_3^{3-} + I_2\downarrow + H_2O$

(5) $5NaBiO_3 + 2Mn^{2+} + 14H^+ \longrightarrow 2MnO_4^- + 5Bi^{3+} + 5Na^+ + 7H_2O$

(6) $Sb_2S_3 + 3S^{2-} \longrightarrow 2SbS_3^{3-}$

**11-14** 下列各对离子能否共存于溶液中？写出不能共存者的反应方程式。

(1) $Sn^{2+}$、$Fe^{2+}$      (2) $Sn^{2+}$、$Fe^{3+}$      (3) $[PbCl_4]^{2-}$、$[SnCl_6]^{2-}$

(4) $SiO_3^{2-}$、$NH_4^+$      (5) $Pb^{2+}$、$[Pb(OH)_4]^{2-}$      (6) $Pb^{2+}$、$Fe^{3+}$

**答** (1) 能共存

(2) 不能共存    $Sn^{2+} + 2Fe^{3+} \longrightarrow Sn^{4+} + 2Fe^{2+}$

(3) 能共存

(4) 不能共存    $SiO_3^{2-} + 2NH_4^+ + 2H_2O \longrightarrow H_2SiO_3\downarrow + 2NH_3\cdot H_2O$

(5) 不能共存    $Pb^{2+} + [Pb(OH)_4]^{2-} \longrightarrow 2Pb(OH)_2$

(6) 能共存

**11-15** 将某一金属溶于热的浓盐酸,所得溶液分成三份。其一加入足量水,产生白色沉淀;其二加碱中和,也产生白色沉淀,此白色沉淀溶于过量碱后,再加入 Bi(OH)$_3$,则产生黑色沉淀;其三加入 HgCl$_2$ 溶液,产生灰黑色沉淀。试判断该金属是什么?

**答** 该金属是锡。

$$Sn+4HCl(浓) \xrightarrow{\Delta} H_2[SnCl_4]+H_2\uparrow$$
$$[SnCl_4]^{2-}+H_2O \longrightarrow Sn(OH)Cl\downarrow+3Cl^-+H^+$$
$$[SnCl_4]^{2-}+2OH^- \longrightarrow Sn(OH)_2\downarrow+4Cl^-$$
$$Sn(OH)_2+2OH^- \longrightarrow [Sn(OH)_4]^{2-}$$
$$2Bi^{3+}+6OH^-+3[Sn(OH)_4]^{2-} \longrightarrow 2Bi\downarrow+3[Sn(OH)_6]^{2-}$$
$$2HgCl_2+SnCl_2 \longrightarrow \underset{白色}{Hg_2Cl_2\downarrow}+SnCl_4$$
$$Hg_2Cl_2+SnCl_2 \longrightarrow \underset{黑色}{2Hg\downarrow}+SnCl_4$$

**11-16** 某红色固体粉末 X 与 HNO$_3$ 作用得褐色沉淀物 A;把此沉淀分离后,在溶液中加入 K$_2$CrO$_4$,得黄色沉淀 B;向 A 中加入浓盐酸则有气体 C 产生,此气体有氧化性。问 X、A、B、C 各为何物?

**答** X:Pb$_3$O$_4$; A:PbO$_2$; B:PbCrO$_4$; C:Cl$_2$。

**11-17** 某白色固体 A 不溶于水,当加热时,猛烈地分解而产生一固体 B 和无色气体 C(此气体可使澄清的石灰水变混浊。固体 B 不溶于水,但溶解于 HNO$_3$ 得一溶液 D。向 D 溶液加入 HCl 产生白色沉淀 E。E 易溶于热水,E 溶液与 H$_2$S 反应得一黑色沉淀 F 和滤出液 G。沉淀 F 溶解于 60% HNO$_3$ 中产生一淡黄色沉淀 H、溶液 D 和一无色气体 I,气体 I 在空气中呈红棕色。根据以上实验现象,判断各代号物质的名称。

**答** A:PbCO$_3$; B:PbO; C:CO$_2$; D:Pb(NO$_3$)$_2$; E:PbCl$_2$; F:PbS; G:HCl; H:S; I:NO。

**11-18** 以化学方程式表示下列物质之间的作用:

(1) PbO$_2$+HNO$_3$+H$_2$O$_2$→

(2) Pb$_3$O$_4$+HNO$_3$→

(3) PbO$_2$+MnSO$_4$+HNO$_3$→

(4) Na$_2$[Sn(OH)$_4$]+Bi(OH)$_3$→

(5) HgCl$_2$+SnCl$_2$→

(6) PbS+H$_2$O$_2$→

(7) $Na_2[Sn(OH)_4] + HCl(足量) \longrightarrow$
(8) $SnS + (NH_4)_2S_2 \longrightarrow$

答 (1) $PbO_2 + 2HNO_3 + H_2O_2 \longrightarrow Pb(NO_3)_2 + O_2\uparrow + 2H_2O$
(2) $Pb_3O_4 + 4HNO_3 \longrightarrow 2Pb(NO_3)_2 + PbO_2\downarrow + 2H_2O$
(3) $5PbO_2 + 2MnSO_4 + 6HNO_3 \longrightarrow$
$\qquad\qquad\qquad\qquad 2HMnO_4 + 3Pb(NO_3)_2 + 2PbSO_4 + 2H_2O$
(4) $3Na_2[Sn(OH)_4] + 2Bi(OH)_3 \longrightarrow 2Bi\downarrow + 3Na_2[Sn(OH)_6]$
(5) $2HgCl_2 + SnCl_2 \longrightarrow Hg_2Cl_2 + SnCl_4$
(6) $PbS + 4H_2O_2 \longrightarrow PbSO_4 + 4H_2O$
(7) $Na_2[Sn(OH)_4] + 4HCl(足量) \longrightarrow Na_2[SnCl_4] + 4H_2O$
(8) $SnS + (NH_4)_2S_2 \longrightarrow (NH_4)_2SnS_3$

**11-19** 现有一白色固体 A,溶于水产生白色沉淀 B。B 可溶于浓 HCl 得溶液 C,在 C 中加入 $AgNO_3$ 溶液析出白色沉淀 D。D 溶于氨水得无色溶液 E,酸化 E 又产生白色沉淀 D。将 $H_2S$ 通入溶液 C,产生棕色沉淀 F。F 溶于 $(NH_4)_2S_2$ 形成溶液 G,酸化溶液 G 得一黄色沉淀 H。少量溶液 C 加入 $HgCl_2$ 溶液得白色沉淀 I,继续加入溶液 C,沉淀 I 变灰黑色,最后变为黑色沉淀 J。试确定各代号物质的名称。

答 A:$SnCl_2$; B:$Sn(OH)Cl$; C:$H_2[SnCl_4]$; D:$AgCl$;
E:$[Ag(NH_3)_2]Cl$; F:$SnS$; G:$(NH_4)_2SnS_3$; H:$SnS_2$;
I:$Hg_2Cl_2$; J:$Hg$。

● **同步练习** ●

一、选择题

**1.** 下列哪一个概念可以用来说明 Tl(Ⅲ)、Pb(Ⅳ)、Bi(Ⅴ)的强氧化性和为什么 Hg(Ⅰ)以二聚体存在?( )
A. 对角线规则　　　　　　B. 惰性电子对效应
C. 镧系收缩　　　　　　　D. 洪特规则

**2.** 用浓酸与溴化钠作用制备溴化氢气体时,应选哪一个酸?( )
A. $H_2SO_4$　　B. $HCl$　　C. $H_3PO_4$　　D. $HNO_3$

**3.** 卤化氢的某些性质呈 HF＞HCl＞HBr＞HI 的规律性变化,指的是（　　）。

    A. 酸性和热稳定性　　　　　B. 还原性和酸性

    C. 极性和热稳定性　　　　　D. 极性和酸性

**4.** 在比较卤素(氯、溴和碘)含氧酸的酸性时,发现同一元素的不同价态的含氧酸和不同元素的同一价态的含氧酸的酸性都呈规律性变化,如

$$HClO < HClO_2 < HClO_3 < HClO_4; \quad HClO > HBrO > HIO$$

下列哪一个概念可以用来说明这种规律?（　　）

    A. 洪特规则　　B. 对角线规则　　C. ROH 规则　　D. 徐光宪规则

**5.** 氢氟酸在浓度较低时是一个弱酸($K_a^\ominus = 7.2 \times 10^{-4}$),但在高浓度时表现出强酸的性质,其主要原因是（　　）。

    A. 氢键　　B. 稀释定律　　C. 盐效应　　D. 同离子效应

**6.** 氧分子系列的稳定性按 $O_2^{2+} > O_2^+ > O_2 > O_2^- > O_2^{2-}$ 的规律性变化,能够对此加以说明的是下列哪一个理论?（　　）

    A. 杂化轨道理论　　　　　B. 分子轨道理论

    C. 价键理论　　　　　　　D. 价层电子对互斥理论

**7.** 下列化合物哪一个是过氧化物?（　　）

    A. $KO_2$　　B. $BaO_2$　　C. $MnO_2$　　D. $PbO_2$

**8.** 金属硫化物有些能溶于 HCl,有些不能,其主要原因是（　　）。

    A. 不同硫化物的水解能力不同　　B. 不同硫化物的 $K_{sp}^\ominus$ 不同

    C. 不同硫化物的溶解速率不同　　D. 不同硫化物的酸碱性不同

**9.** 下列化学式哪一个是焦硫酸钠?（　　）

    A. $Na_2S_2O_3$　　B. $Na_2S_2O_4$　　C. $Na_2S_2O_7$　　D. $Na_2S_2O_8$

**10.** p 区元素含氧酸盐的热稳定性一般比相应的含氧酸高,下列哪一个概念能对此作出合理的解释?（　　）

    A. 离子极化　　B. 对角线规则　　C. ROH 规则　　D. 多重平衡规则

**11.** 硝酸与金属单质反应,下列哪一个因素不会影响硝酸的还原产物?（　　）

    A. 硝酸的浓度　　　　　　B. 金属的活泼性

    C. 金属的摩尔质量　　　　D. 反应的温度

**12.** 下列磷的含氧酸哪一个是一元酸?（　　）

A. $H_3PO_2$ B. $H_3PO_3$
C. $H_3PO_4$ D. 这三个都不是一元酸

**13.** 下列哪一个性质是多聚磷酸盐和聚偏磷酸盐的分类的依据？（　　）
A. 磷的氧化数 B. 酸的强度
C. 阴离子的结构 D. 磷原子的数目

**14.** 在亚砷酸钠溶液中通入 $H_2S$ 气体，若要得到 $As_2S_3$ 沉淀，还要加入（　　）。
A. 浓硝酸 B. 浓盐酸 C. 稀硝酸 D. 稀盐酸

**15.** 下列物质哪一个是硫代亚锑酸钠？（　　）
A. $Na_3SbS_3$ B. $Na_3SbS_4$ C. $Na_3AsS_3$ D. $Na_3AsS_4$

**16.** 用偏铋酸钠鉴定 $Mn^{2+}$ 时，要加入哪一种酸？（　　）
A. 硫酸 B. 盐酸 C. 硝酸 D. 磷酸

**17.** 若将 $_6C$ 原子的电子排布式写成 $1s^2 2s^2 2px^2$，它违背了（　　）。
A. 能量守恒原理 B. Pauli（泡利）不相容原理
C. 能量最低原理 D. Hund（洪特）规则

**18.** 下列物质哪一个不是碳的同素异形体？（　　）
A. 石墨 B. 金刚石 C. 富勒烯 D. 干冰

**19.** 酮、羧酸等有机物中 C＝O 双键键长约为 124 pm，C≡O 叁键键长为 113 pm，$CO_2$ 中碳氧之间键长为 116 pm，介于两者之间，其主要原因是（　　）。
A. 氧原子数目不同 B. 杂化类型不同
C. $CO_2$ 中有离域 π 键 D. $CO_2$ 是非极性分子

**20.** 二氧化碳气体能被 NaOH 溶液吸收，这一实验事实显示 $CO_2$ 具有（　　）。
A. 酸性 B. 氧化性 C. 还原性 D. 碱性

**21.** 影响碳酸盐热稳定性的主要因素是（　　）。
A. 金属离子的电荷 B. 金属离子的半径
C. 金属离子的电子构型 D. A、B、C 都是

**22.** 可溶性硅酸盐也叫作水玻璃，"模数"是水玻璃的一个重要的质量指标，它指的是（　　）。
A. $Na_2O$ 与 $SiO_2$ 的"物质的量"之比
B. $SiO_2$ 与 $Na_2O$ 的"物质的量"之比

C. Na 与 Si 的"物质的量"之比

D. Si 与 Na 的"物质的量"之比

**23.** $Pb_3O_4$ 与盐酸反应能生成一种气体,这种气体是( )。

A. 氧气　　　B. 氯气　　　C. 水蒸气　　　D. 氯化氢气体

**24.** 刚配制的硫化铵溶液不能溶解,但是长时间放置的硫化铵溶液能溶解硫化亚锡,这是因为长时间放置的硫化铵溶液中生成了( )。

A. 多硫化铵　　B. 单质硫　　C. 硫氢酸铵　　D. 硫化氢

**25.** 下列物质哪一个是硫代锡酸钠?( )

A. $Na_2SnS_3$　　B. $Na_2SnS_2$　　C. $Na_2SnSO_2$　　D. $Na_2SnSO$

**26.** 硼的氢化物称为硼烷,实验表明,最简单的硼烷是( )。

A. $BH_3$　　B. $B_2H_6$　　C. $BH_2$　　D. $B_2H_4$

**27.** 乙硼烷分子中的非定域化学键指的是( )。

A. 离域 π 键　　　　　　　B. 三电子 π 键

C. 三中心两电子键　　　　D. 氢键

**28.** 下列含氧酸哪一个是一元酸?( )

A. $H_3AsO_3$　　　　　　　B. $H_3BO_3$

C. $H_3PO_3$　　　　　　　　D. 它们都不是一元酸

**29.** 硼砂($Na_2B_4O_7 \cdot 10H_2O$)阴离子中的四个硼原子的成键轨道是( )。

A. 四个硼原子都用 $sp^2$ 杂化轨道成键

B. 四个硼原子都用 $sp^3$ 杂化轨道成键

C. 两个硼原子用 $sp^2$ 杂化轨道成键,另外两个硼原子用 $sp^3$ 杂化轨道成键

D. 四个硼原子通过与氧形成离子键而形成阴离子

**30.** 标定 HCl 标准溶液时常选硼砂($Na_2B_4O_7 \cdot 10H_2O$)作为基准物,滴定反应中硼砂与 HCl 的计量比是( )。

A. 1∶4　　　B. 1∶3　　　C. 1∶2　　　D. 1∶1

## 二、简答题

**1.** Tl(+Ⅲ)、Pb(+Ⅳ)、Bi(+Ⅴ)的化合物都有强氧化性,试从结构的观点加以说明。

**2.** HF、HCl 可以用浓硫酸与相应的卤化物反应制备,但制备 HBr、HI 时不可以用浓硫酸,原因何在?

3. 海水中提取溴时,首先在 110 ℃下通氯气于 pH 为 3.5 的海水中置换出单质溴,反应式为:$2Br^- + Cl_2 \longrightarrow Br_2 + 2Cl^-$。然后用空气把 $Br_2$ 吹出,并用 $Na_2CO_3$ 溶液吸收,即得较浓的 NaBr 和 $NaBrO_3$ 溶液,反应式为:$3CO_3^{2-} + 3Br_2 \longrightarrow 5Br^- + BrO_3^- + 3CO_2 \uparrow$。最后,用硫酸将溶液酸化,单质溴即从溶液中游离出来,反应式为:$5Br^- + BrO_3^- + 6H^+ \longrightarrow 3Br_2 + 3H_2O$。试从热力学角度说明这一过程的可行性。

4. 过氧化氢具有弱酸性、氧化性和还原性等化学性质,试用化学反应方程式表示之。

5. 试写出亚硫酸钠、连二亚硫酸钠、硫代硫酸钠、焦硫酸钠、连四硫酸钠、过二硫酸钠的化学式,并给出这些物质中硫的氧化数。

6. 硝酸与金属单质反应时,硝酸的还原产物主要受哪些因素的影响?

7. 碱土金属碳酸盐的热稳定性按 $BeCO_3 < MgCO_3 < CaCO_3 < SrCO_3 < BaCO_3$ 的顺序变化,试说明之。

8. 天然硅铝酸盐阴离子的结构单元是什么?石棉、云母和天然分子筛的阴离子在结构上有何区别?

9. 如何从理论上解释锡和铅氢氧化物如下的酸碱性变化规律?

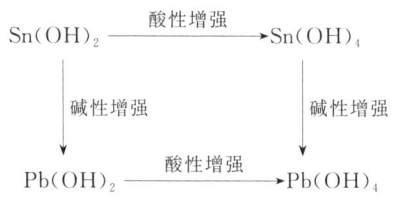

$$\begin{array}{ccc} Sn(OH)_2 & \xrightarrow{\text{酸性增强}} & Sn(OH)_4 \\ \downarrow \text{碱性增强} & & \downarrow \text{碱性增强} \\ Pb(OH)_2 & \xrightarrow{\text{酸性增强}} & Pb(OH)_4 \end{array}$$

10. 为什么硼酸($H_3BO_3$)是一元弱酸,能否用氢氧化钠标准溶液直接滴定硼酸?怎样才能用酸碱滴定法测定硼酸?

● 同步练习参考答案 ●

一、选择题

1. B   2. C   3. C   4. C   5. A   6. B   7. B   8. B   9. C   10. A   11. C
12. A   13. C   14. B   15. A   16. C   17. D   18. D   19. C   20. A   21. D   22. B
23. B   24. A   25. A   26. C   27. C   28. C   29. C   30. C

二、简答题

1. 答 惰性电子对效应是 Tl(+Ⅲ)、Pb(+Ⅳ)、Bi(+Ⅴ)的化合物具有强氧化性的主要原因。惰性电子对效应是指具有$(n-1)d^{10}ns^2$价电子层原子的$ns^2$电子随$n$的增大,越来越难参与成键的现象。

**2. 答** 原因是浓硫酸具有较强的氧化性,溴化氢及碘化氢都有还原性,会发生下列反应:

$$H_2SO_4 + 2HBr \longrightarrow Br_2 + SO_2\uparrow + 2H_2O$$

$$H_2SO_4 + 8HI \longrightarrow 4I_2\downarrow + H_2S\uparrow + 4H_2O$$

使其部分氧化为单质溴和碘,制备溴化氢和碘化氢一般用磷酸代替硫酸。

**3. 答** 从溴的元素电势图可知:

$$\varphi_B^\ominus/V \quad BrO_3^- \xrightarrow{0.52} Br_2 \xrightarrow{1.08} Br^-$$

$$\varphi_A^\ominus/V \quad BrO_3^- \xrightarrow{1.52} Br_2 \xrightarrow{1.08} Br^-$$

后两个反应都能自发进行,两反应的平衡常数分别为:

$$3CO_3^{2-} + 3Br_2 \longrightarrow 5Br^- + BrO_3^- + 3CO_2\uparrow$$

$$\lg K^\ominus = \frac{5\times(1.08-0.52)}{0.0592} = 47.30 \quad K^\ominus = 2.00\times10^{47}$$

$$5Br^- + BrO_3^- + 6H^+ \longrightarrow 3Br_2 + 3H_2O$$

$$\lg K^\ominus = \frac{5\times(1.52-1.08)}{0.0592} = 37.16 \quad K^\ominus = 1.45\times10^{37}$$

两反应的平衡常数都很大,反应程度较大,说明这一过程是可行的。

**4. 答** $H_2O_2$的弱酸性 $H_2O_2 + Ba(OH)_2 \longrightarrow BaO_2 + 2H_2O$

$H_2O_2$的氧化性 $H_2O_2 + 2I^- + 2H^+ \longrightarrow I_2\downarrow + 2H_2O$

$H_2O_2$的还原性 $2MnO_4^- + 5H_2O_2 + 6H^+ \longrightarrow 2Mn^{2+} + 5O_2\uparrow + 8H_2O$

**5. 答** 亚硫酸钠:$Na_2SO_3$ 硫的氧化数为+4;

连二亚硫酸钠:$Na_2S_2O_4$ 硫的氧化数为+3;

硫代硫酸钠:$Na_2S_2O_3$ 硫的氧化数为+2;

焦硫酸钠:$Na_2S_2O_7$ 硫的氧化数为+6;

连四硫酸钠:$Na_2S_4O_6$ 硫的氧化数为+2.5;

过二硫酸钠:$Na_2S_2O_8$ 硫的氧化数为+6。

**6. 答** 硝酸的还原产物主要取决于硝酸的浓度和金属的活泼性,对同一金属来说,硝酸越稀,被还原的程度越大。浓硝酸被金属还原的主要产物一般是$NO_2$;稀硝酸被不活泼金属还原的主要产物一般是$NO$,被活泼金属(如

Zn、Mg)还原的主要产物是 $N_2O$;极稀硝酸被活泼金属(如 Zn)还原的主要产物是 $NH_3$,不过 $HNO_3$ 存在下实际上生成的是 $NH_4NO_3$。

**7. 答** 碳酸盐热稳定性主要由金属离子的极化作用的大小决定,金属离子的极化能力越强,碳酸盐热分解温度越低,其热稳定性越差。碱土金属离子的极化能力由离子势($\Phi = \dfrac{Z}{r}$)决定,离子势越大,极化能力越强,因此,碱土金属离子的极化能力 $Be^{2+} > Mg^{2+} > Ca^{2+} > Sr^{2+} > Ba^{2+}$,所以,碳酸盐的热稳定性按 $BeCO_3 < MgCO_3 < CaCO_3 < SrCO_3 < BaCO_3$ 的顺序变化。

**8. 答** 天然硅铝酸盐阴离子以硅氧四面体和铝氧四面体为结构单元。石棉、云母和天然分子筛的阴离子在结构上的区别主要是每一个结构单元与其他结构单元共用氧原子数目不同,石棉阴离子每一个结构单元共用两个氧原子形成链状结构,云母阴离子每一个结构单元共用三个氧原子形成片层状结构,天然分子筛阴离子每一个结构单元共用四个氧原子形成三维结构。

**9. 提示**:锡和铅氢氧化物的酸碱性变化规律可以用"ROH 规则"说明。

**10. 答** 硼酸是一元弱酸,原因在于它的离解方式与众不同:

$$H_3BO_3 + H_2O \rightleftharpoons [B(OH)_4]^- + H^+$$

这种离解方式是由硼原子的缺电子特点决定的。由于硼原子是缺电子原子,具有空轨道,能接受水中解离出的具有孤电子对的 $OH^-$,以配位键加合生成 $[B(OH)_4]^-$。硼酸的酸性很弱,$K_a^{\ominus} = 5.75 \times 10^{-10}$,不能用氢氧化钠标准溶液直接滴定,但是,在硼酸溶液中加入邻位多元醇(如乙二醇、甘油、甘露醇等),能使它的酸性增强,$K_a^{\ominus} \approx 10^{-5}$,可以直接用碱标准溶液直接滴定。

# 第 12 章 过渡元素

● **教学基本要求** ●

1. 了解过渡元素的通性：电子层结构、原子半径、各种氧化值、水合离子的颜色、配合性、磁性、催化性。了解铬的电位图，氧化物、氢氧化物的酸碱性，三价铬和六价铬的互相转化，铬酸盐和重铬酸盐的互相转化，重铬酸盐的氧化性。了解锰的电位图，掌握 $MnSO_4$、$MnO_2$、$K_2MnO_4$、$KMnO_4$ 的氧化还原性，介质对 $KMnO_4$ 还原产物的影响。掌握 Fe、Co、Ni(Ⅱ)离子还原性和 Ni(Ⅲ)离子氧化性的比较，常见配合物的颜色和性质。

2. 了解铜族元素的通性及常见化合物的性质，铜(Ⅰ)和铜(Ⅱ)的相互转化，配合物的性质。了解锌族元素的通性及常见化合物的性质，汞(Ⅰ)和汞(Ⅱ)的相互转化，配合物的化学性质。

● **重点内容概要** ●

过渡元素包括 d 区和 ds 区元素，价电子构型为 $(n-1)d^{1-10}ns^{1-2}$（$n \geqslant 4$，Pd 除外）。过渡元素的性质和特征是与它的价电子构型中 d 电子相关的。因此，在学习时应给予充分注意。

**1. 过渡元素的通性**

(1) 电子构型

能够运用所学的原子结构知识解释过渡金属原子核外电子排布特点——d 电子的填充，尤其应注意 Cr、Cu、Ag、Au、Mo 等元素的洪特规则特例。

(2) 原子半径

① 同一周期：随着原子序数的增加，原子半径缓慢减小，到铜副族前后又

略有增大。

②同一族:除钪族外,第二、第三过渡系元素的原子半径接近。特别是 Zr 与 Hf,Nb 与 Ta,Mo 与 W 等。

③原子结构知识:屏蔽效应、有效核电荷、镧系收缩等解释原子半径的变化规律。

(3)物理性质

① 过渡元素的半径、d 电子参与形成金属键对过渡元素物理性质(熔点、沸点、密度、硬度)的影响。

② 过渡元素的金属活泼性除ⅢB族以外从上到下依次减小与第一电离能的关系。

(4)氧化值

①过渡元素大多具有多种氧化值,如 Mn。

②过渡元素在失去电子时,先失去最外层的 s 电子,继而失去内层的 d 电子,因此,必须理解原子的电子得失与离子的核外电子排布关系。

③同一周期中,随 d 电子数的增加,元素的最高氧化值先增大后减小,这说明了 d 电子数与 d 电子稳定性的关系。

(5)水合离子颜色

过渡元素原子或离子具有能级相近的电子轨道[$(n-1)d, ns, np, nd$],可用来形成配合物,由于 d 轨道未填满电子,存在 d-d 跃迁,故它们所形成的配离子大都显色。通常可以根据其颜色初步判断该元素的存在。

(6)配合性

原子结构的特征说明过渡元素容易形成配合物。

(7)磁性、催化性

多数过渡元素的原子或离子有未成对的电子,所以具有顺磁性。教材中对过渡元素的磁性、催化性没有作更多的介绍。但是,这两个性质在新材料的研究和开发及有机化工、石油化工中有着十分重要的应用。

**2.铬的重要化合物**

主要有下面几个问题:

(1)Cr(Ⅲ)在酸性介质和碱性介质中的存在形式。

(2) Cr(Ⅵ)在酸性介质和碱性介质中的存在形式。

(3) Cr(Ⅲ)与Cr(Ⅵ)之间的转化,在碱性介质中容易实现三价到六价的转化而在酸性介质中易实现六价到三价的转化。

(4) 主要反应

$$
\begin{array}{c}
CrO_3(橙色) \\
H_2O \updownarrow H_2SO_4(浓)
\end{array}
$$

$$CrO_5(蓝色) \xleftarrow{H_2O_2, H^+, 乙醚} Cr_2O_7^{2-}(橙色) \xrightarrow{H_2O_2, I^-, SO_3^{2-}} Cr^{3+}(蓝紫)$$

$$H^+ \updownarrow OH^- \qquad\qquad H^+ \updownarrow OH^-$$

$$Cr(OH)_3(灰蓝)$$

$$H^+ \updownarrow OH^-$$

$$CrO_4^{2-}(黄色) \xleftarrow{H_2O_2, OH^-} CrO_2^-(亮绿)$$

(5) 沉淀反应中只生成铬酸盐,一般不生成重铬酸盐,如 $Cr_2O_7^{2-}$ 与 $Ba^{2+}$、$Ag^+$、$Pb^{2+}$ 的反应只生成铬酸盐,而 $Ag_2CrO_4$、$BaCrO_4$ 在酸中溶解时,因介质为酸性,所以产物为 $Cr_2O_7^{2-}$,如

$$2BaCrO_4 + 4HCl \Longrightarrow 2BaCl_2 + H_2Cr_2O_7 + H_2O$$

### 3. 锰

根据元素电位图分析锰的化合物在不同介质中的相互转化,主要掌握 $MnO_4^-$、$MnO_4^{2-}$、$MnO_2$、$Mn^{2+}$ 的重要性质及重要反应。

(1) $MnO_4^-$ 的氧化性及介质的酸碱性对还原产物的影响。

(2) Mn(Ⅱ)的还原性与酸碱性的关系——碱性介质中能被空气氧化和Mn(Ⅱ)的鉴定反应。

(3) $MnO_4^{2-}$ 的稳定性与溶液酸碱性的关系——酸碱介质中歧化,参阅元素电位图。

(4) $MnO_2$ 在酸碱介质中的强氧化性和在碱性介质中的还原性以及不同氧化剂($Cl_2$、$KClO_3$ 等)对它的氧化程度。

(5) $KMnO_4$ 与 $K_2MnO_4$ 的热稳定性比较。

$$2KMnO_4 \xrightarrow{\triangle} K_2MnO_4 + MnO_2 + O_2\uparrow$$

(6)主要反应：

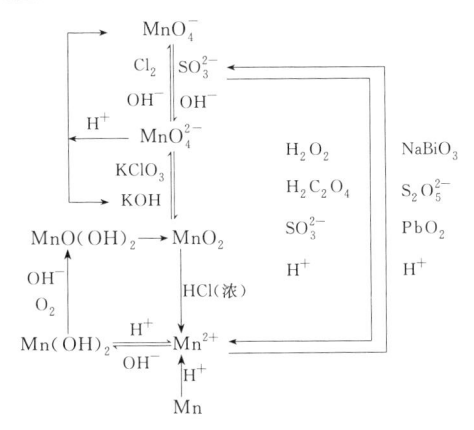

$$
\begin{array}{c}
\text{MnO}_4^- \\
\text{Cl}_2 \mid \text{SO}_3^{2-} \\
\text{OH}^- \mid \text{OH}^- \\
\text{H}^+ \quad \text{MnO}_4^{2-} \qquad \text{H}_2\text{O}_2 \qquad \text{NaBiO}_3 \\
\text{KClO}_3 \qquad \text{H}_2\text{C}_2\text{O}_4 \qquad \text{S}_2\text{O}_5^{2-} \\
\text{KOH} \qquad \text{SO}_3^{2-} \qquad \text{PbO}_2 \\
\text{MnO(OH)}_2 \longrightarrow \text{MnO}_2 \qquad \text{H}^+ \qquad \text{H}^+ \\
\text{OH}^- \quad \mid \text{HCl(浓)} \\
\text{O}_2 \quad \mid \\
\text{Mn(OH)}_2 \underset{\text{OH}^-}{\overset{\text{H}^+}{\rightleftharpoons}} \text{Mn}^{2+} \\
\mid \text{H}^+ \\
\text{Mn}
\end{array}
$$

**4. 铁、钴、镍**

(1)本族元素有较小的半径和未填满的 d 轨道，故而有较强的形成配合物的倾向。重要的配合物有：

| 金属离子 | 配体 | 配位比 | 杂化形式 | 配离子类型 |
|---|---|---|---|---|
| $Fe^{2+}$ | $F^-$ | $ML_6$ | $sp^3d^2$ | 外轨 |
|  | $CN^-$ | $ML_6$ | $d^2sp^3$ | 内轨 |
| $Fe^{3+}$ | $F^-$ | $ML_6$ | $sp^3d^2$ | 外轨 |
|  | $CN^-$ | $ML_6$ | $d^2sp^3$ | 内轨 |
|  | $SCN^-$ | $ML_6$ | $d^2sp^3$ | 内轨 |
| $Co^{2+}$ | $SCN^-$ | $ML_4$ | $sp^3$ |  |
|  | $CN^-$ | $ML_6$ | $d^2sp^3$ | 内轨 |
|  | $NH_3$ | $ML_6$ | $d^2sp^3$ | 内轨 |
|  | $F^-$ | $ML_6$ | $sp^3d^2$ | 外轨 |
| $Co^{3+}$ | $CN^-$ | $ML_6$ | $d^2sp^3$ | 内轨 |
| $Co^{3+}$ | $NH_3$ | $ML_6$ | $d^2sp^3$ | 内轨 |
| $Ni^{2+}$ | $CN^-$ | $ML_4$ | $dsp^2$ | 内轨 |
|  | $NH_3$ | $ML_4$ | $sp^3$ |  |
|  | $NH_3$ | $ML_6$ | $sp^3d^2$ | 外轨 |

要求能够利用杂化轨道理论对配离子的形成、磁性和构型给予解释。

(2)本族元素的高价态在酸性介质中表现较强的氧化性，并且有一定的规律性。这可以由 d 电子越趋于饱和越不易失去来进行解释。

氧化性：　　　　　　Ni(Ⅲ)＞Co(Ⅲ)＞Fe(Ⅲ)

$\varphi^{\ominus}(Fe^{3+}|Fe^{2+})=0.77$ V　（可以氧化 $I^-$）

$\varphi^{\ominus}(Co^{3+}|Co^{2+})=1.82$ V　（可以氧化 $Cl^-$、$Br^-$）

$\varphi^{\ominus}(Ni(OH)_3|Ni^{2+})=2.08$ V　（可以氧化 $Cl^-$、$Br^-$）

在碱性介质中低氧化态表现出一定的还原性。

还原性：　　　　$Fe(OH)_2＞Co(OH)_2＞Ni(OH)_2$

此处应注意 $Co(OH)_3$、$Ni(OH)_3$、$Ni_2O_3$ 与酸反应时不是简单的酸碱中和而是包括了氧化还原反应。如

$$2Co(OH)_3+6HCl=\!=\!=2CoCl_2+6H_2O+Cl_2\uparrow$$

（3）配合物

配合物的形成对本族元素电对的电极电势有较大的影响。特别是 $Co^{3+}|Co^{2+}$ 与 $CN^-$、$NH_3$ 形成的配合物，参阅有关内容。

同一元素两种价态的离子与同一配体形成同种类型的配离子时，高价态离子所形成的配离子比低价态的配离子稳定，因而电极电位一般下降。

如：$\varphi^{\ominus}([Fe(CN)_6]^{3-}|[Fe(CN)_6]^{4-})=$

$$\varphi^{\ominus}(Fe^{3+}|Fe^{2+})+\frac{0.059}{1}\lg\frac{K_{\text{稳}}^{\ominus}(Fe(CN)_6^{4-})}{K_{\text{稳}}^{\ominus}(Fe(CN)_6^{3-})}$$

$K_{\text{稳}}^{\ominus}(Fe(CN)_6^{3-})＞K_{\text{稳}}^{\ominus}(Fe(CN)_6^{4-})$

$\varphi^{\ominus}([Fe(CN)_6]^{3-}|[Fe(CN)_6]^{4-})＜\varphi^{\ominus}(Fe^{3+}|Fe^{2+})$

同理有　　$\varphi^{\ominus}([Co(CN)_6]^{3-}|[Co(CN)_6]^{4-})＜\varphi^{\ominus}(Co^{3+}|Co^{2+})$

$\varphi^{\ominus}([FeF_6]^{3-}|[FeF_6]^{4-})＜\varphi^{\ominus}(Fe^{3+}|Fe^{2+})$

（4）其他重要反应

$$3Fe^{2+}+2[Fe(CN)_6]^{3-}\longrightarrow Fe_3[Fe(CN)_6]_2\downarrow$$

$$4Fe^{3+}+3[Fe(CN)_6]^{4-}\longrightarrow Fe_4[Fe(CN)_6]_3\downarrow$$

$$4[Co(NH_3)_6]^{2+}+O_2+2H_2O\longrightarrow 4[Co(NH_3)_6]^{3+}+4OH^-$$

$$2Ni(OH)_3+6HCl(HBr)\longrightarrow 2NiCl_2(NiBr_2)+Cl_2(Br_2)+6H_2O$$

$$2Fe^{3+}+2I^-\Longleftrightarrow 2Fe^{2+}+I_2$$

(5) 铁的主要反应

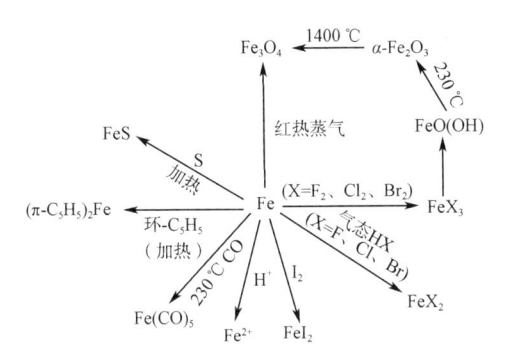

$$Fe \begin{cases} Fe_3O_4 \xrightarrow{1400\ ℃} \alpha\text{-}Fe_2O_3 \\ FeO(OH) \text{ (230 ℃)} \\ FeS \text{ (S 加热)} \\ \text{红热蒸气} \\ FeX_3\ (X=F_2,Cl_2,Br_2) \\ FeX_2\ (\text{气态}HX,\ X=F,Cl,Br) \\ FeI_2\ (I_2) \\ Fe^{2+}\ (H^+) \\ Fe(CO)_5\ (230\ ℃\ CO) \\ (\pi\text{-}C_5H_5)_2Fe\ (\text{环-}C_5H_5\ \text{加热}) \end{cases}$$

## 5. 铜、银、金

(1) 本族元素的单质和离子都有各自的特征颜色，金属单质呈现出一定的不活泼性，从铜到金，还原性依次减弱（参阅各元素的电极电位），其金属单质只能溶于氧化性的酸或王水。

(2) 本族元素的离子能与许多配体形成配离子，尤其注意 $Cu^{2+}$ 与 $NH_3$、$Cl^-$ 形成的配离子和 $Cu^+$ 与 $CN^-$ 形成的配离子以及 $Ag^+$ 与 $NH_3$、$S_2O_3^{2-}$、$CN^-$ 形成的配合物的溶解性与 $Ag^+$ 和 $X^-$ 沉淀之间的关系。

(4) 熟悉 Cu(Ⅰ) 与 Cu(Ⅱ) 的转化和使 Cu(Ⅰ) 稳定存在的条件——形成配合物或沉淀。

(5) 铜的主要反应：

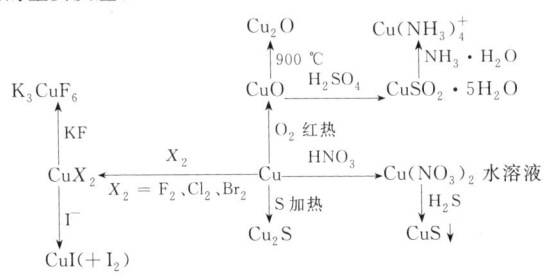

$$Cu \begin{cases} Cu_2O\ (900\ ℃) \to CuO \xrightarrow{H_2SO_4} CuSO_4\cdot 5H_2O \to Cu(NH_3)_4^+\ (NH_3\cdot H_2O) \\ CuX_2\ (X_2=F_2,Cl_2,Br_2) \xrightarrow{KF} K_3CuF_6 \\ Cu(NO_3)_2\ \text{水溶液}\ (HNO_3) \\ CuS\ (H_2S) \\ Cu_2S\ (S\ \text{加热}) \\ CuI(+I_2)\ (I^-) \end{cases}$$

## 6. 锌、镉、汞

(1) 本族元素单质的活泼性从上到下依次降低，特别是汞表现出一定的不活泼性，只能溶于氧化性酸中，其原因是惰性电子对效应的影响。

(2)从锌到汞,其氧化物和氢氧化物的碱性依次增强,注意 $Zn^{2+}$ 的两性。

(3)本族金属的硫化物难溶于水,有特征颜色且在酸中的溶解性有显著的差异是本族元素分离和鉴定的依据之一。

(4)本族元素能与 $X^-$、$NH_3$、$CN^-$ 等形成配位数为 4 的配离子,其中 $[HgI_4]^{2-}$、$[Zn(NH_3)_4]^{2+}$、$[Zn(CN)_4]^{2-}$ 比较重要。

(5)汞具有(Ⅰ)(Ⅱ)两种价态,$Hg(Ⅰ)$ 的存在形式为 $Hg_2^{2+}$,原因为惰性电子对效应。$Hg(Ⅰ)$、$Hg(Ⅱ)$ 的相互转化反应条件,经常出现在相关电化学计算练习中。

(6)汞的主要反应:

① $Hg + 4HNO_3 \longrightarrow Hg(NO_3)_2 + 2NO_2\uparrow + 2H_2O$

② $Hg(NO_3)_2 + Hg \longrightarrow Hg_2(NO_3)_2$

　　$Hg_2(NO_3)_2 + 2NaCl \longrightarrow Hg_2Cl_2\downarrow(白色) + 2NaNO_3$

③ $Hg(NO_3)_2 + 2NaOH \longrightarrow HgO + H_2O + 2NaNO_3$

　　$Hg_2(NO_3)_2 + 2NaOH \longrightarrow Hg_2O + H_2O + 2NaNO_3$
　　　　　　　　　　　　　　　　　↓
　　　　　　　　　　　　　　　Hg + HgO(黄色)

④ $Hg^{2+} + 2I^- \longrightarrow HgI_2\downarrow(金红色)$

　　$HgI_2 + 2I^- \longrightarrow [HgI_4]^{2-}(无色)$

⑤ $Hg_2^{2+} + 2I^- \longrightarrow Hg_2I_2\downarrow(黄绿色)$

　　$Hg_2I_2 + 2I^- \longrightarrow [HgI_4]^{2-} + Hg$

⑥ $Hg + Cl_2 \longrightarrow HgCl_2$

　　$HgCl_2 + Hg \longrightarrow Hg_2Cl_2\downarrow(白色)$

⑦ $HgCl_2 + 2NH_3 \longrightarrow Hg(NH_2)Cl\downarrow(白色) + NH_4Cl$

　　$Hg_2Cl_2 + 2NH_3 \longrightarrow Hg(NH_2)Cl\downarrow(白色) + Hg(黑色) + NH_4Cl$
　　　　　　　　　　　　　　　　　(灰色)

⑧ $2HgCl_2 + SnCl_2 \longrightarrow Hg_2Cl_2 + SnCl_4$

　　$Hg_2Cl_2 + SnCl_2 \longrightarrow 2Hg + SnCl_4$

● 例题解析 ●

【例 1】 某物质 A 为棕色固体,不溶于水。将 A 与 KOH 固体混合,敞开在空气中加热熔融,得绿色物质 B;B 可溶于水,将 B 的水溶液酸化时得到 A 和紫色的溶液 C。A 与浓盐酸共热后得到肉色溶液 D 和黄绿色气体 E。将 D 与 C 混合并加碱使酸度降低,则重新得到 A。E 可使淀粉-KI 试纸变蓝。通 E 于 B 的水溶液中又得到 C,电解 B 的水溶液也可得到 C。在 C 的酸性溶液中加入硫酸亚铁铵溶液,C 的紫色消失,再加 KSCN,溶液呈现血红色。C 遇 $H_2O_2$ 溶液时,紫色消失,并有气体产生,此种气体可使火柴余烬重燃。问 A,B,C,D,E 各为何物?写出各步的主要反应式。

**解题思路** 此类题的解答一般先要理清思路,画出路线图,然后沿路线图的反方向推测,即可得出答案。

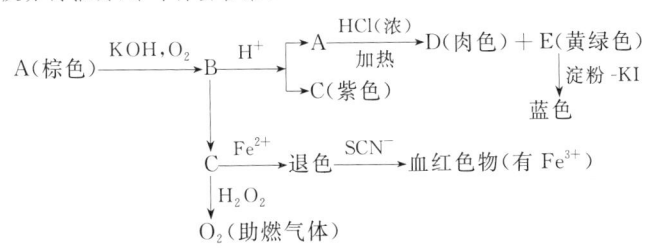

```
                              ┌─ HCl(浓) ─→ A ──加热──→ D(肉色) + E(黄绿色)
A(棕色) ──KOH,O₂──→ B ──H⁺──┤                                    │淀粉-KI
                              └─ C(紫色)                           ↓
                                    │Fe²⁺      SCN⁻              蓝色
                                    ├──→ 退色 ──→ 血红色物(有 Fe³⁺)
                                    │H₂O₂
                                    ↓
                                   O₂(助燃气体)
```

首先从溶液与 $SCN^-$ 反应生成血红色物质判断有 $[Fe(SCN)_x]^{3-x}$ 生成或有 $Fe^{3+}$ 生成,而加入的是 $Fe^{2+}$。可以肯定 C 有较强的氧化性,有强氧化性的紫色溶液可能为 $MnO_4^-$。从 C 与 $H_2O_2$ 反应生成 $O_2$,得到证实。

判断出 $MnO_4^-$ 后就可以肯定 B 中含有 Mn,而 Mn 的化合物中为绿色的只能是 $MnO_4^{2-}$,进一步推出 Mn 的棕色固体化合物为 $MnO_2$。接下来顺藤摸瓜依次推出 D 为 $MnCl_2$,E 为 $Cl_2$,反应方程:

$$MnO_2 + 2KOH + \frac{1}{2}O_2 \xrightarrow{加热} K_2MnO_4 + H_2O$$

$$3MnO_4^{2-} + 4H^+ = MnO_2 \downarrow + 2MnO_4^- + 2H_2O$$

$$MnO_2 + 4HCl(浓) = MnCl_2 + Cl_2 \uparrow + 2H_2O$$

$$Cl_2 + 2KI = I_2 + 2KCl$$

$$2MnO_4^{2-} + Cl_2 = 2Cl^- + 2MnO_4^-$$

$$2MnO_4^- + 3H_2O_2 + 2H^+ = 2MnO_2 \downarrow + 3O_2 \uparrow + 4H_2O$$

$$MnO_4^- + 5Fe^{2+} + 8H^+ = Mn^{2+} + 5Fe^{3+} + 4H_2O$$

$$Fe^{3+} + xSCN^- = [Fe(SCN)_x]^{3-x}$$

**【例2】** 试用配合物的价键理论解释:将 KCN 加入到 $Co^{3+}|Co^{2+}$ 溶液中,标准电极电位 $\varphi^{\ominus}(Co^{2+}|Co^{3+}) = 1.82\ V$ 变为 $\varphi^{\ominus}([Co(CN)_6]^{3-}|[Co(CN)_6]^{4-}) = -0.83\ V$ 的原因。

**解题思路** 题意要求用理论来解释现象,首先要摘清理论的内容,配合物的价键理论包括中心离子提供空轨道及其杂化,配位体提供电子对形成配位键,再用理论框架往具体问题上套用即可。

**解** 此题为配离子的形成使得电极电位大幅度降低,即 $Co^{2+}$ 与 $CN^-$ 形成 $[Co(CN)_6]^{4-}$ 后 $Co^{2+}$ 的还原性增强——易失去电子,$Co^{2+}$ 的核外价层电子排布为 $3d^7 4s^0$,在形成配合物时配位数为 6。采用的杂化类型可能为 $d^2 sp^3$ 或 $sp^3 d^2$,而 $CN^-$ 的配位能力很强,形成配离子时用的是内层 d 轨道,故为 $d^2 sp^3$ 杂化,把一个 3d 电子挤到 5s 轨道上。5s 电子的能量高,易失去,故 $\varphi^{\ominus}([Co(CN)_6]^{3-}|[Co(CN)_6]^{4-})$ 比 $\varphi^{\ominus}(Co^{3+}|Co^{2+})$ 小得多。

**【例3】** 镧系收缩的结果之一是使下列哪一组元素性质相似。

(1) Mn 与 Fe　　　　(2) Ru、Rh、Pd　　　　(3) Sc 与 La

(4) Zr 与 Hf　　　　(5) La 系与 Ac 系

**解** 此题为一概念题,镧系收缩使得镧系之后的各元素与同族的上一周期元素性质相似。所以,正确的答案只能是 (4)。

**【例4】** 一未知溶液可能含有 $Al^{3+}$、$Cr^{3+}$、$Zn^{2+}$ 三种离子中的几种。滴加 $NH_3$ 水溶液生成白色沉淀,继续加氨水,沉淀消失。又在原溶液中加入过量 NaOH 溶液,并加过量 $H_2O_2$,加热,溶液无色。加 $Pb^{2+}$ 不产生沉淀。问原溶液中含有什么阳离子? 写出反应式。

**解** 此类题的解答,先要搞清楚所判断的各种离子在题给条件下会发生的反应和现象,再与题中所给的现象比较。

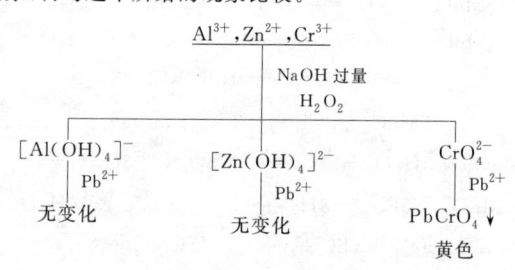

$$Al^{3+}, Zn^{2+}, Cr^{3+} \xrightarrow[H_2O_2]{NaOH 过量}$$

| $[Al(OH)_4]^-$ | $[Zn(OH)_4]^{2-}$ | $CrO_4^{2-}$ |
|---|---|---|
| $\downarrow Pb^{2+}$ | $\downarrow Pb^{2+}$ | $\downarrow Pb^{2+}$ |
| 无变化 | 无变化 | $PbCrO_4 \downarrow$ 黄色 |

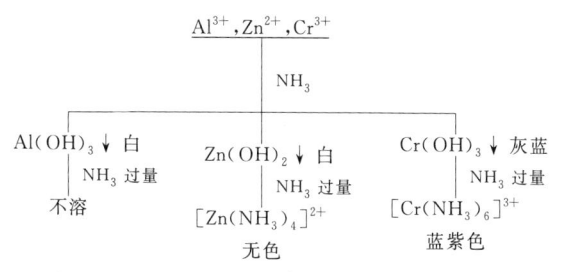

```
                    Al³⁺,Zn²⁺,Cr³⁺
                         │ NH₃
        ┌────────────────┼────────────────┐
   Al(OH)₃↓白         Zn(OH)₂↓白        Cr(OH)₃↓灰蓝
     NH₃过量            NH₃过量            NH₃过量
      不溶           [Zn(NH₃)₄]²⁺        [Cr(NH₃)₆]³⁺
                       无色               蓝紫色
```

根据题中所给条件,溶液中只含有 $Zn^{2+}$。

**【例5】** 列出一个方案分离溶液中的 $Ag^+$、$K^+$、$Fe^{3+}$、$Cr^{3+}$。

**解** 离子一般都是应用物质性质差异进行分离的。在过渡元素化合物中通常利用各物质酸碱性的不同、溶解度的不同、配合物的生成及某些物质的升华等对其混合物进行分离。分离方法虽然较多,但同时要考虑分离方法的实际可行性,本题的分离方法为

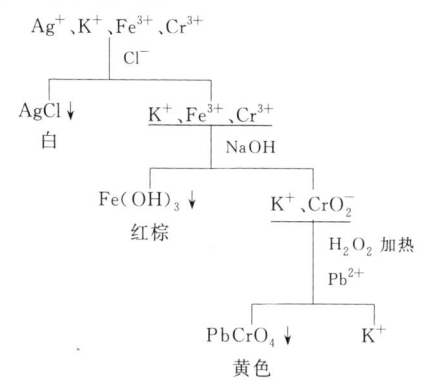

```
              Ag⁺、K⁺、Fe³⁺、Cr³⁺
                     │ Cl⁻
          ┌──────────┴──────────┐
        AgCl↓              K⁺、Fe³⁺、Cr³⁺
         白                      │ NaOH
                      ┌──────────┴──────────┐
                  Fe(OH)₃↓              K⁺、CrO₂⁻
                   红棕                     │ H₂O₂ 加热
                                            │ Pb²⁺
                                  ┌─────────┴─────────┐
                               PbCrO₄↓              K⁺
                                黄色
```

**【例6】** 第四周期某元素其原子失去两个电子后在 $l=2$ 的原子轨道上电子正好半充满,则元素为

(A) Mn　　　　(B) Co　　　　(C) Zn　　　　(D) Fe

**解** 此题针对原子在失去电子变成离子时,先失去哪些电子以及各电子的量子数问题,原子变成离子时总是先失去最外层的电子,故有

$$Mn \quad 3d^5 4s^2 \xrightarrow{-2e^-} Mn^{2+} \quad 3d^5 4s^0$$

$$Co \quad 3d^8 4s^2 \xrightarrow{-2e^-} Co^{2+} \quad 3d^8 4s^0$$

$$Zn \quad 3d^{10}4s^2 \xrightarrow{-2e^-} Zn^{2+} \quad 3d^{10}4s^0$$

$$Fe \quad 3d^54s^2 \xrightarrow{-2e^-} Fe^{2+} \quad 3d^54s^0$$

$l=2$ 的轨道为 d 轨道;第四周期元素只有 3d 半充满为 $3d^5$。故只有 Mn 符合条件。

**【例7】** 某固体盐 A 易溶于水,其水溶液呈酸性,在 A 溶液中逐滴加入 NaOH 溶液时产生灰蓝色沉淀 B,NaOH 溶液过量时,可得到亮绿色溶液 C。在 C 中加入 $H_2O_2$ 溶液并加热,得到黄色溶液 D,酸化 D 溶液变为橙红色 E,在溶液 E 中加入某硝酸盐 F,溶液产生砖红色沉淀 G。在 A 溶液中加入 F 时产生白色沉淀 H。H 可溶于过量氨水,得到无色溶液 I,酸化 I 又复出白色沉淀 H。写出 A、B、C、D、E、F、G、H、I 各为何物?

**解** 此题与例1属同一类型。

A　$CrCl_3$　　　B　$Cr(OH)_3$　　　C　$CrO_2^-$

D　$CrO_4^{2-}$　　E　$Cr_2O_7^{2-}$　　G　$Ag_2CrO_4$

F　$AgNO_3$　　　H　$AgCl$　　　　I　$[Ag(NH_3)_2]^+$

**【例8】** 试设计一个简单可行的方案,以 $Fe_2O_3$(含 Al、Cu、Ca、Na、$SiO_2$ 等杂质)为原料制备硫酸亚铁铵。试设计一个可行的方案,从电镀铜的废液(含 $[Cu(NH_3)_4]^{2+}$、$Cl^-$、$SO_4^{2-}$、$Na^+$、$K^+$)中提取 $CuSO_4$。

**解** 制备方案的设计与分离鉴定比较相似,但又有自己的特点,制备时必须考虑原料的利用率、工艺的简单可行性、辅助原料的来源等,本题可设计如下:

a.

原料($Fe_2O_3$) + $H_2SO_4$ → 酸溶 → 过滤 → (滤液) → 还原(Fe) → 过滤 → 回收 Cu

过滤 → 渣 $SiO_2$、$CaSO_4$

滤液 → 调节 pH = 5~6 ($NH_3$) → 沉降 → 回收 $Al(OH)_3$ → 清液 → 合成 → 浓缩 → 分离 → 产品 ($(NH_4)_2SO_4$) → 母液回用

本题中产品为硫酸盐,故选 $H_2SO_4$ 进行酸溶,同时 $SiO_2$、$CaSO_4$ 沉淀可以直接除去。反应为:

$$Fe_2O_3 + 3H_2SO_4 = Fe_2(SO_4)_3 + 3H_2O$$

$$Ca^{2+} + SO_4^{2-} = CaSO_4 \downarrow$$

b. 还原反应

此处用 Fe 作为还原剂既不引入杂质,同时还可除去 Cu。Cu 还可回收利用。反应为:

$$Fe_2(SO_4)_3 + Fe = 3FeSO_4$$

$$Cu^{2+} + Fe = Cu \downarrow + Fe^{2+}$$

c. 调节 pH = 5~6

杂质离子 $Al^{3+}$ 的除去较难,一般方法是利用 $Al(OH)_3$ 的难溶性,但 $Al^{3+}$ 是两性的,必须选一个合适的 pH 范围。$Al^{3+}$ 沉淀完全的条件是 $[Al^{3+}] < 10^{-5}$ mol/L。

根据 $[Al^{3+}][OH^-]^3 = K_{sp}^{\ominus} = 1.3 \times 10^{-33}$

$$[OH^-] > \sqrt[3]{\frac{K_{sp}^{\ominus}}{[Al^{3+}]}} = 5.06 \times 10^{-10}$$

$$pH > 4.7$$

$Fe^{2+}$ 在较高 pH 时也发生水解,必须控制 pH 的上限,溶液中的 $[Fe^{2+}]$ 一般在 1 mol/L 左右,计算以 $[Fe^{2+}] = 1.0$ mol/L 进行估算。

$$[Fe^{2+}][OH^-]^2 = K_{sp}^{\ominus} = 8.0 \times 10^{-16}$$

$$[OH^-] = \sqrt{8.0 \times 10^{-16}/1.0}$$

$$pH = 7.5$$

考虑到计算与实际溶液的差别(离子强度、活度等因素),选取 pH 范围为 5~6。

d. 合成

制备复盐是利用其溶解度比两种生成它的盐的溶解度小来进行合成的。

| | | |
|---|---|---|
| $FeSO_4 \cdot 7H_2O$ | 20.5 g | 0.074 mol/L |
| $(NH_4)_2SO_4$ | 73.0 g | 0.552 mol/L |
| $Fe(NH_4)_2(SO_4)_2 \cdot 6H_2O$ | 17.2 g | 0.044 mol/L |

由于 $Fe(NH_4)_2(SO_4)_2 \cdot 6H_2O$ 的溶解度最小,结晶时析出的形式为

$Fe(NH_4)_2(SO_4)_2 \cdot 6H_2O$。做法为：分析测定出溶液中 $FeSO_4$ 的浓度,根据计算量加入等摩尔的 $(NH_4)_2SO_4$,加热溶解、浓缩、冷却结晶、分离即得产品。

**[例9]** 已知: $Hg_2^{2+} \rightleftharpoons Hg^{2+} + Hg$, $K^{\ominus} = 7.04 \times 10^{-3}$。在 $0.10$ mol·$L^{-1}$ 的 $Hg_2^{2+}$ 溶液中是否有 $Hg^{2+}$ 存在？这能否说明 $Hg_2^{2+}$ 在溶液中发生了歧化反应？

**解** 设在 $0.10$ mol·$L^{-1}$ 的 $Hg_2^{2+}$ 溶液中 $Hg^{2+}$ 浓度为 $x$ mol·$L^{-1}$,

$$Hg_2^{2+} \rightleftharpoons Hg^{2+} + Hg$$

平衡浓度/(mol·$L^{-1}$)　　0.1　　$x$

$$K^{\ominus} = \frac{c(Hg^{2+})}{c(Hg_2^{2+})} = \frac{x}{0.10} = 7.0 \times 10^{-3}$$

$$x = 7.0 \times 10^{-4}$$

$$c(Hg^{2+}) = 7.0 \times 10^{-4} \text{ mol·}L^{-1}$$

计算结果证明,在此条件下,溶液中 $Hg^{2+}$ 浓度大于 $1.0 \times 10^{-5}$ mol·$L^{-1}$,说明 $Hg_2^{2+}$ 在溶液中少量歧化。

● **习题选解** ●

**12-1** 完成并配平下列反应方程式。

(1) $Ti + HF \longrightarrow$

(2) $FeTiO_3 + H_2SO_4 \longrightarrow$

(3) $TiO_2 + NaOH \longrightarrow$

(4) $TiO_2 + H_2SO_4 \longrightarrow$

(5) $TiO_2 + C + Cl_2 \longrightarrow$

(6) $TiOSO_4 + H_2O \longrightarrow$

(7) $TiOSO_4 + NaOH + H_2O \longrightarrow$

(8) $TiCl_4 + H_2O \longrightarrow$

**答** (1) $Ti + 6HF \longrightarrow H_2[TiF_6] + 2H_2 \uparrow$

(2) $FeTiO_3 + 2H_2SO_4 \longrightarrow TiOSO_4 + FeSO_4 + 2H_2O$

(3) $TiO_2 + 2NaOH \longrightarrow Na_2TiO_3 + H_2O$

(4) $TiO_2 + H_2SO_4 \longrightarrow TiOSO_4 + H_2O$

(5) $2TiO_2 + 3C + 4Cl_2 \longrightarrow 2TiCl_4 \uparrow + 2CO \uparrow + CO_2 \uparrow$
(6) $TiOSO_4 + 2H_2O \longrightarrow H_2TiO_3 \downarrow + H_2SO_4$
(7) $TiOSO_4 + 4NaOH + 2H_2O \longrightarrow Na_2TiO_3 \cdot 4H_2O \downarrow + Na_2SO_4$
(8) $TiCl_4 + 3H_2O \longrightarrow H_2TiO_3 \downarrow + 4HCl \uparrow$

**12-2** 略

**12-3** 完成并配平下列反应方程式。
(1) $V_2O_5 + NaOH \longrightarrow$
(2) $V_2O_5 + HCl(浓) \longrightarrow$
(3) $NH_4VO_3 \xrightarrow{\triangle}$
(4) $VO_2^+ + H_2C_2O_4 + H^+ \longrightarrow$
(5) $VO^{2+} + MnO_4^- \longrightarrow$

**答** (1) $V_2O_5 + 6NaOH \longrightarrow 2Na_3VO_4 + 3H_2O$ （冷溶液）
$V_2O_5 + 2NaOH \longrightarrow 2NaVO_3 + H_2O$ （热溶液）
(2) $V_2O_5 + 6HCl(浓) \longrightarrow 2VOCl_2 + Cl_2 \uparrow + 3H_2O$ （浓盐酸）
(3) $2NH_4VO_3 \xrightarrow{\triangle} V_2O_5 + 2NH_3 \uparrow + H_2O \uparrow$
(4) $2VO_2^+ + H_2C_2O_4 + 2H^+ \longrightarrow 2VO^{2+} + 2CO_2 \uparrow + 2H_2O$
(5) $5VO^{2+} + MnO_4^- + H_2O \longrightarrow 5VO_2^+ + Mn^{2+} + 2H^+$

**12-4** 若使 $VO_4^{3-}$ 溶液的 pH 不断降低，将会出现什么现象？简单说明道理。

**答** 使 $VO_4^{3-}$ 溶液的 pH 不断降低，溶液的颜色会逐步加深，从无色到黄色再到深红色最后得到黄色溶液。这是因为向钒酸盐溶液中加酸，随着 pH 的逐渐减小，钒酸根会逐渐脱水缩合为多钒酸根。最后，当 pH<1 时，形成黄色的 $VO_2^+$ 溶液。这一过程可用下式表示：

$VO_4^{3-} \xrightarrow{pH=12\sim10} V_2O_7^{4-} \xrightarrow{pH=9} V_3O_9^{2-} \xrightarrow{pH=2.2} H_2V_{10}O_{28}^{4-}$
$\xrightarrow{pH<1} VO_2^+$

**12-5** 选用合适的还原剂，使下述过程得以实现：
(1) $VO_2^+ \longrightarrow V^{2+}$
(2) $VO_2^+ \longrightarrow VO^{2+}$

答 下面是钒的元素电势图:

$$\varphi_A^\ominus/V \quad VO_2^+ \xrightarrow{1.000} VO^{2+} \xrightarrow{0.337} V^{3+} \xrightarrow{-0.225} V^{2+} \xrightarrow{-1.13} V$$

从元素电势图可知,要实现元素电势图 $VO_2^+ \longrightarrow V^{2+}$ 的转变,还原剂电对的电极电势 $-0.225 < \varphi_- < 0.337$。若 $\varphi_- > 0.337$,只能将其还原为 $V^{3+}$,若 $\varphi_- < -0.225$,则可能将其还原为单质钒。同理,要实现元素电势图 $VO_2^+ \longrightarrow VO^{2+}$ 的转变,还原剂电对的电极电势 $0.337 < \varphi_- < 1.000$。因此,分别选择 $Sn^{2+}$ 和 $Fe^{2+}$ 作为还原剂。

**12-6** 试根据钒的元素电势图,说明在酸性钒酸盐溶液中,分别加入 $Sn^{2+}$、$Fe^{2+}$ 或金属锌时,钒可被还原至何种氧化态。

答 由元素电势图可得:$\varphi^\ominus(VO_2^+|V^{3+}) = 0.668\ V$,$\varphi^\ominus(VO_2^+|V^{2+}) = 0.371\ V$,$\varphi^\ominus(VO_2^+|V) = -3.60 \times 10^{-3}\ V$;查得:$\varphi^\ominus(Sn^{4+}|Sn^{2+}) = 0.15\ V$,$\varphi^\ominus(Fe^{3+}|Fe^{2+}) = 0.771\ V$,$\varphi^\ominus(Zn^{2+}|Zn) = -0.762\ V$。所以在酸性钒酸盐溶液中,分别加入 $Sn^{2+}$、$Fe^{2+}$ 或金属锌时,钒可被还原至 $V^{2+}$、$VO^{2+}$、$V^{2+}$。

**12-7** 完成并配平下列反应方程式。

(1) $(NH_4)_2Cr_2O_7 \xrightarrow{\Delta}$
(2) $CrO_2^- + Cl_2 + OH^- \longrightarrow$
(3) $Cr_2O_7^{2-} + H_2S + H^+ \longrightarrow$
(4) $[Cr(OH)_4]^- + Br_2 + OH^- \longrightarrow$
(5) $Cr_2O_3 + NaOH \longrightarrow$
(6) $Cr_2O_3 + H_2SO_4 \longrightarrow$
(7) $CrO_3 + HCl \longrightarrow$
(8) $CrO_2Cl_2 + H_2O \longrightarrow$
(9) $CrO(O_2)_2 + NaOH \longrightarrow$
(10) $CrO_5 + NaOH \longrightarrow$

答 (1) $(NH_4)_2Cr_2O_7 \xrightarrow{\Delta} Cr_2O_3 + N_2 + 4H_2O$
(2) $2CrO_2^- + 3Cl_2 + 8OH^- \longrightarrow 2CrO_4^{2-} + 6Cl^- + 4H_2O$
(3) $Cr_2O_7^{2-} + 3H_2S + 8H^+ \longrightarrow 2Cr^{3+} + 3S\downarrow + 7H_2O$
(4) $2[Cr(OH)_4]^- + 3Br_2 + 8OH^- \longrightarrow 2CrO_4^{2-} + 6Br^- + 8H_2O$
(5) $Cr_2O_3 + 2NaOH \longrightarrow 2NaCrO_2 + H_2O$
(6) $Cr_2O_3 + 3H_2SO_4 \longrightarrow Cr_2(SO_4)_3 + 3H_2O$
(7) $2CrO_3 + 12HCl \longrightarrow 2CrCl_3 + 3Cl_2\uparrow + 6H_2O$
(8) $2CrO_2Cl_2 + 3H_2O \longrightarrow H_2Cr_2O_7 + 4HCl$

(9) $4CrO(O_2)_2 + 4NaOH \longrightarrow 4NaCrO_2 + 7O_2 + 2H_2O$

(10) $4CrO_5 + 4NaOH \longrightarrow 4NaCrO_2 + 7O_2 + 2H_2O$

**12-8** 请以 $K_2Cr_2O_7$ 为原料,设计制备:(1) $K_2CrO_4$;(2) $Cr_2O_3$;(3) $CrO_3$;(4) $CrCl_3$ 的方案,并列出必要的反应条件。

答 (1) $K_2CrO_4$

$$K_2Cr_2O_7 + 2KOH \longrightarrow 2K_2CrO_4 + H_2O$$

(2) $Cr_2O_3$

$$2K_2Cr_2O_7 + 8H_2O_2 + 8H_2SO_4 \longrightarrow 2Cr_2(SO_4)_3 + 7O_2\uparrow + 16H_2O + K_2SO_4$$

$$Cr_2(SO_4)_3 + 6NaHCO_3 \longrightarrow 2Cr(OH)_3\downarrow + 6CO_2 + 3Na_2SO_4$$

$$2Cr(OH)_3 \xrightarrow{\triangle} Cr_2O_3 + 3H_2O$$

(3) $CrO_3$

$$K_2Cr_2O_7 + 2H_2SO_4 \longrightarrow 2KHSO_4 + 2CrO_3 + H_2O$$

(4) $CrCl_3$

$$K_2Cr_2O_7 + 14HCl(浓) \longrightarrow 2CrCl_3 + 3Cl_2\uparrow + 2KCl + 7H_2O$$

**12-9** 请根据下述实验现象,解释并写出有关的化学反应方程式。

(1) 将 NaOH 溶液滴入 $Cr_2(SO_4)_3$ 溶液中,即有灰绿色絮状沉淀产生,继续滴加 NaOH 溶液,生成的沉淀又会逐步溶解成亮绿色溶液,此时再加入溴水,溶液可由亮绿色转变为黄色。

(2) 若将 $BaCrO_4$ 的黄色沉淀溶于 HCl 中,即可得到一种绿色的溶液。

答 (1) $Cr^{3+} \xrightarrow{OH^-} Cr(OH)_3 \xrightarrow{OH^-} Cr(OH)_4^- \xrightarrow{Br_2} CrO_4^{2-}$

$Cr(OH)_3$ 为灰绿色絮状沉淀;$Cr(OH)_4^-$ (也可以表示为 $CrO_2^-$ )为亮绿色溶液;$CrO_4^{2-}$ 为黄色溶液。(反应方程式略)

(2) $2BaCrO_4 + 16HCl \longrightarrow 2CrCl_3 + 3Cl_2\uparrow + 2BaCl_2 + 8H_2O$

$CrCl_3$ 为绿色溶液。

**12-10** 现有某精矿 A,经碱熔法在空气中加热至 1 273 K 后,立即用水浸出溶液 B,将浸出液 B 用酸酸化可得溶液 C。将 $Ag^+$ 加入 C 中,可得砖红色沉淀 D。若将 $H_2O_2$ 和乙醚加入 C 中,则可得蓝色物质 E。若在溶液 C 中加入 $Fe^{2+}$,则得绿色溶液 F。在溶液 F 加入过量的 NaOH,并经过滤除去

沉淀 $Fe(OH)_3$ 后,可得清液 G。若在 G 中加入 $H_2O_2$,则又可获得溶液 B。试问:A~G 各为何物?写出有关的反应方程式。

答 A:$Fe(CrO_2)_2$;B:$Na_2CrO_4$;C:$Na_2Cr_2O_7$;D:$Ag_2CrO_4$;E:$CrO(O_2)_2$;F:$CrCl_3$;G:$NaCrO_2$。

**12-11** 完成并配平下列反应方程式。

(1) $MnO_2 + HCl \longrightarrow$     (2) $Mn^{2+} + NaBiO_3 + H^+ \longrightarrow$

(3) $Mn(OH)_2 + O_2 \longrightarrow$     (4) $Mn_2O_7 + HCl \longrightarrow$

(5) $MnO_4^- + Mn^{2+} \longrightarrow$     (6) $MnO_4^- + C_2O_4^{2-} + H^+ \longrightarrow$

(7) $MnO_2 + KOH + KClO_3 \longrightarrow$     (8) $MnO_2 + HF + KHF_2 \longrightarrow$

(9) $KMnO_4 \xrightarrow[\triangle]{>473\ K}$     (10) $Mn_2O_3 + H_2SO_4 \longrightarrow$

答 (1) $MnO_2 + 4HCl \longrightarrow MnCl_2 + Cl_2\uparrow + 2H_2O$

(2) $2Mn^{2+} + 5NaBiO_3 + 14H^+ \longrightarrow 2MnO_4^- + 5Bi^{3+} + 5Na^+ + 7H_2O$

(3) $2Mn(OH)_2 + O_2 \longrightarrow 2MnO(OH)_2$

(4) $Mn_2O_7 + 14HCl \longrightarrow 2MnCl_2 + 5Cl_2\uparrow + 7H_2O$

(5) $2MnO_4^- + 3Mn^{2+} + 4OH^- \longrightarrow 5MnO_2\downarrow + 2H_2O$

(6) $2MnO_4^- + 5C_2O_4^{2-} + 16H^+ \longrightarrow 2Mn^{2+} + 10CO_2\uparrow + 8H_2O$

(7) $3MnO_2 + 6KOH + KClO_3 \longrightarrow 3K_2MnO_4 + KCl + 3H_2O$

(8) $MnO_2 + 2HF + 2KHF_2 \longrightarrow MnF_4 + 2KF + 2H_2O$

(9) $10KMnO_4 \xrightarrow[\triangle]{>473\ K} 3K_2MnO_4 + 7MnO_2 + 6O_2\uparrow + 2K_2O$

(10) $Mn_2O_3 + H_2SO_4 \longrightarrow MnO_2 + MnSO_4 + H_2O$

**12-12** 现有一种固体 A,当与 NaOH 和 $Na_2O_2$ 共熔后,用水浸出溶液 B,经酸化后,可得棕褐色固体 C 及溶液 D。将溶液 D 与 $H_2O_2$ 反应,即逸出氧气并得到溶液 E。在 E 中加入 NaOH 可得白色沉淀 F。F 在空气中可逐渐被氧化成棕黑色物质 G。试写出 A~G 各为何物并写出有关反应方程式。

答 A:$MnO_2$;B:$Na_2MnO_4$;C:$MnO_2$;D:$NaMnO_4$;E:$Mn^{2+}$;
F:$Mn(OH)_2$;G:$MnO_2$。

**12-13** 完成并配平下列反应方程式。

(1) $FeSO_4 + Br_2 + H_2SO_4 \longrightarrow$     (2) $FeO_4^{2-} + H^+ + KI \longrightarrow$

(3) $FeCl_3 + Cu \longrightarrow$     (4) $Fe_2(SO_4)_3 + H_2O \longrightarrow$

(5) $Fe(OH)_3 + KClO_3 + KOH \longrightarrow$ (6) $Co(OH)_2 + H_2O_2 \longrightarrow$

(7) $Co_2O_3 + HCl \longrightarrow$ (8) $Co_2O_3 \cdot H_2O \xrightarrow[\triangle]{570\ K}$

(9) $Ni(OH)_2 + Br_2 + OH^- \longrightarrow$ (10) $Ni + HNO_3 + H_2SO_4 \longrightarrow$

答 (1) $2FeSO_4 + Br_2 + H_2SO_4 \longrightarrow Fe_2(SO_4)_3 + 2HBr$

(2) $FeO_4^{2-} + 8H^+ + 4KI \longrightarrow Fe^{2+} + 2I_2 + 4H_2O + 4K^+$

(3) $2FeCl_3 + Cu \longrightarrow 2FeCl_2 + CuCl_2$

(4) 略

(5) $2Fe(OH)_3 + KClO_3 + 4KOH \longrightarrow 2K_2FeO_4 + KCl + 5H_2O$

(6) $2Co(OH)_2 + H_2O_2 \longrightarrow 2Co(OH)_3$

(7) $Co_2O_3 + 6HCl \longrightarrow 2CoCl_2 + Cl_2 \uparrow + 3H_2O$

(8) $6Co_2O_3 \cdot H_2O \xrightarrow[\triangle]{570\ K} 4Co_3O_4 + O_2 \uparrow + 6H_2O$

(9) $2Ni(OH)_2 + Br_2 + 2OH^- \longrightarrow 2Ni(OH)_3 + 2Br^-$

(10) $Ni + 2HNO_3 + H_2SO_4 \longrightarrow NiSO_4 + 2NO_2 \uparrow + 2H_2O$

**12-14** 写出用盐酸处理 $Fe(OH)_3$、$Co(OH)_3$、$Ni(OH)_3$ 时所发生的反应,并简述原因。

答 $Fe(OH)_3 + 3HCl \longrightarrow FeCl_3 + 3H_2O$

$2M(OH)_3 + 6HCl \longrightarrow 2MCl_2 + Cl_2 \uparrow + 6H_2O$ (M=Co、Ni)

三价的钴和镍在酸性条件下具有强氧化性,所以发生氧化还原反应。

**12-15** 请解释下述现象:

(1) 在含 $Fe^{3+}$ 的溶液中加入氨水,得不到铁氨配合物;

(2) 由 Fe(Ⅲ)盐与 KI 作用不能制得 $FeI_3$,同理由 Co(Ⅲ)盐与 KCl 作用,也不能制得 $CoCl_3$;

(3) 变色硅胶在干燥时显蓝色,吸水后变红。

答 (1) 由于 $Fe(OH)_3$ 的溶解度很小,$Fe^{3+}$ 的氨配合物在水溶液中的稳定性较低,所以在含 $Fe^{3+}$ 的溶液中,加入氨水,得到的是 $Fe(OH)_3$。

(2) Fe(Ⅲ)盐有一定的氧化性,能氧化还原性较强的 $I^-$,所以不能制得 $FeI_3$。Co(Ⅲ)盐具有强氧化性,氧化还原性很弱的 $Cl^-$,也不能制得 $CoCl_3$。

(3) 变色硅胶中含有 $CoCl_2$,变色原因是因为发生如下过程:

$CoCl_2 \cdot 6H_2O \underset{粉红色}{\overset{52.5\ ℃}{\rightleftharpoons}} CoCl_2 \cdot 2H_2O \underset{紫红}{\overset{90\ ℃}{\rightleftharpoons}} CoCl_2 \cdot H_2O \underset{蓝紫}{\overset{120\ ℃}{\rightleftharpoons}} \underset{蓝色}{CoCl_2}$

**12-16** 有一种金属 A,当溶于稀 HCl 后,能生成 $ACl_2$($ACl_2$ 的磁矩为 5.0 B. M. )。无氧时,在 $ACl_2$ 溶液中加入 NaOH,可生成白色沉淀 B。当置于空气中,会逐渐变绿,最后生成棕色沉淀 C。若将 C 溶于稀 HCl 中,则可生成溶液 D。在预先加入 NaF 的前提下,D 不能使 KI 氧化成 $I_2$。若在 C 的浓 NaOH 溶液中通以氯气,可得紫色的溶液 E。向 E 中加入 $BaCl_2$ 后,会沉淀出红棕色固体 F。F 是有强氧化性的物质。若将 C 灼烧,则可生成棕红色的粉末 G。在部分还原情况下,G 可变成铁磁性黑色物质 H。试判断 A~G 各为何物? 并写出有关的反应方程式。

**答** $A:Fe$;$B:Fe(OH)_2$;$C:Fe(OH)_3$;$D:FeCl_3$;$E:Na_2FeO_4$;$F:BaFeO_4$;$G:Fe_2O_3$。

反应方程式如下:

(1) $Fe(A) + 2HCl \longrightarrow FeCl_2 + H_2 \uparrow$

(2) $FeCl_2 + 2NaOH \longrightarrow Fe(OH)_2 \downarrow (B) + 2NaCl$

(3) $4Fe(OH)_2 + 2H_2O + O_2 \longrightarrow 4Fe(OH)_3 \downarrow (C)$

(4) $Fe(OH)_3 + 3HCl \longrightarrow FeCl_3(D) + 3H_2O$

(5) $2Fe(OH)_3 + 3Cl_2 + 10NaOH \longrightarrow 2Na_2FeO_4(E) + 6NaCl + 8H_2O$

(6) $Na_2FeO_4 + BaCl_2 \longrightarrow BaFeO_4(F) + 2NaCl$

(7) $2Fe(OH)_3 \overset{\triangle}{\longrightarrow} Fe_2O_3(G) + 3H_2O$

**12-17** 选择适当的配位剂分别将下列各种沉淀溶解,并写出相应的反应方程式。

(1) CuCl  (2) AgBr  (3) $Cd(OH)_2$  (4) CuS  (5) HgS  (6) $Hg_2I_2$

**答** (1) $CuCl + NaCl \longrightarrow Na[CuCl_2]$

(2) $AgBr + 2NH_3 \longrightarrow [Ag(NH_3)_2]Br$

(3) $Cd(OH)_2 + 4NH_3 \longrightarrow [Cd(NH_3)_4](OH)_2$

(4) $CuS + 4NaCN \longrightarrow Na_2[Cu(CN)_4] + Na_2S$

(5) $3HgS + 2HNO_3 + 12HCl \longrightarrow 3H_2[HgCl_4] + 3S\downarrow + 2NO\uparrow + 4H_2O$

(6) $Hg_2I_2 + 2KI \longrightarrow K_2[HgI_4] + Hg\downarrow$

**12-18** 许多金属离子都可以与 $CN^-$ 形成稳定的配合物,为什么向 $Cu^{2+}$ 溶液加入 NaCN 时,一般得不到 $[Cu(CN)_4]^{2-}$?

**答** 由于$[Cu(CN)_2]^-$的稳定常数较大,使电对$Cu^{2+}/[Cu(CN)_2]^-$的标准电极电势也较大。在向$Cu^{2+}$溶液加入NaCN时,会发生下列反应:
$$2Cu^{2+}+6CN^- \longrightarrow 2[Cu(CN)_2]^- +(CN)_2$$

**12-19** 分别向$Cu(NO_3)_2$、$AgNO_3$、$Hg(NO_3)_2$溶液中加入过量的KI溶液,各得到什么产物?写出化学反应方程式。

**答** $2Cu(NO_3)_2+4KI \longrightarrow 2CuI+I_2\downarrow+4KNO_3$
$AgNO_3+KI \longrightarrow AgI\downarrow+KNO_3$
$Hg(NO_3)_2+4KI \longrightarrow K_2[HgI_4]+2KNO_3$

**12-20** 判断下列各字母所代表的物质:化合物A是一种黑色固体,它不溶于水、稀HAc和NaOH溶液,而溶于热盐酸中,生成一种绿色的溶液B。将溶液B与铜丝一起煮沸,逐渐变成土黄色溶液C。若用大量水稀释溶液C,则生成白色沉淀D。D可溶于氨溶液中,生成无色溶液E。E暴露在空气中会迅速变成蓝色溶液F。向F中加入KCN时,蓝色消失,生成溶液G,往G中加锌粉,则生成红色沉淀H,H不溶于稀酸和稀碱中,但能溶于热$HNO_3$中,生成蓝色的溶液I,往I中慢慢加入NaOH溶液,则生成蓝色沉淀J,如将J过滤,取出后加热,又生成原来的化合物A。

**答** A:$CuO$;B:$CuCl_2$;C:$Na[CuCl_2]$;D:$CuCl$;E:$[Cu(NH_3)_2]Cl$;F:$[Cu(NH_3)_4]^{2+}$;G:$[Cu(CN)_2]^-$;H:$Cu$;I:$Cu(NO_3)_2$;J:$Cu(OH)_2$。

**12-21** 化合物A是能溶于水的白色固体,将A加热时,生成白色固体B和刺激性无色气体C,C能使$KI_3$溶液褪色,生成溶液D,D中加入$BaCl_2$时生成白色沉淀E,E不溶于$HNO_3$。固体B溶于热HCl溶液中生成溶液F,F虽能与过量的NaOH溶液或氨水作用,但不生成沉淀,若它与$NH_4HS$溶液作用,则生成白色沉淀G。在空气中灼烧G会变成原来的白色固体B和C。若用稀HCl溶液与化合物A作用,则生成溶液F和气体C,试判断各字母所代表的物质。

A:$ZnSO_3$;B:$ZnO$;C:$SO_2$;D:$K_2SO_4$;E:$BaSO_4$;F:$ZnCl_2$;G:$ZnS$

**12-22** 无色溶液A具有下列性质:(1)加入氨水时,有白色沉淀B生成;(2)加入稀NaOH,则有黄色沉淀C生成,C不溶于碱,但溶于$HNO_3$;(3)滴加KI溶液,先析出橘红色沉淀D,当KI过量时,橘红色沉淀D消失,生成无色溶液E;(4)若在此无色溶液A中,加入数滴汞并振荡,汞逐渐消失,此时,再加入氨水则得灰黑色沉淀B和F;(5)通$H_2S$于A溶液中,产生黑色沉淀

G,G 不溶于浓 $HNO_3$,但可溶于 $Na_2S$ 溶液,得溶液 H。试判断 A～H 各为何物?并写出每一步的反应方程式。

答 A：$HgCl_2$；B：$Hg(NH_2)Cl$；C：HgO；D：$HgI_2$；E：$K_2[HgI_4]$；
F：Hg；G：HgS；H：$Na_2[HgS_2]$。

(1) $HgCl_2(A) + NH_3 \longrightarrow Hg(NH_2)Cl\downarrow(B) + HCl$

(2) $HgCl_2 + 2NaOH \longrightarrow HgO\downarrow(C) + 2NaCl + H_2O$
   $HgO\downarrow + 2HNO_3 \longrightarrow Hg(NO_3)_2 + H_2O$

(3) $Hg(NO_3)_2 + 2KI \longrightarrow HgI_2\downarrow(D) + 2KNO_3$
   $HgI_2 + 2KI \longrightarrow K_2[HgI_4](E)$

(4) $HgCl_2 + Hg \longrightarrow Hg_2Cl_2\downarrow$
   $Hg_2Cl_2 + NH_3 \longrightarrow Hg(NH_2)Cl\downarrow(B) + Hg(F) + HCl$

(5) $HgCl_2 + H_2S \longrightarrow HgS\downarrow(G) + 2HCl$
   $HgS\downarrow + Na_2S \longrightarrow Na_2[HgS_2](H)$

● 同步练习 ●

## A 卷

一、选择题

**1.** 过渡元素原子的电子能级往往是 $(n-1)d > ns$,但氧化后首先失去电子的是 $ns$ 轨道上的,这是因为(　　)。

　A. 能量最低原理仅适合于单质原子的电子排布

　B. 次外层 d 上的电子是一个整体,不能部分丢失

　C. 只有最外层的电子或轨道才能成键

　D. 生成离子或化合物,各轨道的能级顺序可以变化

**2.** 下列哪一种元素的 +5 价化合物在通常条件下不稳定?(　　)
　A. Cr(+Ⅴ)　　B. Mn(+Ⅴ)　　C. Fe(+Ⅴ)　　D. 都不稳定

**3.** $Cr_2O_3$、$MnO_2$、$Fe_2O_3$ 在碱性条件下都可以氧化得到(Ⅵ)的酸根,在完成各自的氧化过程所要求的氧化剂和碱性条件上(　　)。

　A. 三者基本相同　　　　　　B. 对于铬要求最苛刻

　C. 对于锰要求最苛刻　　　　D. 对于铁要求最苛刻

**4.** 下列哪一体系可以自发发生同化反应而产生中间氧化态离子？（   ）

A. $Cu(s)+Cu^{2+}(aq)$     B. $Fe(s)+Fe^{3+}(aq)$

C. $Mn^{2+}(aq)+MnO_4^{2-}(aq)$   D. $Hg(l)+HgCl_2$（饱和）

**5.** 下列哪一种关于 $FeCl_3$ 在酸性水溶液中的说法是不妥的？（    ）

A. 浓度小时，可以是水合离子的真溶液

B. 可以形成以氯为桥基的多聚体

C. 可以形成暗红色的胶体溶液

D. 可以形成分子状态的分子溶液

**6.** 关于过渡元素，下列说法中哪种是不正确的？（    ）

A. 所有过渡元素都有显著的金属性

B. 大多数过渡元素仅有一种价态

C. 水溶液中它们的简单离子大都有颜色

D. 绝大多数过渡元素的 d 轨道未充满电子

**7.** 在酸性介质中，用 $Na_2SO_3$ 还原 $KMnO_4$，如果 $KMnO_4$ 过量，则反应产物为（    ）。

A. $Mn^{2+}+SO_4^{2-}$     B. $Mn^{2+}+SO_2$

C. $MnO_2+SO_4^{2-}$     D. $MnO_4^{2-}+SO_4^{2-}$

## 二、填空题

**1.** 写出下列物质的化学式和化学名称：铬黄_____，灰锰氧_____，铬铁矿_____。

**2.** 在酸性介质中将 Cr(Ⅲ) 氧化成 Cr(Ⅵ) 比在碱性介质中_____。写出三种可以将 $Cr^{3+}$ 氧化成 $Cr_2O_7^{2-}$ 的氧化剂：_____，_____，_____。

**3.** $CrCl_3 \cdot 6H_2O$ 有三种水合异构体，它们是_____，_____，_____，它们的颜色分别是_____，_____，_____。

## 三、综合题

铬的某化合物 A 是橙红色可溶于水的固体，将 A 用浓 HCl 处理产生黄绿色刺激性气体 B 和生成暗绿色溶液 C。在 C 中加入 KOH 溶液，先生成灰蓝色沉淀 D，继续加入过量的 KOH 溶液则沉淀消失，变为绿色溶液 E。在 E 中加入 $H_2O_2$ 并加热则生成黄色溶液 F，F 用稀酸酸化，又变为原来的化合物 A 的溶液。问 A～F 各是什么？写出有关反应式。

## B 卷

### 一、判断题

1. 第Ⅷ族在周期系中位置的特殊性是与它们之间性质的类似和递变关系相联系的,除了存在通常的垂直相似性外,还存在更为突出的水平相似性。
（　　）

2. 铁系元素不仅可以和 $CN^-$、$F^-$、$C_2O_4^{2-}$、$SCN^-$、$Cl^-$ 等离子形成配合物,还可以与 CO、NO 等分子以及许多有机试剂形成配合物,但 $Fe^{2+}$ 和 $Fe^{3+}$ 均不能形成稳定的氨合物。
（　　）

3. 在水溶液中常用 $\varphi^{\ominus}(Mn^+|Mn)$ 判断金属离子 $Mn^+$ 的稳定性,也可以从 $\varphi^{\ominus}$ 值判断金属的活泼性。
（　　）

4. 铁系元素和铂系元素因同处于第Ⅷ族,它们的价电子构型完全一样。
（　　）

5. 铁系元素中,只有最少 d 电子的铁系元素可以形成 $FeO_4^{2-}$,而钴、镍则不能形成类似的含氧酸根阴离子。
（　　）

### 二、选择题

1. 用浓盐酸处理 $Fe(OH)_3$、$Co(OH)_3$ 沉淀时观察到的现象是（　　）。
   A. 都有氯气产生
   B. 都无氯气产生
   C. 只有 $Co(OH)_3$ 与 HCl 作用时才产生氯气
   D. 只有 $Fe(OH)_3$ 与 HCl 作用时才产生氯气

2. 黄血盐与赤血盐的化学式分别为（　　）。
   A. 都为 $K_3[Fe(CN)_6]$
   B. $K_3[Fe(CN)_6]$ 和 $K_2[Fe(CN)_4]$
   C. $K_4[Fe(CN)_5]$ 和 $K_4[Fe(CN)_4]$
   D. $K_4[Fe(CN)_6]$ 和 $K_3[Fe(CN)_6]$

3. $Fe^{2+}$、$Fe^{3+}$ 与 $SCN^-$ 在溶液中作用时的现象是（　　）。
   A. 都产生蓝色沉淀
   B. 都产生黑色沉淀
   C. 仅 $Fe^{3+}$ 与 $SCN^-$ 生成血红色的 $[Fe(SCN)_6]^{3-}$
   D. 都不对

**4.** $Fe^{2+}$ 与赤血盐作用时的现象是( )。
　　A. 产生滕氏蓝沉淀　　　　　　　B. 产生可溶性的普鲁氏蓝
　　C. 产生暗绿色沉淀　　　　　　　D. 无作用
**5.** $Fe^{3+}$ 与 $NH_3 \cdot H_2O(aq)$ 作用的现象是( )。
　　A. 生成$[Fe(NH_3)_6]^{3+}$溶液　　　B. 生成$[Fe(NH_3)_6](OH)_3$沉淀
　　C. 生成$Fe(OH)_3$红棕色沉淀　　　D. 无反应发生
**6.** 摩尔盐的化学式是( )。
　　A. 一种较为复杂的复盐　　　　　B. $(NH_4)_2SO_4 \cdot FeSO_4 \cdot 6H_2O$
　　C. $Fe_2(SO_4)_3$　　　　　　　　　D. 都可以
**7.** 用以检验 $Fe^{2+}$ 的试剂是( )。
　　A. $NH_4CNS$　　　　　　　　　　B. $K_3[Fe(CN)_6]$
　　C. $K_4[Fe(CN)_6]$　　　　　　　　D. $H_2SO_4$

### 三、填空题
**1.** 按照酸碱质子理论，$[Fe(H_2O)_5(OH)]^{2+}$ 的共轭酸为_____，其共轭碱为_____。
**2.** 实验室中做干燥剂用的硅胶常浸有_____，吸水后成为_____色水合物，分子式是_____，在_____K下干燥后呈_____色。

### 四、简答题
向 $Fe^{3+}$ 的溶液中加入硫氰化钾或硫氰化铵溶液，然后再加入少许铁粉，有何现象并说明？

### 五、综合题
**1.** 现有一种含结晶水的淡绿色晶体，将其配成溶液，若加入 $BaCl_2$ 溶液，则产生不溶于酸的白色沉淀；若加入 $NaOH$ 溶液，则生成白色胶状沉淀并很快变成红棕色。再加入盐酸，此红棕色沉淀又溶解，滴入硫氰化钾溶液显深红色。问该晶体是什么物质？写出有关的化学反应式。

**2.** 金属 M 溶于稀盐酸时生成 $MCl_2$，其磁矩为 5.0 B.M.。在无氧操作条件下，$MCl_2$ 溶液遇 $NaOH$ 溶液生成一白色沉淀 A。A 接触空气，逐渐变绿，最后变成棕色沉淀 B。灼烧时 B 生成了棕红色粉末 C，C 经不彻底还原而生成了铁磁性的黑色物 D。B 溶于稀盐酸生成溶液 E，它使 KI 溶液氧化成 $I_2$，但在加入 KI 前先加入 NaF，则 KI 将不被 E 所氧化。若向 B 的浓 NaOH 悬浮液中通入氯气，则可得到一红色溶液 F，加入 $BaCl_2$ 时会沉淀出红棕色固体 G，G 是一种强氧化剂。试确认 A～G 所代表的物质，并写出有关反应式。

● 同步练习参考答案 ●

## A 卷

**一、选择题**

1. D  2. D  3. D  4. B  5. D  6. B  7. C

**二、填空题**

1. $PbCrO_4$；$KMnO_4$；$FeO \cdot Cr_2O_3$

2. 难；$KMnO_4$、$(NH_4)_2S_2O_8$、$NaBiO_3$、$H_2O_2$、$Cl_2$、$Na_2O_2$（后三种在碱性介质中任选）

3. $[Cr(H_2O)_6]Cl_3$；$[Cr(H_2O)_5Cl]Cl_2 \cdot H_2O$；$[Cr(H_2O)_4Cl_2]Cl \cdot 2H_2O$；紫色；蓝紫色；绿色

**三、综合题（反应式略）**

A：$K_2Cr_2O_7$  B：$Cl_2$  C：$CrCl_3$  D：$Cr(OH)_3$  E：$KCrO_2$  F：$K_2CrO_4$

## B 卷

**一、判断题**

1. √  2. √  3. ×  4. ×  5. √

**二、选择题**

1. C  2. D  3. A  4. C  5. C  6. B  7. B

**三、填空题**

1. $[Fe(H_2O)_6]^{3+}$；$[Fe(H_2O)_4(OH)_2]^+$

2. $CoCl_2$；粉红；$[Co(H_2O)_6]Cl_2$ 或 $CoCl_2 \cdot 6H_2O$；393；蓝

**四、简答题**

向 $Fe^{3+}$ 的溶液中加入 $SCN^-$ 时,形成 $[Fe(SCN)_n]^{3-n}$ ($n=1 \sim 6$) 而溶液呈血红色。若再加入少许铁粉,使 $Fe^{3+}$ 还原成 $Fe^{2+}$, 破坏了 $[Fe(SCN)_n]^{3-n}$, 因此,血红色又消失。

**五、综合题**

1. $FeSO_4 \cdot 7H_2O$（反应式略）

2. M 为 Fe；A：$Fe(OH)_2$, B：$Fe(OH)_3$, C：$Fe_2O_3$, D：$Fe_3O_4$, E：$FeCl_3$, F：$Na_2FeO_4$, G：$BaFeO_4$